本书由教育部人文社会科学重点研究基地基金资助（项目号：14JJD630009）

GREEN MANAGEMENT

绿色管理

仝允桓　贾　峰　主编

U0226405

经济管理出版社

ECONOMY & MANAGEMENT PUBLISHING HOUSE

图书在版编目（CIP）数据

绿色管理/仝允桓，贾峰主编 . —北京：经济管理出版社，2016.6
ISBN 978 - 7 - 5096 - 4495 - 9

Ⅰ. ①绿… Ⅱ. ①仝… ②贾… Ⅲ. ①环境管理—高等学校—教材 Ⅳ. ①X32

中国版本图书馆 CIP 数据核字（2016）第 155048 号

组稿编辑：张永美
责任编辑：杨国强　张瑞军
责任印制：黄章平
责任校对：张　青

出版发行：经济管理出版社
　　　　　（北京市海淀区北蜂窝 8 号中雅大厦 A 座 11 层 100038）
网　　址：www. E - mp. com. cn
电　　话：（010）51915602
印　　刷：三河市延风印装有限公司
经　　销：新华书店
开　　本：720mm × 1000mm/16
印　　张：22.75
字　　数：422 千字
版　　次：2016 年 9 月第 1 版　　2016 年 9 月第 1 次印刷
书　　号：ISBN 978 - 7 - 5096 - 4495 - 9
定　　价：58.00 元

前　言

可持续发展（Sustainable Development）是 21 世纪最重要的全球性课题之一，伴随着经济快速发展出现的一系列环境和社会问题，可持续发展成为各国政府和企业在管理中必须面对的挑战。

目前，公认的对可持续发展概念的定义源于 1987 年世界环境与发展委员会的报告《我们共同的未来》（Our Common Future）。这份报告中对可持续发展的描述是：既能满足我们当前的需要，又不危及下一代满足其需要的能力。应在大自然所能吸收人类活动影响的限度内开发和利用经济发展所需的资源。应满足所有人的基本需求，向所有人提供实现美好生活愿望的机会。资源开发、投资方向、科技发展、制度改变要兼顾社会公平。

从这个定义出发，我们可以从三个维度理解可持续发展问题：

第一个维度是可持续发展的层面，既要考虑全球、国家或地区等宏观层面的可持续发展问题，也要考虑企业微观层面的可持续发展问题。

第二个维度是可持续发展的目标，可持续发展的目标应该包括两个方面，一是经济发展与自然资源以及生态系统保护之间的合理平衡，二是经济发展与社会发展之间的合理平衡。在宏观层面，人类社会的可持续发展强调要兼顾经济发展与环境保护，兼顾经济效率与社会公平。在微观层面，企业的可持续发展强调要兼顾经济效益、环境效益和社会效益。

第三个维度是可持续发展的条件，无论在宏观层面还是在微观层面，都包括内部条件和外部条件两个方面，可持续发展的能力属于内部条件，其核心是持续创新的能力，可持续发展的环境属于外部条件，包括自然环境、经济环境和社会环境。在企业层面，企业要保持长久的竞争优势，一要具备持续创新的能力，二要具备可持续的市场条件，而可持续的社会系统和生态系统正是市场赖以生存的基础。因此，企业层面的可持续发展与人类社会层面的可持续发展在本质上目标是一致的。

中共十八届五中全会提出了新的国家发展理念，包括五个方面：

创新：激发创新创业活力，推动大众创业、万众创新，释放新需求，创造新供给，推动新技术、新产业、新业态蓬勃发展；

协调：促进城乡区域协调发展，促进经济社会协调发展，促进新型工业化、信息化、城镇化、农业现代化同步发展；

绿色：坚持节约资源和保护环境，坚持可持续发展；

开放：顺应我国经济深度融入世界经济的趋势，奉行互利共赢的开放战略；

共享：坚持发展为了人民、发展依靠人民、发展成果由人民共享，实现公共服务均等化，缩小不同地区贫富差距，治理贫困。

发展必须是遵循经济规律的科学发展，必须是遵循自然规律的可持续发展，必须是遵循社会规律的包容性发展。中共十八届五中全会提出的新发展理念反映了共产党作为执政党对经济社会发展规律认识的进一步深化，是党在国家层面上对可持续发展观内涵的完整表述，是新形势下推动中国经济社会进步的必然选择。

可持续发展作为一般意义的概念，即社会单元在与内外部环境交互的过程中持续生存与发展，不仅涉及政府的政策等宏观层面的问题，更涉及具体的社会单元，如企业的社会责任问题。企业在进行商业活动时除了要考虑自身的财务和经营状况外，也要考虑对社会和自然环境的影响，以及对各个利益相关方的影响。

对于企业的社会责任，有不同的观点。第一种观点，经济学家弗里德曼（Milton Friedman）认为："企业拥有且仅有的社会责任，就是在遵守游戏规则的前提下，使用其资源和从事旨在增加利润的各种活动。"这种观点可以称为企业责任的效率观，不少经济学家持这种观点。效率观假定有一个能准确反映社会需求、游戏规则明确的竞争市场。竞争会推动企业采取行动满足以顾客需求为表现的社会需求。通过竞争，那些不能在各个方面对社会需求做出反应的公司，将被淘汰或被迫做出变革。

第二种观点，是社会使得公司得以存在，股东只是承担资本风险。因此，企业对于整个社会负有责任和义务，而不是仅仅对股东承担义务和责任。这种观点可以称为企业责任的公平观。公平观认为，企业常常是以"有限责任"的形式存在于世。这是社会赋予企业的特权，而不是股东给予的。企业并不仅仅是为了股东而存在。

德鲁克（Peter Drucker）认为，利润可能是管理的结果，但不是管理的目的。利润是企业为持续经营而必须付给所有者的报酬，但它不能作为企业管理的指导性原则。德鲁克认为："没有一个机构能够独立存在并以自身的存在作为目的。每个组织都是社会的一个器官，而且也是为了社会而存在的。"

企业面对可持续发展问题时通常有四种不同的态度：

　　第一种，公司为了实现利润最大化，在开展业务时拼命将内在成本外部化，当有法律限制时，他们积极寻找法律上的漏洞，往往在法律的灰色地带运作甚至不惜违反法律法规。

　　第二种，公司是在不与法律法规对抗的前提下追求利润最大化，这类公司会遵守法律法规，但是，只有在法律法规的要求下，这类公司才会为社会和生态环境的可持续发展而限制利润。

　　第三种，公司意识到在面对可持续发展问题时，不负责任的行为会引起来自利益相关者的重大压力，会给公司带来负面影响，因此他们把履行社会责任作为公司成本与风险管理的举措。

　　第四种，公司认识到企业是为社会而存在的，对社会和生态环境的可持续发展负有责任。这些公司的"绿色"行为并不是因为受到了法律法规的压力，而是出于战略性考虑关注或履行社会责任，将符合社会和生态可持续发展的要求作为企业经营战略的一部分。

　　采取绿色战略的企业寻求整合的商业解决方案，与价值链上的相关方进行合作和集体行动，通过创新实现可持续发展，对自然资产和社会产生积极影响，在不断变化的环境下保持企业长久的竞争优势。这些企业寻求借可持续的商业机制实现可持续发展，结合战略转型形成新的核心竞争力。

　　从管理教育的角度看，环境意识和社会责任是企业管理者人文精神的重要体现，也是管理者素质的重要方面。因此，企业目前的管理者和未来的管理者都需要确立社会责任感和环境保护的意识，掌握处理环境问题的分析工具和技能，并具备在环境问题上与政府、消费者、国际组织进行沟通和谈判的知识准备及共同语言。这样，才能突破对商业模式和技术创新的狭义理解，致力于将可持续发展纳入企业战略规划与运营体系，将可持续发展的原则拓展到企业理念、战略、组织、决策、流程、规范、激励机制中，领导企业实现可持续发展的目标。这不仅对提高中国企业环境保护意识和环境管理能力有促进作用，而且对中国的经济、社会和环境可持续发展具有深远的意义。

　　环境问题涉及的学科领域众多，各因素之间的关系复杂。迄今为止，企业环境管理的课程还没有标准的模式和方案。本书不包括环境问题的科学原理和技术细节，而是尽可能以企业、社会和环境可持续发展的思想为指导，介绍企业环境管理的理论基础、分析方法和应用工具，以培养学习者在企业与环境问题上的通识（Literacy），以及理解和沟通能力。

　　本书主要作为 MBA 学生、经济和管理学科的普通研究生、本科生教材使用，同时也可以作为广大实际工作者的参考材料。本书的内容包括现有的绿色管理的战略思想和分析工具，并试图将正在涌现的绿色观念与企业的运营、财务、营销及一般管理的实践联系起来进行介绍。作为教材，本书注重阐述基础知识和基本原理，拓宽读者的视野和分析问题的思路，提供解决问题的原则和方法，有些章节也涉及运用这些知识和原理解决现实的管理问题。另外，本书也注重向读者说明企业经营的成功与社会进步及环境改善之间存在复杂的联系。未来的企业领导者，有必要对这些复杂的联系进行足够的理解。

目　录

第一章　绿色管理导论

第一节　企业管理的新维度

　　环境，是对影响某一主体的外界诸因素的总称。本书所谓的"环境"，一般指自然环境。自然环境是人类，当然也是企业生存和发展的基础条件。关注环境问题并采取恰当的行动保护环境，是企业社会责任的核心内容之一，将对企业的价值和管理产生深远的影响。

　　有关自然环境保护的主题或内容，常常被喻之以"绿色"。相应地，管理学领域将企业对环境问题做出积极反应的过程称为"组织绿化"（Organizational greening）。本书将围绕"企业与自然环境"这一主题的企业管理相关内容统称为"绿色管理"。绿色管理是企业管理的一个新维度。

一、环境问题与企业社会责任

（一）环境及环境问题

1. 自然环境、自然资源和生态系统

　　自然环境是对人类社会的生存和发展产生直接或间接影响的各种物质和能量的总体，包括空气、水、阳光、土壤、矿藏、生物等环境要素，也包括经过人工改造的自然环境体系。构成自然环境系统的各种要素之间是相互联系和相互制约的。

　　自然资源在广义上是自然环境的同义词，狭义上是自然环境中可被人类社会经济活动在现有技术条件下利用的部分，是人类的劳动对象。生态系统（包括人工生态系统）也是自然环境的组成部分，具有维持生物界、无机界物质循环和能量流动的相对稳定性的功能。

2. 人类与自然环境的关系

　　人类是环境的产物，又通过社会生产活动利用和改造环境。但是，人类的经济活动和改造自然环境的活动不应该超过自然环境的资源界限和生态界限。

　　资源界限是指自然环境中可再生资源的再生能力，或不可再生资源的转化、替代速度。生态界限是指自然生态系统的自我平衡和自我发展的能力，包括对污染物的自净能力。

3. 环境问题的定义和分类

环境科学中所谓的环境问题是指由于人类活动使环境系统结构或状态发生的不利于人类的变化。可以简单分为环境污染、资源耗竭和生态破坏。

（1）环境污染，包括大气污染、水体污染、土壤污染、危险固体废弃物污染、噪声污染等，以及由污染问题导致的全球变暖、臭氧层空洞、光化学烟雾、酸雨等次生问题。

（2）资源耗竭，包括煤炭、石油等一次性化石资源和生物资源的迅速衰竭。

（3）生态破坏，包括水土流失、荒漠化、水体富营养化、森林面积缩小、生物多样性锐减等问题。

不同的环境问题之间存在复杂的因果联系。比如，能源浪费、森林砍伐与大气污染和全球变暖问题，是相互关联或相互强化的。

4. 环境问题的来源与危害

工业化国家经历过的"先污染、后治理"发展模式以及不合理的消费方式，是导致环境问题的主要根源。而发展中国家的贫困以及与贫困相伴的发展能力缺乏是当前环境污染、资源耗竭和生态破坏的深层次原因。

出现于20世纪五六十年代的"八大公害事件"曾导致成千上万人的直接死亡，受其影响而发生畸变和其他疾病困扰的人更是不计其数。从1950年到1975年的25年内，世界森林面积减少了一半。由于化石燃料的燃烧、工业农业生产和森林破坏等人类活动，近100年来，地球的大气层组分的变化程度超过了此前18000年来的累积变化。

环境问题不仅对人体健康产生影响，而且已经严重影响到人类生存和发展的基本条件。各种环境问题在不同尺度上的耦合，使得整个环境的生命支持系统能力受到削弱。

根据国内外研究文献和数据，从国民经济的角度考察，中国环境损害成本占GDP的比重为3.5%～19%。中国环境与发展国际合作委员会（CCICED）环境经济工作组的研究结果表明，20世纪90年代后期，中国每年的空气和水的污染损害相当于同期GDP的14.6%。

5. 环境问题的一般解决途径

从管理思想和方法上看，环境问题不仅是技术问题，而且是经济问题，更确切地说是发展问题。因此，无论是环境污染治理技术的进步，还是经济、法律和行政手段的运用，都不足以从根本上解决环境问题。

为解决环境问题，必须树立科学的自然环境观，调整社会运行机制和决策行为，从忽视环境问题的传统发展模式向可持续发展模式转变，即"发展应该是社会、经济、人口、资源和环境的协调发展和人的全面发展"。体现在社会经济活动中各个行为主体的行为上，应该是从被动反应转向主动进取；体现在经济增长方式上，应该是从粗放式外延增长转向集约式内涵增长。

（二）企业与环境问题的关系

工业企业的能源和资源消耗量大，物质循环和转化速度快，与自然环境的关系最为密切。服务行业如餐饮、旅游、银行等，对环境也会产生直接影响，但更重要的是通过采购和投资决策等对环境产生间接影响。

1. 企业的产品与环境的关系

产品是联系生产行为和生活行为的纽带，也是人与环境系统中物质循环的载体。探讨产品的环境影响，应该考察产品的整个生命周期，即在包括原材料采购、生产加工、包装运输、消费使用直至废弃处置的全过程中的各个环节，都可能产生环境影响。在这个意义上，为了防止造成环境损害，产品应按以下三种类型分别对待（Michael Braungart, on Intelligent Product System）。

（1）一般消费品（Consumables），如食品、可降解的包装材料等，消费后可以通过生态系统的自净过程重新回到自然环境中。

（2）服务性产品（Product of service），如汽车、冰箱、电脑等，消费者事实上需要的是这些产品所提供的服务或效用，而不是产品本身。产品废弃后会造成污染，因此在废弃后应该回收处理和再利用，在设计和材料上也应该考虑到这个因素。

（3）不宜出售产品，如含放射性物质或有毒物质的产品，应该尽量减少生产，并由制造商负责有效储存和妥善处理。

2. 企业生产过程与环境的关系

企业生产过程是污染物的直接来源。原材料经过生产过程后只有一部分转化为产品，其余相当一部分以污染物的形式进入环境中。事实上，污染来自于资源利用的低效率，污染物的产生即意味着资源的浪费。因此，在产品生产过程中应尽量节约能源和原材料，减少污染物的产生量和毒害性，为此，可能需要必要的工艺改造或技术革新。

3. 企业生产目的与环境的关系

关于企业生产目的的传统观点是获取利润，企业在生产经营中首先应该关注成本的降低、产量的增加和生产效率的提高。受这种观点支配的企业较少考虑企业生产对环境的影响。

对企业生产目的的更深刻的看法是，企业生产的目的主要是满足消费者的特定需求，并通过满足消费者的特定需求而获取利润。从这种观点出发，企业在生产经营中首先应该关注消费者的需求，包括消费者潜在的环境需求。随着消费者环境意识的不断增强，企业需要努力以与环境和谐的方式进行生产经营，以满足消费者潜在的环境需求。

作为投资者，出于对环境问题的考虑，加强社会责任投资，将有助于环境问题的解决。

4. 环境问题对企业活动的影响

目前，日益严峻的环境问题使得企业的生产和经营活动受到越来越多的制约，社会和环境因素越来越明显地影响着企业的生存及发展。比如，由于绿色贸易壁垒的限制，如果产品环境指标无法达到进口国环境标准，出口企业将蒙受巨额损失。又比如，中国政府对资源浪费大、环境污染重的小造纸厂、小炼焦厂、小炼油厂等的建设和生产采取严格的限制措施。

随着经济全球化的进程的加快，各种环境问题更加复杂地交织在国际贸易和投资等经济活动中。在国际上，通过 ISO14000 等环境管理体系、工业生态和清洁生产等途径进行自我规制（Self-regulation），已成为跨国公司拓展全球市场取得竞争优势的重要途径之一。在这样的形势下，中国企业对国际环境标准的适应能力面临着更加严峻的挑战，处理好环境问题直接关系到企业的经营业绩和竞争优势。如何通过导入绿色理念增强竞争力已成为企业关注的重要问题。

对企业而言，处理好环境问题不仅可以节省原材料成本、减少排污费，还可以提高企业公共形象和产品在消费者中的声誉，当然，也有利于改善企业与政府，以及企业与投资者之间的关系。"资源消耗低，环境污染少"同"经济效益好"一样，正逐渐成为企业经营的目标之一。这意味着在企业决策中需要遵循可持续管理（Sustainable Management）的原则，综合考虑社会和自然环境因素。所谓可持续管理是将保护环境、促进社会公平和创造财富这三者同时纳入企业经营目标并在企业经营战略中加以体现的长期过程，而不仅仅只是某种承诺或企业内部机构形式上的调整。

（三）企业、政府和居民对环境的责任

由于企业的生产和经营活动一般会直接引起环境问题，而且问题相对集中，所以企业一直是环境保护中的重点管理对象。企业作为市场行为主体，保护环境应该是企业的社会责任。

政府作为社会行为的引导者和管理者，对环境保护负责。政府环境保护职能部门依据国家及地方的政策、法规和标准，采取法律、经济、技术、行政和宣传教育等手段，对企业的环境行为进行推动、监督和管理。政府的决策和规划行为也可能对环境产生深远的影响，而且其影响具有隐蔽性和滞后性的特征，如果长期累积则会产生难以逆转的结果。

居民的生活行为和消费方式对环境产生的影响具有广泛性及复杂性，居民对环境保护同样负有不可推卸的责任。

二、绿色管理的形成和发展

（一）绿色管理的形成

1. 绿色管理形成的标志

人类应该与自然协调发展的朴素思想古已有之。恩格斯在 100 多年前指出，人类活动违反自然规律所产生的影响将反过来被作为自然界的报复。但是环境问题直到近二三十年才真正引起社会的重视。

1972 年，罗马俱乐部发表《增长的极限》（The Limit of Growth），提出地球环境和资源因其有限性而无法承载人口和经济呈指数曲线的增长。同年召开的联合国第一次人类环境大会，通过了《人类环境宣言》等文件，成为国际社会重视环境保护的一个重要里程碑。企业环境管理体系的概念是荷兰于 1985 年率先提出的。世界环境与发展委员会于 1987 年通过《我们共同的未来》（Our Common Future）提出了可持续发展（Sustainable Development）的概念。1992 年，联合国在巴西里约热内卢召开的环境与发展大会发表《环境与发展宣言》，并形成《21 世纪议程》等行动计划，其中强调了工业企业的责任。1993 年，前欧共体针对工业企业制定了《环境管理审核规则》（EMAS）。

为了避免不同国家和地区的环境规章和标准之间的冲突，国际标准化组织（ISO）从 1991 年开始研究企业环境管理的标准化问题，1993 年成立由包括中国在内的 80 个成员国组成的"环境管理技术委员会（ISO/TC207）"，随后确定了标准的构成，并成立了环境管理体系、环境审核与监测、环境标志、环境表现评价、生命周期评价以及术语与定义 6 个小组委员会。1995 年，ISO14000 系列环境管理标准颁布实施，这是形式上比较系统、具有可操作性的企业绿色管理规范形成的一个标志。

2. 企业对绿色管理的反应过程

企业对绿色管理的反应过程可粗略地划分为被动反应和主动前瞻两个阶段。企业从事环境保护活动最初是迫于政府的压力而采取的被动反应。从 20 世纪 70 年代开始，企业按政策和法律的要求进行环境影响评价（Environmental Impact Assessment，EIA），后来又开展了环境影响评价后的审计。在被动反应阶段，企业将环境保护视为额外的负担。

到了 20 世纪 80 年代，消费者对环境保护的要求引起企业和投资者的注意。企业的环境保护压力一般会产生连锁反应，比如，消费者和政府对可再生纸的要求不仅仅给造纸和纸浆企业带来压力，而且会通过供应链将环境保护的压力传递给化工和林业等企业。正因为如此，越来越多的企业开始重视环境问题。

20 世纪 90 年代以来，随着对环境问题认识的深入，企业对绿色管理的反应进入主动前瞻阶段。企业开始从竞争力和企业战略的角度出发，采用生命周期分析、环境审计、环境报告、绿色供应链管理等方法加强环境管理的能力，而且主动参与环境经济学和可持续发展相关问题的讨论，自愿地采取保护环境的行动。在这个阶段，企业将环境保护视为潜在的商业机会，将环境因素纳入企业决策过程，主动寻求既能解决环境问题，又有利可图的解决方案。

（二）绿色管理观念的演化

1. 对绿色管理的看法

直到 20 世纪 80 年代末，企业仍然普遍认为环境保护工作是社会强加于企业的。20 世纪 90 年代以来，学术界就此展开争论。波特认为，政府对环境标准和环境法律的制定有利于引导企业通过创新而提高竞争力，但也有相反的观点认为对企业实行环境管制会削弱其短期盈利能力。对于这两种观点，都有证据支持，只不过所考察的具体行业和时间范围不同。总之，企业与自然环境之间的关系这一主题正式进入了管理学界的研究范围。而根据哈特 1995 年提出的"基于自然资源的企业观"（Natural – resource – based View of the Firm），未来企业（和市场）将不可避免地受到自然环境的硬性制约，而不仅仅是政策、法律和法规的限制。或者说，未来企业的战略和竞争优势将来源于能促进环境可持续的经济活动的能力。

2. 绿色管理的驱动力

各国政府的环境政策逐渐倾向于自愿性协议和基于市场的激励措施，企业可以根据自身情况自行选择环境达标的最佳途径。法律机构、投资机构等都将企业是否遵循国际环境标准作为判断其经营的合法性和管理水平的重要标志。另外，由于市场的变化和国际贸易规则的变化，企业重要利益相关者，包括原材料供应商和消费者，也逐渐加强了对绿色管理的要求。

上述因素都是企业开展绿色管理的驱动力，这些驱动力主要通过三个方面对企业绿色管理产生推动作用：一是企业行为必须符合环境法规和标准；二是环境保护是企业不可推卸的社会责任；三是企业绿色管理对其盈利能力和企业价值产生越来越显著的影响。也可以说，法律义务和社会责任是企业绿色管理的外部驱动力，而企业价值的提升则是企业绿色管理的潜在驱动力或内部驱动力。

（三）影响绿色管理的企业内部因素

1. 企业战略

企业战略被认为是开展绿色管理的首要因素。事实上，为了在产品和市场竞争中占据主动地位，企业已经开始注意将环境因素纳入生产和运营管理中。对于大企业来说，在战略管理中强调环境问题显得尤其重要。

2. 企业管理控制系统

包括环境管理体系在内的企业管理控制系统对推动绿色管理起着关键作用。如同生产控制和质量控制体系一样，环境管理系统也已成为企业广泛运用的非财务信息控制系统。环境管理系统负责企业环境管理措施的计划、评估和实施，注重企业环境保护方案的具体落实，使绿色管理制度化。企业的环境管理系统必须与企业其他控制系统协同发挥作用。

3. 财务预算和控制

企业整体战略规划的实施需要财务系统的支持。为了落实绿色管理的措施并正确评价绿色管理的绩效，绿色管理的范围还应该延伸到有关的财务预算过程和财务控制过程。

4. 人力资源

相关的人力资源培训、团队合作和激励机制等因素是实施绿色管理的保证。同时，企业高级管理层对环境管理的态度对能否将环境因素纳入企业发展战略具有决定性的意义。对环境问题采取被动反应态度的企业，其管理层比较普遍的态度是认为单个企业对于全国环境状况的影响微乎其微。而采取了与环境和谐的发展途径并获得竞争优势的企业，其管理层则认识到环境问题蕴藏着新的商机，而不仅仅是企业发展的制约因素。

企业治理结构、企业文化以及企业所在行业的特性等诸多方面的因素都对企业绿色管理有重要影响。

三、企业环境管理与公共环境管理的关系

（一）公共环境管理

1. 公共环境管理的目标和内容

公共环境管理是指以政府为主体的环境管理，包括对各种影响环境的活动进行规划、监督和调整，其主要目标是协调经济发展与环境保护的关系，保证环境质量和公众健康。

公共环境管理的主要内容包括：①建设有关的经济发展与环境保护综合决策的制度、机制和机构，比如各级环境保护机构、环境法律体系、自然保护区管理机构、公众参与机制等；②制定环境管理的政策并采取控制措施，比如自然资源的定价政策、环境保护与缓解贫困的综合政策、污染控制的战略和措施

等；③进行环境保护投资，比如环境监测体系的能力建设、污染治理的基础设施建设、生态恢复的工程建设等。

从管理对象看，可以将公共环境管理的内容分为工业污染控制、城市环境管理、自然资源管理以及生态环境保护等方面。

公共环境管理主要依据的是环境经济学、环境管理学、环境规划与评价，以及环境法学等学科的基础理论和方法。例如，环境和资源等在经济学上属于公共物品范畴，需要依靠公共环境管理措施来管理，以使人类社会经济活动与环境承载力相适应。为此，政府应根据社会生活产生的所有成本（生产成本、环境退化成本和资源损耗成本等），建立包括环境资源价格、环境税和排污费等政策措施在内的环境经济政策体系。

2. 公共环境管理的途径

公共环境管理的实施可采取经济、法律、行政、科技、宣教等多种途径。以工业污染控制为例，简单介绍如下。

公共环境管理最直接的途径是行政管制，例如，通过行政命令指导生产者提供社会最优的产量组合；制定企业排污标准并强制执行；通过环境影响评价等方法保证企业选址布局和生产过程的合理性；促使企业通过联合或兼并等途径将其外部性环境影响"内部化"等。

目前，中国公共环境管理采取的行政管制措施有污染物排放浓度控制、区域污染物排放总量控制、环境影响评价、三同时（新建项目的污染控制设施与主体生产设施同时规划、同时建设、同时运行）、污染限期治理、污染物集中控制、排污许可证制度等，其中多数已经通过法规和条例的形式发布执行。

经济措施包括排污收费、超标罚款、环境补偿费、排污权交易、对节能产品实行补贴、拒绝向高污染企业发放信贷等。环境经济措施大体上可分为"利用市场"、"调节市场"和"建立市场"等类型。

其他的措施，如推行 ISO14000 环境管理体系标准、清洁生产等，属于政府与企业的自愿协议措施。

（二）企业环境管理与公共环境管理的联系

在公共环境管理的内容中，政府制定相应的环境政策以规范或激励企业的环境管理行为。可见，企业环境管理是公共环境管理的一个延伸。一方面，企业进行环境保护是政府的要求，而且需要规范化；另一方面，企业环境管理是企业从自身的生存和发展角度出发所采取的企业行为。

理论上，企业通过采用生态工业和循环经济的生产经营模式，可以有效控制环境问题，很多企业的实践也证明了这一点。然而，这种理想模式的推进需要较长时间的尝试，企业一般无法独立处理其面临的所有环境问题。因此，在目前，企业为了达到公共环境管理的标准和要求，主要采取两种途径：①通过企业自身在清洁生产技术和管理上的创新，从源头上大量削减污染物；②通过接受环境保护企业的专业化服务，以较低的成本实现废弃物（特别是危险性废弃物）的处理及回收再利用。前一种途径需要企业领导者重视环境保护，能够认识到清洁生产作用和意义，并在企业内部自上而下建立环保意识，逐步加强企业环境管理；后一种途径则需要政府制定科学的工业污染控制标准，并加强对环境保护服务业市场的培育。这两种途径的实现，都需要公共环境管理的推动。

另外，一些大的跨国公司的经济规模甚至可能超过一个国家的经济规模，在这种情况下，企业和政府的角色变得模糊，企业的管理者必须在追求利润最大化的同时平衡各个利害相关方的关系。也就是说，他们需要在寻求潜在的获利机会的同时，参与推动公共环境管理的发展，营造更有利的企业环境。

总之，公共环境管理与企业环境管理的目标是一致的。政府与企业应建立积极的合作关系，政府应严格环境立法和执法，企业应采取主动的环境战略，通过技术创新和管理创新，加强自身的可持续发展和竞争能力，将企业发展和环境保护协调起来。

四、绿色管理对管理者的要求

在经济全球化的形势下，企业的环境战略及环境管理水平不仅影响整体环境质量，而且直接关系到企业的经营业绩和竞争优势。现代企业必须制定成熟的环境战略，培育完善的环境管理能力。

绿色管理作为企业管理的一个新的维度，对企业能否适应未来的竞争有直接的影响。企业绿色管理并不等同于污染防治。对生产过程中产生的污染进行治理，仅仅是企业绿色管理的一部分内容。保护环境与生态、合理利用自然资源，贯穿于企业生产经营的全过程，甚至是产品生命周期全过程。因此，企业的战略规划、生产流程设计、原材料和设备的选择、营销策略、品牌和价值管理、人力资源管理等都与绿色管理有关。企业管理系统的各个环节都有"绿化"的问题，各个层次的管理人员都需要树立环境意识，学习绿色管理的知识。

中国正处于经济转轨时期，随着市场化和私营企业的发展，政府对环境的计划性管制将逐步放松，转而借助市场机制或直接依赖竞争性市场。企业有了更大的决策自由并且真正承担起决策的责任。在这种情况下，尤其需要提高企业管理者的环境管理能力，改善企业与政府及公众等利害相关者在环境问题上的沟通与合作能力。

应当指出，将提高企业效率和保证环境质量的目标结合的途径有很多，不存在某个统一的模式。大企业、中小企业都可以结合自身的具体情况，通过技术创新、管理创新以及资源重组实现可持续发展，也可以采取有效的策略，在以跨国公司为主导的全球生产体系中找到能发挥自身竞争优势的位置。因此，开展绿色管理不仅需要企业管理者具有正确的环境与发展观，还需要企业管理者具有前瞻的眼光、开放的视野和创新的思路。

第二节　绿色管理的内容体系

一、绿色管理的概念和主要内容

广义的绿色管理应包括公共环境管理和企业环境管理两部分内容。本书取狭义的绿色管理概念，即：企业作为管理的主体从企业自身内部出发进行有关自然环境资源和生态保护的管理活动。当然，政府通过行政、法律和经济等途径对企业的观念和行为进行调整，以求达到企业的发展与自然环境的承载能力相协调，也会对企业的环境管理产生直接影响。

在实践上，绿色管理的核心是把对环境因素的考虑纳入企业管理的全过程中，使环境保护成为企业的重要决策因素。其主要途径是建立内部的环境管理规章制度体系，并对产品设计、包装运输、产品消费以及消费后的处理等全过程进行管理。

绿色管理涉及诸多方面的内容，比如，生态效率、投资决策、社会责任、信息披露、技术进步、环境管理体系等。本书主要探讨在各种企业环境行为背后的一般规律，比如，企业绿化的驱动力是什么，目标是什么，通过何种手段实现其目标，绩效如何，等等。与企业管理的其他领域相对应，企业环境战略、环境伦理、企业价值链分析、环境会计和审计、环境运营管理、环境营销、绿色供应链管理、企业环境风险管理等都是绿色管理研究的主要内容。图1-1是企业绿色管理的概念框架。

二、绿色管理的理论基础

（一）环境伦理和环境社会学

环境伦理和环境社会学关注环境意识、环境观念、环境行为等问题。第一，环境社会学强调环境问题的社会原因；第二，环境社会学强调社会原因的综合性；第三，环境社会学致力于推动缓解环境问题的社会变革与建设。

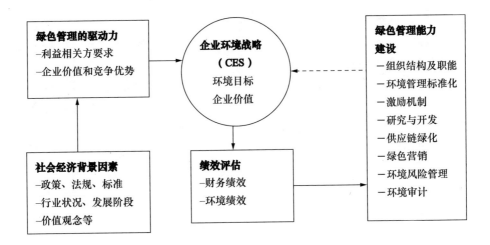

图1-1 企业绿色管理的概念框架

目前，国际上主流的工商管理教育的课程多数是基于市场思想体系的，或被称为主流社会范式（Dominant Social Paradigm，DSP）（Dunlap & Van Liere，1978），DSP与基于环境社会学的新环境范式（New Environment Paradigm，NEP）相比，有根本的不同，如表1-1所示。

表1-1 DSP 与 NEP

	主流社会范式（DSP）	新环境范式（NEP）
目标	无止境的物质繁荣	稳定的地球生态系统
价值衡量尺度	金钱	人类物质、心理、精神的福利；稳定的地球生态系统
时间尺度	月、季度、年	7代人（200年以上）
利害相关方	单个的公民、国家和企业	地球上所有的生态系统
动力学	增长、积累、竞争	平衡的互依性、分配/流动、合作
方式	人口增长；技术扩张；消费膨胀；狭窄领域的专业知识	控制人口；管理技术；尊重自然；围绕某一问题的多学科知识
结果和影响	少数人聚敛财富；普遍贫穷；社会危机；因资源引发的战争；人类及生物栖息地遭破坏；物种灭绝；地球生态系统破坏	稳定的地球生态系统

资料来源：Ryland K. E. "Greening" business education：Teaching the paradigm. Journal of Management Education，1998，22（3）：320-343.

（二）环境经济学

微观经济学和环境经济学从公共物品以及外部性等概念入手，给出环境与资源问题的经济学解释。

在理想市场状态（产权安排清晰、交易成本为零、充分竞争等）条件下，价格已经说明所有的价值，个体追求利益最大化能够导致整个社会资源的有效配置。然而，在真实市场情况下，价格信号可能被扭曲，企业依照价格进行利润最大化的决策，产生资源浪费和环境污染，给其他人和整个社会造成没有得到补偿的成本，这就是市场失灵。微观经济学认为导致市场失灵的原因有4个：①存在能够影响价格的市场势力；②外部性；③公共产品；④不完全信息。

市场失灵为政府干预提供了机会和理由，但要使政府干预有效，需要满足两个条件：①政府干预的效果必须好于市场机制的效果；②政府干预得到的收益必须大于政府干预本身的成本（即制定计划、执行成本和所有由于政府干预而对其他经济部门造成的成本）。然而，政府制定的干预政策，受信息、体制、决策水平和利益集团等因素的影响，有可能会进一步扭曲市场，使生产者的边际生产成本低于生产要素的真实成本（比如"产品高价格、原材料低价格、资源零价格"的情况），导致生产要素无效率使用和过度使用，这时就产生政府失效。

所谓外部性是某经济主体的效用函数的自变量中包含了他人的行为，而该经济主体又没有向他人提供报酬或索取补偿。庇古主张使用税收的方法迫使厂商实现外部性的内部化：当一个企业施加一种外部社会成本时，应该对它施加一项税收，税额应等于边际损害成本。这里所说的"税收"概念是一个学术概念，实际应用时既可以采用征税的手段，也可以采用收费的手段，如资源税、环境污染税、排污收费、补贴和押金退款等。

科斯主张有选择性的解决方案，认为在产权界定明确的情况下，通过竞争市场中的自愿协商方式可以解决环境污染的问题。"问题在于如何选择合适的社会安排来解决有害的效应。所有解决的办法都需要一定成本，而且没有理由认为由于市场和企业不能很好地解决问题，因此政府管制就是必要的。"

（三）可持续发展思想

可持续发展思想包括两个关键性概念：一是发展的必要性；二是环境的限制，即发展的可持续性。可持续发展的价值观认为发展活动所创造的经济价值必须与其社会价值和环境价值相统一。可以将人类社会所赖以生存和发展的条件分为自然资本、人造资本、人力资本和社会资本。

自然资本是指自然资源和环境生态的价值。与人造资本一样，自然资本提供产品和服务，包括渔场、森林、矿藏、饮用水和清洁空气等，而且，与人造资本折旧一样，自然资本在生产过程中通常会有所消耗。但自然资本的总量只能通过可再生资源的自然增长或不可再生资源利用效率的提高等途径维持。

人造资本可以按投资的成本计算，如企业的固定资产余额。自然资本的计算方法还很有限。但是，资本的价值可以用其未来收益的净现值之和衡量，这个原理也能用于估价自然资本。

人力资本是个人通过学习并应用于生产活动中的知识、技术等能力。企业从长远的角度出发，在员工培训、健康及激励等方面投资，以提高员工的创造力和劳动生产率。

社会资本所描述的是制度的建设、知识的共享、社会成员之间的理解和沟通等提高社会生产的潜在因素。与人造资本和自然资本不同的是，社会资本不会因被使用而损耗，反而会因为不被使用而逐渐退化。然而，社会资本的创造需要较长的时间。

可持续发展思想是以自然资本或全部资本的合理适度的消耗为目标，特别是保证关键的自然资本要素不受损害。在实际的经济发展过程中，可以允许自然资本在环境容量以内的波动。

（四）环境管理学

环境管理学是环境科学的一个分支学科，在研究人类社会活动与环境变化之间响应关系的基础上研究调控人类社会行为的原理和方法。其中，对绿色管理最具指导意义的是循环经济理论和工业生态理论。

循环经济理论要求以"3R 原则"（减量化，再使用，再循环）作为经济活动的原则。其中，减量化是其第一法则，只有减少资源的使用量才能真正从源头减少对环境的压力。

工业生态理论提出，处于某一特定区域范围内的企业，其布局结构和比例应该像自然生态系统中的生物群落一样相互依存，保持动态平衡，通过信息沟通，使得能量被有效转化，物资能循环利用，以实现污染物"零排放"。即：某一个企业（或部门）产生的废弃物或回收的物资，绝大部分可以被自身或另一企业（或部门）当作原材料加以利用。

（五）组织理论

组织理论强调组织内部的因素，如能力、资源、属性、组织的结构、制度因素等对组织战略和组织行为的影响。根据其考虑角度与重点的不同，可以大致分为以下几类。

（1）以交易费用理论为基础的观点。认为企业的存在是因为它可以节约交易费用。以交易费用经济学为基础的观点强调战略的设计与制定应当能减少企业的交易成本。

（2）以资源（及以核心能力）为基础的观点。以能力或核心能力为基础的观点，通常被认为包容在以资源为基础的理论之中。以资源为基础的战略管理分析了能使企业获得超出一般水平的利润回报、可持续竞争优势的资源及能力。企业关于资源选择和积累的决策被认为是一种经济理性，它受制于有限信息、认知偏差和偶然不确定性。按照这种观点，正是对那些有价值的、稀缺的、难以复制的、不可替代的资源的有效利用和理性识别，导致企业的超额利润及其相互间的差异。以资源为基础的观点认为，可持续的竞争优势来源于审慎的理性管理的选择、选择性资源的积累和配置、战略性的产业要素和要素市场的不完善。

（3）以新制度主义理论为基础的观点。制度理论分析了社会影响和社会习惯对组织行为的影响。从制度学派的观点来看，企业运行在一个由准则、价值观和各种规范组成的社会框架之中，这种社会框架决定着哪些经济行为是合适的和可以接受的。经济选择并非如新古典理论所强调的只受制于技术、信息和收入，它还受制于社会因素，如准则、习惯和惯例等。对社会约束的遵守决定了组织的成功和生存。按制度学派的观点，环境问题是影响组织资源选择及战略决策的重要因素。

（4）以演进（Evolution）理论为基础的观点。以演进理论为基础的观点重点探讨，企业是如何建立起自己的独特的资源与能力的？也即组织学习的过程和机制是怎样的？组织是如何"搜寻"新的战略的？企业选择程序与战略变化的路径、步调是如何相互影响的？

三、绿色管理的分析方法

（一）环境战略分析方法

制定指导性的环境战略目标可采用"后推法"，首先判断现有的运行、产品和服务是否违背协调发展原则；然后，在协调发展原则的基础上，企业为自己勾勒出理想的未来；最后企业设计出长期的行动计划，企业通过实施不断跟进的步骤，并遵循"先摘成熟水果"的原则，保证每一项短期行为成为长期目标的阶梯。

（二）利害相关者模型分析方法

企业环境问题的利害相关方包括：①最高管理层；②外部相关方，包括政府、非政府组织等；③供应商或消费者；④企业员工；⑤环境管理与技术部门；⑥股东；⑦社区居民等。通过分析各相关方的需求和利益所在，提出有效的环境管理策略及措施。

（三）企业实施环境管理的成本效益分析

收益主要包括：①市场占有率的提高；②工作氛围的改善；③消费者满意

度的提高；④企业效率的提高；⑤生产成本的降低；⑥企业形象的提升；⑦企业风险管理的促进。成本主要包括：①环境意识和环境管理方法的培训；②生产工艺改进的成本；③企业内部各部门的责任和功能发生变化，资源重新分配，都将增加成本。

（四）生命周期分析（Life Cycle Analysis，LCA）

对产品的整个生命周期进行环境影响分析，通过编制一个系统的物资投入与产出的清单记录，以评价与这些投入产出有关的潜在的环境影响，并根据生命周期评价的目的，解释清单记录和环境影响的分析结果。

（五）绿色管理的管理因素分析

企业关心的因素包括：①运行成本，包括生产过程、原材料、劳动力、生产开支、管理费用等；②企业形象，包括产品质量、服务质量、社会责任等；③市场趋势，包括政府政策、竞争压力、消费者要求、投资方要求等；④法律规定，包括环境标准和排污收费标准等；⑤管理目标，包括运行效率、利润、消费者满意度、员工参与、风险规避等。通过对以上指标的综合，可以判断企业实施绿色管理的有效性。

（六）环境管理优先序分析

利用信息管理技术收集和分析与企业环境管理有关的数据，从而作出更好的环境管理决策。例如，国际咨询企业 CH2M Hill 通过对一家大型全球制造商的有关排污数据、对法规和标准的符合情况及其整个资本资产情况的综合分析，为该企业在未来需要加强排污管理的地区的资本资产配置进行了规划。

（七）环境审计方法

（八）环境影响评价

（九）环境报告

四、绿色管理的实施途径

（一）企业环境管理体系

企业环境管理体系是企业管理系统的一个组成部分，包括为制定、实施、实现、评审和保持环境方针所需的组织机构、规划活动、职责、惯例、程序、过程和资源，它有利于高效、合理地系统调控企业的环境行为，其具体执行者一般是企业的环境、健康和安全综合部门。

（二）环境管理体系标准化

通过 ISO14000 系列标准的认证，使企业环境管理更加规范有序，同时也为企业通向国际市场提供了途径。污染预防和持续改进是 ISO14001 的两个基本思想，它要求企业通过环境管理体系，使其活动、产品和服务的全过程中的每一个环节的环境影响最小化，并在自身的基础上不断改进。

（三）生命周期环境管理

在生产过程的最前端，就将环境因素和预防污染的环境保护措施纳入到产品设计准则中，力求从产品生命全过程的角度减轻环境的污染负荷。一个完整的 LCA 应由三个既独立又相互联系的部分组成：生命周期清单分析、生命周期影响分析和生命周期改善分析。

（四）环境审计

作为一种管理工具的环境审计，其对环境组织、环境管理和实施装备是否发挥作用进行系统的、定期的和客观的评价，其目的在于优化企业环境管理的措施，并评价企业政策与环境要求的一致性。

（五）清洁生产

清洁生产审核的总体思路为：判明废物的产生部位，分析废物的产生原因，提出方案，减少或消除废物。在分析原因、寻找清洁生产方案时，一般从八个方面加以考虑，即原辅材料和能源、技术工艺、设备、过程控制、产品、废物、管理以及员工。

1992 年联合国环境与发展大会上通过的《21 世纪议程》中，指明工业企业实践可持续发展战略的具体途径是实施清洁生产，它将是 21 世纪工业发展的主要模式。1989 年，联合国环境规划署首次为"清洁生产"概念下了定义：清洁生产是一种新的创造性的思想，该思想将整体预防的环境战略持续应用于生产过程、产品和服务中，以增加生态效率和减少人类及环境的风险。

（六）工业生态实现途径

（1）工业生态园设计，指从产业组织的角度，模仿自然生态系统的原理设计企业的工业生态系统，发展互补型产业，使流经该系统的能源和资源在总体上得到最有效的利用，并使内部各企业降低成本。

（2）供应链绿化，指从企业的角度，对产品设计、原材料购买和供应、生产工艺、流通消费直到废弃物回收再利用的整个供应链（或者产品生命周期）环境影响进行评价，并通过与供应链中各企业（或部门）之间的合作减少环境影响，同时提高整个供应链的经济效益。较之工业生态园设计，供应链绿化的途径不太受地域限制。

（七）环境绩效指标和环境管理信息系统

企业环境绩效评价体系的目的是确保企业运行和产品设计在时间的进展和外部条件发生变化的情况下能保持可持续性。EPI 包括产品生命周期环境影响指标、企业管理绩效指标和运营环境指标 3 部分。

五、绿色管理的发展趋势

(一) 绿色管理战略将逐步明确化

当前，企业环境管理面临的重要背景是环境问题的不断深化和经济全球化迅速发展。这为企业的绿色管理带来了新的挑战与机遇。

区域和全球范围内环境问题的发展，促进了企业绿色管理驱动力的合力形成。外部驱动力主要有法律法规、政策、标准和公众的要求等，但对绿色管理更重要的是企业内部驱动力，包括：①促进企业改进生产过程和技术，从而降低运行成本，节约人力、财力、物力，提高产品价值；②提高企业形象，加强企业品牌优势；③通过环境管理体系标准认证，参与国际竞争；④企业理念等。

经济全球化加剧了竞争，从而进一步强调了企业财务目标和效率的重要性，导致企业的价值观从功能取向转移到过程取向。从环境的角度考虑，效率意味着加强对资源的管理以及更有效地避免污染物和废弃物产生。结合这两方面，经济上可行的污染防治和资源保持措施如果融入整个价值链中运行，而不是分割为独立的步骤，则将使企业管理更加利于环境保护，即：要做有意义的赚钱生意（Making Sense and Making Money）。

在这个趋势下，绿色管理的战略模式将从隐含转向明确。Hart 提出的概念框架包括污染预防（Pollution Prevention）、产品监护（Product Stewardship）和可持续发展三个相互联系的企业环境战略，如表1－2所示。

表1－2　基于自然资源的企业观对企业环境战略

企业环境战略	环境驱动力	关键资源	竞争优势
污染预防	污染物产生量最小化	持续改善	成本下降
产品监护	产品生命周期成本最小化	利害相关方	占先优势
可持续发展	企业发展的环境负荷最小化	共同愿景	愿景定位

资料来源：Stuart L. Hart. A natural – resource – based view of the firm. Academy of Management Review, 1995（20）：986 – 1014.

(二) 绿色管理体系将逐步规范化

商业生态学（The Ecology of Commerce）和自然资本主义（Natural Capitalism）等观念将长期影响企业的战略选择。但绿色管理的实施将回到现实，注重规范化体系的建立。

环境标准与价格、质量一样成为重要的市场竞争因素。目前，具有代表性的国际标准是国际标准化组织制定的 ISO14000 环境管理体系系列标准。它要求世界各国确保其生产环境符合 ISO14000 标准和本国环保法规的要求，对不符合该标准的产品，任何国家都可以拒绝进口。而获得了 ISO14000 认证，就获得了国际市场的绿色通行证。

企业环境管理的具体模式与企业的管理、技术、资金水平以及其发展面临的内外部目标有关。企业内部建立环境管理体系一般采取类似于质量管理的 PDCA 模式，包括 4 个渐进的程序：①规划，包括环境方针、环境因素、法规要求、目标/指标、环境管理方案；②实施，包括组织结构和职责、培训、意识与能力、交流与文件管理、运行控制、应急准备和响应；③检查，包括监测、纠错与预防措施、记录、审核；④改进，包括管理评审、信息评估、记录报告、改进计划、全员参与等。

企业内部环境管理体系的规范化，将引导企业按照环境要求改进产品种类、生产设计、生产工艺和生产过程，推动企业的整体管理走向标准化、规范化和国际化。

（三）中国的企业绿色管理模式将出现多样化

中国经济目前处于转型发展阶段，一方面从计划经济向市场经济转型，另一方面从传统经济向现代经济发展。企业体制尤其是国有或国有控股企业的体制急需改革。此外，中国面临的资源环境问题十分严峻，而法律、法规及政策又很不健全。这些都决定了中国企业的环境战略模式不同于西方国家的企业。

外资和合资企业积极实施 ISO14000 的认证。国有大中型工业企业的环境管理体制也将进一步健全。但小型企业和绝大多数乡镇企业的环境管理在组织机构、人力资源、环境监测、环保设施等方面将长期处于落后状态，这是公共环境管理领域里行政和命令手段的主要作用对象。

不论中国企业管理实践，政府制定环境管理政策与法规，中国企业战略管理和环境管理学科的发展，还是中国企业环境管理教育的需要，都迫切要求理论与实证相结合，科学、综合、前瞻地研究中国企业的环境战略模式与创新机制。

第三节　绿色管理的现实问题和研究方法

一、绿色管理的主要现实问题

（一）环境政策与企业绿色管理

政府部门的政策主要是综合地、平衡地应用三项政策工具：政府管制、经济手段和自愿行动。

政府管制方式属"传统的命令和控制方式",政府通过强制手段要求污染者在排污前必须进行净化处理,其优点是能在短时间内实现控制污染物排放的目的,但存在执行成本高昂,而且对企业治理污染的行为缺乏激励等缺点。

经济手段为企业提高环境保护效果提供了激励。例如,征收污染税或者建立排污权交易市场,可以为企业提供选择适合其自身污染防治方式的机会,实施成本比较低。其缺点是难以确保在短时间内达到特定的污染控制效果。

自愿行动是企业与政府达成自愿协议(Voluntary Agreements)后主动采取的环境保护活动。这对企业实施绿色管理推动的力度最大、影响最长远,但目前还无法普遍实施。

(二)中国现行环境政策的状况

中国现行的环境政策体系包括政府管制、经济手段和自愿行动三种工具,但三种工具的组合还需要优化。

1. 应用经济手段进行环境管理严重不足

环境经济政策是运用经济手段给予经济主体一定的激励与约束,使其可以从保护环境、减少污染的行为中获利,从而引导其从自身利益出发选择对环境有利的行为。环境经济政策主要包括:产业布局和结构调整政策、技术更新与废弃物综合利用政策、清洁生产政策、环境标志与企业环境管理体系认证制度、废物的综合利用政策、排污许可证制度、排污税等。与经济高速发展、环境污染严峻的现实要求相比,中国环境经济政策还有待改进。

2. 自愿行动的力量严重不足

我国至今仍缺乏公开透明的公众参与环境管理和制定环境政策的法定程序及制度,特别是缺乏听取小型企业、乡镇企业、个体工商户和公民意见的法定程序,一些政策和法规在颁布之后才发现大量难以实施的问题。

公众对环境管理普遍缺少知情权、监督权、索赔权。目前,我国虽然已经实行环境状况公报、空气质量周报等公共信息通报制度,却不对公众公布具体企业的环境信息,如生产工艺、生产原料、排污情况等。然而,正是这些与企业相关的具体信息才可以帮助公众判断某个企业的生产前景以及在环境上存在的风险,从而做出是否参与该企业生产过程的决策(比如是否购买该企业的股票)。

(三)中国工业企业的绿色管理

传统工业部门对我国经济发展做出了重大贡献,传统工业产业也是我国工业化过程中的支柱产业,是中国工业参与21世纪国际竞争的主要领域所在。但同时,我国传统工业企业又是物耗能耗大、污染较重的企业。因此,将环境观念纳入企业核心运营和战略管理体系的模式及内涵的研究、创新对我国工业企业意义重大。如何将可持续发展的原则推广到企业理念、战略、组织结构、决策流程、行为规范及激励机制中，以对企业文化进行系统性的调整，需要在企业绿色管理研究和实践中加以重视，结合中国的实际对现有理论和观点进行检验及发展。

改善企业环境行为是一个渐进的过程，有些企业在项目建设初期可以通过"三同时"制度的审查，却往往不重视发展和完善环境管理体系，环保设施不能有效运行，环保技术跟进相对滞后，影响到企业的整体效率，而企业由于资金缺乏等因素对此无能为力，形成一个恶性循环。

另外，企业绿色管理需要与绿色贸易壁垒问题的研究结合起来考虑。发达国家为达到既保护本国环境和健康，又保护对外贸易的目的，制定了严格的环境标准，使发展中国家的产品由于很难达到其环境标准而在出口时受到限制。尽管发达国家的环境保护可能有过度或不合理之处，但将环保措施纳入国际贸易的要求，已得到国际社会的普遍认可，因此，企业应该采取适当的环境管理战略积极应对。

二、绿色管理的研究方法

（一）实证分析与规范分析相结合

所谓实证分析，就是如实描述研究对象"是什么"，通过对现象的刻画，概括出若干可以通过经验和事实证明的基本结论。在企业环境管理的研究中，实证分析的工作是按照企业进行主动或被动的环境保护活动的真实情况，勾勒从企业面临的环境问题直至实施具体对策的全过程，企业对环境问题的行为与企业战略决策的关系，组织内部的机构和能力建设，以及企业的环境绩效及其与经济绩效之间的关系等。

规范分析回答"应该是什么"的问题，即根据一定的价值准则判断研究对象的实际情况是否符合这些准则的要求，如果不符合，应当如何调整。对企业环境管理而言，是要依据可持续性的标准，以及公平与效率这两大原则，判断企业的环境管理是否符合可持续发展的原则，并探讨可持续性的具体含义和实现途径。

根据逻辑分析和经验判断的不同，研究工作也有概念性（Conceptual）研究和实证性（Empirical）研究之分。后者主要使用统计学研究和分析方法对实证数据进行分析，以检验理论模型的有效性，或认识所关注因素之间的内在联系。

对于某一研究问题，具体分析方法有定性分析、定量分析、纵向（Longitudinal）分析、对比分析等多种研究方法可选择。值得一提的是，多层级分析（Multilevel Analysis）方法应该予以重视，比如，对于绿色管理的某一特定问题，可以从个人层面、部门层面、组织层面、经济政策层面、社会文化层面以及生态层面等多个层级的研究视角进行分析。这实际上也是自然环境中存在的层级和系统现象的反映。

（二）具体研究方式

从理论形成的过程和阶段来划分，具体的研究方式有：探索性调查（Exploratory Survey）、案例研究、理论发展（Theory Development）、理论验证研究（Theory – testing Survey）。

例如，对企业环境战略问题的研究，在还没有形成理论时，可通过探索式调查和案例研究，将其中的因素抽象成企业环境战略创新的模式、驱动力、能力建设途径和不同的环境战略决策途径等要素，以便通过更进一步的理论发展和理论验证研究厘清各种要素之间的联系。

探索性研究也可以为绿色管理提供重要的启示。例如，企业能成功的前提条件是企业可以通过管理控制体系对重要的战略问题（比如产品质量）进行规划和跟进。然而，通过对若干企业环境管理体系现状的探索性调查，发现目前企业的环境管理体系与企业的整个管理控制体系是脱节的。这在一定程度上可以说明为什么环境管理还没有成为企业发展的一个有机组成部分。

这些研究方法不仅被运用于企业绿色管理研究，还可以用于公共环境管理的研究。例如，企业是政府环境经济政策的主要调整对象，其环境行为不仅直接关系到其经营业绩和竞争优势，而且必将对政府环境经济政策的有效性产生直接影响。然而，不同企业之间的行为差别和复杂的博弈关系，使政府在制定政策和进行环境管理时面临严重的信息不对称问题，也常常导致政策组合中具体政策措施之间并非是相互激励，甚至并非是兼容的。因此，不论是环境政策的执行效果，还是环境政策本身的科学性，都必须考虑不同企业的策略性反应及其环境管理能力。对此，可以通过上述研究方法进行深入的研究，从而提出合理的政策建议。

三、西方管理学领域绿色管理的研究进展

（一）西方管理学领域绿色管理研究的开端和发展

与其他有关环境问题的学术研究历史相比，西方管理学界对企业组织与自然环境之间关系的研究历史比较简短。在环境问题的研究上，现代西方学术界曾出现许多有影响的理论和观点。在环境哲学领域代表者有 Henry David Thoreau，Arne Naess 和 E. F. Schumacher 等；在环境保护领域有 John Muir，John James Audubon 和 Aldo Leopold 等；在自然科学领域有 Charles Darwin，Rachel Carson 和 Fritjof Capra 等；在环境经济学领域有 Thomes Malthus，Ronald Coase 和 Herman Daly 等。这些领域的研究已经有相当长时间的发展。

相比之下，对于自然环境与组织中的个人、部门，以及与组织本身和组织群体之间关系的研究却是近些年来兴起的。对组织绿色管理的研究的产生原因，一般有两个解释：①自 20 世纪六七十年代以来的环境和社会运动及其演化推动了对组织与环境问题的研究；②人们越来越普遍地认为，企业等组织机构的观念对环境和生态系统有显著的正面或负面影响，这对组织变革产生多方面的推动和促进。

自 20 世纪 80 年代中期以来，一些领先的企业开始从忽视甚至抵制环境压力转向重视考虑环境因素，甚至从关注环境的活动中获利。在此期间，企业与环境的关系有多种表现形式，比如，企业制定成文的环境政策、企业对环境保护的承诺、企业对内部环境保护部门的扩充以及企业战略的创新等。环境问题成为投资决策、产品开发、生产工艺优化等过程的重要因素，尤其是在污染负荷重的企业，比如化工、石油和电力等企业，以及汽车、钢铁、造纸、水泥等基础制造业企业。企业绿化（Gladwin，1993）的趋势包括污染预防、毒害物削减、全成本审计、环境设计、产品监护等内容，其推动力量主要来自行业协会、企业领导者以及政府和法规的要求等。而到了 20 世纪 80 年代末期，管理学研究者开始对组织绿化（Organizational Greening）问题进行概念性的和实证性的研究，其主要形式包括案例研究、在学位论文基础上发表的文章、编撰的教科书及教学阅读材料等，内容是将环境哲学家、社会学家、技术专家和经济学家的研究工作延伸到管理学理论和实践领域。

上述研究工作发现，在西方发达国家的一些企业，在环境保护方面的领先为一些企业取得竞争优势创造了有利条件。这些企业通过污染防治提高资源利用率取得成本领先优势，或者通过产品绿色创新取得差异化优势，从而在细分市场中获得高额回报。环保措施领先的企业，一方面与采购商和供应商建立新的关系，另一方面加强对内部组织结构的调整。

这一转变的主要推动因素是经济效益、生态价值和政府规制。企业与政府之间的合作促进了新的环境管理模式的形成，更多的企业开始采取积极主动的环境管理策略。从 20 世纪 90 年代初开始，绿色管理领域里一种新的竞争力观念得到关注，并促使公共环境管理模式发生转变：①从针对特定环境介质（比如水体、空气、土地等）的法律法规向整体环境质量管理转变，便于整体处理环境影响与生产的关系；②允许企业或工厂间的排污权交易；③允许企业或工厂将其环境绩效标准推广到供应商和消费者；④依据环境影响程度、而不是当前的技术水平来制定环境标准；⑤根据科学研究成果调整环境标准；⑥鼓励生命周期分析等系统性的管理方式；⑦向公众发布易于理解的环境信息；⑧允许利害相关方发挥更重要的监督作用。这些转变促进了激励性措施的应用和企业与政府的合作。管理学研究者对此进行了实证性的研究。

（二）西方管理学领域绿色管理研究的发展方向

企业与自然环境可持续性之间的关系引起了西方国家企业界和管理学界越来越多的关注。自然环境因素在对企业活动形成制约的同时，逐渐成为企业战略管理和决策的新要素，可以说，将自然环境因素纳入企业核心运营和战略管理体系的研究正在兴起。

1. 绿色管理与企业竞争力

直至现在，如何通过绿色管理获得新的竞争力，还没有得到充分的解答。企业进行了不断的尝试，但其经验能否在企业范围和更广泛的范围推广仍然是研究中的问题。其中，生态效率（Eco – efficiency）、可持续发展、环境创新和生态技术（Ecotechnologies）等主题受到关注。

（1）生态效率是指企业的生产应考虑将环境和生态压力减轻到自然环境的承载能力范围之内，包括节能降耗、减少毒害性材料的使用、加强回收利用、推广可再生资源的合理利用、提高产品的耐用性，以及增加产品的服务内涵等。

（2）绿色管理关于可持续发展的研究主题，主要是如何促进有利于减少污染和提高资源生产力的新技术、新方法的发展。

（3）在动态竞争的形势下，企业应寻找解决环境问题的创新方案以获得竞争优势。通过创新可以降低总体成本并提高产品的价值。污染防治是可行的途径，从长远讲，应以提高资源生产力为目标。正如产品质量的提高可以增加企业收益一样，绿色化是企业价值潜在的推动因素。

（4）生态技术是提高绿色管理效率的直接途径。美国经济一半以上的增长来源于资本、劳动力和原材料利用效率的提高。应该促进诸如风能、光电材料、节能技术、循环生产技术等清洁技术的发展。

进一步研究工作的趋势是：通过描述性的、说明性的和规范性的方法，对有关个体—组织—社会的环境价值的各种现象进行联系分析；对企业决策者（包括研究人员）所计划的、表达的和实际实施的环境行为与相应的环境影响的关系进行分析；对正式或非正式的利害相关者联合采取的环境行动的特点和作用进行研究；对信息、信息技术和信息系统在上述各方面研究中的地位及作用加以重视。

2. 组织理论与绿色管理

组织理论与企业绿化过程的关系值得继续研究。其中主要有：

（1）制度理论（Institutional Theory），即研究组织如何更加适应其所处的长期制度环境，并在结构和行为上变得彼此更加相似。

（2）学习理论（Learning Theory），即组织如何理解和总结其以往的经验从而获得新的知识。

（3）自然选择理论（Natural Selection Theory），即外部压力使得适者生存。

（4）战略抉择理论（Strategic Choice Theory），即管理者如何试图变得更加有理性和目的性，即使这可能是通过杂乱无序方式进行的。

3. 绿色管理的地域和行业背景

西方管理学界关于绿色管理的现有研究大多集中在发达国家。随着经济全球化的发展，受国际投资和贸易的影响，研究工作关注的地理范围逐渐扩大。对于国家之间绿色管理异同的比较研究将有助于绿色管理知识和经验的扩散。

从所研究的组织的行业背景看，采掘业、加工业、制造业等传统工业行业继续受到研究者的关注。同时，关于服务业、非营利组织和公共部门、社区组织、媒体、工会、教育机构甚至军事机构等组织的绿色管理的研究也在增长。

四、本书的内容安排及学习方法

（一）本书内容组织的出发点

在企业组织与自然环境的关系的学术研究领域，国际主流的管理学期刊主要关注北美和西北欧等发达国家的企业。中国正处于经济转型发展阶段，传统工业产业是我国工业化过程中的支柱产业，也是中国工业参与 21 世纪国际竞争的主要领域所在。其中，企业的环境管理能力是传统工业发展中的关键问题之一。由于企业体制、竞争力格局、资源禀赋和制度因素与发达国家不同，因而，中国的公共环境管理与企业绿色管理的特点将有别于西方发达国家。从成果借鉴和理论创新的角度研究中国的企业环境管理问题，将有助于推动企业培育持续的竞争优势，从而推动中国的新型工业化的进程。另外，中国公共环境管理和企业绿色管理的实践和经验总结更为重要。

从政策的角度看，企业作为政府环境经济政策的主要调整对象，不同企业之间的行为差别和复杂的博弈关系，使政府在环境经济政策制定和实施中面临严重信息不对称的问题，也常常导致政策组合中某些具体政策措施之间的激励不兼容。同时，如果施加过度的外部激励也可能会弱化企业服从法律的自觉性，难以产生持续的效果。

从企业的角度看，为了提高竞争力和企业价值，需要不断学习和总结绿色管理的知识、理论、经验。政府、媒体和教育研究等部门的参与，有助于促进企业将环境可持续的原则拓展到企业战略、组织结构、决策流程、行为规范及激励机制中，引导企业加强环境管理的建设，促进企业、政府、公众之间的合作。

企业环境保护的社会责任和绿色管理对企业价值的影响是本书内容的两条

主线。同时，内容的安排综合考虑了绿色管理领域知识的系统性和学习者的便利性。

（二）本书内容的组织安排

本书内容基本上按照企业管理的各分支学科或职能布局。共分为 11 章，即：绿色管理导论、企业环境伦理、绿色发展与战略管理、绿色营销、绿色运营管理、环境会计与环境成本、投资项目环境评价、企业环境风险管理、企业可持续发展报告、循环经济的理论与实践、绿色管理的经济与政策分析等。

其中，内容纵向安排考虑的主要是企业管理的基础要素，包括利润及增长率，治理结构、透明度，成本及生产力，技术、流程、管理、战略创新，融资能力，风险管理与经营资格，人力资源，品牌、价值和信誉，社会责任、企业伦理等。横向的内容主要是环境管理相关要素，包括政府环境管制、其他利害相关者、污染控制、资源效率和生态影响、产品生命周期以及员工健康和安全等。上述纵向要素和横向要素的相互关联构成绿色管理的基本内容和模式。

内容安排的主要特点：①综合介绍绿色管理的理论基础、分析方法和管理工具；②强调企业绿色管理与公共环境管理的内在联系；③既包括目前绿色管理领域的成熟理论观点和管理原则，又介绍理论研究和创新实践的前沿问题；④在以西方管理学中关于绿色管理的理论和方法为主体的同时，强调中国的公共环境政策和企业绿色管理的实际应用；⑤提供一些具体的研究方法和案例分析，并配合一定的数据资料，可供研究工作参考。

（三）绿色管理课程的学习方法

在学习中，应该注意内容的系统性和各部分内容的内在联系，这对知识的理解和运用都极为重要。比如，绿色管理的最佳经验（Best Practice）在企业内部和外部的传播中存在诸多障碍，由于这些经验与具体的组织能力有关，难以观摩和衡量。因此，对某些经验的借鉴，通过管理手段推行恐怕难以奏效，可能需要组织结构的变革。

本书试图通过理论模型分析资源环境问题的实质，企业对环境问题的反应，以及政府环境管制对企业的影响等。

思考与讨论

1-1　环境保护是企业的社会责任之一。史密斯如此看企业的社会责任：①企业的目标是通过有效率的经营管理而获取利润，并由此增加社会福利；②社会责任带来的成本可能会削弱企业的竞争力；③企业不适合解决社会问题；④企业参与社会问题，就会获得更为强大的社会力量，这会对社会现有的格局产生破坏；⑤社会问题是应该由政府负责解决的事情。请对上述观点加以评论。

1-2 如何理解企业绿色管理与公共环境管理的关系？请分别从性质、目的、手段以及理论依据等角度加以说明。

1-3 请通过互联网等途径了解中国环境质量状况、环境政策实施情况和企业环境管理现状，并结合国际环境标准以及西方管理学对绿色管理的研究进展，评述中国传统工业企业的环境管理问题。

第二章　企业环境伦理①

现代企业的经营涉及企业与其利益相关者之间的各种关系。我们通常所指的"利益相关者"包括员工、顾客、股东、供应商、竞争对手、政府、媒体以及社会等各方。企业管理者在经营活动中必须考虑到这些利益相关者，而不仅是企业的股东们。所谓伦理，是指人与人相处的各种道德准则，商业伦理是指处理企业与其利益相关者关系的道德规范。本章讨论的企业环境伦理问题是与环境问题密切相关的商业伦理问题。

第一节　环境伦理对企业的重要性

人类自从有了商业活动，就有某些营利手段被认为在伦理上是不能被接受的。近30多年来，由企业经营活动造成的环境污染、资源耗竭和生态破坏成为社会广为关注的焦点。

事实上，环境污染和生态破坏问题伴随着工业革命的进程一直受到人们的关注，资源耗竭问题也随着罗马俱乐部的著名报告《增长的极限》在20世纪70年代后引发更多的争论。但是，工业化国家所经历过的"先污染、后治理"的发展模式，以及商业文明推动的不合理的消费方式，导致环境问题始终停留在非主流的意识形态层面，而没有真正得到企业经营者、投资者、员工等利益相关群体的足够重视，特别是在贫困国家和发展能力缺乏的地区，受企业经营环境恶劣、法制不健全、文明程度低等因素的影响，这种现象尤为突出。

到了20世纪90年代，随着公众越来越认识到多种商业活动对环境造成了无法弥补的伤害，企业的环境责任开始成为一个热门话题。现在的消费者越来越多地要求公司对其行为引发的环境影响负责。环境伦理对于企业的重要性通过社会看法对于企业的巨大影响力而显现出来。

---

① 编者注，本章可部分或整体地用于 MBA 及其他管理类学生的《商业伦理学》、《公司与社会》、《环境管理》等课程的教学中。

一、企业环境伦理水准的不同层次

我们应该认识到,以目前的技术水平,承担环境责任往往需要付出相应的代价,承担环境责任的成本将分摊到企业和公众身上。社会必须在限制和消除污染所需的巨额成本、污染对自然生态以及人类健康造成的威胁之间做出权衡。尽管人们不愿意看到油污造成河流与海岸的污染,不愿意看到水生动植物的死亡,但他们也不愿意放弃使用成本低廉和供应充沛的石油。人们不愿意看到城市垃圾处理问题日益严重,但他们也不愿意多付钱购买有环保包装的绿色产品,或者同意支付更多的费用以建造更多垃圾处理设施和支持废弃物的循环使用。

当承担环境责任要付出相应的代价时,社会上的"尼木柏"情结就会出现。尼木柏是英文缩略语"NIMBY"的中文音译,是"Not In My Back Yard"(不要在我家后院)的缩写。下面用一段对话作为例子来说明尼木柏(NIMBY)情结:

——现在北京的交通堵塞问题越来越严重,我们小区附近这条马路一到上下班时间就被汽车堵死了,谁也走不动,政府应该想办法分流车辆。

——政府已经有了规划,要新修一条马路分流车辆。

——太好了,那就快些动工吧!新马路会经过哪里呢?

——就在我们的小区后面,你们家住的楼房紧挨着马路。

——这可不成,马路多吵哇!凭什么紧挨着我们家楼房啊?

——那你说马路该建在哪儿?

——爱建在哪儿就建在哪儿,我管不着,反正不能挨着我们家!

拒绝承担环境责任是尼木柏情结在企业中最常见的表现。所达到的环境伦理水准不同,公司面对环境责任时的表现也不同。现实中,公司的环境伦理水准大体分三个不同的层次;处于环境伦理水准最低层次的公司,其典型表现是完全 NIMBY,回避企业的环境责任,认为环境管理是其他人该做的事情,对公司来说是不必要的,只是到本公司出现了环境事故时才被迫去解决环境问题;处于环境伦理水准中间层次的公司,其典型表现是部分 NIMBY,觉得环境管理有时还是值得花些时间去做的,对企业可能也是有利的,不过,我这家企业的作用毕竟是很有限,现在企业还面临着其他迫在眉睫的挑战,在解决了这些问题之后再去考虑环境管理问题吧;处于环境伦理水准最高层次的公司对环境管理问题有前瞻性的眼光,把环境管理看作是一种战略性商机,从 NIMBY 的反面去考虑可以提供哪些服务,可以避免哪些冲突,在公司战略管理中引入环境伦理的维度,在公众面前呈现出一个绿色的形象。广告宣传有时也能折射出公司的环境伦理水准。环境伦理水准低的公司往往起劲地鼓吹消费主义，渲染个人生活的极致化，而环境伦理水准高的公司则柔和地倡导"小的是美好的"。

二、社会看法对企业环境行为的影响

我们相信，环境伦理对于长期持续的商业成功是必不可少的。但是，泛泛地议论人类的经济活动和改造自然环境的活动是否应该超过自然环境的资源界限和生态界限，对于企业的决策与行为而言，并不构成有力的激励与约束。如果要改变企业在环境问题上的态度，社会看法常常扮演着非常关键的角色，现实社会中，有许多事例能说明这一点。

例如，生产化妆品的雷芙伦公司曾经通过"德莱兹（Draize）眼刺激测试"评估化妆品的刺激性，这种测试是把化妆品滴入兔子的眼中，以观察该化妆品的刺激性。在大多数情况下，这种刺激会弄瞎兔子的眼睛，因此，德莱兹眼刺激测试受到动物保护人士的猛烈攻击。在1980年第一期的美国《时代》杂志上，刊登了一幅画面是一只瞎眼白兔的整页广告，标题是："雷芙伦公司为了美，究竟弄瞎了多少只兔子的眼睛？"以此为号召，来自几百个动物福利和动物权利组织的人士在著名的雷芙伦公司办事处外面举行示威。面对社会舆论的压力，雷芙伦公司做出的直接反应是解雇了从事德莱兹眼刺激测试的工作人员，并设立了研究基金以寻求其他的测试方法。

在这个事例中，可以看到媒体，特别是主流强势媒体在影响整个社会的看法、发起集体行动方面所能起到的重要作用。雷芙伦公司所遭受到来自社会公众的压力，只是近些年来发生在众多商业组织身上的类似情形的一个缩影。雷芙伦公司无法对社会的看法视而不见，处理不当甚至只是处理不及时，都有可能导致企业公共关系方面的灾难，给企业带来致命的伤害。

社会看法影响企业决策的事例是麦当劳公司对包装容器材料的选择。

20世纪70年代中期，麦当劳开始使用聚苯乙烯塑料作为包装容器材料。在此之前，麦当劳曾经委托斯坦福研究所（SRI）就聚苯乙烯塑料包装和纸板包装对环境影响的对比进行了一项研究。SRI的结论是，从生产和垃圾处理的角度评价，使用聚苯乙烯对环境更有利。许多年来，出于保护大气臭氧层的考虑，麦当劳指示它的聚苯乙烯塑料容器供应商在生产过程中不使用氯氟烃，并减小这些泡沫塑料容器的厚度。1990年2月，麦当劳开始了一项在美国新英格兰地区450家店进行聚苯乙烯再循环使用的试验，并计划与其供应商合作，在美国建7家聚苯乙烯再循环工厂，在全国推广再循环使用计划。

然而，正在这时，麦当劳公司受到了越来越大的社会压力要求他们停止使用聚苯乙烯包装，这些压力来自环境保护基金会、全国反有毒物质运动组织、许多妇女俱乐部和学校的儿童们。1990 年末，麦当劳对社会压力做出回答，宣布将用聚合包塑纸代替聚苯乙烯作为包装容器材料，而聚合包塑纸由于有塑料表面是不能循环使用的。

麦当劳（美国）公司的总裁爱德华·伦斯在声明中说："虽然一些科学研究表明聚苯乙烯包装对环境有利，但我们的顾客却并不喜欢它。"麦当劳公司遇到的决策难题让我们体会到环境问题的复杂性。公众的认知与某些科研机构的结果可能并不吻合，感知印象与理性分析之间可能存在着一定的偏差。显然，在这一事例中，公司的决策更多考虑的是社会看法，而不是环境判断。公众反对使用聚苯乙烯泡沫塑料容器，可能是出于对生产过程中使用氯氟烃破坏臭氧层的担心，而臭氧层的破坏会构成对人类健康的损害或者潜在的生命威胁。对公司决策者来说，在资源循环利用和人类健康之间，通常前者要服从后者。这背后也隐含着不同环境伦理观念（自然中心主义还是人类中心主义）对于企业决策的复杂影响。

在以上两个事例中，我们也看到了一些环保组织在形成强势社会看法中所发挥的积极作用。

企业环境问题的利害相关者通常包括：①公司最高管理层；②公司环境管理与技术部门；③企业员工；④公司股东；⑤供应商或消费者；⑥政府主管部门；⑦媒体和相关的非政府组织；⑧社区居民等。近 30 年来，以环境保护组织为代表的相关的非政府组织常常令许多企业经营者感到"头痛"，他们唤醒了更多民众对于环境问题的广泛关注，甚至诉诸法律手段挑战企业侵害环境的违规行为。如果没有他们作为环境这个沉默的利益相关者的代言群体，环境问题很容易被企业经营者、内部员工、政府、供应商或者消费者所忽视。由此可见，社会看法对企业行为的影响，不仅有赖于企业将环境目标与其他社会和经济目标结合起来，而且也需要某些关键性的社会群体作为"环境"的代言人。

现代社会，社区关系非常重要。在环境问题上，社区作为一个代言群体逐渐开始形成它的影响力，社区居民成为与企业协商、争议甚至对抗的一种力量。然而，因为尼木柏情结，很多社区（城市）领导人往往要面临抉择和考验，一方面追求企业在税收、就业等方面对社区的好处；另一方面应对社区民众、媒体舆论、绿色团体、工人权益组织的监督和抗议。①

---

① 根据现实中的艾琳·布罗克维齐的事迹改编成的同名电影获得了 2001 年奥斯卡奖，描写了艾琳来到污水案涉及的沙漠小社区，骇然发现污水里富含剧烈致癌物质，而负责供水的大公司 Pacific Gas & Electric 对此却敷衍搪塞。为收集证据，艾琳开始了艰巨的调查工作。起初，当地居民对没有任何法学背景的她疑虑重重，但艾琳的率真和诚意慢慢感化了众人，终使 600 名原告委托艾德律师事务所全权代理其诉讼请求。凭着人道和坚韧，艾琳和艾德两人最后赢得了直接诉讼案有史以来最高的赔款数额：3.33 亿美元。

当今世界，随着全社会环境意识的不断增强，在环境与社会责任等方面的社会看法对企业形象的影响越来越大。许多情况下，社会看法被独立的评价组织以更加定量化的形式表现出来。一个典型的事例是金融证券市场上出现的"道德指数"。2001年，英国伦敦股票交易所和《金融时报》共同拥有的"金融时报—股票交易所国际公司"推出了8种"道德指数"，率先将道德因素纳入金融证券市场指数范畴。该公司行政总裁对此举所作的说明是："我们推出该指数的原因，是由于投资方在选择投资对象时，越来越多地希望挑选那些有社会责任感的公司。"

这一事例显示出，当社会看法与投资、估价等关系到企业生存发展的因素紧密连接起来后，其对企业行为的调整、制约作用就像是"指挥棒"，而不只是像"光荣榜"或者"花絮新闻"那样可有可无。当环境问题影响到投资决策、员工就业、供应商关系、消费者购买这些因素后，就把"用嘴投票"转化为"用钱投票"、"用脚投票"，没有哪个企业或企业经营者有勇气去与这些因素公然作对。

在市场经济条件下，企业的形象直接关系到企业的生存发展，因此塑造企业形象是企业管理的最重要职能之一。企业形象的好坏不是自我标榜或人为制造出来的，而是依靠企业良好的经营道德、无可挑剔的产品质量以及优秀的售后服务塑造和维持的。在《财富》杂志的企业排行榜上名列前茅的500家企业，除了先进的技术、严格的管理、旺盛的创新意识、崭新的人才观念之外，无一例外地对企业伦理非常重视，都拥有企业自身的道德行为规范。在环境问题已经成为世界各国和社会公众共同关注的热点及焦点的今天，企业尤其要通过为环保事业做贡献而塑造自己的良好形象。一个企业若能在环保问题上自觉肩负起自己的社会责任，忠诚履行自己的道德义务，一定会赢得政府和社会公众的好感及赞誉，企业的良好形象自然就会建立。

三、法律与企业环境伦理的关系

对于环境伦理，许多企业经营者头脑中有一种误区——我们只要守法就好，为什么还要讲伦理呢？换言之，如果现有的环境法规不能认定企业的过错，是否企业就可以不必在意环境伦理的因素呢？

法律和伦理在某些关键的原则及义务方面确有共同之处。法律也常常与公平的标准和程序一起体现了各种道德原则。但是，必须明确指出的是：不能因为法律准许个人和团体的某种行为，就认为该行为在伦理上是可接受的。历史上臭名昭著的不道德的法律的例子比比皆是，如"纳粹德国"可怕的种族歧视性法律和支持美国奴隶制度的法律等。

从本质上讲，法律是反应性的。法律和法规通常是对已经出现的问题做出的反应，而反应的方式往往又是极其缓慢的，法律很少能预见可能出现的问题。对于承担决策责任的企业管理者来说，他们需要思考什么是正当的行为，而对正当行为的界定往往会超出法律的范围，尤其是当法律解释不当或法律滞后于社会和经济发展实践时更是如此。因此，我们在看问题时既要考虑法律，也要考虑伦理。

为防止对环境的破坏，仅仅依靠法律来约束企业行为是有局限性的。"亚马逊盆地的合法开发"这个例子可以帮助我们了解这一点。

美国富豪路德维希 1972 年开始了一项新工程，用推土机推平亚马逊盆地 5800 平方公里热带雨林中的一大部分，用于重新造林和农业开发，主要想生产稻米、纸浆和新闻纸。他的这项工程依法得到了政府批准，并受到了很多人的欢迎，被认为是给整个亚马逊盆地的发展提供了一个样板。然而，这一热带雨林是地球上物种最丰富的生态系统。由于人们对于那里的动植物区系还很缺乏研究，我们无法知道路德维希的这一合法的开发项目要毁灭多少物种。自然主义者伊尔蒂斯公开对路德维希进行了严厉谴责，说对亚马逊盆地的开发从生物学角度是 20 世纪最危险、最具毁灭性的事件之一，而路德维希及其公司在此"滔天大罪"中扮演着重要的角色。

事实上，不仅是法律滞后于实践，即使是伦理学理论，也常常比实践发展得慢，这方面的滞后效应往往会带来相当大的危害，而这种危害并不为当时的公众所知。

作为经营企业的商业领袖，不能仅仅关注如何遵守法律，还应该对作为这些法律基础的"对"与"错"有敏感的认识。

四、企业文化与企业环境伦理的关系

巴克霍尔兹（Buchholz）认为，造成环境问题的根源可能出现在企业的文化上，这种文化的基础是与经济、环境相关的伦理观和影响企业决策的主要价值观。而经济价值观在企业文化中是主导一切的价值观，它构成了决策的基础。巴克霍尔兹阐述了企业文化层次上的五个主要误区。

（1）以金钱为价值尺度。在以经济价值观为主导的文化中，金钱是在现代社会经济领域中衡量价值的主要尺度。但是，用这种尺度衡量，森林的价值仅仅体现在它作为建筑用材的市场价值上，处在自然状态中的原始森林是没有什么价值的，保护这种生态系统自然也没有任何经济价值。

（2）技术万能论。人们相信技术总体上是好的，并依靠技术去突破人类在自然界中遇到的限制。如此一来，人们规划新技术的发展而不去规划未来的环境，只要有了新技术就尽快地加以利用，而没有耐心等待完全弄清楚新技术对环境的影响。

（3）化整为零式的管理。为便于控制和管理，人们通常将现实的管理问题化整为零。人们相信，整体是部分之和，只要管理好每一项具体任务，整体的问题就解决了。往往忘记考虑整体所包含的各部分之间以及各部分与整体之间的相互依赖的关系。这会导致在经济活动中，每个人都从个人而不是从人类的角度看待世界，重视的是私人财产，而不是人类的共同财产。

（4）迷信力量。人们要驾驭自然，而不是与自然和谐共处。如果有什么事情行不通，就认为是没有投入足够的力量。追求宏大而忽视细小，例如，现实社会中人们更多地依靠由若干释放巨大能量的电站构成的能源系统，而不是依靠很多小系统提供所需要的能量。

（5）唯增长论。经济增长是社会的基础，是衡量一切进步的尺度。人们把国民生产总值增长作为衡量社会进步的尺度，而不考虑这种增长可能造成的环境破坏，以及这种增长可能消耗掉的自然资本（Natural Capital）。人们强调经济增长，追求一种建立在物质产品和服务越来越丰富的基础之上的经济生活方式，却并不关注如何维持自然的多样性以及环境的可持续性。

以上五个误区可能对企业决策产生影响并导致对环境的破坏。走出这些误区依赖于正确认识人与自然的关系，正确认识人类生活质量的完整意义。一个有社会责任感的企业对于环境问题和其他社会问题的关注至少不应低于其对生产、销售和财务方面的关注。判断一项工商活动是否正当的标准应该是这项活动是否对完整意义上的人类生活质量有所贡献。

抽象看，企业的绿色管理包括"企业为什么要进行绿色管理"和"如何进行绿色管理"两大部分内容。对第一个问题的回答，是企业环境伦理的主要内容。对于如何进行绿色管理，企业环境伦理也试图给出若干具有可推广性和普遍借鉴意义的准则，以作为企业决策的参考。①

第二节　环境伦理学的流派与主张

企业环境伦理准则的得出，离不开环境伦理学科的发展。企业管理的学习者和实践者有必要简明扼要地了解环境伦理学的主要流派及其重要主张。

一、环境伦理学的兴起与发展

无论在东方还是西方，环境伦理的思想自古有之。但是环境伦理学（En-

_____

① 从某种意义上说，本书是一本广义的"企业环境伦理"的著作，是在企业环境伦理思想影响下的应用。

vironmental Ethics）作为一门新学科，是现代西方自然环境保护运动的产物，并且随着自然环境保护运动的发展而发展。当今西方生态伦理学流派纷呈，各具体系，为人类贡献了丰富的思想资源，深刻地影响着人类的价值观、伦理观和决策行为，已经成为一门举世瞩目的显学。

西方环境伦理学的发展历程，可以分为以下三个阶段：

（1）从19世纪下半叶到20世纪初，是孕育阶段。随着现代工业的蓬勃发展，西方许多国家越来越多的森林资源、野生动植物遭到了严重的破坏，工业城市出现了严重的空气污染和水污染事件。许多有识之士自发组织起来，开始重新审视人与自然的关系，形成了西方第一次自然环境保护运动，写出了最初的环境伦理学著作。这些著作已经开始出现人类中心主义与自然中心主义的理论分野，但是其基调是人类中心主义。

（2）从20世纪初到20世纪中叶，是创立阶段。两次世界大战不仅严重破坏了许多国家的经济，也直接或间接严重破坏了有关地区的自然生态环境；世界大战引发的经济危机更加剧了对自然资源的掠夺式开发，造成部分地区自然生态环境的严重恶化，第二次自然环境保护运动出现了。许多学者进一步审视人与自然的关系，在更高层次上要求把环境问题和社会问题联系起来，写出了一系列环境伦理学著作。这些著作的基调是抨击人类中心主义，主张自然中心主义；要求把伦理学正当行为的概念必须扩大到对自然界本身的关心，要求把道德上的"权利"概念扩大到自然界的实体和过程，并赋予它们永续存在的权利。

（3）从20世纪中叶至今，是系统发展阶段。人口爆炸、工业化道路、农业机械化和化工产品的大量运用以及城市化的迅猛发展，全球性的生态环境危机日益严重和日益普遍，促使越来越多的人对传统的经济发展模式提出质疑，深入反思人与自然的关系，检讨人类对待自然的态度和行为，从经济、技术的层面深入到文化、观念和价值的层面，引发了第三次自然环境保护运动。在环境伦理学领域创立了多种国际学术期刊，定期召开国际性学术会议，在大学里设置了环境伦理课程及相应的学位，并将环境伦理学由理论向应用扩展。

西方环境伦理学的理论十分丰富。但总体说，它作为一门新兴的学科，还是不成熟的。正如美国学者威斯顿所指出的："它们的工作与其说是积累性的，毋宁说是创造性的；与其说是总结性的，毋宁说是展望性的。它们的主要功能是激发伦理语言的活力，是扩展我们思维的空间，是点燃道德想象力的火把；是提出问题，而不是解决问题。"

环境伦理学从孕育、创立到全面发展，形成了"百家争鸣"的局面，其学派纷呈，观点迥异。不同流派的理论，各自具有其合理的成分，在某些方面还是互相补充、相辅相成的。主要的流派有：动物解放论、动物权利论、生物中心主义、生态中心主义、自然中心主义；强式人类中心主义、弱式人类中心主义；浅层生态伦理学和深层生态伦理学；个体论、整体论；功利主义环境伦理、环境公正伦理学；本土生态伦理、神学生态伦理、价值论生态伦理、生物区位主义、扩展共同体生态伦理、后现代主义环境伦理、可持续发展生态伦理、生态女性主义伦理学、政治生态伦理学、"盖娅"假说生态伦理、地球伦理学等。

有人根据道德执行者关心的对象，把诸多学派概括为八个学派：道德执行者只关心自己的伦理利己主义；道德执行者只关心人格或人类的人道主义或人格主义；道德执行者只关心有意识有感觉存在物的伦理学；道德执行者只关心包括所有有生命的存在物的伦理学；道德执行者只关心所有存在物的伦理学；神学伦理学，即把上帝作为决定道德上的是非善恶的最终依据；把上述两种或多种类型组合而成的混合性伦理学；遵循或模仿大自然的"自然秩序论"伦理学。[①]

有人根据价值主体或伦理主体，把环境伦理学的诸多学派归纳或概括为四个学派：人类中心主义学派、动物解放主义/动物权利主义学派、生物中心主义学派、生态中心主义学派。

二、环境伦理的四种主要流派和核心主张

根据人们究竟站在什么角度看待环境保护的意义、人们对自然存在物所关心的程度，我们可以把人们的环境道德境界区分为人类中心境界、动物权利境界、生物平等境界、生态整体境界和人与自然和谐的可持续发展境界。环境伦理学中的人类中心论、生物中心论、生态中心论（包括大地伦理学和深生态学）和可持续发展论分别是这四种境界的理论表述。

（一）人类中心论

首先，人类中心论认为人类是宇宙的中心。自然界（包括环境）仅仅是满足人类需要的一种有用的工具。这种对人类的价值称为工具价值（Instrumental Value）。

其次，人类中心论中的"人类"，是指现在生活在世界上的人。"除了对下一代以外，人类对以后的各代没有道义责任。"

这种观点与经济学中最基本的经济人假设（在经济活动中，个人所追求的唯一目标是其自身经济利益的最优化）是一致的；与管理中经常采取的用

---

① W. F. 弗兰克纳. 伦理学与环境//E. B. 古德帕斯特，K. M. 舍尔编. 伦理学与21世纪的问题. 圣母玛利亚大学出版社，1979.

正值贴现率将发生在不同时期的有关费用和效益换算为现值的做法也是吻合的。

在人类中心论者看来，如果环境问题危及到当代人的生活水平（例如直接影响到当地生产与生活的"三河""三湖"污染），那么就应该保护环境；如果环境问题与当代人的生活水平没有直接关系（例如对还不知道有什么用途的物种的保护），那么就没有必要保护环境。人类中心主义的环境伦理认为，人只对人负有直接的道德义务，人对人之外的其他存在物的义务，只是对人的一种间接义务；人与自然的关系不具有任何伦理色彩。不过，现代的人类中心主义也试图对人的利益作出某些限制，例如，诺顿（B. Norton）把人的偏好区分为感性偏好和理性偏好。他指出，那种对人的感性偏好缺乏必要的反思和限制的理论是不合理的，只有那种认为只应满足人的理性偏好、并依据一种合理的世界观对这种偏好的合理性进行评判的弱式人类中心主义才是合理的。

（二）生物中心论

生物中心论认为，任何生物，哪怕对人类无用甚至有害（例如导致艾滋病或非典型性肺炎的病毒），它的存在本身就有价值。这种与生物存在相联系、而与其对人类的作用无关的价值，称为内在价值（Intrinsic Value）。

因此，生物中心论要求一切生物的生存环境保持不变，反对因发展经济导致的环境变化。

生物中心论把道德义务的范围扩展到了所有的生命，认为人与其他生命的关系也具有伦理意蕴。施韦泽主张敬畏所有的生命；泰勒的生物平等主义则认为，所有的生命都拥有"天赋价值"（Inherent Value），因而应被当作一种目的本身来加以尊重。

（三）生态中心论

生态中心论进而把道德义务的范围扩展到了整个地球（包括由生物和无生物组成的生态系统）。利奥波德的大地伦理学把维护地球生态系统的完整、稳定与美丽（多样化）视为判断人的行为的道德价值的重要标准之一；以内斯为代表的深层生态学把生态环境视为人的自我的一部分，并把保护环境理解为自我实现的内在要求；以罗尔斯顿为代表的自然价值论则把人对自然存在物的客观义务建立在后者所具有的客观的内在价值和系统价值的基础之上。

（四）可持续发展论

1987年，世界环境与发展委员会（即布伦特兰委员会）在其报告《我们共同的未来》中给出的定义，被认为是最为流行并得到公认的可持续发展定义。该定义认为："可持续发展是这样一种发展，它既能满足当代人的各种需要，又不会使后代人满足他们自身需要的能力受到损害。"

按照这一定义，当代人在考虑对环境的利用时，不仅要考虑对自己的影响，而且要考虑对子孙后代的影响。

但同样是讲可持续发展，不同的人有着不同的理解：

一部分人认为，当代人在发展经济的过程中，一方面造成了环境质量的下降和自然资源的消耗，从而对子孙后代造成不利影响；另一方面增加了人创资本（Man-made Capital）。人创资本既包括物质资本如厂房、机器和道路，也包括人力资本如教育程度和知识。人创资本的增加对提高子孙后代的生活水平是有利的。在人创资本与包括自然资源和环境在内的自然资本之间，存在着替代关系。因此，从总体上说，只要能给子孙后代留下相应的人创资本，就不必为自然资本的减少而担心。这些人还认为，自然界本身具有高度的适应性，因而即使生态系统达到某种稳定的、可以预期的、相对于今天来说是退化的状态，也不必大惊小怪。

另一部分人则认为，自然资本与人创资本之间基本上是互补的。它们之间的替代性是很小的。随着自然资本的消耗，人类福利将减少。环境与生态系统是相当脆弱的。只要其中某一重要组成部分受到破坏，就会牵一发而动全身。为了做到可持续性，就应该留给子孙后代一个大体上与现在情况相同的人类生存支持系统。

如果说，人类中心论是环境保护的"底线"伦理，必须用法律加以强制执行，那么，生物平等境界、生态整体境界和人与自然和谐的可持续发展境界则是环境保护的高级美德。确实，如果一个人不仅关心他人的幸福，还真诚地关心动物的疾苦（动物权利境界），或者不仅关心人和动物的福利，还真诚地关心所有生命的实现（生物平等境界），或者不仅关心人、动物和植物的生存，还真诚地关心生态系统的完整（生态整体境界），那么，我们似乎不能简单地说他只是一个伤感主义者或神秘主义者。一个人如果对动物残酷无情，那他对其他人的关心肯定也是有限的；一颗完美的心灵不可能由这样两个部分组成，一部分是对他人的同情和关心，另一部分是对动物和其他生命的冷漠无情。完美的德行不仅应在人与人的关系中表现出来，还应在关心和爱护其他生命的行动中体现出来。在环境伦理修养方面，一个人当然首先要履行人类中心境界的义务；但这并不意味着，环境伦理修养到此就止步了，也不意味着，人类中心境界就是环境道德的最高境界。人的道德修养是一个永无止境的过程，道德境界是没有上限的。从这个角度看，动物权利境界、生物平等境界和生态整体境界把人的道德义务的范围扩展到非人类存在物身上的做法，又为人们的道德修养提供了新的可能性。

当然，对人类中心境界、生物平等境界、生态整体境界和人与自然和谐的可持续发展境界的追求是有秩序的。一个人只有首先履行了前一境界的义务，才能选择和追求后一境界。对这四重境界的追求应该拾级而上。前一境界是后一境界的起点，后一境界是对前一境界的提升和超越。超越不是否定和抛弃，而是包含和容纳，是把前一境界的义务放在更宽广的"意义构架"中加以理解和定位，就像把牛顿力学放在爱因斯坦力学的视野中加以理解和定位一样。人们对环境伦理的四个境界的追求，每提升一个层次，他们的道德视野便开阔一分，意义世界便扩大一分，其人格和情操便升华一分。

人类中心主义较为关注环保政策的伦理基础，它把环境伦理主要理解为一种公共伦理和社会伦理，强调环境伦理的外在规范。非人类中心主义较为关注环境保护的精神资源，它把环境伦理主要理解为一种人生态度和个人伦理，强调环境伦理的信念特征和自我约束功能。

三、环境伦理与中国传统文化的渊源与联系

与西方环境伦理的流派发展不同，环境伦理与中国传统文化的联系是另一幅图景。儒家、道家、佛教的思想基本上都是非人类中心主义的；一般来说，在世界观的层面，它们与环境伦理是完全相通的，并且可以给后者提供一个恰当的、理想的世界观基础。但在大多数情况下，儒家、道家、佛教所包含的环境伦理含义都是隐而不显的，它们谈论环境伦理义务的方式也与西方环境伦理学不同。

儒家没有明确的关于解放动物或动物权利的观念，它是从"恻隐之心"的角度理解关心和保护动物这一问题的。孟子曾有"君子之于禽兽也，见其生，不忍见其死；闻其声，不忍食其肉。是以君子远庖厨也"（《孟子·梁惠王上》）的说法，这无疑是扩充恻隐之心的结果，而非严格的责任伦理。儒家也缺乏生命个体的绝对平等的"天赋价值"的观念，但它的"鸢飞于天，鱼跃于渊"的期盼，它的"万物生意最可观"的审美追求，它对"大生"与"广生"的"生生之德"的强调，又与保护生物多样性的思想符合。儒家的"浑然与物同体"的观念，以及"乾称父，坤称母"、"民，吾同胞；物，吾与也"的宽广胸怀，又与大地伦理学和深层生态学的自我实现论殊途同归。不同之处在于，在儒家那里，"天人合一"的观念带有较多的审美与终极关怀的色彩，而后者已把尊重大自然、爱护地球当作一种现实的、具有责任伦理色彩的道德规范表述出来。

道家没有提出专门的保护动物的伦理思想，但它也反对"动物的存在是为了给人提供肉食与方便"的自然目的论思想，认为"天地万物，与我并生类也；类无贵贱"（《列子·说符》）；这无疑是一种温和的生物平等主义。道家的"道法自然"、"生而不有、为而不恃、长而不宰"、"不以心捐道、不以人助天"的观念,与泰勒提出的"尊重大自然"的基本道德态度和"不伤害、不干涉"的环境伦理原则很类似,但道家思想的审美关照的色彩较浓,伦理关怀的色彩较淡。

佛教的"不杀生"戒律无疑属于佛教徒的责任伦理。和动物解放权利论一样,佛教也主张素食主义。它主张不杀生和素食的理由,一是慈悲心,二是避免因果报应,三是为了修行的清净。古德大师的名言"青青翠竹尽是真如,郁郁黄花无非般若"表明,在禅宗看来,在享有佛性方面,所有的生物都是平等的。此外,天台宗湛然大师的"无情有(佛)性"说,以及慧忠禅师"山河大地都是佛身"的观点,甚至超越了泰勒的生物平等主义,而走向了所有存在物的平等主义。

四、环境伦理的社会差异与基本共识

从社会发展的角度看,发达国家与发展中国家对环境伦理的理解又有不同的侧重。一般来说,发达国家的环境主义者和环境伦理学家较为强调非人类中心主义的环境伦理,强调保护动物、濒危物种和荒野环境;发展中国家的环境主义者和环境伦理学家较为强调人类中心主义的环境伦理,强调治理污染,美化居住环境。

发达国家的人类中心主义者在谈论或主张人类中心主义的环境伦理时,他们主要是把它作为一种与非人类中心主义的环境伦理相对立的伦理提倡的,他们强调的是人类中心主义的环境伦理与非人类中心主义的环境伦理的区别。发展中国家的人类中心主义者在谈论或主张人类中心主义的环境伦理时,他们主要是把它作为一种与狭隘的民族主义或霸权主义相对立的伦理提倡的,他们强调的是以全人类的利益为中心,反对发达国家在环境保护问题上推诿或逃避其责任和义务的行为。

尽管存在着上述分歧和差异,但环境伦理学家们在下述问题上已基本取得一致与共识。

第一,狭隘的人类中心主义,特别是狭隘的集团利己主义成为环境问题的深层根源。环境危机的实质不是经济和技术问题,而是文化和价值问题。要使环境问题从根本上得到解决,不仅要采取强有力的政治、经济和法律手段,更要改变人们的价值观念,启动人们内心的道德资源。

第二,人是地球上唯一的道德代理人,人类必须承担起保护环境的责任。环境伦理并不意味着,人类绝对不能伤害和食用其他生命或开发自然资源;它允许我们有区别地对待人类与其他存在物,在人类的根本利益与其他生命的利益发生冲突时,可以优先考虑人类的根本利益。但是,环境伦理要求我们,不可为了人类的琐碎利益而牺牲其他生命,不能暴殄天物;它还要求我们建立这样一种生存方式，这种方式既使得人类繁荣昌盛，也使得其他生命欣欣向荣。

第三，地球环境是所有人（包括现代人和后代人）的共同财富；任何国家、地区或任何一代人都不可为了局部的小团体利益而置生态系统的稳定和平衡于不顾。人类需要在不同的国家和民族之间实现资源的公平分配，建立与环境保护相适应的更加合理的国际秩序，也要给我们的后代留下一个良好的生存空间；当代人不能为了满足其所有需要而透支后代的环境资源。

第四，地球的承载力是有限的，人类必须节制其空前膨胀的物质欲望，批判并矫正发达国家那种消费主义的生活方式。为了维护地球的生态平衡，发展中国家有责任在保护环境与可持续发展之间保持某种平衡，发达国家则有义务减少其能源消耗总量，并支持和参与发展中国家的环境保护，帮助发展中国家走出环境保护与经济发展的两难困境。人类应当学会作为一个整体共同生活在地球上，建立一个以所有国家的平等为基础的"地球村联邦"，在这个联邦中，霸权主义和专制独裁都能够得到来自内部和外部的有效控制，所有人的基本人权都能够得到有效的保证，所有人都能享有一种充满尊严的生活。

第三节 企业环境伦理的准则

作为研究人的行为准则和道德义务的学说，伦理学不是一门精确的科学。因此也不可能达到理性科学如数学所可能达到的那种客观真理。不过，尽管伦理学判断没有科学判断那样的客观性，但这一事实并不意味着伦理学仅仅是由感情表达和主观臆断组成的，或者仅仅是某种有关习惯和偏好的事情。道德判断的基础能够而且应当是建立在合乎理性的道德原则以及经过细致推理的论据之上的。

由于一个道德问题并不存在唯一正确的解决方案，在实践中，我们可以通过各种客观的判据评价一种道德立场，从而在处理伦理学的两难问题时选择某些方案而放弃另一些。伦理学的特点使得它很难展开正式的论证，能展开的往往是一系列的准则，再加上一定的解释以及示例，使人们能够明白这些准则在实践中要求自己怎么做。

在准则的具体阐述中，我们把环境伦理的诸多学派最终概括为两个：人类中心主义和非人类中心主义，以此作为准则的分类依据。

一、人类中心主义准则

（一）利益相关者准则

进行商业交易时，对未参与交易的人所需付出的代价也应加以考虑。社会代价不会在公司或者顾客的财务报表中体现出来，但迟早得有人付这个代价。像空气、水、土壤排放污染物并不是在使用一个免费的"下水道"。由于这些有害物质，有些人的健康会受到损害，有些景观会被破坏，有些人的财产会受到损失，有些人得为之付出各种费用，酸雨还会随着风飘落到其他地区甚至国外。

一个企业在经营中不应只考虑股东或者管理层，而应该考虑更广泛的利益相关者。当然，在实践中，由于收益很集中而代价却分布很广，人们很容易忘记这一点。

（二）乡村准则

不要以为对公司有利的对国家也一定有利。在此，特别要注意，国家这个词不仅包括城市的人，也包括乡村的人。房地产开发、能源开采、废弃物处理都牵扯到大量的城乡平衡的问题。商业决策中，有些对乡村较为有利，有些则对乡村较为有害。从某种意义上说，没有任何企业是私人企业，不考虑邻里、乡村，不考虑水、空气、土壤、森林等各种资源，企业一定会逐渐造成对公共领域的严重破坏。

（三）阳光准则

不能对那些会受到公司行为重要影响的人保守公司的秘密。这一准则使外部能对公司进行健康的环境监督。公司在一定限度内有权保守商业秘密，但是，这绝不意味着公司可以拿这些权利作保护，把某些可能对公司不利的信息掩藏起来。由于公司一般都不愿意计算自己的污染使环境付出多大代价，加上区分公司利益与国家利益很麻烦，所以将相关的事实或证据公之于众，以便于人们进行争论是非常重要的。特别是要让可能会受害的人有机会保护自己的利益。

公司的政策应当是以合作的态度，自愿提供与环境有关的文件和数据，即使这样做会减少公司的利润。如果公司的政策是在发生环境争端时恶意地说假话，阳光准则要求雇员个人抵制甚至违反这种企业政策，需要雇员敢于站出来对人们提出警示。

（四）遗产准则

不要推卸对历史遗留问题的责任。许多错误是在人们对于某些危害还缺乏认识时就造成的。一个人加入一个企业，在获得这个企业提供的机会的同时，也继承了它的各种问题。个人和企业都会发现自己面对着一些不是由自己造成的问题，是其他人或企业造成了目前的状况。我们都倾向于给自己找借口，认为我们不需要为不是自己造成的遗留问题负任何责任。当环境已经恶化到很严重的程度时，如果"我们"仅指当前的雇员和企业的话，环境恶化不是由于

"我们的"错，但它仍然是"我们的"问题。

目前，无主的垃圾可能是在一个管理者还未出生时或者一家企业还未建立时由别人无所顾忌的倾倒造成的。但现在的经营者，或一家企业独自进行或众多企业协同努力，是能够采取一些措施以使情况有所改变的。

（五）代际准则

我们有义务留给子孙一个不比我们接受时糟糕的世界。有人认为，未来的需求是不确定的，资源储量也会随着技术的发展而变化。我们为自己目前的消费所做的辩解是：从一代人到另一代人，需求是会变化的，未来的人得自己关照自己；再说，我们也并非把自然资源全都用完了，有一部分资源是被转化为了资本，由后人来继承。然而，我们或许没有责任为子孙后代提供石油或木材，因为他们对这些东西可能不像我们这么需要。但水、空气、土壤、基因乃至自然景观都不属于这类资源，因为它们具有更为恒久的价值，而一旦破坏就难以恢复。

商业和技术并不能真正提供荒野的替代品，你不能夺走明天的自然基础。

（六）非消费准则

使非消费性利益最大化。消费成了商业乃至生活的全部内容，因为我们都靠消费而生活。然而，在任何一个需要作决策的时点上，我们最好还是作"消费最省"的选择。在我们这种很奢侈、很多东西很便宜、可以随用随扔的经济体系中，商家从来不敦促顾客注意使用商品时的效率。市场上充满了人为的废弃商品。规劝人们放弃消费自然很荒唐，但是拼命激励不必要的消费也同样荒唐，而且很不道德。

（七）重复消费准则

这条准则是提倡使回收利用最大化。有时制造一件产品要让它耐久，有时制造一件产品又不能让它过于耐久。要考虑一件产品成为垃圾后能否再加工成其他产品。在其他方面都差不多的几种材料中，选择时应考虑哪一种能更经济地加以回收利用。

（八）优先性准则

不可替代的资源越重要，就越应该把它用到重要的地方。任何进入到经济过程的资源都不应该是廉价到不用计量，但有些很贵重的资源不能完全由市场的供需情况计量其价值。不可再生和难以回收利用的资源中，也有些是比其他资源更为重要。一个企业越多利用这类资源，就越不应该用它们制造短暂使用后便废弃的、可有可无的商品，而越应该将它们转化成经济系统中的资产，使之得到长期利用。

（九）毒物威胁为王准则

一点点永久性的毒物比成吨的暂时性污染更厉害。健康风险有多大才可以接受的问题当然可以讨论，但我们在道德上当然是希望健康受到偏袒。对于不靠排放到有毒水平的污染就不能生存下去的企业来说，它应该关门大吉。缩短别人的生命或让他人成为残疾无异于谋害生命。

（十）稳态准则

我们应该接受经济中的非增长产业。随着技术进步不断带来新产品，有些种类的增长可以是无止境的。但是，有些种类的增长是有极限的，企业家应该将专业知识和良知结合起来，有远见地决定应该刺激什么样的增长和抑制什么样的增长，而不要等到碰到了极限才想回头。我们应该充足则求稳定，过滥则求精减。一个人超越青少年时代而成熟的一个标志，是身体上的成长结束了，而更复杂的智能与社会能力则继续成长。在成人时代，身体的增长可能是无用的，甚至可能是一种癌变。

二、非人类中心主义准则

人类中心主义伦理坚持人们不仅考虑自己公司的家园，也要考虑人类共同的家园。但如果我们提出人类有全面考虑自然共同体及其形形色色的居民的义务的话，我们的伦理关注就进一步加深了。任何牺牲公共福利为代价维护自身利益的企业都是不道德的，这一点已经有共识。现在我们要将结论再向前推进一步：如果人类以损害整个生态系统为代价而维护其集体利益，不考虑其他的利益相关者，那么，整个人类的事业也是不道德的——这是非人类中心主义的准则基础。

（一）可逆性准则

应该避免不可逆的变化。我们的商业活动是在一个复杂的自然系统中进行的。我们对这个自然系统远远没能完全把握，对它的理解也还很不全面，而它神秘的起源与动力机制也许是人类永远无法弄清的。一切进化都是不可逆的，但速度非常缓慢。人类应该是避免急速的、不可逆的变化，甚至一些我们事后会后悔的微小的变化。这条准则含有一种对自然的敬畏。

一切商业活动都会使自然有所改变，任何实验性的举动都带有一定的风险。但我们对生态系统的改变，应以事后如果我们想要恢复它时还能恢复为限。

（二）多样性准则

应该使自然物种数最大化。多样性是生活的调味剂。如果自然这一华丽的创造有不少被牺牲掉，那可真是可惜；尤其是这种牺牲换来的是我们已有很多的那些东西的话。我们无权让生态系统变得贫乏，但工业的扩张已经使自然的物种灭绝速度加快了上千倍。这条准则不是要以不自然的方式去增加物种，而只是说我们对自然形成的物种多样性要尽量加以保护。只有在我们有很重要的理由时才能放弃保护。

（三）自然选择准则

把一个生态系统作为被证明了的高效率的经济系统加以尊重。企业改造自然的努力有时会使我们不假思索地将无人占据的原始地带视作无用的荒地。但一个生态系统实际上是一个经济系统，其中的多种组分因其高效地适应此系统而被自然选择了的。当我们介入生态系统时，我们必须慎用我们的大规模的、不可逆的、将事物简单化的各种新技术手段，因为我们的干扰很有可能会引起一些意想不到的恶劣后果。在现代的商业实践中，我们也值得沉思一下哲学家培根的警句："支配自然唯一可能的方式是遵从自然"。

（四）稀缺性准则

越是稀有的环境，就越应谨慎地对待。自然中的生态环境分布并不均衡。人类的发展使得其中一些生态环境都变得更加稀少。一种环境越是稀缺，我们在那里进行商务活动时越应谨慎从事。稀缺的环境对区域生态系统也许并非必不可少，因此我们也可以不要这样的环境。但它们像古人的遗物、化石和纪念品一样，可以帮助我们了解过去的以及我们所不熟悉、即将消失的世界。它们是地球给我们的传家宝，能让我们追想自然的奇迹，让我们在更广的范围内缅怀自己的家世。

（五）美学准则

越是美丽的环境，就越应谨慎地对待。真正非凡的自然环境根本不需要我们进行任何商业性的开发。人们的审美情趣各不相同，但看一下多数人是怎么想的便足以为我们在商业上的决策提供参照。人类与自然之间并非只有技术的、商业性的关系；有时我们不是想显示自己能做什么，而是希望能欣赏自然的杰作。在我们不能让自然的地方保持原始状态的情况下，我们在进行改造时应尊重自然的美。任何对社会负责的、进步的企业"在考虑自己的最终目标时，都应给环境的内在价值……以应有的重视"（怀特海语）。

（六）瓷器店准则

越是脆弱的环境，就越应谨慎地对待。自然中的生态系统具有巨大的耐受力，但并非每种生态系统的耐受力都相同。我们不该把推土机开到一个脆弱如瓷器店一样的地方，以免里面的东西被破坏无遗。这可以是因为这里的东西很美或很稀有，可以是因为我们想防止不可逆的变化发生，可以是我们想保持多样性，可以是由于我们认识到很容易受到扰乱的东西更需要保护。脆弱性跟稀缺性一样，很难说其本身代表什么价值。但它在众多自然性质的总体中自有其位置；而我们从整体的角度看，也许会发现一个自然的地方的完整性是值得尊重的。这样，我们也许会下决心选择文明的商业活动，对自然少一些冒犯，少一些野蛮的行径。

（七）中枢神经系统准则

尊重生命，对越有感觉的生命越是如此。体验高质量生活的能力与中枢神经系统的复杂程度相关。一个物种在物种谱系树上的位置越高，其对快乐与痛苦的感受越强烈。哲学家边沁指出："问题不在于它们是否有理性，也不在于它们是否能说话，而是在于它们是否能感受痛苦。"有时，动物遭受痛苦如能使人类获得足够多的利益，可以被认为是正当的。但即使在这样的时候，我们也应谨慎从事，以尽量减少它们的痛苦。例如，在用动物做必要的试验和研究时，应该尽量选择感觉能力最弱的动物。

（八）物种生命准则

尊重物种生命甚于个体生命。大多数人有这样的共识：即使牺牲商业利益，也应该保护濒危物种。生命是神圣的东西，我们不应该对它漫不经心。这不仅适用于我们的生命，也适用于对低等动、植物物种的保护。灭绝意味着我们失去多样性、失去美、失去一种遗传资源、一个自然的奇迹、一个对过去的纪念品，而这些变化是不可逆的。个体消亡后可以由其他个体替代，但物种是无法替代的。

（九）自然公司准则

将自然首先看作一个共同体，其次才看作一种商品。生态系统是很复杂的群落或者说共同体。生物间的竞争是在一个协作的共同体中发生的。当我们人类到自然中进行商务活动时，应该继续按照我们在人类事务中已建立的原则，将不同的生命体视作同在一个共同体中的成员。我们有权将自然看作一种资源，但也有责任尊重一切生命赖以生存的共同体。自然实在是一个终极的公司，是一个合作公司；从生态规律的要求说，我们必须适应它；从道德上说，我们也应该去适应它。

（十）大地母亲准则

地球孕育了我们，并继续支撑着我们的生命，我们对它不应仅是出于明智而加以照料，更应怀有一份爱。世界上的公民应该去满足现实的物质需要，但如果提高生活质量会使环境质量下降的话，这不是生活质量真正的提高。

三、复杂的抉择

一个管理人员所面临的有关环境道德责任的复杂性和新颖性，不亚于他所需面对的任何责任。在伦理上我们面对两种困难：一种是我们知道需要做什么事，但不知如何说服一个公司去做它；另一种是我们不知道什么是正确的。我们不知道对一个给定的事实如何赋予它价值，也不知道该在多大程度上牺牲一种利益以换取另一种利益。将来越来越需要一些能够进行非常困难的思考的人做商业领袖。

可能有人觉得我们至此给出的准则用处不大，因为过于总括而不太精确。这些准则提供了一个背景，供我们探索和评估自己实际的决策时作为参考。接受了这些准则中的部分或者大部分的人，在实际处理某些案例时也会有不同的观点，但他们还是有了一些东西作为工作时的参照，有了一个背景让它们可以在上面摆出他们观点的差异。

有时，道德抉择变得很复杂，很难绝对地、明确地说是对了还是错了，我们就应该是在互相竞争、彼此不相容的各种利益中试着确定哪个最好，或是从几种都不好的选择中确定何者危害最小。

在环境问题的复杂性面前，人们容易丧失（有时是抛弃）责任感，这里，我们提出几条指导方针，有助于我们即使在复杂情境中也能保持自己的责任感。

（1）不要以复杂性为借口逃避应承担的环境伦理责任。一个环境问题不是由任何单一的原因或单一的责任方造成的，但环境问题的复杂性不能被用作推迟负责任或违反法律时的避风港。

（2）不要利用公关手段迷惑自己或他人。转移问题的公关宣传只会蒙蔽别人，使别人相信你，也许还能蒙蔽你自己。有道德的人应该坚持对形象背后的真实情况做出判断，而且不止于此，还应进而将虚假的门面装饰判断为不道德的。

（3）对公司的压力要有批评的眼光。尽管公司因其半公共性及寿命长的特点而比个人涉及更大范围内的道德问题，但公司的组织结构却有削弱和分裂人们道德意识的趋势，这是因为：个人只是部分地参与公司的活动，公司功能及其声言的目标有限，公司有着集体的、非人格化的性质，而且我们的薪水依赖于公司。我们应该做的，是把自己作为父母、作为公民、作为消费者应该问的所有问题都提出来，而且对这些问题做出回答时也应想着自己作为父母、作为公民、作为消费者，而不是作为公司职员时，会如何回答。

有人说，伦理学使人不适合从事商业，实际上，准确的说法是不适合从事那种不正当的商业。怀特海曾说："伟大的社会是这样一种社会：其商人会把自己的作用看得很伟大。"从这个意义上说，一个伟大的社会商人的作用当然应该包括"从环境的角度考虑问题"。

第四节　实践中的企业环境伦理

没有任何道德设计可以轻而易举地把这些复杂的环境问题理顺并使之相互协调。在通往解决这些困难的规范性指导原则的道路上，往往要求艰苦的分析工作、认真的对话以及相当大的妥协。

案例2－1

杰克·韦尔奇的成本分析

通用电气公司下属单位多年倾倒多氯联苯到赫德逊河里，美国环境保护署为了疏浚及清淤问题和通用电气公司发生争执。通用电气公司 CEO 杰克·韦尔奇是当代最有名的 CEO 之一，也是许多企业管理者敬重的对象之一，他认为，环保署的决定相当愚蠢，因此他坚持反对意见。

我们认为，他的看法可能没有错。通用电气公司不愿意进一步翻搅河床的沉淀物，恐怕未必不理性。但是通用电气公司理性的成本效益分析，恐怕也未考虑到对周边社区、环保人士、劳民伤财的诉讼过程，以及造成极度负面形象等问题。反对环保署措施的决定似乎很理性，但是它合理吗？当人类机构越来越理性之际，领导者必须警醒：在欠缺道德指南针的情况下，强调理性可能沦于米尔斯所说的"空洞的理性"。

实践中的企业环境伦理，与任何准则相比，都是足够复杂而富有挑战性的。任何决策都不会是单纯地根据某种思想做出的，而会头绪纷繁。对管理人员来说，这既是挑战，同时又是莫大的机会——至少，管理者永远不会被一些决策都已编成程序的计算机所取代。

这一节，我们将在本章前述内容的基础上，对一些现实中的环境伦理问题做进一步的分析。

一、企业环境伦理信条

案例2－2

壳牌中国的环境伦理信条

与壳牌集团对健康、安全、环保的承诺和政策相同，壳牌在中国大陆的所有公司均承诺：

- 追求无人身伤害的目标；
- 保护环境；
- 以高效地利用原材料和能源的方式提供产品和服务；
- 遵循以上目标，开发能源、产品和服务；
- 公开我们在健康、安全、环保方面的表现；

- 在促进本行业健康、安全、环保最佳行为方式方面发挥领导作用；
- 像管理其他重要经营活动一样管理健康、安全、环保事务；
- 推广健康、安全、环保文化，并鼓励全体员工共同履行这一承诺。

通过以上努力，我们期望能够取得引以为自豪的健康、安全、环保业绩，赢得客户、股东和社会的信赖，成为一个社区好成员，并为可持续发展做出贡献。

在中国大陆的每一个壳牌公司都：

- 拥有一个健康、安全、环保管理系统，确保遵纪守法并不断改进工作以取得更好成绩；
- 不断提出改进目标，检查、评价和报告自己在健康、安全、环保方面的表现；
- 要求承包商依据本政策开展健康、安全、环保方面的管理工作；
- 要求本公司运营控制的合资企业采用本政策，并利用本公司的影响促进本政策在其他合资企业的实施；
- 将健康、安全、环保方面的表现列为员工考核奖励指标。

1907 年合并而成的壳牌石油公司，已经成为目前全球最大的石油公司。在中国，壳牌的经营历史已逾百年。做一个负责任的企业公民，一向是壳牌集团经营的主要宗旨之一。在世界任何国家发展业务时，壳牌都十分重视与当地政府、国家公司和企业的合作，并致力建立长期、稳定和互相信任的伙伴关系。

建立明示的企业信条，对于企业文化建设、伦理风气养成都有非常重要的意义。而环境伦理信条，能够帮助企业中的每个成员，无论是企业目前的管理者，还是未来企业的管理者，树立环境伦理意识，掌握足够的环境管理能力，合乎伦理地进行环境决策，并领导企业实现经营管理与环境保护的双赢。从人力资源的角度看，环境意识和社会责任是企业管理者人文精神的一个重要体现，因而是衡量管理人员素质的一个重要指标。

企业发展阶段、企业治理结构、企业文化以及企业所在行业的特性等诸多方面的因素都对企业绿色管理有重要影响。

二、为什么环境问题容易被企业经营者忽视：企业环境伦理与道德获准

当我们讨论企业环境伦理时，主要是讨论企业的团体责任。但是，即使可以把不道德的活动归咎于公司，但这并不能减轻公司高级管理人员或公司其他人员的责任。其中，经常令社会公众以及管理者感到困惑的问题是为什么环境问题作为日渐显然的一个重要的企业社会责任，却经常被企业经营者忽视？

这里，我们引入道德获准理论给予框架性的解释，以提高管理人员对该问题的深入理解和管理自觉性。

道德获准是"……避免受到道德反对的愿望"。托马斯·约翰斯（Thomas Johns）和劳瑞·沃斯特金（Lori Verstegen）认为，人类有遵守道德的需要，这种需要可以是生物的需要、社会的需要、发展的需要或宗教的需要。它促使人们去获得他人或自己的道德许可，或至少避免受到道德反对。道德获准理论的基础是行为的四个组成部分：后果大小、罪恶确信度、合谋程度和受强迫程度。

后果的大小——收益和危害的总和；

罪恶确信度——对行为伦理性负面认识的程度；

合谋程度——个人参与的程度；

受强迫程度——决策的自由程度。

行为后果大小是与行为有关的所有危害和利益的总和。与行为有关的净危害越大，行为人的道德责任越大。在案例 2 - 1 中，利益包括通用电气公司获得的利益和提供的就业机会。虽然从社会整体角度看，危害与利益相互抵消，但这些利益与危害的分配是过错行为决定的。

某种情况下的道德上的模棱两可被称为"恶的渊薮"，指容易使人们走向恶的方向。当某一行为明显是不道德的时候，人们的道德责任较大，当行为在道德是非上不明确时，人们的道德责任则较小。

合谋程度描述了一个人对导致或没有阻止不道德行为的个人参与程度。一个人的道德责任与其对不道德行为的参与程度直接相关。

受强迫程度指的是一个人参与不道德行为的自由程度。自由程度越大，道德责任越大。强迫进行不道德行为的外部压力可减轻行为人的道德责任。外部压力的形式有经济的压力、人身的压力或心理的压力。

根据道德认可理论，较大的道德责任往往会导致符合伦理的行为，因为决策者希望被看作是一个道德品质好的人。当道德责任小时，被判断为不道德的风险也小，因此进行道德行为的动机减弱了。当决策者认为道德责任较小时，不道德的行为比较容易发生。约翰斯和沃斯特金认为，当不道德行为的风险性较高，行为不道德性的确定需要密切参与决策，并且没有强迫进行不道德行为的压力时，人们的行为比较符合伦理。

根据上述分析，我们不难分析得出——环境问题，通常具有这样一些特征。

（1）在行为后果上，环境问题带来的危害往往不容易被公司内部以及无关人士认知，特别是对于长期环境的破坏，而收益却往往是公司显而易见的可统计的财务收入公众对环境管理普遍缺少知情权、监督权、索赔权，然而，正是这些与企业相关的具体信息才可以帮助公众判断某个企业的生产前景以及在环境上存在的风险，从而做出是否参与该企业生产过程的决策（比如是否购买该企业的股票）。

（2）在罪恶确信度上，许多环境问题呈现一种模棱两可的状况，特别是人们保持的环境伦理观念不同时，更难对于同一个环境问题给出明确的是非和善恶判断。

（3）在合谋程度上，如果环境问题由公司高层集体决策，或者环境问题很容易落入到"行规"陷阱中，那么，合谋程度是比较高的。

（4）在受强迫程度上，对于经济欠发达地区和国家来说，对于处于发展初始阶段的企业来说，对于遭受经济压力的企业经营者来说，都很容易将环境问题置于较大的受强迫程度，而给予非常弱的关注等级。

通过以上分析，我们不难看出，环境问题为什么会成为各类企业、众多企业管理人员"视而不见"的伦理盲区。

三、重视与企业环境伦理密切相关的危机管理

案例 2 – 3

埃克森公司的不当环保危机处理

1989 年 3 月 24 日，美国埃克森公司的一艘巨型油轮在美国阿拉斯加州与加拿大交界处的威廉王子湾附近触礁，原油泄出达 800 多万加仑，在海面上形成一条宽约 1 千米、长达 800 千米的漂油带。事故发生地原本是一个风景如画的地方，盛产鱼类，海豚海豹成群。事故发生后，礁石上沾满一层黑乎乎的油污，不少鱼类死亡，附近海域的水产业受到很大损失，良好的生态环境遭受巨大的破坏。

事发后，埃克森公司却无动于衷，既不彻底调查事故原因，也不及时采取有效措施清理泄漏的原油，更不向美、加当地政府道歉，致使事态进一步恶化，污染区越来越大。到了 3 月 28 日，原油泄漏量已达 1000 多万加仑，造成美国历史上最大的一起原油泄漏事故。

美、加当地政府、环保组织、新闻界对埃克森公司这种置公众利益于不顾的恶劣态度十分气愤，群起而攻之，发起了一场"反埃克森运动"。事件惊动了总统，总统于当日派出运输部长、环保局局长等高级官员组织特别工作组，前往阿拉斯加州进行调查。

调查表明：造成这起恶性事故的原因是船长玩忽职守，擅离岗位。这一事

件引起美国管理界的重视，他们一面分析埃克森公司的原油泄漏事件中危机管理失败的原因，一面提醒企业经理们要从中吸取教训。

我们对这个案例中的公关危机进行了系统分析，可以发现埃克森公司犯了以下错误：反应迟钝；企图逃脱自己的责任；事先毫无准备，既无计划，也无行动；对地方当局傲慢无理；自以为控制了事态发展；不接受任何解决意见；存在侥幸心理；信息系统失控；忽视了能够赢得公众同情和支持的机会；错误地估计了事故规模；丝毫没有自责感。

从危机管理的角度分析，在埃克森公司此次处理危机过程中，错过了好几个重要的"机会之窗"。

（1）同新闻媒介的沟通。事件发生后的第二、第三天，新闻媒介还不是那么敌对，只有少数记者到过现场，对此做些一般性报道。但是后来埃克森公司对新闻界采取不理睬的态度终于激怒了新闻界。

（2）同环保组织的沟通。开始时，环保组织是一般性地表示悲伤。如果埃克森公司及时与他们联系，说明事故原因，争取他们的理解和同情，共同寻求解决办法，完全可以避免事态的恶化。

（3）同政府官员的沟通。事故的前三周内，美、加当地政府官员只是敦促埃克森公司尽快采取有效措施，并未提出过分要求，也不愿意同美国大公司的关系搞僵。但埃克森公司傲慢自负，对当地官员的要求置若罔闻，不理不睬，终于使他们也加入了批评和反对埃克森公司的行列。

（4）与公众沟通。特别是指那些为埃克森公司清除油污的工人。这些工人是在极艰苦的条件下作业，进展缓慢。埃克森公司应不惜代价鼓励更多的人来清除油污，这样会加快清除工作的进行，尽早结束这场悲剧。

环境问题很容易酿成令企业陷入紧急状态的危机。在处理此类危机中，如果不能掌握我们在本章中所总结的那些准则，并有针对性地在实践中应用，那么，很有可能使公司长期以来精心打造的品牌受到严重的损失甚至陷入到破产境地。

环境伦理的基本精神是扩展伦理关怀的范围，超越利己主义的本能；企业环境伦理是扩展企业的利润目的和社会责任，关照更广泛的利益相关者，将绿色作为衡量企业成败的底线（Bottom - line）的一部分。达尔文曾指出，一个社会的文明程度越高，它的道德事业越宽广。进化论最著名的捍卫者赫胥黎也认为，"人类的真正进步，是慈悲心的进步，其他一切进步都仅是次要的"。确实，关心他人、不虐待动物、爱惜其他生命，是一个人真正有教养的标志；

而关心生态环境是一个企业真正成熟的标志。道德的进步和人们的伦理意识的提高，是社会进步最坚实的基础和最可靠的保证。因此，企业的绿色管理应该以环境伦理为基础。这样，企业的环境保护运动才能获得源源不断的强劲动力。

把环境伦理信念引入企业管理之中，是环境保护从肤浅和幼稚走向深层及成熟的重要标志。作为环境伦理学奠基人之一的罗尔斯顿曾这样高度评价在中国建设环境伦理学的重要性："中国正在走向现代的今天，东方和西方也许应当互相学习；西方已认识到了伴随其发展而来的生态危机，东方也许应当从中吸取教训。在我们的地球家园上，我们对自然的评价有许多相同之处。中国有全球十四分之一的土地，世界四分之一的人口……除非（且直到）中国确立了某种环境伦理学，否则，世界上不会有地球伦理学，也不会有人类与地球家园的和谐相处；对此我深信不疑。"[1] 在病态的环境中不可能有健康的经济，肤浅的企业环境伦理观念下也不可能有高水平的企业管理，对于企业管理的学习者和实践者而言，学习和掌握企业环境伦理的基本理论、方法和准则是大有裨益的，也是值得进一步深入学习和思考的。

思考与讨论

2-1 人类中心主义的环境伦理观念与非人类中心主义的环境伦理观念，对于企业管理者来说，都有哪些启示与要求？你更认同哪个层次的环境伦理观？

2-2 在本章第三节中所给出的这许多准则中，你赞成哪几条？请结合你同意的准则，给出一些发生在现实生活中的具体案例。

2-3 请通过互联网等途径深入了解环境伦理的共识、争论以及流派代表人物，并结合你所具备的企业管理经验，分析企业环境伦理对于管理工作的重要意义。

---

[1] 罗尔斯顿.《环境伦理学》中文版前言.中国社会科学出版社，2000.

第三章　绿色发展与战略管理

随着世界各国对经济可持续发展战略研究的深入，越来越多的企业开始认同"经济发展要和生态环境、自然资源相协调"的观点，并积极致力于环境保护。可以说，一个以"崇尚自然、保护环境、促进持续发展"为核心的"绿色环保革命时代"已经到来，并推动着消费观念、企业生产方式、经营方式和市场手段等一系列的变革。正是在这样的背景下，"绿色战略"产生了。

所谓"绿色战略"，是指在充分满足消费需求，争取适当企业利润的同时，兼顾社会环境利益，确保企业持续经营的系统性经营活动，属于社会营销范畴。它要求企业的服务对象不仅是顾客，还包括整个社会；它强调企业的经营活动要符合环境保护的长远利益和企业持续发展的要求。

第一节　绿色战略理念

自从20世纪60年代石油文明形成以来，企业和商业社会建立起了大规模生产和流通的经营体制，而这种经营体制在企业利益的驱使下，使得整个社会充斥着各种各样虚假的广告、灰色的公关、塑料包装的产品，以及很多虽然对健康有益，但对环境不利的产品和各种经营管理活动，这些灰色的经营管理显然不符合企业持续发展的要求，对整个社会的健康有序发展也会产生消极的影响。正是因为如此，在当今竞争日益激烈、企业绩效要求越来越高、社会规制越来越严的时代，企业如何建立起既能给企业带来巨大收益和发展，同时又能保障人类和商业社会长远发展的经营理念是至关重要的事情。

一、绿色经营意识和价值体系

绿色经营意识的提出，是源于人们对工业社会条件下社会持续发展的反思，持续发展所显示的是人类目前从生产发展到价值与生活方式，都产生一种无以为继的困境。经济生产所消耗的资源与能源，生产者与消费者所制造的污染和垃圾，都使人类和自然生态环境中各种生命的生存环境受到摧残，超过自然环境所能承受的限度，即超出自然的承载力。环境日益恶化是明显的现象，如臭氧层的破坏，而且应当看到的是，这种以牺牲环境和资源浪费为前提的经营方式，最终会造成企业经营绩效的低下。尤其是在竞争日益激烈的状态下，企业如果不能做到资源使用的集约化，以及通过绿色环保实现经营的差别化，任何企业是难以为继的。从这个层面上讲，在21世纪，现代企业管理有必要进一步发展为绿色企业和绿色管理两方面，才能与全球性的"可持续发展"相关的主要课题相应。虽然目前仍有若干有违可持续发展的生产可以持续并暂时取得最大利润，但这种企业终究会受到来自国际、国内和自然资源的限制或制裁而成为夕阳工业。原则上，与可持续发展的方向相符合的企业，尤其是绿色的生产，才可能在未来的时代中获得认可，得到长足的发展。绿色企业基本上是指生产的产品具有永续发展的特性，这不但从能源消耗、资源再生、生产品质和效率等方面需具有绿色的性质，在品质管理上也要取得全面的持续发展的认可。而绿色经营涉及如何通过管理使企业整体能反映永续发展的价值，即企业不但进一步担负社会的伦理责任，使企业所处的社会走向可持续发展的社会，更需要在内部形成以持续发展为"企业与自然、企业内部运作与员工之间的关系和价值取向"，这种企业才具有永续发展的可能性。

综上所述，在绿色经营时代，企业经营的价值体系可以体现为3S框架（见图3-1），首先是时距（Span），即企业经济价值的创造，不仅要考虑目前的需要和利润最大化，更要从未来持续发展的角度，看待企业经营的效益和价值，只有满足长远持续发展的需要，才能实现企业强大的竞争力，并且在同质竞争的状态下，展现出独特的企业核心竞争力；其次是空间（Space），企业经营所依赖的环境不仅包括各种经济环境（如竞争、经济政策、企业组织结构和经营体系等），也包括各种社会环境（如自然环境、消费者权益和长远利益、物质文明与精神文明的协调发展等），正是因为如此，企业需要在经营管理过程中追求企业内外环境、经济环境与社会环境的协调发展；最后是物种（Species），地球的生态系统由千百万物种组成，彼此间相互依存链接在一起，人类作为物种之一是生物链的一部分，同样受生态规律的制约，人类的发展应尊重其他物种的生存权，否则，最终毁灭人类自己。因此，工商企业应将维护生态平衡促进资源的永续利用作为企业发展之本。以上三个方面是企业经营理念和价值的三个有机组成部分，任何方面的偏废，都会对企业和社会的持续发展产生负面影响，企业绿色发展必须综合实现以上三个方面的价值，从而最终达到企业和社会可持续发展的目标。

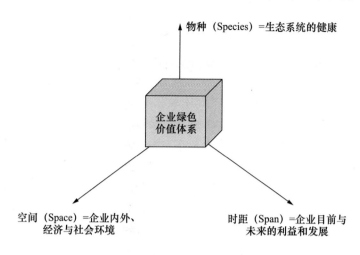

图 3 - 1　企业绿色经营价值体系

二、绿色经营原则

立足在以上的意识和价值认同上，企业在经营管理过程中有一个问题是需要澄清的，即企业经营的原则究竟是什么？

长期以来，企业对于生产和环境同时兼顾，常有一种不可能实现的感觉，或觉得多花在后者上的成本会不免削减前者的绩效。这种顾虑如同 20 世纪六七十年代对于企业的社会和伦理责任的负担所表示的态度一样，生产经营成本之外的开支永远是能免则免，不然即以一种敷衍的方式应付。事实上，作为社会的一个重要功能组织的企业，不可能完全放弃社会价值的担负，而这种担负并不造成企业的运转困难，反而常是企业与所在社区合作互利，这在现代社会中以民意为根本和对企业存在所涉及各种问题的关注，常有助企业的更好发展，产生更佳的经营业绩。环保显然是这种企业社会伦理责任的一部分，而持续发展则是追求一种双赢的策略，使得企业不但得到所在地的社区或国家的支持，而且成为日后在发生资源与能源危机时，得以克服相关的费用或开支并取得更好的竞争优势的基础。

西方和日本等先进国家的企业，特别是一些跨国企业，在环保与持续发展的考虑或生产，可以说早已采取积极的行动，不但发展符合持续发展的新产品（所谓绿色的产品，如低汞电池、再生纸等），更明显的是把目前的主要产品和生产过程加入持续发展的因素，以因应日后不管是国际或国内的商贸管制，或能源资源发生短缺时，可以有效响应和保持先机。因此，成立相关的持续发展部门是现代企业结构中不可或缺的部分。这一经营理念和方法在日本铃木企业中得到了很好的体现。

案例 3 – 1

铃木企业的绿色环境管理

铃木企业在 1989 年 10 月即成立了"全球环境议题委员会",并由一位高级行政人员主持,第二年发展为"环境事务部"(Environmental Affairs Department),由高层的主管来组成管理委员会,以响应国内外相关的环境议题,制订政策和推行等。1995 年 10 月更在各分支和组别中指派主管级或资深主管助理出任该部门和行政总部的环境专员(Environmental Officer),并成立环境管理系统,以有效地处理环境议题的事务,特别是商业投资方面的事务。同时,上述"全球环境议题委员会"重组为"全球环境委员会",由来自各部门的环境专员组成,并由副行政总裁出任主席,以统筹全球性的环境议题。除了提供论坛给环境部与各部门之间的信息和意见交流外,并召开会议使各个可能对全球环境有关的部门的经理和领袖们参与研讨,以制订中长期的环境计划。环境部的功能如下:

(1) 向管理高层提出建议。

(2) 举办全球环境议题会议。

(3) 对新财政和投资提出事先的环境评估。

(4) 推行雇员之环境教育活动。

(5) 支持与其他机构的合作。

环境专员除了执行相关的日常工作外,并负责对各相关部门进行详尽而广泛的环境稽核(Environmental Audits)。铃木企业的总裁出任日本的企业主管工会之环境委员会的主席。铃木企业所参与、发展的环境工作和科技包括使用天然气以减少碳化合物以及其他污染物、提高效能的能源工厂、以废弃物作燃料的发电厂、提供发展中国家的减除污染的设备、植林等。铃木参加"工商企业可持续发展委员会(BCSD)",在地球高峰会上提出"改变经营之道"的报告,其后参与"世界工业环境委员会(WICE)",推行高峰会之后续工作,此两会后合并为"世界工商企业可持续发展理事会(WBCSD)"。铃木企业总裁认为,在理性的环境保管者(Rational Environmental Stewardship)的哲学理念中,环境与经济并不是对抗而不兼容的,反之,环境、经济与各种广泛的社会考虑是彼此协调相通的,强调废弃物不是要处置掉,而是要被好好管理,企业要采取长远的可持续发展的视野等。

由此可见,可持续发展已被视为现代企业中主要理念和生产经营发展的原则。以前近百年的传统管理方式已不能真正响应可持续发展的要求。向社会负责的商业（Socially Responsible Business）、可持续发展（Sustainable Development）与向社会负责的投资（Socially Responsible Investing）三者都是同一原则所表示的取向，而且，持续发展所产生的成本并非企业的额外成本，而是企业真正成本的一部分。

正是基于以上经营原则，我们可以认为，当今企业的经营原则可以体现为10C，即：

（1）竞争原则（Competition）。企业经营要有利于持续竞争优势的获得，这种优势的来源主要是核心资源和能力，而这种核心资源和能力不仅仅包含技术、品牌、专利、诀窍等要素，更包括有利于社会、消费者健康、持续发展的绿色生产、经营能力。

（2）有效分销原则（Channel）。企业产品和服务的分销强调在正确的时间、在正确的地点、以正确的成本、将正确的商品传递给正确的顾客，这一分销目标的实现，不仅大大提高了企业的经营绩效，也能从机制上杜绝社会资源的浪费。

（3）保全企业环境原则（Corporate Environment）。企业生存发展与环境是紧密相关的，一方面环境为企业发展提供了支撑，另一方面企业的进一步发展又形成了良好的环境。因此，保全企业环境是企业经营的重点，特别是如今环境不再是一免税的用品。国际社会推行的"环境与绿色税制"，企业界开始成立绿色管理的标准"ISO14000"等，显示任何企业都不可以把这种成本毫不负责地由他人或自然界所吸收。从这个意义上讲，保全环境就是保全企业自身的未来。

（4）承担社会责任原则（Community Responsibility）。企业是社会经济中的组织，在谋求企业自身效益最大化的同时，社会责任的承担也是现在企业应负的职责，这种责任主要反映在有利于消费者目前和未来发展的经营活动的实施，以及防止对社会产生消极影响的行为的产生。

（5）守法原则（Code）。目前随着社会的不断进步，政府和社会对企业经营行为的规制越来越严格，也越来越趋向于完善。在这种情况下，企业只有真正做到符合社会规范，才能更有效地提升企业经营业绩，原来那种靠投机取巧谋求私利的行为，最终会受到社会和政府的制裁，并最终为市场所惩罚。

（6）与消费者有效沟通原则（Communication with Consumer）。消费者是企业的上帝，脱离消费者而展开的经营行为往往是无效的，这一观念在绿色经营中非常重要，因为绿色生产和企业行为的实施，必须要得到消费者的认同，有时候虽然企业的产品是绿色的，或体现了绿色经营的理念，但是由于过于超前，或没有完全被消费者认可，同样也面临经营失败的局面。这种经营失效，某种程度上讲，又产生了新的资源浪费，所以，如果企业要想真正将绿色经营落在实处，就必须加强与消费者或市场的沟通。

（7）地域居民对应原则（Consensus of Community）。企业是一定地域范围内的组织，企业的发展是同地域社区紧密相连，这不仅是地域构成了企业发展的自然环境和人文环境，而且也是企业形象的代表以及企业任何经营活动得以施展的立足之本。正因为如此，企业在日常的经营活动中必须对应地域居民的需要，建立有利于地域协调发展的沟通机制。

（8）不断核查原则（Check）。为了保证企业的绿色经营活动在合理有效的范围内进行，从而既有利于社会和环境的可持续发展，又能有效实现企业的效益、建立持续的竞争优势，必须对企业的经营过程进行动态的控制和管理，绿色经营绝对不是一时一刻的工作，而是企业永恒的主题。

（9）降低成本原则（Cost Down）。降低和控制成本一直是企业经营中追求的目标，绿色经营和管理也不例外，如果因为企业追求绿色经营而使成本大大上升，势必对企业推动绿色战略产生阻碍。但是，在对成本的认识上，我们必须注意，这里强调的成本降低指的是系统成本或整体成本的降低，即从企业全局以及长远的角度看待成本控制。

（10）持续性原则（Continuity）。如同前面多次谈到的那样，企业的效益如果脱离了持续性，企业就很难在竞争激烈的环境中立足。

第二节 绿色管理与企业价值

一、环境因素影响企业价值的途径

（一）企业的环境价值链

价值链的概念最早由波特在《竞争优势》书中提出，定义为"从原材料的选取到最终产品送至消费者手中的一系列创造价值的活动过程"。企业与竞争对手价值链之间的差异是竞争优势的关键来源。价值链依附于供应链，来源于企业在供应链和反向供应链中进行的增值活动。

绿色管理综合考虑环境影响、资源效率、成本与效益等价值因素，并通过产品设计、原料采购、加工制造、包装运输、使用直到回收处理或利用的产品生命周期过程实现其经济价值和环境价值，这个周期中的经营活动组成企业的环境价值链。环境因素通过价值链直接影响企业的价值。

环境价值链分析可遵循如下逻辑过程：

（1）物料转换过程的供应链分析；

（2）基于环境和资源因素的价值链分析；

（3）基于作业成本分析方法进行成本动因分析；

（4）根据成本—效益进行价值增值分析。

通过对产品生命周期过程的环境价值链分析，可以判定哪些是增值性作业、哪些是非增值性作业；哪些作业对环境有负面影响，从而优化作业流程，尽量改进非增值性作业和产生负面环境影响的作业，以达到充分利用企业资源以及保护环境的目标，实现企业利润的最大化。

（二）包括环境因素的企业成本分析

如表3-1所示，在整个企业决策的生命周期内，与环境和健康有关的成本可大体归纳为5种类型。其中，第3~5类的定量测算比较困难。

表3-1　企业成本的组成部分

成本类型	说　明
第1类：直接成本	包括固定资产、劳动力、原材料以及废弃物处理等方面投入的成本
第2类：间接或隐含成本	包括管理成本等无法分配到具体产品或工艺过程的间接成本
第3类：或然成本	未来或然负债成本，包括由于违反环境法规而导致的惩罚、由于污染物泄漏、人员伤亡和财产损害的诉讼等方面的成本
第4类：内部无形成本	与消费者接受度和忠实度、员工士气和满意度、各部门间联系、企业形象和社区关系等有关的效率损失所导致的成本
第5类：外部无形成本	由于企业活动所导致的、但现行环境法规和标准无法对其制约的污染对社会造成的成本

资料来源：*Total Cost Assessment Methodology*. American Institute of Chemical Engineers' Center for Waste Reduction Technologies，1999.

（三）绿色管理对企业价值的作用

从收益的角度分析绿色管理对企业价值的作用，除了企业的财务收益和战略收益外，还可以考虑企业利害相关者的福利增加和环境改善。

充分认识绿色管理对企业价值的贡献，有助于从动态、知识管理和技术创新、内在激励机制以及能力建设的角度推动企业绿色管理的发展，也可以为企业决策者、财务人员、投资人、政府以及各利益群体提供有效的工具和方法，对企业的环境改善行为产生激励作用。

图3-2是对绿色管理与企业价值的关系的一个概念框架。

	经济维度	环境维度	社会维度
企业价值	财务绩效 (ROI, EVA, …)	风险管理 资源效率	员工福利 企业信誉
利害相关 者价值	促进就业和缓解 贫困 税收收入增加 经济增长	废弃物回收 污染物减量 资源节约	产品和服务 社区福利

财务收益：
提高资产利用效率
降低运营成本
避免或然负债
增加销售收入

战略收益：
经营资格
公共关系
公众形象

图 3 - 2　绿色管理与企业价值关系的概念框架

二、企业环境战略与企业价值关系的研究

（一）企业值不值得绿化

对企业绿色管理与企业价值的关系的理论研究，一般围绕企业环境绩效（Corporate Environmental Performance，CEP）与企业经济（或财务）绩效之间的关系而展开，即"企业究竟值不值得绿化？（Does it pay to be green? the 'Porter hypothesis'）"然而，由于缺乏足够的理论创新和实证研究，这一基本问题尚未得到满意的回答。

有学者综合了关于权变理论、动态能力和基于自然资源的企业观的研究成果及理论观点，分析了内外部因素对企业环境战略决策的影响，认为组织资源和能力对企业环境战略的影响程度依赖于企业对外部不确定因素的感知情况，强调企业的主动环境战略可被视为一种动态的组织能力。但是，由于没有说明企业环境战略与环境绩效之间的内在联系和区别，仍然不是对上述基本问题的直接回答。

（二）绿色管理与组织能力

由于企业在整体战略进程中长期培育出来的组织能力（Organizational Capability）是为应对外部环境的变化而在企业内部形成的组织技巧、资源和功能，因此，组织能力是企业环境绩效与其经济绩效之间内在联系的纽带，而这正是目前此方面研究和实践中需要重视的环节。

从诸多实例可知，企业固然根据其组织资源和能力（以及外界因素）决定其环境战略，但企业更多考虑是否可以通过改善环境绩效以获取及巩固其相关的组织能力。这些能力除了有价值和不可替代以外，还具有隐含性、综合性、互补性和独特性，是企业创新和持续竞争优势的内在基础，但市场难以在可观测和计算的边际概念上评估其价值。由于各个企业所拥有和控制的资源组合各不相同，导致企业间存在异质性，因此，不同的企业即便从事相同活动时，也具有不同的生产成本，从而导致不同的运作效率。企业通过应用作为知

识集合的"能力"产生现金流量，推动价值测度从有形资产向无形资产过渡。而无形资产的价值随着被使用程度的提高而加速价值的形成。组织能力的上述属性和特点，正是企业环境绩效评估的应有之义。

组织能力的主要内容包括技术、生产、设计、流通、管理、调度和服务等整合要素的能力。基于组织能力的企业竞争论结合了企业战略研究的内外视角，注意从生产和技术的角度认识企业，强调了知识增量和无形资产。从企业角度看，原材料选择、员工健康和安全、生态风险、物资利用效率以及污染物的产生和处置等企业环境绩效因素对企业产品设计和生产技术等组织能力的影响越来越直接和密切。其一，企业通过 ISO14000 环境管理体系认证、工业生态（Industrial Ecology）和清洁生产等途径求取环境可持续发展，已成为跨国公司拓展全球市场和取得竞争优势的重要方式之一。其二，上述企业环境绩效因素与企业质量管理技术和能力有兼容性及协同作用，例如，污染控制和清洁生产体系一般能有效地强化全面质量管理（TQM）等传统的运营管理技术和过程。因此，企业环境绩效与成本、激励、研发、质量、时效和服务等影响企业竞争优势的传统因素一样，是组织能力的决定因素之一，也是企业市场价值创造的推动要素之一。

从以上分析可知，企业环境绩效应该有两个考量维度：一是对物理环境的影响；二是对组织能力的影响。前者导致企业改善环境绩效的外部驱动力（例如政府法规、标准和消费者选择等），而后者形成企业改善环境绩效的内部驱动力。两者的作用方式和贡献是有区别的，前者是必要条件，后者是充分条件。综合这两个维度而测度的企业环境绩效与企业经济效益之间应存在正相关关系，因为环境绩效是反映企业管理的组织能力的一个重要方面，而组织能力是财务绩效的首要内部作用要素。因此，以组织能力为基础的企业环境绩效评估方法可能更可靠和有效。而且，只有充分兼顾内部驱动力和外部驱动力的环境绩效评估体系，才能对企业改善环境绩效产生持续的激励作用。

图 3-3 是对企业绿化与企业经济绩效分析理论模型的一个简要回顾。

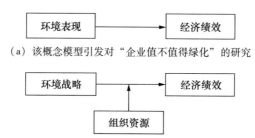

（a）该概念模型引发对"企业值不值得绿化"的研究

（b）该概念模型从组织资源的角度试图研究企业环境战略与其环境绩效的关系

图 3-3 理论模型的比较分析

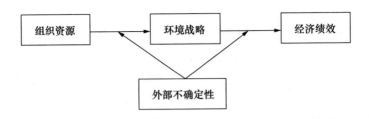

（c）该概念模型理论上比较完整，但未说明企业环境战略与环境绩效之间的内在联系和区别

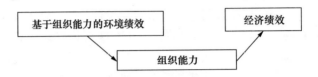

（d）该概念模型强调环境绩效受自然环境和企业组织能力的双重影响，
但指标设计有难度

图3-3　理论模型的比较分析（续）

资料来源：杨东宁，工作论文，2003年。

（三）关于企业环境表现与财务绩效关系的实证研究

有些学者认为提高企业环境绩效有助于提高企业效率和竞争力，不少实证研究的结果表明，企业环境绩效与其财务绩效（比如股票市场价格）之间是正相关关系。企业是各种自然资源的主要使用者和污染物的主要排放者，从长远和根本来看，污染行为非但影响了自然环境和社会福利，而且必将影响其自身的利益。许多案例表明，资源综合利用和清洁生产不仅会取得显著的环境效益，同时还给企业带来诸多正效应。如：

（1）促进企业整体素质的提高。全员、全方位、全过程的一体化生产系统，有助于促进企业管理水平和全体职工素质的提高。

（2）增加企业的经济效益。由于降耗、减污、节能，必然降低包括废弃物处理费用在内的产品成本。

（3）提高竞争能力。质量和成本是产品竞争的基础。当企业做到增产、增效不增污时，就可减少新增设废弃物处理、处置设施的投资和运行成本，高质量、低成本对产品占领市场份额的扩大无疑是有利的，可进一步增强产品竞争能力。

（4）为企业的生存和发展营造广阔空间。企业良好的环境形象，作为无形资产，可增加消费者和社会对企业产品的信任，能为企业生存和发展（如新、扩、改建等）提供环境空间并有利于企业进行资产重组、资本经营，实现低成本扩张。

（5）绿色管理可为企业战略管理提供可靠的保障。事实上，企业增加利润与实施环境保护不仅可以统一，还有利于发展个性化企业。

资源综合利用和清洁生产是企业的责任，但也需要经济效益的引导。除改变生产经营观念外，在操作上，应结合生产工艺的创新、升级而降低成本。

不过，也有的学者指出，这种因果关系尚待更深入的分析，到底是因为环境绩效好导致利润率高，还是因为利润率高才能使得企业环境绩效好？也有人认为提高环境绩效可能使企业增加成本，从而损害其竞争优势，两者有可能是负相关关系（环境绩效好而企业经济效益差，或企业"假绿"而经济效益好），或者相关性不显著。

现有研究工作并没有完全解决"企业究竟值不值得绿化"这一问题。事实上，目前受到关注的问题是"企业在什么情况下值得绿化"和"企业值得什么样的绿化"。其他像"环境事故是否影响某企业或行业的股票价格"，以及"目前企业财务人员分析环境问题所采用的方法和工具是什么，有效性如何"等问题也很值得研究。

（四）企业环境绩效的评估方法有待改进

虽然企业环境绩效评估已经得到政府、企业和学术界的重视，但环境绩效评估方法不符合评估目的的需要，有价值的实证数据严重缺乏。由于政府管制和干预仍被视为企业环境管理决策的主要驱动力，目前的企业环境绩效评估方法主要采用代理指标（Proxy）和滞后指标（Lagging Indicator）评价环境绩效。然而，对代理指标（如环境保护投资占总投资的比例）的衡量往往得出"越是重污染型企业，其环境绩效越好"的悖论；滞后指标（如污染物产生量）重视污染防治而忽视资源利用效率的提高。在此方面，目前的主要工作区别：①ISO14031 环境绩效评估标准基本上仍然是按行业制定的；②美国全国性的环境管理体系的数据库（NDEMS）的指标设计则过于复杂；③Global Reporting Initiative（GRI）的评估方法尝试利用企业根据外部制定的标准自愿报告的数据来解决行业内数据的兼容性问题，但其标准仍然是根据物理环境指标制定的；④Measuring Environmental Performance of Industry（MEPI）的方法虽然在物理环境指标之外注重企业管理方面的指标，但仍不能充分反映物理环境指标和企业组织及管理指标之间的内在联系，而且也限制了该方法的数据可获得性、兼容性和规范性。事实上，企业绩效评价的方法正在经历一个创新的时期。如何把绩效评价纳入企业战略管理的全过程，将财务指标与非财务指标进行有机结合，为运营管理提供决策的信息，并据此不断提高企业价值和竞争力，备受理论界和实践领域的关注。

现有理论模型和评估方法中关于企业环境绩效指标的设计不足以激励企业

改善与环境有关的运营管理和决策，因而在实践上不能有效地为企业环境战略和管理能力建设提供指导，而且使得数据的可获得性差。

第三节　绿色战略分析框架

基于以上的经营理念，企业在战略管理过程中如何贯彻绿色经营和管理的思想、原则和精髓，又如何保证绿色经营真正在战略中得到体现和有效实施，是十分重要的课题。

企业绿色经营不是一个独立、凌驾于其他活动之上的行为，相反，一个真正有效的绿色经营活动必然要融化在所有的企业管理流程之中，体现在战略分析与细节制定上。从企业战略分析和形成的流程看，一般要经历如下几个阶段：在确立企业目标的基础上形成企业使命、愿景和目标；根据内外环境的分析形成公司层面、业务层面以及职能层面的战略；明确具体的经营策略；最后衡量和监控企业战略绩效，如图3－4所示。

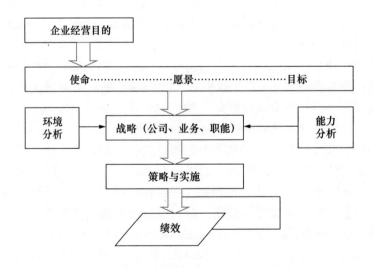

图3－4　企业战略管理的基本框架

一、基于绿色价值的目标和愿景确立

公司战略是在组织目标和愿景下制定的，战略从根本上而言是一种实现组织目标和愿景的手段，因此，如果在组织目标和愿景还没有明确的情况下，制定公司的战略是不可能的。从战略目标和愿景确立的具体内容上看，主要涉及

5 个领域的问题，即企业活动范围是什么，应该如何调增资源？企业希望成为什么类型的组织？在组织目标和愿景的塑造中，企业利益相关者的重要性如何？希望组织能得到成长吗？企业与直接环境和社会环境的关系如何？

从企业战略目标和愿景确立的 5 个问题看，不同程度上涉及企业领导应该如何处理绿色经营的问题，因为资源的分配、经营活动的运作规律和发展目标等都与企业如何对待环境和持续发展有密切的关系。

第一，就企业活动范围和资源调整而言，实际上涉及企业在一定的社会和经济环境下如何挖掘、利用和配置资源，良好的经营范围和资源使用模式不仅能有利于企业经营绩效的提高，也有利于社会和环境绩效的实现。

第二，企业组织类型的确立在一定程度上讲是由其从事活动的环境所决定，当然这里指的环境不单纯是自然环境，而是整个商业社会的竞争和经济环境，如果整个商业社会都形成了资源集约使用的氛围，并且只有做到绿色经营才能更好地生存发展，那么有利于绿色战略的组织形式就必然在全社会形成。

第三，社会、政府规制部门、股东、顾客、社区等都构成了企业的利益相关者，企业要得到持续的发展和良好的经济效益，在如今网络化的时代必须形成一种均衡利益相关者、全面发展的战略。

第四，企业作为组织，应当将成长作为至少是公司目标的一部分，例如汤姆·彼得斯指出"一个公司不可能是静止的，它不是在成长就是出现了危机"，而成长就意味着企业需要从长远的角度看待经济绩效和社会环境绩效之间的关系，均衡自己的资源使用，并且形成既有利于自身发展，又有利于社会发展的核心能力。

第五，企业确立自己的目标和愿景，不可能不考虑组织的生存环境，这种环境的作用反映在企业战略制定中，主要是主动影响环境还是被动受环境影响，显然，前者更能够使企业真正有所发展，在这种要求下，企业必须对包括自然、社会在内的各种环境要素进行全面评估，以确立自己的运作模式和发展方向。

正是从以上 5 点出发，企业在确立愿景和目标的过程中，除了建立企业经济和竞争上的目标外，必须高度关注环境的因素，同时建立高水准的环境绩效目标，并最终转化为企业的可以衡量或测度的使命和准则，从而在经济绩效和社会环境绩效之间取得均衡效益。

二、对实施绿色战略的外部环境进行合理评估

从企业战略角度分析企业的外部环境，要把握环境的现状以及变化趋势，利用有利于企业发展的机会，避开环境可能带来的威胁，这是企业谋求生存发展的首要问题。正是从这个意义上讲，企业需要从宏观环境以及微观环境两个方面评价企业实施绿色战略所产生的机会和威胁。

从宏观环境上讲，企业所处的社会结构、风俗和习惯、政治法律以及价值观念、行为规范和自然环境等都对企业绿色经营产生了强烈的影响，这些因素不仅制约了企业的经营行为，而且多是企业在确定投资方向、产品改进与创新等重大问题时必须考虑的因素。

在识别企业绿色经营的宏观环境时，有一个方面是需要我们关注的。长期以来，人们认为在生态与经济发展之间存在着内在的、固有的权衡关系，企业追求绿色经营势必导致竞争力削减、成本上升。上述静止的观点忽视了这样一个事实，合理的环保标准能够刺激那些有助于降低产品总成本或是提高产品总价值的创新活动。这些按照环境法规进行的创新可以分为两类：第一类指当污染发生时，致力于污染处置成本最小化的新技术和新方法；第二类关注如何提高资源的生产率，从而在根本上杜绝污染和社会资源浪费。这些创新都能使企业提高一系列投入（从原材料、能源到劳动力）的生产率，由此抵消环保活动带来的成本增加，并促使上述对立局面宣告终结，最后，这种资源生产率的改善将使企业更加富于竞争力，而不是相反。

例如，荷兰花卉产业就是一个很好的例子，由于使用杀虫剂、除草剂和化肥，致使在小范围的区域内密集地种植花卉造成了对土壤和地下水的污染。面对越来越严格的有关使用化学品的法律法规，荷兰的种花人意识到，解决问题的唯一有效途径就是开发封闭环系统。目前，在荷兰先进的温室中，花卉不是生长在土壤里，而是生长在水及岩石和羊绒的混合体中。这种种植方法不仅降低了干腐病的发生率，也减少了对化肥及杀虫剂的需求。注意，后者也是通过流动且可再利用的水而撒播的。对于封闭环系统的严格监控，降低了花卉生存环境的不稳定性，从而进一步提高了产品的质量。与此同时，由于花卉被培植于特定的花床之上，其运营成本也大大下降。这样，面对环境问题，荷兰人通过创新，提高了众多资源的生产率，其结果是，不仅大大减少了环境的压力，而且降低了成本，改进了产品质量，提高了全球竞争力。

该例子表明，有关竞争力与环境关系的传统争论框架是错误的。政策制定者、企业领导者和环保主义者都过于强调了环境法规所造成的静态的成本冲击，而忽略了更重要的来自于创新的生产率收益。

正是立足于上述观点，一个有利于绿色战略施展的宏观环境和法规机制应当具备以下特征：

（1）关注产出而非技术。以往的法规通常会规定具体的补救技术，其结果抑制了创新。

（2）宁严勿松。对于宽松的法规，企业往往会采取"末端式"或者二次处理的方式治理污染。有鉴于此，需要对法规进行严格的规定，以激励真正的创新。

（3）激励上游解决办法的同时，使规则尽可能地贴近产品的最终使用者。通常，这一做法为最终产品以及生产和分销过程的创新提供了更大的灵活度。全面地杜绝污染，或者次优地，在价值链的首环减轻污染，一般总是比后来的补救或清洁成本更低。

（4）实施分阶段处置法。与强令企业迅速地以代价高昂的方式进行事后的修修补补的做法相比，与产业资本投资链密切相关的大量的设置合理的分阶段处置方法，更有利于企业去开拓富于创新的资源节约的技术。

（5）实行市场激励。污染收费和准备金归还等市场激励机制，促使人们将注意力转向资源的无效率问题；同样道理，可交易排污许可证也为创造性地利用现有技术提供了持续的激励。

（6）相关领域的法规协调化。

（7）与其他国家的法规保持同步或是略有超前。在法规制定上与其他国家保持同等水平或略有超前，一方面能够激励国内的企业积极创新，实现有效的绿色经营，另一方面能有效地杜绝因为法规过于超前而使产业发展步入歧途。

（8）确保规则的制定过程稳定和可预测。规则的制定过程与标准本身同样重要，如果相应的标准和分阶段实施方案能够及早地设定与接受，同时规则的制定者能够承诺标准在一定时期内保持不变，相关的产业便会专心寻求根治的办法，而不必绞尽脑汁猜测政府的下一步举措或者变化。

（9）规则的制定应考虑相关产业需求。法规制定过程应为相关产业提供意见表达的机会。无论是相关产业，还是规则的制定者，都应当为营造相互信任的氛围而共同努力，企业需要提供真实有效的信息，法规的制定者需要认真对待企业的投入问题。

（10）让法规制定者掌握技术知识。作为法规的制定者，必须了解相关的产业经济学及其竞争驱动机制，良好的信息沟通，有助于避免可能产生高昂代价的博弈。

（11）用于法规制定过程的时间及资源应当最小化。对于企业而言，用于申请许可的时间消耗代价十分高昂，与正式的批准相比，自律性的阶段性检验更有成效。

从微观环境看，企业经营所面对的微观环境包括两个方面——产业与市场，产业和市场是两个既有联系又不完全相同的概念。产业是产出的概念，而市场是需求的概念。从以上微观环境的界定看，有两个方面是企业开展绿色经营过程中需要评估的：一是 ISO14000 系列标准认证及环境标志产品认证对企业经营的影响；二是不同环境意识消费者细分对企业经营的挑战。

从 ISO14000 系列标准认证及环境标志产品认证对企业经营的影响看，主要反映在四个方面。

一是使企业变劳动密集型为技术发展型。ISO14000 系列标准主要包括环境管理标准、环境审核标准、环境标志标准、环境行为标准和产品寿命周期评价（LCA）标准。ISO14000 系列标准认证的贯彻实施，要求企业采用与 ISO9000 系列标准相同的管理体系的方式建立环境管理体系，通过该体系的建立和运行，来实现环境管理方针和环境目标，按计划、执行、检查、改善（PDCA 循环）实现管理的持续改进和循环上升，在产品设计的同时进行环境设计。LCA 从产品的开发、设计、加工、制造、流通、使用、报废处理到再利用的全部过程进行评定，对每个环节活动进行资源分析、能源分析和环境影响分析。产品寿命周期评定方法使得产品在整个寿命期内能源与资源消耗少，对环境无污染或少污染，到产品报废时又不产生大量垃圾，能回收再利用的比重大，同时又能更好地满足用户和消费者的要求，提高开发、使用的效率，使资源配置在更高的层次上实现合理化。在生产过程按照 EMS 的要求，采用"清洁工艺"，从而减少污染，降低了污染物的处理费用，同时资源的节约和回收再利用降低了产品成本。新技术、新材料、新能源的利用可提高产品合格率，提高产品质量，加大产品的科技含量，获得社会效益、经济效益与环境效益的统一。据报道，德国 5 家企业的试验性审核结果表明，仅在审核期间由于节省资源、节省垃圾处理费用、简化流程三项所带来的节约，已经超过了审核费用，而 EMS 给企业所带来的长期经济效益就更大了。

二是全面开发人力资源和提高劳动生产率。ISO14000 系列标准的实施，是一场普及环保的教育活动。通过员工集体培训以及个别学习，提高其素质和环保意识，使其在经营活动中自觉地开展节约、降耗、减污的技术创新活动，带来人力资源质量的持续改进，实现人力资源的增值，并维护员工的安全与健康；企业 EMS 的建立与运行降低了企业在市场上的风险，使顾客满意。同时可赢得社会对企业的信赖，减少管理者、经营者和周边社会团体之间的摩擦，使企业内部各个环节之间以及企业与企业外部的各个环节之间密切配合，有效统一，从而提高整个组织劳动生产率。

三是遵守 ISO14000 系列标准的规定并取得认证，是产品进入国际市场的起码条件。尽管 ISO14000 系列标准和环境标志产品认证的宗旨在于改进企业环境和产品使用时对环境的影响，努力消除贸易壁垒，但随着 ISO14000 系列标准认证及环境标志产品认证的普遍实施，必将形成新的非关税贸易壁垒。也就是一些区域和国家将颁布法律法规对未取得双绿色认证的企业产品禁止或限制进口。企业取得了 ISO14000 的认证就拿到了进入市场的"绿色通行证"。

四是 ISO14000 系列标准认证及环境标志产品认证成为赢得市场的必然选择。随着可持续发展深入人心，ISO14000 系列标准认证及环境标志产品认证的实施为消费者提供了辨认企业及其产品对环保贡献的依据。企业通过实施 ISO14000 系列标准认证及环境标志产品认证，加强环境管理和积极开发环境行为好的产品，对消费者负责，对子孙后代负责。这种良好的企业形象，本身就是最好的广告，自然会赢得市场，赢得顾客。据调查，消费者购买产品的动机 40% 是对环境的关心，即生产厂家如何对待环境问题，其次才是产品的功能和价格。针对这种情况。如今，绿色消费逐渐风靡全球。而政府和舆论的引导与宣传将会使消费者坚信：只有取得环境管理体系认证和环境标志产品认证的企业才是对人类赖以生存的环境负责的，才是符合消费者和社会长期利益的；而进口商和代理商受消费倾向的影响，也只乐意经销通过绿色产品认证的产品。青岛海尔集团和河南新飞电冰箱厂在国际环保浪潮中，抓住机遇，迎接挑战，将环境保护作为公司基本发展战略并视其为企业自身发展的内在要求，顺利通过环境管理体系认证和环境标志产品认证，并成为我国第一批获得双绿色认证的企业。他们生产的环境标志产品，在美国、日本和欧洲等市场大受欢迎，出口额逐年上升。事实证明，拥有双绿色认证，企业就将拥有更多的顾客。

从需求层面上看，企业在从事绿色经营的过程中，有一个问题是需要首先明确的，即消费者的环境意识究竟是什么类型，一般根据消费者对环境和健康的关注程度以及对价格的敏感程度划分，可以细分为四类消费者（见图 3－5）：第一类是坚定的绿色产品消费者，他们的特点是非常重视企业的经营活动以及提供的产品和服务是否是绿色的，并且愿意为此支付相对较高的销售价格；第二类属于倾向性绿色产品消费者，这类消费者对绿色产品相对较为关注，但是他们对价格也非常看重，如果绿色产品和服务的价格过高，则会削弱他们消费绿色产品的购买动机；第三类是绿色产品无知型价格消费者，这类消费者根本不了解绿色经营和相应的环境公害对企业、社会的影响，他们的购买决策动机主要依赖于企业产品的廉价性；第四类称为绿色产品漠视型消费者，这种消费者一般较为追求生活质量和品质，但对产品的绿色因素较为忽视。

从以上绿色产品消费的市场细分可以看出，第一类和第四类细分市场往往是高端市场，它可以成为一些撇脂竞争企业的主要市场，它不要求企业进行全方位的投入，只要抓住了重点，集约使用经营资源，通过高品质、高环保、高健康、高价格以同时实现企业和社会效益的增长。对于这一类企业而言，面临的主要挑战是如何将绿色产品漠视型消费者转化为坚定的绿色产品消费者，这其中绿色促销和品牌的确立就成为企业经营的重点。第二类和第三类细分市场属于大众市场，它是规模化生产经营企业所关注的目标市场，这类市场主要是形成绿色产品的规模化经营，从而最终实现低成本运作，同时从绿色和价格两个方面产生对消费者的利益，从中寻求企业的生存之道。对于这些类型的企业而言，其挑战来自如何将绿色产品无知型价格消费者转化为倾向性绿色产品消费者。从这一转化应具备的条件看，除了绿色促销和产品开发以外，能否尽快形成绿色产品和服务的规模化生产能力，最终提供低价、优质的绿色产品是企业经营至关重要的一环。

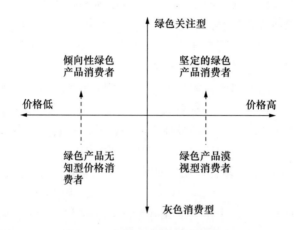

图 3 – 5　绿色产品消费市场细分

显然，从上述论述中可以看出，微观环境的分析判断主要在于通过对竞争环境和需求环境的评估，确立绿色经营企业的目标市场、通过合理组合企业现有的资源和能力，明确如何实现绿色战略以及究竟提供什么样的绿色产品和服务。

三、对开展绿色经营的核心能力分析

企业要获得竞争优势就必须比对手创造更高的价值，一个公司创造出高于竞争对手的价值，只是因为在部分或全部活动中它做得比对手好，因而，这要求企业拥有其对手所不具备的资源和能力，否则，任何创造超额价值的战略都会被很快地模仿。1990 年，普拉哈拉德（C. K. Prahald）和哈默尔（Hamel）在对世界上优秀公司的经验进行研究的基础上提出，竞争优势的真正来源在于"管理层将公司范围内的技术和生产技能合并为使各业务可以迅速适应变化机会的能力"。作为绿色经营的企业也同样如此，如果不具备绿色经营的核心能

力，能迅速地确立起企业在竞争中的优势地位，绿色战略将无从开展，而这些核心能力根据洛文斯的表述，称之为自然资本主义的路径。

从开展绿色经营的企业看，其核心能力应该主要表现在以下几点：

（1）大幅度地提高自然资源的生产率。人们致力于改变自然资源的枯竭和污染状况，以减少对资源的浪费和破坏。这一进程中蕴藏着巨大的商机。具有远见的企业通过对生产流程设计和生产工艺等进行根本性的变革，可使自然资源（能源、矿产、水、森林）的生产率比目前提高五倍、十倍甚至百倍，这不仅表现在这些资源自身的使用量上，在许多情况下，还会减少初始的资本投入。

（2）使生产模式朝着生物链式的方向发展。自然资本主义追求的不仅是减少浪费，而且是杜绝浪费。按照回归自然的设计，在封闭环式的生产系统中，每种产出要么以无害的营养物质的形式重归自然（如混合肥料），要么成为制造其他产出的投入。一般地说，类似的系统往往能够杜绝那些损害自然再生能力的有害物质。

（3）改变传统的运营模式以使问题得到根本性的解决。传统制造业的运营模式依赖于产品的销售，而新型的运营模式中，产品的销售为服务的提供所取代（如以提供照明替代对灯泡的销售）。显而易见，这一模式中蕴含着一种全新的价值观，那就是：富裕度的衡量标准发生了变化，由原来的实物占有量的多少，转变为相对于消费者不断变动的对于质量、功能、绩效等的期望值，其所获得的持续的满意度的高低。将供给者同消费者联系在一起的新型利益关系，使得前两个步骤（资源的利用率及封闭环式生产模式）有望实现。

（4）对自然资源进行再投资的能力。从某种意义上讲，经济活动的根本目的是恢复、保持和扩展生态系统，从而更大规模提供人类生存所必需的服务和生态资源。随着人类需求的扩张和生态系统破坏所导致的成本增加，以及消费者环境意识的加强等，这种压力日益突出，可是往往这种压力的产生也伴随着巨大的经济利益。

四、绿色战略的制定与实施

战略的制定和实施是企业战略管理过程中的重要一环，正如核心竞争能力的提出者普拉哈拉德（C. K. Prahald）和哈默尔（Hamel）所指出的那样"战略的本质是在竞争对手模仿你今天战略之前，迅速建立明天的竞争优势"。所以，如何具体形成体现核心竞争力的途径和方法也是企业开展绿色经营的重要方面。从绿色战略的实现角度看，仅仅谈论绿色是否是必要的、绿色经营如何产生对社会经济的影响等是有局限性的，企业应该考虑的是在何种情况下，何种特定环境下的投资会给企业、股东和利益相关者带来收益？

正是立足在以上理解的基础上，我们认为有 5 种方法使企业能够将环境问题融入到经济运营的总体框架中。

（1）通过产品的差异化及对差异化产品制定高价，以领先于竞争者。实现环保产品差异化的意图是非常明显的，企业开发新产品或启用新程序，以便比竞争者获得更多的环保收益或承担更少的环保成本，这种努力虽然有可能增加企业的运营成本，但与此同时，也可能使企业提高产品的价格或者扩大企业的市场份额，或者二者兼得。例如，当纺织品制造商对棉花或人造丝织品进行染色时，一般都是将织物浸入装有染料溶剂的容器中，然后加盐，将染料从溶剂中分离出来，并使之附着于织物上。瑞士的一家纺织染料提供商 Ciba 特种化学品公司（Ciba Specialty Chemicals）则引进了一种新型染料，这种染料既易于着色，又可以减少对盐的需求量。这种绿色新产品的使用可以为公司带来三方面的利益：一是减少了盐的费用，使用该产品纺织企业可以节约相当于全部收益 2% 的购盐费用，这对于边际利润相对微薄的产品来讲，是一个不小的收益；二是减少了水处理成本，织物染色后，饱含着盐和未被着色的染料的水，必须经过处理才能排到河流中，而如果水中的盐和染料含量较少，用于水处理的费用自然会降低；三是新型染料的高附着率使得质量控制更加容易，从而进一步降低成本。Ciba 公司的新产品是多年研制的硕果，由于专利权的保护以及生产工艺的复杂性，使得其他企业模仿非常困难，这使得 Ciba 具备了强大的竞争能力和盈利能力。

（2）通过制定一系列的私人性规则或者通过政府法律法规的制定管理竞争者。并非所有的企业都能够通过环保产品的差异化增加收入，除此之外，还有许多其他方法。例如，企业可以通过改变游戏规则，使之有利于本企业，从而获得环境和商业上的利益，当企业面对环保的压力，不得不提高成本时，仍可以通过迫使竞争对手更大规模提高成本来确保企业的领先地位。从具体的途径上看，通过与行业内实力相当的公司结盟并确立某种标准，或是敦促政府建立有利于自身产品的相应规则，便可以实现上述目的。

（3）降低成本，同时保护环境。这种战略的核心是降低内部运作成本，或者通过对僵化或造成浪费的各类规章进行再设计，谋求在降低成本的同时改善环境质量。例如，如今很多酒店在减少服务用具以及水电等的浪费，这其中用大型的分发器代替小瓶装的洗发水和浴液就是很好的实例，这样既节约了经费，又减少了浪费。

（4）改进对风险的管理，进而减少与事故、诉讼、抵制等相关的费用支出。与环保问题相关的有效风险管理本身，成为企业竞争优势的一个有机组成部分。例如，日本与加拿大的一家合资公司——艾伯塔森林实业公司发现，主动提供环保产品，能够有效降低企业的长期运营成本。1993 年，日方与加拿大合资方商讨，准备对位于北艾伯塔的国有白杨和云杉林进行采伐，合资公司计划建立一座常规的利用氯进行漂白的木浆厂，另外进行纤维提取。然而，该计划刚一出台，便受到了当地民众的强烈反对，对此，公司不得不对原来的计划进行重新设计。在后来的计划中，木浆厂的污染水平大大低于政府规定的标准，林业管理政策得到改善，而且公司还承诺定期召开会议，向社会通报所产生的环境问题。该公司还聘请公司外部的环境专家共同进行研究，为木材的再生产提供途径等。上述变革的成本并不高，但回报却是非常丰厚的。公司不仅改善了社区关系，而且长期成本得以稳定。实际上，这种变革无非是针对企业日常遇到的难题，如尖锐的社区关系、各种运营困扰，以及由此引发的各类成本所采取的保险策略，改善环境恰恰成为了管理风险的手段。

（5）进行系统性的变革，重新界定特定市场上的竞争。针对环境与经济的和谐化问题，优势企业可以采取多种方法，改写特定市场的竞争规则，在拓展自身竞争实力的同时，有效地低于其他竞争者的威胁。例如，施乐公司就曾在降低成本运作的同时，对经营模式进行了重新界定，他们除了将办公设备售出外，还承担起对废旧品的处置义务，公司从客户手中接收废旧设备，进行拆装，并按新的技术标准重新加工成成品，再以新产品相同的价格出售。这种方法不仅帮助施乐公司大幅度降低了成本，而且使缺乏这一竞争能力的企业陷入了被动，同样消费者也因为不再为废旧品的处置伤神而高兴。当然，要实现这种绿色竞争战略，企业本身必须具有强大的竞争能力，包括开发向消费者提供新型、有价值服务途径的能力、构建市场愿景规划的能力、管理各类风险的资源能力等。

五、绿色绩效评价体系的建立——战略平衡计分卡

绿色战略制定和形成之后，还有一个方面是需要企业关注的，即如何建立行之有效的绿色经营的战略绩效体系，之所以要建立这种体系，主要出于以下几个宗旨。

首先，战略必须与具体的经营行为密切结合，如果没有一个结构合理、行之有效的绩效评价体系，往往会产生企业具体的经营行为与所制定的战略脱节的现象。所以，为了保证企业的各项经营行为是符合绿色战略的，就必须确立起良好的绩效评价体系。

其次，绿色战略所产生的利益必须体现在企业经营的每一个方面和领域，没有全面有效的经营体系作为支撑，绿色经营将成为一句空话，所以，绩效评价系统的建立是企业绿色经营的实现途径。

最后，良好的绩效评价系统也是企业实现绿色控制的有力工具，它能帮助企业发现经营过程中那些不符合环保要求的薄弱环节，确定为企业经营的优先目标。

从当今战略实现的绩效评价体系模式看，最能够实现上述目标的方法主要是战略平衡计分卡，战略平衡计分卡最早由哈佛大学会计学教授卡普兰和著名的咨询顾问诺顿于1992年提出，他们在《哈佛商业评论》发表了一篇题为"平衡计分卡——驱动业绩的考核"一文。该系统提供了一个综合性框架，由此将公司的战略目标以一系列紧密相连的业绩评价方法表现，它不仅是一种评价和计量的实践方法，还是一个管理系统，有助于激发产品、作业过程、客户、市场开发等关键领域的改善。具体讲，战略平衡计分卡要求企业在明确企业战略使命、愿景和具体战略的基础上，按照四个方面确立绩效评价考核的目标以及体现这种目标的具体指标，这四个方面主要是财务体系、客户体系、内部运营流程体系以及学习与成长体系（见图3-6）。

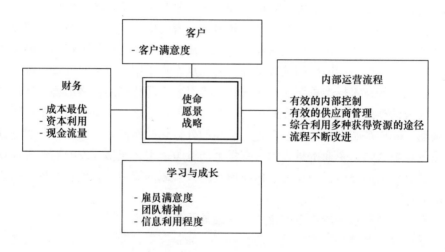

图3-6　战略平衡计分卡结构示意图

这种考评方法的特点是：

第一，传统的评价方法大多考核局部性活动，与此不同，平衡计分卡的评价方法根植于组织的战略目标和竞争要求，从而解决了战略与行为脱节的现象。

第二，传统的财务评价只是报告了上一阶段已发生的事实，而没有表明管理人员在下一期如何提高业绩，平衡计分卡却能为公司目前和将来的成功奠定基石。

第三，与传统的评价标准不一样，平衡计分卡来源于四个侧面的信息在外部评价（如营业收入）和内部评价（如新产品开发）之间达到了平衡。

第四，平衡计分卡能够作为一个公司界定以及向管理者、雇员、投资者甚至客户传递优先秩序的焦点。

从以上的论述中可以看出，战略平衡计分卡之所以能成为有效的战略管理工具，关键是它实现了6个方面绩效指标体系的结合，即结果性指标与驱动性指标相结合，财务指标与非财务指标相结合，内部指标与外部指标相结合。正是因为如此，我们认为在企业制定和实施绿色战略过程中，需要通过这种绩效评价体系的建立以指导和控制企业绿色经营的实践。具体看，在财务指标体系上，需要考虑实施绿色经营，或者提供绿色产品的成本是多少、风险成本应该控制在多大范围内、绿色产品经营的收益和利润应该是多少以及相应的资本投资是多大等；在顾客方面需要考虑主要目标市场是谁、他们对绿色产品的接受能力如何、这类顾客的行为特征是什么、如何衡量他们对企业绿色产品的满意度等；在内部运营流程方面，企业要考虑的因素有如何控制企业内部的运作流程（包括产品开发、生产等行为），使之符合绿色经营的要求、符合绿色发展的供应商体系如何建立和评价、资源使用的模式是什么、如何不断改善以适应未来企业发展的要求等；在学习与成长方面，可以考虑的要素包括如何形成团队来实施绿色产品的开发和经营、采用什么样的途径来教育员工的绿色环保意识、应该为企业上下如何提供各种环保信息、鼓励创新向什么方向发展、采取什么具体的措施等。显然通过以上4个方面体系的思考和建立，企业的绿色战略才能真正落在实处，发挥更为有效的作用。

从实施过程上讲，主要包括7个步骤：

（1）建立公司的绿色愿景与战略。这种愿景与战略要简单明了，并对每一部门均具有意义，使每一部门可以采用一些业绩衡量指标去完成公司的愿景与战略。

（2）成立平衡计分卡小组或委员会去解释公司的愿景和绿色战略，并建立财务、顾客、内部业务、学习与成长四类具体的目标。

（3）为四类具体的目标找出最具有意义的业绩衡量指标。

（4）加强企业内部沟通与教育。利用各种不同沟通渠道如定期或不定期的刊物、信件、公告栏、标语、会议等让各层管理人员知道公司的发展愿景、绿色战略、目标与业绩衡量指标。

（5）确定每年、每季、每月的业绩衡量指标的具体数字，并与公司的计划和预算相结合。注意各类指标间的因果关系、驱动关系与连接关系。

（6）将每年的报酬奖励制度与平衡计分卡挂钩。

（7）经常采用员工意见修正平衡计分卡衡量指标并改进公司绿色战略。

第四节 绿色竞争策略

相对于企业而言，实现绿色战略的本质，就是要通过生产系统和其他方面的运作，尽可能地避免对环境和社会产生负面影响，造成资源的浪费，与此同时，又能最终实现企业的经济利益。正是从这个角度看，为了实现以上目标，企业需要在竞争中采取全面、有效的经营方式取得竞争优势和地位，这些绿色竞争策略主要表现在以下几个方面。

一、实施"全方位"设计

企业要实现绿色经营或战略，首先要在产品和流程方面采取一种全新的设计理念，从而将整个工业体系和经营流程作为一个整体，而非一个个分散的组成部分对待。要做到这一点，首先需要改变原有固定的思维模式，在传统的思维观念中，我们认为资源节约的量越大，其耗用的成本就越高。但是在今天，这种观念正在受到极大的挑战，即大幅度的节约和成本降低是可以同时并存的，具体讲，较之小规模的资源节约，大规模的节约所耗费的成本反而更少，这种观念统领着"全方位"设计背后的许多革新性思想。精益生产是全方位思维的一个很好例证，它使许多企业大规模降低了从订货到交货阶段，产品的破损率、存货等方面的浪费。在提高自然资源的生产率方面，启用全方位思维模式同样可使人们收益巨大。

以重要的中间产品制造商 Interface 公司为例。它在上海新开设了一家地毯厂，最初，公司有关液体循环的设计，与几乎所有的厂家一样，是通过标准的泵管进行的。该系统是由一家顶尖的欧洲公司设计的，能耗量为 95 马力。工程动工之前，公司的工程师简·希尔海姆（Jan Schilham）忽然意识到，只要对设计进行两项简单的变革，就会将能耗量降低到 7 马力，降低率为 92%。事实证明，他的新设计虽然并不涉及新技术，却使成本更低，功效更好。

是哪两项设计使得能耗减少了呢？首先，希尔海姆将管道加粗，从而减小了摩擦力，对动力的需求随之大大减少。最初的设计者选择窄管道的原因在于，按照教科书上的说法，加宽管道导致的成本不能被减少能耗产生的节约收益所抵消。这种标准的平衡设计使得管道本身达到最优，但与此同时，整体系统也受到了损害。希尔海姆通过全方位的设计，不仅考虑到加宽管道所导致的成本增加，同时也考虑到了变小的动力设备所带来的成本节约，从而使总体系统达到最优。由于摩擦力变小，水泵、马达、马达监控设备以及其他电子配件的体积，全都比以往小得多，使这部分设备的投资大大下降，下降幅度不仅足以弥补管道加宽所导致的费用上升，而且颇有盈余。换句话说，对于整个系统来说，即使不把未来的能源节约考虑在内，选择粗的管道和小型水泵也比选择窄的管道和大型水泵在成本上更合理。

其次，希尔海姆以短而笔直的管道替代原来的长而弯曲的管道，从而进一步大幅度地降低了摩擦力。他的做法是：首先设计好管道的位置，然后再安放不同的液体槽、锅炉及其他相关设备。设计师们的通常做法与此相反：先武断地确定各个生产设备的位置，然后让一名管道装配工用管道将其全部连接起来。如此设计，必然导致管道本身出现无数的弯曲，大大增加了摩擦力。对此，管道装配工自然毫不介意，因为他们是按小时收费，并从额外的安装中获利。无论是水泵的型号超大，还是电费的账单激增，都与管道装配工毫不相干。而希尔海姆的设计不仅可以避免上述种种浪费，而且非常易于绝缘。对管道进行绝缘处理后，可节约 70 千瓦的热力消耗，用于绝缘处理的成本也可在 3 个月内收回。

从上述例子中可以看出，全方位思维可以帮助管理者通过小的变革获得巨大的收益，它要求企业必须从全局和系统的立场组织生产经营，这种设计上的变革思想对于企业开展绿色战略至关重要。这种系统管理的做法不仅能够实现以较低的成本产生巨大收益，而且它还通过整个供应链运作的改善以实现整体绩效。事实上，在某一连续的流程中，下游进行小的变革会比上游进行变革产生更大的节约，例如，在木材生产中，约有一半的木材用于家具类生产，另一半则用于纸张和纸板的生产，不难看出，在上述两种用途中，节约的关键在于最终产品的生产，假定 3 磅树木可以生产 1 磅产品，那么减少 1 磅成品便会避免 3 磅树木的砍伐，这其中还不包括由此带来的环保收益。

二、采用创新技术推动绿色战略

实施"全方位"设计，要求引进能够替代原有技术的环保技术，企业可以采用新的产业技术，尤其是那些基于自然物质、自然进程的新技术，以替代旧的、过时的技术。例如，今天汽油燃烧所产生的动力中，实际上仅有 1% 被用于传动器，15%～20% 的动力能够传到车轮，其余的全部耗散在发动机和动力传送系统上，传送到车轮上的动力中的 95% 支撑着汽车的运行，为了在饱和的市场中争得一席之地，汽车工业在制造上展开了激烈的竞争。1993 年，落基山研究所提出了高能汽车的概念后，便有众多现实和潜在的汽车制造商，花费数十亿美元，致力于这一产品的开发和商品化。高能轿车融会了现今最先进的技术，通过引进四项重要的创新，使汽车能耗可降低 85%，物耗降低 90%。首先是以先进的聚合物，主要是碳纤维制造车身，从而在保持原有的抗撞击能力的前提下，使汽车的重量下降了 2/3。其次是流线型的设计和质地更佳的轮胎，使车的空气阻力减少了 70%，摩擦力减少了 80%。再次是启用"混合电力"（Hybrid - electricity）发动机装置，进一步节约了剩余燃油的 30%～50%。这一装置中，动力是由随车携带的小型发动机或者蜗轮，甚至是更高效的燃料电池提供的。其中，燃料电池靠氢和氧的化学反应直接产生电能，唯一的副产品便是纯净的热水。小型、清洁、高效的动力原料，加上超轻、便捷的车身，进一步降低了机车的重量和成本。最后是诸多传统的硬件——从变速器、差速齿轮到仪表、悬架等，均由一体的、专门的、高级的软件所替代。

这些技术的采用使得各类运输工具（包括轿车、运动器具、吊车、客货两用车等）的无污染、高性能成为可能。能耗的降低与产品的质量或性能并不相互排斥，它既不要求机车的体积变小、外观变丑、安全系数降低或寿命缩短，也不需要政府的行政命令、税收优惠或补贴。相反，高能轿车正在改进轿车的质量或性能，例如以 CD 替代过时的盒式磁带录放机。我们知道，CD 作为高科技的产品，改变了市场上的消费预期。制造商认为高能汽车能够 10 倍地减少产品的循环周期、资本投入、零部件数量、装配程序及空间，先行的生产者必将具备强大的竞争优势，这也正是众多公司争相将类似产品推向市场的原因。

无论是通过采取更好的设计，还是通过采用新技术减少浪费，其间都蕴含着巨大的商机。在美国经济中，能源的使用率还不到技术允许的 10%；全部物流中，大约只有 1% 的物料真正用在最终产品上，并在出售后 6 个月仍在使用。所以，各个部门（无论是生产环节、生产准备环节，还是对污染和废弃物的治理方面）都存在节约的可能性，而这些都意味着成本的降低和利润的提高。

三、重新设计生产模式

重新设计生产模式指企业实行闭环式的生产模式制造新产品，设计新程序，从而杜绝任何形式的浪费。在这种模式中，每一项产出都应转化为自然界的营养物质或者下一个生产循环的投入品，换句话说，它要么重归自然生态系统，要么进入下一轮生产循环。这种模式杜绝任何物料发生处置成本，尤其严禁有害品的出现。实际上，杜绝有害品的出现，较之有害品出现后再行处理，成本低廉得多。特别是，若将闭式生产模式与提高资源利用率结合起来，成效必将更加显著。比如杜邦公司，一方面，对废弃的工业用聚酯胶片进行回收，然后将其再加工成新的胶片；另一方面，为了减少物耗、降低成本，杜邦公司致力于提高胶片的坚韧度，并使片体变得更小。由于产品的性能更佳，消费者愿意为此支付更高的价钱。正如杜邦公司的董事长杰克·科洛尔所说：公司持续改进产品内在品质的能力，使得我们（提高资源效率、降低成本、增加收入）的进程得以无限期进行下去。

四、转变经营模式

转变经营模式涉及企业运作方式的变革，这种变革主要是改变企业单纯将自己定位于物质产品和服务的提供商，转而通过强调为顾客提供更多的附加值，以实现企业的可持续发展。企业再造的提倡者哈默曾谈到这样一个故事，担任某个电动工具制造企业的董事长在一年一度的大会上宣布"我要告诉大家一个坏消息，没有人要买我们的钻具"。在场的人感到十分震惊，因为上一次总结中还说，该公司的市场占有率为90％以上，这位董事长接着说"这个消息千真万确，没有人要买我们的电钻，他们要的是用钻打出来的洞"。所有的消费者，无论是个体消费者还是产业消费者，都有有待解决的问题。无论一个企业提供多么好的产品，也都是解决一部分问题。例如，汽车分销商提供的汽车只是解决了客户交通需求的部分问题，客户还需要发动汽车的汽油，汽车维护服务和必要的零部件，此外，为了购买这些东西，他们还需要资金，还要上汽车保险等。同样的情况发生在刚才的故事中。钻具只是满足顾客打洞需求的一部分，他们还需要配套设备、合适的钻以及如何使用这些工具的知识。每一种因素各自就是产品和服务，当所有这些因素聚集在一起，就构成了顾客系统的解决方案。所以，如果把企业经营看作一架梯子，产品就是梯子的底部，为客户提供的解决方案就是梯子的顶部，企业为客户提供缩小中间空荡的帮助越多，企业为用户增加的附加值也就越多，企业的盈利机会也随之增加，相应的经营绩效得到提高，资源浪费大大减少。

例如，以往办公室中的宽幅地毯由于磨损一般是10年更换一次。更换地毯时，各个办公场所不得不暂时关闭，里面的家具也难免遭受搬来搬去之苦。据统计，每年有数十亿磅重的地毯被送进垃圾场，它们将在那里待上20000年才能腐烂。为了避免这种极不经济的浪费，Interface公司对经营模式进行了根本性的变革，公司由销售地毯转为提供租赁服务。通过常青租赁公司（Evergreen），Interface公司不再销售地毯，而是改为提供租赁服务。由Interface公司负责地毯的清洁和翻新，并按月收取租赁费，同时每月对租出的地毯进行检查，换掉破损的部分。一般一块地毯上只要有20％的部分出现破损，其余的80％就会显得陈旧，因此，与换掉一整块地毯相比，只换掉破损的20％无疑会节省80％的材料。不仅如此，这种方式还能免除消费者的另一困扰——家具下面的地毯很少会出现破损。除此之外，对于消费者而言，租赁服务还可使其获得税收优惠。总而言之，这种做法的结果是：消费者获得了更便宜、更优质的服务，生产者节省了更多的物料。事实上，避免生产整块地毯所获得的能源节约本身，足以满足这一新型的经营模式所需的全部产品的能耗。因此，总的来说，Interface 公司通过常青公司所节约的 5 倍的物料，加上使用节约幅度达 7 倍的材料，使得总材料的节约达 35 倍之多。

Interface 公司朝着租赁业务的转变，对于绝大多数制造商的经营模式而言，都形成了巨大的冲击。后者依旧将自己看作是生产和销售产品的机器，对于他们来说，产品销售得越多，意味着经营绩效越好。然而，任何浪费自然资源的经营模式，同时也就是浪费金钱的模式，这种模式最终无法与提供服务的经营模式竞争，因为后者强调的是解决问题并与消费者建立长期的关系，而不是仅仅追求产品的生产和销售。Lean 企业研究院的詹姆斯·沃马克（James Womack）将这种转变称为"解决问题的经济"（Solutions Economy），该经济模式既照顾了消费者的权益，也考虑了生产者的利益。

五、对自然资源进行再投资

作为绿色战略指导下的企业，在大幅度提高了资源的生产率，实行了闭环式的生产过程、完成了向服务型经营模式转变之后，还面临着一项重要的任务，即必须对最重要的资本形式（人类的自然栖息地和生态系统）的存储、维护和扩展进行再投资。疏于对自然资源的保护和再投资，也会间接地影响企业的收益。许多公司发现，公众对其环保状况的印象，直接影响到公司的销售。例如，美国麦克米伦·布勒德尔公司，由于被环保主义者指责为典型的污染排放者和氯的使用者，几乎在一夜之间便丧失了 5% 的销售额。无数的案例研究表明，注重环保的企业往往会获得巨大的收益，而被指责为不负责任的公司，则会丧失生存发展的空间。即使那些标榜自己是坚持可持续发展取向的企业，由于人们认为其发展战略是错误的，也面临着产品遭到消费者抵制的危险。正如美国俄勒冈大学的商品学教授迈克尔·拉索（Michael Russo）以及许多其他的分析家所发现的，环保指标构成了利润率的具有连续性的预测器。

第五节　绿色价值链管理

企业价值链是迈克尔·波特在《竞争优势》一书中提出的，波特认为，企业的每项生产经营活动都是其创造价值的经济活动，企业所有互不相同但又相互联系的生产经营活动，构成了创造价值的一个动态过程，即价值链。价值链最初是为了在企业复杂的制造程序中分清各步骤的"利润率"而采用的一种会计分析方法，其目的在于确定在哪一步可以削减成本或提高产品的功能特性。波特认为，应该将会计分析中确定每一步骤新增价值的基本活动与对组织竞争优势的分析结合起来，了解企业资源使用与控制状况必须从发现这些独立的价值活动开始。

在整个价值链构造中，波特将各种活动分为两大类，即基本活动以及支持活动。基本活动是直接创造价值的活动，包括采购供应与内部物流、生产运作、外部物流、销售与营销以及服务，而支持活动本身是不创造价值，或者是本身不具备增值能力，但是它对基本活动的增值提供必要的保障和支撑，这类活动有技术开发、人力资源管理以及公司基础设施建设等（见图3-7）。同样，企业在开展绿色经营和实施绿色战略的过程中，也需要从价值链的角度组织和管理各种活动，尤其是一些主要增值活动，更需要融入绿色管理的含义。具体看，绿色价值链管理的范畴主要包括以下几个方面。

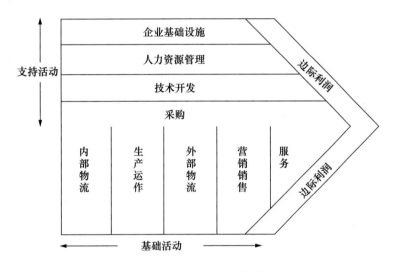

图3-7 企业价值链构造

一、绿色采购供应管理

采购在传统意义上是企业为了使经营活动能够顺利开展，并满足消费者对产品和服务的需求，而从事的物料和零部件的购买行为。具体讲，企业提出采购需求、选定供应商、谈妥价格、确定交货及相关条件、签订合同并按要求收货付款的过程。根据迈克尔·波特的价值链理论，采购是企业价值链的重要支持活动。但是，随着现代企业经营的不断发展，特别是供应链管理的发展，使得原来不属于增值活动的采购具备了增值的能力，并且在企业产销物三位一体的管理中发挥着举足轻重的作用，而这种作用对于企业开展绿色战略是非常重要的。究其原委，我们认为这种变化与发展源于供应链管理体制下或者说一体化物流条件下生产经营方式的变革。

从企业生产经营方式的变革历程看，从 20 世纪二三十年代到 21 世纪，企业的生产方式经历了三个重大的阶段。第一阶段是按库生产阶段（Make‑to‑stock），从 20 世纪二三十年代一直延续到六七十年代，这一阶段标志着大规模工业化生产阶段的形成，始于福特所发明的库森斯流水线，自从工业化流水线生产方式的确立，商品生产得以大批量进行，并且规模经济的作用日益凸显，现代工业的产生凭借强大的生产能力和低成本，为广大的消费者带来经济上的收益并实现了大规模市场的需要，从而迅速提高了整个社会的消费水平。这时社会经济从短缺化的时代逐步向温饱乃至买方市场转化。正是因为如此，这时从商品经营的角度看，消费者处于产品获取满足的阶段，市场的主导权基本上属于制造商，而就商品本身而言，标准化的程度很高，生产上属于大规模批量化生产。在这一阶段，衡量企业竞争力的标准，一是企业能否发挥较大的规模生产能力，有效地降低成本，从而满足社会的普遍需要；二是能否及时交货。出于这两个目的，这时的采购宗旨主要是保障标准化产品生产的顺利进行和充分供应，使得规模生产不断延续，所以，这一阶段的采购行为大多是成批、标准化采购，也正因为如此，这种采购行为在严格意义上讲，的确没有增值活动，只是主要基本活动的支持和辅助因素。

然而，自从 20 世纪六七十年代以后，随着社会经济环境的变迁、企业竞争的不断加剧以及科学技术的变化对各行各业产生深远的影响，企业生产方式和经营理念，正发生着巨大的变化，这种变化突出反映在随着竞争加剧、商品供给开始极大丰富，消费者已经不再满足标准产品的消费，这时消费者需求越来越向高层次化、多样化方向发展。在这些经济环境变迁的推动下，制造商的生产方式也开始变革，即从按库生产转向按单生产（Make‑to‑order）。具体讲，制造商在接到客户订单后，在将采购的原材料、零部件、半成品进行加工、组装以及包装，然后通过分销渠道以及恰当的促销方式，将客户需要的产品送抵消费者手中。从制造商角度看，这种生产方式由于有效地应对了消费者的需求，并且产品做到了差异化，因此经营的绩效得到保证，竞争地位得以巩固，消费者的认知度提高，而且也最大程度上避免了由于预测失误而产生的大量损失（库存积压或断货等现象），降低了资源损失和对环境的破坏性影响，也增强了企业经营的柔性化（即对市场变化的反应度很高）；从消费者的角度看，由于产品符合了大部分的需求，因此效用得到了充分满足和提高。当然，按单生产方式是建立在市场细分以及工艺导向的生产基础之上，其产品结构表现为多品种、少批量，它是市场主导权掌握在消费者手中的产物。也正是因为如此，这种条件下企业的竞争力不仅表现为有效满足消费者的需求、及时交货，而且也反映在企业能在合理控制损失的前提下，低成本经营。在这种经营宗旨下，企业的采购面临着极大的挑战。这种挑战来自于由于产品与产品之间、品类与品类之间、规格与规格之间不尽相同，不同部件的采购面临着分类管理的要求，部件、原材料的不同本是体现满足顾客差异化而导致的，可是由于不同部件、物料对整个产品的贡献不同，或者本身的技术含量、增值程度以及生命周期不同，使得采购体系极为复杂，有些关键的部件、物料往往是不充分供应，很难在市场上随时取得；而另外一些产品供给相对充足，供应商选择的余地较大。诸如对于计算机生产厂家而言，CPU 由于是计算机的关键部件、技术含量很高，属于不充分供给，其市场结构也表现为典型的寡头垄断市场；而鼠标等物品则不同，因为制造简单、技术含量低，往往供应充分，供应商市场属于完全竞争市场。对于后一种部件完全可以沿用以往的成批、标准采购，可是前一种部件无法实施，主要原因在于如果大批量采购会给企业带来巨大的损失，这种损失表现为在多品种、少批量生产的状况下，最体现差别化的部件购置太多，会使企业的库存增加、流动资金减少，而且往往这些部件更新换代很快，采购过多意味着企业机会成本剧增，影响了企业的持续发展。而在消费者主导市场的时代，这种机会成本根本不可能转嫁到消费者身上，所以，关键物品的大批量采购是不可能的。但是，如果是及时的、小批量采购在某种程度上大大增加了企业经营的风险，这种风险不仅来自于采购价格的偏高和相应的物流配送费用上升，而且也体现在这些物品的不充分供应，使得企业经常出现急需的时候无货可供，最终延误市场机遇，激起消费者的不满。在这种状况下，只有一种可能能解决上述问题，即企业与关键的上游供应商建立长期合作，实行多频度、少批量、持续性的采购交易和配送，确立起双赢的伙伴关系，双方通过协调性的业务运作，共同实现降低资源消耗，合理使用物料，防止因为无效经营而对社会和环境产生不良影响，而这也正是当今一体化物流以及供应链管理的本质。显然，如果这一点做不到，企业的核心优势无从谈起。正是如此，采购管理已经不仅仅是简单的物品购买和管理，而且延伸到了供应物品的分类以及相应不同采购策略和政策的制定，其工作的质量直接决定整个企业的经营绩效和生死存亡，所以，这一时期的采购管理已经成为一项管理流程、而非简单的职能，具有较强的增值能力。

　　跨入 21 世纪，随着一体化物流和供应链管理的蓬勃发展，企业的生产方式又潜移默化地经历了从按单生产到按单设计生产的方向转化。所谓按单设计生产主要是企业收到客户订单后，对产品进行设计、制造，然后按顾客的需要进行分销配送。这种生产方式的出现和发展是企业为强化核心竞争力，开展个性化经营和服务，推广一对一营销的产物，在此前的企业经营中，虽然产品的设计生产已经体现出了客户的差异化要求，但是其立足的根本仍然是细分基础上的群体顾客，而按单设计生产则不同，它完全是体现了单个顾客自身的特定需求和偏好，其差异化的程度和增值能力要比以往任何时候都强。例如，以生产芭比娃娃著称的玛泰尔公司，从 1998 年 10 月起，可以让孩子登录到 barbie. com 设计她们自己的芭比朋友，她们可以选择娃娃的皮肤弹性、眼睛颜色、头发的式样和颜色、附件和名字。当娃娃邮寄到孩子手上时，女孩子会在上面找到她们娃娃的名字。这是玛泰尔公司第一次大量制造"一个一样"的产品。再如，位于美国戴顿的一家化学公司，有 1700 多种工业肥皂配方，用于汽车、工厂、铁路和矿石的清洗工作。公司分析客户要清洗的东西，或者访问客户所在地了解要清洗的东西，分析之后，公司研制一批清洁剂提供给客户使用。大多数客户都会觉得没有必要再对另一家公司描述他们清洁方面的要求，所以该化学公司的 95% 的客户都不会离去。这些都是一对一个性化经营的典范，由此不难看出按单设计生产其造成的结果不仅仅是多品种、少批量，而进一步演化成不断地变种变量。正因为如此，按单设计生产对企业的生产运作模式提出了更高的要求。这种要求既表现为生产作业方式的现场性和工艺方式的变革性发展，又表现为采购供应管理的绝对支配性。

首先，就前一个方面而言，按单设计生产虽然通过个性化经营提高了企业经营的柔性和高度的顾客增值性，但是产品生产的成本问题不能不引起企业的关注，如果像玛泰尔公司那样完全实现定制化的经营，企业的生产成本将会很高，从而阻止企业运作的顺利进行。既要实现个性化经营，又能有效地控制成本，这种目的的实现在今天供应链管理条件下，只有模块化生产才能做到，所以，按单设计生产使得企业的生产工艺发生了巨大变化。

其次，模块化生产对采购管理又提出了巨大的挑战。一般而言，模块化的零部件是企业根据大量顾客数据分析和挖掘，特别设计出来的，这些模块化部件往往能覆盖绝大部分顾客的差异化要求，属于定制化的零部件和原材料。可问题的关键是，这些定制、模块化的部件往往在市场上不存在、至少是不充分供应，而且由于企业不是上游的供应商，所以，设计出来的模块化部件在技术和工艺上能否实现也不能够完全得到保证。并且从环境的角度看，这种模块化的部件是否能够体现节约资源的要求，是否符合了社会和政府的规制，是否有利于消费者的健康，整个生产过程是否是合理有效的，所有这些只有在实施按单设计生产战略以前，与供应商建立起协同开发市场的伙伴关系，在设计初期供应商就加入进来，才能保证模块化部件的可制造性以及合理、有效的供应（即符合企业和社会持续发展要求的经营）。显然，如果不能寻找到良好的合作伙伴、建立起长期稳定协同发展的关系、共同设计开发产品，共同确立绿色经营标准、协同推动绿色生产，按单设计生产将化为乌有。所以，这时采购是一种绝对的战略增值管理行为，它已经成为供应链管理和一体化物流管理须臾不可分的管理领域。例如，宜家公司为了寻找既能低价供应又能保证质量、符合绿色经营要求的供应商公司花了大量的心血，他们从分布在世界各地的 30 个采购处找出候选的供应商，目前在世界各地的 50 多个国家拥有 1800 家供应商。在瑞典艾尔姆胡尔特的公司总部中央设计办公室的设计人员，往往在产品推向市场之前进行两三年的设计，由他们决定供应商供应哪些部件。一旦供应商成为公司的一部分，长期合作的供应商不仅可以进入全球市场，而且能够得到技术支持，可以租赁设备，并得到产品达到国际质量标准的建议，甚至可以得到帮助实现 ISO9000 和 ISO14000。例如，公司雇用 12 名左右的技术人员组成一个宜家公司工程小组，为供应商提供技术帮助。此外，公司设在维也纳的商业服务部门有一个数据库，可以帮助供应商找到原材料，并向他们介绍新的合作伙伴，这就是宜家公司为什么能取得强大竞争优势的主要原因之一。

二、绿色生产管理

制造业是国民经济的支柱产业，它既是消耗资源的大户，同时也是产生环境污染的源头产业。为了适应人类社会可持续发展的要求，如何最大限度地利用资源和最低限度地产生废弃物，已成为政府、企业界和学术界最关心的问题。于是，一种集资源优化利用与环境保护治理于一体化研究的新的制造模式——绿色制造（Green Manufacturing，GM）由此提出，且迅速地在全球范围内（特别是一些发达国家）开展了研究。

GM 的研究领域主要包括 3 项内容和 2 个层次的全过程控制。3 项内容是指绿色资源、绿色生产过程、绿色产品，这 3 项内容涉及的领域是环境、资源优化和产品制造。2 个层次的全过程控制：一是指具体的制造过程即物料转化过程控制、充分利用资源、减少环境污染、实现具体绿色制造过程控制；二是指在产品设计、制造、装配、包装、运输、使用以及报废后回收处理整个产品生命周期中每个环节均充分考虑资源和环境问题，以实现最大限度地优化利用资源和减少环境污染。为了满足经济社会可持续发展的要求，利用绿色制造的理论技术研究"产品可持续发展战略"已势在必行，而产品多生命周期工程（PMLE）则是"产品可持续发展战略"的重要组成部分。

产品多生命周期工程的提出和研究历史很短，其概念和内涵尚处于探索阶段，至今仍无统一公认的定义。综合国内外学者的观点可作以下理解：

（1）关于"产品多生命周期"的理解。产品生命周期是指本代产品从设计、制造、装配、包装、运输、使用到报废为止所经历的全部时间。而产品多生命周期不仅包括本代产品生命周期的全部时间，而且还包括本代产品报废或停止使用后，产品或其有关零部件在换代——下一代、再下一代……多代——产品中的循环使用和循环利用的时间（以下统称为回用时间）。

（2）关于"产品多生命周期工程"的理解。产品多生命周期工程是指从产品多生命周期的时间范围综合考虑环境影响与资源综合利用问题和产品寿命问题的有关理论和工程技术的总称，其目标是在产品多生命周期时间范围内，使产品回用时间最长，对环境的负面影响最小，资源综合利用率最高。

由于科学技术的迅猛发展，产品生命周期越来越短，因此为了实现产品多生命周期工程的目标，必须在综合考虑环境和资源效率问题的前提下，高质量地延长产品或其零部件的回用次数和回用率，以延长产品的回用时间。

绿色制造的理论和技术是产品多生命周期工程的理论及技术基础，而产品或其零部件回用处理技术和废弃物再资源化技术是关键技术。

产品多生命周期工程的特征模型可视为一个多目标规划模型，其目标函数有 3 个，即在产品多生命周期范围内，产品的回用时间（f_t）最长，资源综合利用率（f_r）最高，环境负面影响（f_e）最小。其约束条件主要有 5 个，即产品的功能（F）、交货期（T）、质量（Q）、成本（C）、服务（S）达到相应的指标值。

从产品多生命周期工程的战略实现看，主要表现在以下几点：

一是加强环境和资源的法制建设。加强环境和资源的法制建设是实施产品多生命周期工程的根本保障。实施产品多生命周期工程本身是一种企业行为，但要使企业真正将其作为自觉行为，政府必须先行一步，因此它也是一种政府行为。政府行为的具体体现就是要建立、健全环境和资源立法，一些发达国家已引起足够重视，如日本 1991 年出台了《废弃物回收法》，德国 1991 年出台了《包装材料处理法》，而美国各州均有众多的环境和资源的法制法规，且其数量以每年 3%～5% 的速率增加。我国近年来也十分重视环境和资源的法制法规建设，如 1997 年 11 月出台了《节约能源法》，目前正在起草《资源综合利用法》。总之，环境和资源法制的建立和健全将有力地保证产品多生命周期工程的顺利实施。

二是深入研究绿色制造的理论、技术和绿色设计的并行工程模式。绿色制造的理论、技术主要涉及 5 个方面，简称"五绿"问题：绿色设计、绿色材料、绿色工艺、绿色包装、绿色处理，其中绿色设计是关键。绿色设计又称为面向环境的设计（Design for Environment，DFE），主要包括 6 方面内容：①面向环境的产品结构设计；②面向环境的产品材料选择；③面向环境的制造环境设计（或重组）；④面向环境的工艺设计；⑤面向环境的包装方案设计；⑥面向环境的回收处理设计。

绿色设计的并行工程模式又称并行式绿色制造系统设计（或并行式绿色设计模式），是并行工程在绿色制造中的具体应用，它综合考虑了绿色设计的设计内容广泛性（包括上述 6 方面内容）、设计目标复杂性（包括环境、资源、功能、成本等）、设计人员多样性（如环境工程师要参与设计）等众多因素。但要系统实施并行式绿色设计模式，许多问题（如支撑环境、Team Work 集成模式等）有待作进一步深入研究。

三是大力开发面向环境的资源优化利用技术。在制造系统中，最大限度地利用资源和最低限度地产生废弃物，是全球性环境治理的根本措施。因此大力开发面向环境的资源优化利用技术是实施产品多生命周期工程的主要途径。这些技术包括废弃物再资源化技术（如废弃物降解、再生、加压、碎裂、浮选等技术）、产品零部件循环使用技术（如重用、整修等技术）和循环利用技术（如有关物理处理技术和化学处理技术）、制造系统优化技术、制造过程物料优化控制技术、制造设备优化利用技术等，尤其前 2 项资源优化利用技术是实施产品多生命周期工程的关键技术。

四是研制产品多生命周期工程评估系统。实施产品多生命周期工程是一个极其复杂的系统工程，产品多生命周期过程中，资源消耗繁多，消耗情况复杂，且对环境的影响状况也多种多样。如何测算和评估这些状态，如何评估产品多生命周期工程实施状况和程度，至今仍无系统的、统一的方法和指标体系。因此，要推广实施产品多生命周期工程，急需建立产品多生命周期工程评估系统，包括评价指标、评估内容和评价方法等。

三、绿色物流管理

物流是现代企业管理和供应链管理的核心组成部分，特别是 20 世纪末以来，随着经济全球化趋势的发展，企业间的竞争程度不断加剧，企业之间的竞争已经演变为供应链与供应链、物流与物流之间的竞争。但是，随着社会的不断进步，人们更加关注环境保护、资源节约等偏重社会效益方面的问题，这些问题仅仅依靠"经济物流"体系是很难解决的，于是社会呼唤一种能够达到社会效益与经济效益"双赢"的物流体系——"绿色物流"。

（一）企业物流与环境保护

人类对环境的普遍关注可以追溯到第二次世界大战。当时在全球范围出现了严重的原材料短缺，这种短缺情况迫使人们回收和再利用废弃品。之后随着人们对经济活动和对环境负面影响的认识，提出构建环境共生型物流系统以最大可能地减少物流活动对环境的影响。可以说，资源的短缺和环境问题的普遍关注促使了绿色物流的产生。近年来，对现代企业物流中的环境行为日益成为社会各界关注的焦点，加速了企业绿色物流的兴起。

首先，政府对环境行为的管制越来越严格，对环境污染者的惩罚越来越严厉。如美国1990年颁布空气洁净法（The Clean Air Act），对排放消耗臭氧层的有害物质和气体的厂商课以重罚。又如，1997年许多国家在日本城市京都缔结《京都议定书》，议定书规定38个工业国在2010年温室气体排放总量，必须在1990年水平上减少5.2%。其宗旨是减少温室效应气体的排放量，防止全球变暖，造福人类。由此可见对环境行为进行管制已经成为全世界的共识。

其次，许多原材料、特别是矿产等不可再生资源的短缺迫使厂商一方面增加投入以加大对产品的回收利用的范围和深度；另一方面提高物流中各个环节的环保技术含量，以最少的自然资源创造最大的产出。

最后，随着公众对生活环境要求的提高，反对和阻止设立垃圾堆（场）的事件日益增多，政府设立垃圾填埋场的数量也呈迅速递减态势。这使得企业寻求环境共生型的企业发展模式。

以上方面使得忽视环境保护的企业的经济成本和社会成本大大增加，这也正是企业大力推进绿色物流的动因。

（二）绿色物流体系的构成

企业物流包括企业从原材料供应，产品生产和产品销售的全部活动，它由供应物流、生产物流、销售物流和逆向物流构成。绿色物流是在闭环的物流的各个环节包括运输、储藏、包装、装卸、流通加工和废弃物处理等物流活动中，采用环保技术，提高资源利用率，最大程度地降低物流活动对环境的影响。因此，绿色物流可以分为绿色供应物流、绿色生产物流、绿色销售物流以及逆向物流，其中有学者把绿色供应物流、绿色生产物流和绿色销售物流统称为绿色正向物流。因此，绿色物流强调了全方位对环境的关注，体现了与环境共生和可持续发展的理念，是新的物流管理趋势。

（三）企业构建绿色物流体系的意义

构建绿色物流体系是企业在未来的发展中不可回避的选择，它不仅对企业自身的发展有利，而且对整个社会的发展有利，能够实现企业和社会的"双赢"，这主要表现在以下几个方面。

（1）绿色物流有利于企业取得新的竞争优势。绿色物流的核心思想在于实现企业物流活动与社会和生态效益的协调，进而实现企业的可持续发展。日益严峻的环境问题和日趋严厉的环保法规，使企业为了持续发展，必须积极解决经济活动中的环境问题，放弃危及企业生存和发展的生产方式，建立绿色物流体系，追求高于竞争对手的相对竞争优势。哈佛大学Nazli Choucri教授深刻阐述了对这一问题的认识："如果一个企业想要在竞争激烈的全球市场中有效发展，它就不能忽视日益明显的环境信号，继续像过去那样经营……对各个企业来说，接受这一责任并不意味着经济上的损失，因为符合并超过政府和环境组织对某一工业的要求，能使企业减少物料和操作成本，从而增强其竞争力。实际上，良好的环境行为恰似企业发展的马达而不是障碍。"

（2）绿色物流可以避免资源浪费，增强企业的社会责任感，提高其声誉度。随着可持续发展观念不断的深入人心，消费者对企业的接受与认可不再仅仅取决于其是否能够提供质优价廉的产品与服务，消费者越来越关注企业是否具有社会责任感，即企业是否节约利用资源、企业是否对废旧产品的原料进行回收、企业是否注重环境保护等，这些都成为决定企业形象与声誉的重要因素。绿色物流从产品的开发设计，整个生产流程，到其最终消费，将对这些因素的考虑附着在其中，其构建不但可以降低旧产品及原料回收的成本，而且有利于提高企业的声誉度，增加其品牌的价值和寿命，延长产品的生命周期，从而间接地增强了企业的竞争力。

（3）绿色物流体系是适应国家法律要求的有效措施。随着社会进步和经济的发展，世界上的资源日益紧缺，同时由于生产所造成的环境污染进一步加剧，为了实现人口、资源与环境相协调的可持续发展，许多国际组织和国家相继制定出台了与环境保护和资源保护相关的国际公约和法律，例如《蒙特利尔议定书》（1987）、《里约环境和发展宣言》（1992）、《工业企业自愿参与生态管理和审核规则》（1993）、《贸易与环境协定》（1994）、《京都议定书》（1997）等；中国制定了《环境保护法》等一系列法律法规。这些法律要求产品的生产商必须对自己所生产的产品造成的污染负相应责任，并且采取相应的措施，否则将会受到严厉惩罚。比如，欧盟规定轮胎生产商每卖出一条新的轮胎必须回收一条旧的轮胎进行处理或再利用。同时，一些国家的法律对一次性电池生产厂商也作出了类似的规定。这要求生产类似产品的企业必须构建相应的绿色物流体系，以降低经营风险和违反法律的成本。

（四）企业应该如何构建绿色物流体系

1. 绿色正向物流体系的建立

（1）绿色供应商的选择。由于政府对企业环境行为的严格管制，并且供应商的成本绩效和运行状况对企业经济活动构成直接影响。在绿色供应物流中，有必要增加供应商选择和评价的环境指标，即要对供应商的环境绩效进行考察。例如，潜在供应商是否曾经因为环境污染问题而被政府课以罚款？潜在供应商是否存在因为违反环境规章而被关闭的危险？供应商供应的零部件采用了绿色包装了吗？供应商通过 ISO14000 环境管理体系认证了吗？

（2）废弃物料的处理。企业正向物流中产生废弃物料的来源主要有两个：一是生产过程中未能形成合格产品而不具有使用价值的物料，如产品加工过程中产生的废品、废件，钢铁厂产生的钢渣，机械厂的切削加工形成的切屑等；二是流通过程中产生的废弃物，如被捆包的物品解捆后产生的废弃的木箱、编织袋、纸箱、捆绳等。由于垃圾堆（场）的日益减少，因此厂商寻找减少废弃物料的方法显得越发重要。一方面，厂商要加强进料和用料的运筹安排；另一方面，厂商在产品的设计阶段就要考虑资源可得性和回收性能，减少生产中的废弃物料的产生。

（3）产品的设计、包装和标识。绿色物流建设应该起自于产品设计阶段，以产品生命周期分析等技术提高产品整个生命周期环境绩效，在推动绿色物流建设上发挥先锋作用。包装是绿色物流管理中的一个重要方面，如白色塑料的污染已经引起社会的广泛关注；过度的包装造成了资源的浪费。因此再生性包装由于容易回收的性质得到越来越广泛的使用，可以重复使用的集装箱也是绿色包装的例子。另外，通过标签标识产品的化学组成也十分重要，通过标识产品原料特别是可塑零件的组成，会使将来的回收、处理工作进展顺利。这些绿色技术在物流中的应用同时也提高了生产效率。

（4）绿色运输体系。原材料和产品的运输是物流中最重要的一部分，它贯穿于物流管理的始终。运输环节对环境的影响主要体现在三个方面。首先是交通运输工具的大量能源消耗；其次是运输过程中排放大量有害气体，产生噪声污染；最后是运输易燃、易爆、化学品等危险原材料或产品可能引起的爆炸、泄漏等事故。现在政府部门对运输污染采取极为严格的管理措施，如北京市对机动车制定了严格的尾气排放标准。同时，政府交通部门还将充分发挥经济杠杆的作用，根据机动车的排污量收取排污费。由此，企业如果没有采取绿色运输，将会加大经济成本和社会环境成本，影响企业经济运行和社会形象。企业绿色运输的主要措施有：①合理配置配送中心，制定配送计划，提高运输效率以降低货损量和货运量；②合理采用不同运输方式，不同运输方式对环境的影响不同，尽量选择铁路、海运等环保运输方式；③评价运输者的环境绩效，由专业运输企业使用专门运输工具负责危险品的运输，并制定应急保护措施。

2. 逆向物流体系的建立

逆向物流是指物料流从消费者向生产企业流动的物流。合理高效的逆向物流体系结构分为五个环节。

（1）回收旧产品。回收旧产品是逆向物流系统的始点，它决定着整个逆向物流体系是否能够盈利。旧产品回收的数量、质量、回收的方式以及产品返回的时间选择都应该在控制之下，如果这些问题不能得到有效的控制，那很可能使得整个逆向物流体系混乱，从而使得对这些产品再加工的效率得不到保证。要解决这个问题，厂商必须与负责收集旧产品的批发商及零售商间保持良好的接触和沟通。

（2）旧产品运输。产品一旦通过批发商和零售商收集以后，下一步就是把它们运输到对其进行检查、分类和处理的车间。如何对其运输和分类没有固定的模式，这要根据不同产品的性质而定，比如，对易碎品像瓶子、显示器等的处理方式和轮胎、家具等完全不同。但是，我们需要注意的一点是，我们不仅要考虑产品的运输和仓储成本，还要考虑产品随着回收时间延长的"沉没成本"，从而对不同产品在时间上给予不同的对待。

（3）检查与处置。回收产品的测试、分类和分级是一项劳动和时间密集型的工作，但如果企业通过设立质量标准、使用传感器、条形码以及其他技术使得测试自动化就可以改进这道工序。一般说，在逆向物流体系中，企业应该在质量、产品形状或者变量的基础上尽早地作出对产品的处置决策，这可以大大降低物流成本，并且缩短再加工产品的上市时间。

（4）回收产品的修理或复原。企业从回收产品中获取价值主要通过两种方式来实现：第一是取出其中的元件，经过修理后重新应用；第二是通过对该产品全部的重新加工，再重新销售。但是，相对于传统的生产而言，对回收产品的修理和再加工有很大的不确定性，因为回收的产品在质量以及时间上可能差异会很大，这要求我们在对回收产品分类时，尽量把档次、质量及生产时间类似的产品分为一组，从而降低其可变性。

（5）再循环产品的销售。回收产品经过修理或复原后可以投入到市场进行销售。和普通产品的供求一样，企业如果计划销售再循环的产品，首先需要进行市场需求分析，从而决定是在原来市场销售，还是开辟新的市场，在此基础上企业可以制定出再循环产品的销售决策，并且进行销售，这就完成了逆向物流的一个循环。

总之，逆向物流作为一个新生事物，其理论与实践都尚处于摸索阶段，没有固定的模式可以模仿。但是，从当前一些在逆向物流方面比较成功企业的经验，我们可以知道必须把逆向物流与正向物流相互协调，融合在一起，使它们成为一个闭环的体系。这就要求企业把逆向物流作为企业发展战略的重要组成部分，从最初生产时就应该考虑到为后来的逆向物流提供便利。在这方面，Bosch 公司就是一个典型的例子，该公司是一个生产动力工具的公司，它在最初生产时就把传感器装到动力工具的马达上，该传感器能显示马达是否还值得修理，这大大降低了逆向物流运转的成本。因此，从全局角度着眼，提前对逆向物流的思考对其成败与否事关重大。

四、绿色营销管理

绿色营销管理是绿色价值链管理的一个重要组成部分，具有丰富的内容，下一章我们将做专题介绍。

思考与讨论

3-1　企业绿色经营的原则是什么?

3-2　企业实施绿色经营战略应该考虑哪些因素?

3-3　如何对实施绿色战略的外部环境进行合理评估?

3-4　对开展绿色经营的企业来说,其核心能力应该主要表现在哪些方面?

3-5　主要的绿色竞争策略有哪些?

第四章　绿色营销

第一节　绿色营销概述

一、绿色营销的兴起

绿色营销（Green Marketing）也被称为环境营销（Environmental Marketing），简单地说就是通过营销活动来生产、促销和再利用对环境友好的产品的过程。它兴起于20世纪60年代，并在70年代得到迅速发展。当时，工业化的迅速发展，导致工业污染激增、生态环境日益恶化、资源枯竭等社会问题，人们认识到，按照传统的工业化发展模式，地球将无法承受人类对资源的消耗，从而导致"增长的极限"（罗马俱乐部），同时，按照纯粹的市场原则的个体行为可能导致共同利益的毁损。因此，基于一般市场原则和消费导向的营销观念受到挑战，代之而起的是社会营销观念，其中包括绿色营销观念。

20世纪80年代以来，绿色营销在西方发达国家逐步深入人心，各大公司都投入巨资改进产品、生产工艺和包装，推动产品回收和再利用等，以期在环保方面树立良好形象、做出贡献，而各国政府、立法机构、学术研究机构、媒体以及环保组织在推动企业采取各种环保措施方面起到了至关重要的作用。绿色营销与一般营销的主要区别如下。

绿色营销导向与现行营销导向的差别表现在两个方面：一是现行营销导向注重满足目标消费者当期的需要，相对忽视其他利益相关者的需要和社会的可持续发展，从而导致过度消费（如对热带雨林的开发）、过度包装、不良消费（捕猎大象和珍稀动物）等对环境造成损害的行为。绿色营销则要充分考虑经济、社会的可持续发展，从而实现可持续营销。二是现行营销是建立在自由市场的假设基础之上的，一切商业行为只需要遵循市场规律就可以实现社会福利的最大化。但是绝对的市场自由是不存在的，而且市场机制也有失灵的时候，尤其是当企业变得足够大、商业行为对环境的影响越来越直接时，自由市场的假定就不再有效，而以此假定为基础指导商业行为就有可能导致社会福利的巨

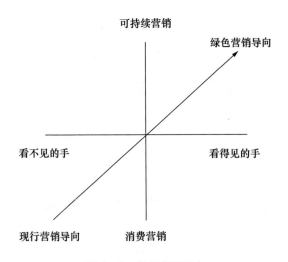

图 4 – 1 绿色营销导向

大损失如江河、大气的污染和气候变暖等。因此，绿色营销强调企业要在一个由政府、立法部门、社会公众、媒体以及相关组织参与指导下的市场中生存，企业必须承担更多的社会责任，受到更多的约束。因此也给营销者提出了更严峻的挑战。由于上述导向的差别，从而导致营销要素的差别。一般营销的主要要素如图 4 – 2 所示。

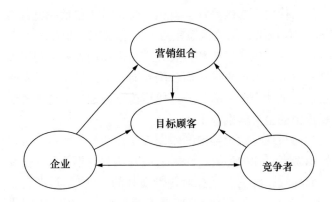

图 4 – 2 一般营销的主要要素及其相互关系

绿色营销的营销要素要比一般营销的多，主要差别在于绿色营销中利益相关者（Stakeholders）成为了主要的营销要素。一般来说，利益相关者包括立法机构、政府机构、非政府组织、公众、特殊社会群体、企业员工、媒体和国际机构等。他们的主要作用是影响目标顾客的价值导向和行为偏好。同时他们也使企业与竞争者之间的竞争变得不那么直接，成为市场竞争的缓冲器。由于具体的绿色营销活动的主体不一样，利益相关者也不一样。由于同时有不同的利益相关者参与到绿色营销过程之中，而且他们的角色定位有时并不清楚，因此相对于一般营销来说，绿色营销是一种复杂营销。图4-3是绿色营销的主要要素及其关系。

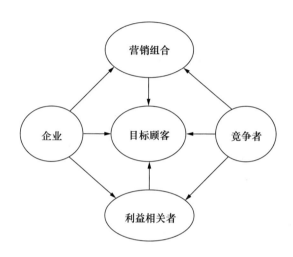

图4-3　绿色营销的主要要素及其关系

二、绿色产品和非绿色产品

绿色产品又称为环境友好（Environment Friendly）或无公害的产品，有时俗称环保产品。严格的绿色产品要求其生产的原材料、生产过程、生产的废弃物、产品的包装、消费过程、消费后的废弃物等对环境都无危害。因此，要真正做到环境友好，需要对整个产品的生产过程和消费过程进行全方位的系统研究。例如，为了确定一种包装物究竟是用纸还是用塑料对环境的危害更轻，需要研究该包装物所需的纸和塑料的生产和消费全过程对环境的影响。工业化为我们带来的大多数产品如汽车、电话、电池、化肥、农药、纸张、塑料、冰箱、空调、洗衣粉等对环境都会造成一定的危害，而且我们也很难找到完全对环境无害的替代产品。因此只要比现有产品对环境的危害更轻，我们也可以说它是绿色产品。因此绿色产品也是一个相对的、发展的概念。同时，对于某些产品，"绿色"还有另外的含义，如绿色食品是经过中国绿色食品发展中心认证的食品，绿色食品的生产和加工过程要符合环境友好原则，不能使用对环境有害的化肥和农药，也不能在受到污染的环境中生产。另外，有时人们将对人体危害较小的产品称为绿色产品或环保产品如绿色建材等。因此，"绿色"的标准也并不是统一的和严格的，目前仍在发展过程中。随着人们环保意识的增强，对"绿色"的要求越来越严格，国外已经对产品标签和宣传中与环境有关的内容作出了详细规定，企业也不能随便用绿色和环保作为销售的诉求。

绿色产品与一般产品的最大区别在于它产生环境利益或绿色利益，这种利益既可能是全社会共享的，也可能是个人独占的。据此可以将产品分为四类，如表4-1所示。

表4-1　普通产品与绿色产品

社会 ＼ 个人	有个人绿色利益	无个人绿色利益
消费产生社会绿色利益	A 健康产品：如绿色食品、绿色建材、节能灯等	B 环保产品：再生纸、无氟冰箱
消费不产生或破坏社会绿色利益	C 自然产品：野生动植物等	D 普通产品：汽车、彩电

就上述四类产品而言，由于其绿色利益的差异，其适用的营销原则和手段不一样。D 类产品适用一般营销的原则；C 类产品则需要限制消费，如要限制对保护动物和植物的捕猎和采集；B 类产品需要采用绿色营销的独特方法和工具；而 A 类产品的营销与 D 类产品没有本质的区别，有时他们也要借用 B 类产品的营销手段。因此绿色营销主要研究的是 B 类产品的营销。这类产品可能带来的环境利益包括以下几个方面：

（1）产品的生产过程中减少污染物的排放，如污水的循环使用；

（2）生产和消费过程中能量和材料的节约、污染的减少等，如环保汽车；

（3）减少包装物，如简约包装的产品；

（4）废弃物的回收和再生，如再生纸、再生塑料等；

（5）消费过程中产品对环境没有危害，如无磷洗衣粉、无氟冰箱、无铅汽油等；

（6）产品包装、部件的再利用或多次使用，如可多次使用的啤酒瓶和汽车部件、购物袋等；

（7）更长的使用寿命，如可长期充电的电池等；

（8）其他。

要创造上述的社会环境利益，可能导致单位产品成本在短期内的增加，使之相对于非环保产品来说缺乏竞争优势。这就是绿色营销的最大挑战。

三、何时需要绿色营销

绿色营销是一种企业行为,也是一种先进的经营观念或理念。但并非所有的企业都愿意进行绿色营销,只有当与企业关系最密切的利益相关者开始关注某些与企业相关的环境问题时,企业才会获得进行绿色营销的机会,这也是绿色营销最近几年在我国才受到重视的原因。目前,在众多领域都存在着各种环境问题,政府、媒体、学术界、社会团体越来越关注这些问题如空气污染、垃圾处理、江河污染、土地沙化、白色污染等,因此也给企业带来一系列的绿色营销机会。企业在利用绿色营销机会时,一般有以下几种情况。

一是将绿色营销视为纯粹的营销工具和手段,通过绿色概念树立企业形象、产品形象或降低成本。如庄吉服饰通过 ISO14000 的认证树立企业国际化的环保形象,取得了很好的宣传效果。但有些企业大肆宣传的绿色冰箱、绿色空调,由于没有关注消费者的利益和心理,在市场上并不成功。同时,有些高级饭店减少或取消一次性洗涤用品,减少被单的洗涤次数,既得到了消费者的认同,又成功地节约了成本。

二是将绿色营销视为一种开发产品新利益的机会,如各种绿色食品、绿色手机、节能冰箱等,有些产品既能够给消费者带来绿色利益,又能为社会创造绿色利益。这类营销活动的成功有赖于绿色利益的显著化和使消费者信任,并看重这些绿色利益。由于消费者对节能并不敏感,因此节能冰箱的诉求没有力量,也难以获得消费者的认同。但各种绿色食品日益为消费者接受。

三是将绿色营销视为一个新的产业机会。由于环境保护是关系到整个社会长期发展的事业,政府部门、社会团体和公众对它的重要性的认识逐渐提高,因此也就为一些企业通过绿色营销、发展绿色产业、开发绿色技术提供了广阔的舞台。如九汉天成科技公司就与内蒙古自治区政府合作开发当地的沙漠资源,发展沙漠旅游和苁蓉种植业,已经初获成效。

四是将绿色营销视为一种理念和责任,将环保活动和意识贯穿到企业活动的每一个方面,并不断追求更环保的产品和工艺,同时支持与环保相关的研究和公益事业。更重要的是,企业的负责人必须是一个环保消费者。因此,这样的企业必然全面渗透绿色环保的理念,因此在营销上往往也处于主动地位,并可以采用新的环保技术、通过为环境而设计或建立一整套的环境营销体系而获得竞争优势。例如,柯达公司通过对相机的再设计、零部件的再利用而获得在环保相机方面的竞争优势。

当然,企业还可以将绿色营销看成一种崭新的创业机会,现在有大量的与环保有关的产业正在形成,这些新兴产业不仅具有巨大的成长空间,而且也得到各级政府、风险资金和媒体的支持和青睐。如治沙工程、废纸的回收利用、废电脑的回收利用、废塑料的回收利用等，当然这些机会中也蕴藏着风险。

总之，既然有人关注环境问题，而且现有产品又在不断制造环境危害，那么就有绿色营销的机会，只是企业要用好它，还必须付出艰苦的努力。

四、绿色营销计划

一般营销计划的核心包括市场细分、选择目标顾客、产品定位和在此基础上确定相应的营销策略组合，最后进行相应的顾客关系管理。要制定出成功的营销计划，还必须进行环境机会和威胁分析、内部实力和弱点分析、产业分析、竞争对手分析、供应链分析和顾客分析。这些分析都为确定目标顾客、产品定位和制定营销策略服务。尽管绿色营销计划也要与一般营销计划一样确定目标顾客和制定相应的策略，但由于涉及利益相关者的参与，因此对于一个典型的环保产品来说，其绿色营销计划要更为复杂。一般包含以下内容：

（1）通过外部分析，发现开发绿色产品或绿色营销的机会。例如某造纸厂在20世纪90年代中期以前一直用草浆造纸，但由于受到环保部门对其排放废水的限制，同时看到当地有大量的废纸资源，因此决定开发再生纸系列产品。

（2）细分产品可能的市场，细分方法与一般营销的细分方法基本一样，主要有地理细分、人口统计细分、心理细分和行为细分等基本要素。对于工业产品来说，还可以按产品类型和客户的规模、性质进行划分。如某造纸厂就有包装纸、复印纸、印刷用纸、名片纸等市场，而政府部门、各类企业、学校和科研机构则是复印纸的几个主要细分市场。

（3）确定目标顾客。目标顾客是最看重企业所提供的产品利益并有可能购买企业产品的顾客。例如，某造纸厂主要集中于当地市场，其再生复印纸主要针对政府部门，其再生名片纸则主要针对政府官员和具有环保意识的外企白领。

（4）分析绿色产品的环境利益相关者。任何一个绿色产品带来的社会环境利益，都会有一些环境利益相关者关注它。这是绿色营销的前提。因此如何使这些利益相关者参与到绿色营销的过程中来，是绿色营销成功的关键。由于利益相关者的性质复杂、动机和利益差别很大，因此必须加以分析鉴别，寻找对目标顾客最有影响的环境利益相关者，并分析不同利益相关者对目标顾客的影响能力和影响方式。例如，政府可以规定政府部门必须用再生纸办公、对企业进行减免税收从而降低成本、新闻媒体则可以宣传用再生纸是一种对社会负责的行为，鼓励学校学生用再生纸笔记本、课本等。

（5）确定目标利益相关者。虽然所有的环境利益相关者都对目标顾客有一定的影响，但企业的资源只允许企业选择一部分最合适的利益相关者作为目标利益相关者。他们要符合以下条件：绿色产品所产生的利益对他们来说非常重要；他们对绿色产品的目标顾客具有重要和直接的影响；他们具有参与到绿色营销活动中的意愿和动力。

（6）产品定位。尽管绿色产品本身就是一种定位，但是简单的定位于绿色或环保并不一定能够获得目标顾客的认同，例如，中国的绿色冰箱和节能冰箱定位，并没有在消费者心中真正创造出独特的利益和价值。相反，有些牛奶靠诉求纯天然获得了消费者的认同。因为定位必须集中于目标顾客的利益，这种利益必须是显著的、具体的，而"绿色"、"环保"既不具体，也不显著，因此绿色产品的定位还必须花工夫。与此同时，绿色产品的定位还必须考虑目标利益相关者的需要，定位必须激发他们参与到绿色营销的过程，并积极发挥对目标顾客的影响力。

（7）相应的策略，包括传统的针对目标顾客的产品策略、定价策略、渠道策略和促销策略之外，还包括企业推动目标利益相关者参与绿色营销过程的策略。例如，某造纸厂可以通过当地政府、新闻单位、环保部门共同发起一个用再生纸的宣传运动。

（8）具体措施。即使上述策略得以落实的具体措施，其中还包括多种备选方案。具体措施一定要落到实处，不同措施之间要相互衔接，共同为策略服务。

（9）确定营销的具体目标和整体预算。目标和预算有时是计划的结果，有时是计划的前提，它主要与企业的整体战略和财务状况有关。由于绿色营销本身的复杂性和不确定性，在计划的最后提出目标和预算有其合理性。

绿色营销计划的制定不仅仅是营销部门的事，还与企业的生产、开发等部门密切相关。同时，由于绿色营销涉及绿色产品的开发、绿色概念的普及、目标利益相关者的参与等问题，计划的周期可能更长、可控性更差，因此计划的执行往往比一般的营销计划持续更长时间，要求有更为详细的具体措施和更强的执行力度。

五、绿色营销在中国

绿色营销在中国的发展已经有十几年的历史，十年前有关学者如戴巧珠、万后芬等就开始了绿色营销的研究，20 世纪 90 年代初期也有一些企业尝试绿色营销，如 1994 年北京建立了第一家绿色蔬菜店，秦池酒厂在 1995 年就进行了绿色食品认证，并且以"永远的绿色"作为其形象诉求。尽管后来这两家企业都因种种原因而失败，但说明中国企业很久以前就具有绿色意识的萌生。最近几年来，由于政府加大了环保立法和执法力度，加大了在环保方面的投资，强化了环保知识和意识的宣传，目前公众、企业和许多地方政府都加入到环保的行列，也都意识到绿色就是未来、绿色就是效益。例如，云南、浙江、海南都将建立生态省作为自己的战略目标。云南还提出了具体的七大绿色工程：

第一，绿色营销工程。即树立绿色营销观念及相关的绿色生态、环保、消费等意识，提高"绿色含量"，按绿色营销规律办事运作。

第二，绿色资源工程。实施绿色资源的保护、利用、开发和创新，形成有云南绿色经济特色的核心技术和核心产品。

第三，绿色市场工程。生产和消费要与国际绿色市场接轨，改造和新建绿色市场及绿色商店，因地制宜建设特色绿色生产基地并形成地方特色的绿色市场。

第四，绿色通道工程。突破"绿色贸易壁垒"，建立"安全绿色通道"。

第五，绿色企业和产业工程。

第六，绿色旅游工程。

第七，绿色经济优化工程。包括实施绿色科技创新、绿色人才素质、绿色经济强省行为等工程并使之组合优化。

上海则提出了绿色营销工程，其主要任务是：推出"绿色营销概念"增强"绿色意识"，增加绿色产品的生产和供应，倡导使用绿色包装，培育绿色市场，引导绿色消费，强化商业企业绿色营销管理，制定"绿色"标准及管理办法，积极探索建立食品"绿色链"。努力运用现代科学技术，在减少污染、节能降耗、物资回收利用、环境保护方面取得突破。

就产业而言，绿色食品是中国最近几年发展最快并且已经形成良性循环的产业。中国绿色食品发展中心通过建立绿色食品认证体系和推广绿色食品标志，极大地推动了中国绿色食品的发展，目前中国绿色食品发展中心已经成为一个网络健全、体系完善、手段科学的绿色产品推进组织。许多企业在获得绿色产品认证后市场成长迅猛，从而使其他企业也加入到这一行列。目前，主流的牛奶生产企业无一例外都获得了绿色食品的认证，也都在宣传上以绿色食品、健康食品、无污染作为诉求。同时，发展绿色食品和无污染、无公害食品已经成为中国农业部的基本政策和长期战略。国家环保局（现为国家环保部）也在1994年建立了中国环境标志认证委员会，并建立了相应的认证机构、认证体系和不同类型级别的标志，该标志也与国际接轨。目前集中于国际履约类产品、可再生回收类、改善区域环境质量类、改善居室环境质量类、保护人体健康类、提高资源效率类六类产品的认证工作。

中国加入WTO后，许多企业都因为劳动力成本优势而获得了更广阔的国际市场空间，但由于我国的某些企业在生产过程中缺乏绿色意识，致使这些企业的产品在出口日本和欧洲时遭到"绿色壁垒"阻拦。这些现象增加了我国企业的绿色意识，现在大量企业都在进行环保体系（ISO14000）的认证。事实上，目前大多数房地产商都在作"绿色概念"的文章，尽管这些绿色概念不一定名副其实，但在整体上反映了企业对绿色的敏感。与此同时，消费者对绿色产品的认识也在加深。目前，在北京市场上，标有绿色认证标志并以绿色食品出售的产品的价格比同类非绿色产品的价格高 15%～40%。说明公众不仅认识到绿色利益的存在，而且愿意采取相应的消费行动，这正是绿色营销所追求的。

但是，整体上看，我国企业在绿色营销方面做得还很不够。很少有企业有计划、系统的、长期地开展绿色营销活动，并将绿色营销看成是企业的基本政策和经营理念。许多企业热衷于炒概念、把"绿色"当成噱头，打擦边球。如有些房地产企业仅仅种了几棵树、挖了一个水池就说自己是环保住宅，还有一些企业则是为一时之计进行绿色营销的表面工作。更为值得注意的是，现在有许多企业专门钻空子，如许多号称是绿色建材的产品根本就没有获得任何绿色认证，但却能混淆视听，对真正绿色环保的建材构成威胁。当然还有大量企业在进行违法排污、破坏资源和做有损于社会可持续发展的事。因此我国的绿色营销工作仍然任重而道远。

第二节　绿色消费者和环保行为

绿色消费者是指消费绿色产品和在消费过程中注重环保或采取环保行为的个人，而环保行为则泛指一切有利于环境的行为，企事业单位、政府机构、社会团体在环保行为上有更大的影响力，因为他们的行为对环境的影响更大，同时也拥有更多的资源。但是，所有这些机构都是由人组成的，没有环保意识的人，就不可能有环保行为。

一、环保意识和绿色消费者

一般地说，环保意识强的人更可能成为绿色消费者，而环保意识强的群体或地区往往有更多的绿色消费者。消费者的环保意识的强弱由以下主要要素决定。

一是社会经济的发达程度尤其是工业化的程度。因为环保问题本身是工业化的产物。在工业化的前期，由于生产力水平的限制，经济活动对环境的影响有限，环境对人类活动的承受能力较强。因此基本不存在环保问题。在工业化的初期，人们受经济利益的驱动和经济发展水平的限制，尽管有环保问题，但很少关注环保，从而产生大量的环境污染问题。实际上，目前大量的环境问题尤其是发达国家的环境问题和世界性的环境问题（如气候问题、热带雨林问题等）都是由工业化造成的。随着工业化的发展，污染问题越来越严重，而人们的生活水平也越来越高，因此也就越来越关注环境问题，因为环境问题直接影响生活质量。在有些地方，由于工业污染，工业化实际上降低了人们的生活质量。因此环保意识直接与工业化有关。但目前在中国的西部地区，由于人口压力导致了过度放牧、过度垦殖、过度砍伐森林从而导致的土壤沙化、石漠化、水土流失等问题，表面上似乎与工业化无关，但根本上仍然是有关的，或者是工业化的间接结果。但是在这些环境遭到破坏的地区，工业化的程度又是很低的，因此增大了开展环保工作的难度。在东部地区，环保问题往往直接由工业化引起，但工业化提高了人们的经济水平，因此人们也容易意识到环保的重要性，环保意识也较强。例如收入水平较高的人更关注生活质量，而环境破坏和环境污染直接影响生活质量，因此现在许多高档小区实现垃圾分类，就比较容易获得支持。而许多地方仍然存在乱倒垃圾的现象。同时经济发达地区已经非常注重空气、水、光、声音、残留农药等环境问题，但经济相对落后地区很少对这些方面关注。

二是环境对人们生活影响的严重程度。环境对人们生活直接影响的增加，尤其是对生活质量的影响的增加会直接提高人们的环保意识。现在越是经济发达的地区，相对而言环境对生活的影响就越大，从空气、水、光、声、垃圾到食品、饮料、洗涤用品等越来越多地受到工业化带来的环境影响。这也是最近10多年来越来越多的人注重环保问题，也有越来越多的绿色产品的重要原因。

三是个人环保知识的多少。国外的研究表明。一个人环保知识的多少直接影响他对环保产品和环保行为的态度。教育程度高的人环保意识强，也较容易接受环保知识和参与环保行动。实际上，许多环境污染都是因为对缺乏环保知识和环保教育造成的，例如乱扔垃圾、过度开垦等。缺乏足够的环境保护知识，则难以形成一个爱护环境的良好社会氛围，消费者难以养成良好的环保习惯。同时许多环保宣传都没有将环境问题与我们的具体生活密切联系起来，因此消费者或个人往往认为环保是政府的事，而与个人无关。因此，加强新闻宣传、强化环保教育，应该引起充分重视，尤其是要从中小学的教育上加强环保知识教育的力度，要在媒体宣传上增加环保宣传的比例。只有形成一个良好的环保知识环境和舆论环境，才能从整体上提升人们的环保意识。

四是个人的社会责任感。国外的研究也说明，个人的信仰、价值观、社会责任感也会对个人的环保意识和绿色消费行为有直接影响。实际上，我们也发现，在同样的经济、教育条件下，有些人更具有环保意识，更愿意参与环保行动，而另外的一些人则较少关注。

环保意识强的个人在具有一定外部契机时会采取环保行为。这种行为可能是主动改善环境的行为（如参与绿色自愿组织、植树造林等），也可能是采取一些避免进一步损害环境的行为（如各种绿色消费行为），而后者的影响具有更长远的意义。

二、环保行为与绿色消费行为

环保行为是指一切有利于环境保护或对环境友好的行为，植树造林是环保行为，垃圾分类是环保行为，宣传环保观念、提升国民的环保意识也是环保行为。而绿色消费行为则是指具体购买和使用绿色产品的行为，如使用再生纸和无磷洗衣粉等。总体说，要大家采取环保行为容易，但要人们采取绿色消费行为较难。这是由消费者的行为特点决定的。

许多环保行为可以是一时的行为，并不要求消费者付出金钱，而且没有市场价值的比较。因此在某种意义上说，环保行为是社会行为而非经济行为。这便是为什么许多企业一方面制造大量的污染，另一方面又参与许多环境公益活动的原因，因为制造污染是经济行为，而公益活动是社会行为。这样的事也同样发生在个人身上。要一个人花 100 元钱捐一棵树或捐 100 元钱用于环保公益活动容易，但要一个人花 100 元钱买回收材料生产的复印纸难，如果同样的钱可以买到数量相同质量更好的木浆纸。正因为消费行为是经济行为，因此消费者的购买行为主要取决于经济上的合理性。同时由于消费行为是市场行为，因此市场的竞争因素也就直接影响消费者的行为。当然，消费者的行为是复杂的，但我们只有首先认识到绿色消费行为是一种经济行为、市场行为，才能找到正确的绿色营销的途径。正因为如此，我国企业的绿色营销主要集中于绿色食品领域，因为绿色食品可以为消费者带来具体的利益。其他的许多行为则主要依赖于政府的法规，如无磷洗衣粉等。

三、绿色消费者的类型

从国外的情况看，绿色消费者大致可以分为真正的环保消费者和有环保意识的消费者。前者对几乎所有的环保问题都关心，积极收集有关环保的信息和知识，以极大的热情参与各种环保事业，在几乎所有的消费行为中都考虑环保因素，并且在没有经济压力的情况下，愿意多花钱购买对环境友好的产品。在很大程度上说，他们的绿色消费行为主要是因为他们的社会责任感和内在的信念。他们认为，绿色消费是一件高尚的事、是对社会负责任的表现。有环保意识的消费者则具有环保意识，积极关心各种环保事业和环保信息，但其消费行为主要受绿色产品的特殊利益的影响，如果绿色产品和非绿色产品在价格和性能、质量上一致，他们更倾向于购买绿色产品，或者如果绿色产品具有某种独特性，他们也愿意试一试。但如果证明绿色产品质量不如原来的产品，他们会消费原来不那么环保的产品。例如各种过度包装浪费大量的纸、塑料，造成大量污染和垃圾，现在许多企业已经简化包装或用再生纸进行包装，这些人都能接受，但却不会因为环保就少开汽车或去购买排量较小的车。就整个社会而言，前者是少数，后者是多数。因此绿色营销的任务是针对后者，使他们采取绿色消费行为。

就具体的消费情况而言，在我国，绝大多数绿色消费者是有环保意识的消费者。他们中以下几个类型的消费者值得注意：

追求绿色利益的消费者。这些人关注健康和生命，如绿色食品、绿色家具等，并愿意为此支付较高的价格。

低成本的追求者。有些人追求低价格，有些回收产品具有较低的成本。如再生纸所做的书籍、复印纸、卫生纸等。只要基本功能影响不大，这些人愿意购买价格便宜的产品。

高技术和前卫产品的消费者。这些人比较在乎产品是否跟上国际潮流，技术是否先进，如果环保产品就意味着时髦、潮流和技术先进，那么他们也会不计代价购买。例如绿色家电、环保型汽车、环保型住宅、环保型手机等。

这三类消费者的共同特点是追求明显可见的和潜在的绿色利益。如果这种利益不显著或者社会公众认为不显著，那么这类购买者就会犹豫不决，绿色利益就不会成为其购买决策的主要影响因素。例如，家电中经常宣传的绿色冰箱并没有因为诉求绿色概念而迅速走俏，相反健康彩电（不闪的就是健康的）就非常成功。

四、绿色消费者的购买动机

从消费者的一般决策过程看，首先是由生活中存在的问题或不满足状态开始的，如果消费者发现或意识到生活中的问题，他就会去收集信息、比较品牌，最后进行购买决策。在这一过程中，第一个阶段最重要。如果消费者没有环保意识，不关心环境问题，那么，他的消费行为中就很少会有自觉的绿色消费行为。因此绿色营销者必须从购买动机或触发消费者的环保意识入手进行绿色营销。

根据马斯洛的需求层次理论，人的需求层次有五种，即生理需要、安全需要、社会需要、自尊的需要以及自我实现的需要。这些直接构成人们消费行为的动机。从绿色消费行为看，真正的绿色消费者购买绿色环保产品的动机既不是安全与生理需要，也不是自我实现的需要，而是社会需要与自尊的需要。因此，社会主流人群或意见领袖采取绿色环保行为时，普通消费者也会追随，同时当整个社会形成一个良好的环保消费习惯或环境时，普通消费者也会接受环保消费行为，尽管这会影响他们的某些利益。例如，目前国外主要高档香水的外包装都较为简陋，多用再生纸包装。以反对动物试验和动物产品的 BODY-SHOP 赢得了西方许多高收入、高学历妇女的青睐。从这个意义上说，绿色利益固然重要，但更重要的是提供消费者购买的动机。

第三节　绿色营销的价值转移模型

正如前面已经阐述的，由于绿色产品在成本上和产品的功能上可能都不如其所替代的非环保产品，但它却可以给社会带来环保利益，因此，绿色营销的根本任务是将绿色产品所创造的社会利益转化为具体消费者的个人利益，这是绿色营销与一般营销所不同的地方。为此，我们先从消费者的利益和价值来进行分析，以期建立一个适合于一般绿色营销的模型。

一、消费者的价值分析

无论是绿色消费者还是非绿色消费者，其购买行为主要取决于产品的价值，产品的价值主要由其提供给顾客的利益和顾客获取这些利益的成本决定（科特勒，2000）：

$$价值 = \frac{利益}{成本}$$

对于大多数顾客来说，产品的利益可以分为三类：即功能利益、关系利益和流程利益。这三类利益虽然对不同产品重要性不同，但都受到顾客的高度重视（麦肯锡高层管理论丛，2000 年第 2 期）。

功能利益主要是指产品的基本功能带给消费者的利益，如产品的质量、性能等，这是消费者购买此类产品的基本动力。随着产品和市场走向成熟，功能利益容易出现同质化趋势，如个人计算机的功能就趋于同质化。企业要实现差异化，往往选择在关系利益和流程利益上实现突破。

关系利益主要是指企业与顾客沟通过程中产生的利益，包括三个方面：一是顾客因为与企业建立买卖关系而从企业那里获得某种心理满足，例如购买过程中受到尊重和特别关照、购买产品后收到公司寄来的贺卡和电话问候；二是顾客因为使用产品而从社会上获得的心理满足或尊重，例如因为使用 IBM 的产品而被重视或信任；三是顾客因重复购买某产品而获得的特殊优惠，如许多航空公司的顾客忠诚计划就是典型。这是狭义的关系利益。

流程利益是指企业在将顾客所需要的产品和服务送达顾客的过程中产生的衍生利益。包括四个方面：购前的流程利益，如提供知识、信息和培训；购买过程中的流程利益，如简化购买手续、更大的选择自由以及直接参与产品的某些决策，戴尔的网上直销、网上拍卖即是典型；售后服务流程利益，如上门服务、呼叫中心、800 服务热线等；使用过程中的流程利益，如抛弃型隐形眼镜、傻瓜相机、以旧换新等。

顾客要获得上述利益，必然要付出相应的成本。除了一般的资金成本之外，还包括时间成本、空间成本、智力和体力成本、心理成本、机会成本等。对于不同的产品而言，成本结构相当不同。由于不同的利益往往要付出相应的成本，因此上述公式又可以改写如下：

$$价值 = \frac{利益}{成本} = 功能价值 + 关系价值 + 流程价值$$

根据上述顾客价值结构，提升顾客价值的最基本手段是提高利益和降低成本。从战略角度讲，还可以通过选择特定的目标顾客和产品进行差异化定位以提升顾客的价值。但对于典型的绿色产品来说，由于其功能利益和成本都没有优势，在流程利益上与传统产品没有显著的差异，唯一的区别在于它能够创造社会利益或社会价值，因而提升其顾客价值的关键是如何将其所创造的一般的社会利益转化为特定顾客的关系利益或流程利益。

二、绿色营销的一般模型

根据一般营销模型和社会营销理论，我们提出一个绿色营销的一般模型，如图 4-4 所示。

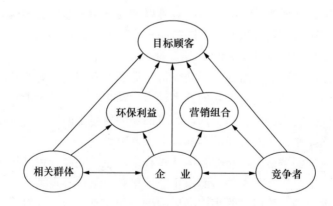

图 4-4　绿色营销的一般模型

该模型强调一种积极主动的绿色营销，绿色产品的生产企业是营销的主体。企业通过调查分析，确定自己的目标顾客群体，以及对该目标顾客具有直接影响力的相关群体或利益相关者（Stakeholders），在此基础上设计绿色产品的定位和相应的营销组合。该模型的右边与一般的营销模型没有区别，任何企业都是通过营销组合与竞争对手竞争并满足目标顾客的需要。但由于典型的绿色产品在功能利益、价格、渠道上并不具有优势，如果简单地进行广告或其他促销活动，很难获得持久的优势，因此必须借助于绿色产品所特有的环保利益，并通过群体将绿色产品所创造的一般环保利益转化为目标顾客的关系利益或流程利益。因此，对目标顾客有影响力的相关群体是该模型的关键要素。相关群体不仅包括政府、媒体、学校、特定公众，还包括非政府组织、特殊消费群体等。

在上述模型中，相关群体必须具备以下特点：

（1）相关群体具有独立的利益和目标，这些目标使其具有主动参与环境保护事业的内在动力。他们虽然不是企业绿色产品的直接顾客，却拥有某些可以促进环保事业和绿色消费行为的资源（人、财、物、信息、知识、组织机构等），但其资源不足以单独担当推动环保活动的大任，需要与企业及其他相关群体进行合作。

（2）相关群体必须是具体的，是企业的目标顾客可以直接或间接接触到的人和组织，他们对目标顾客或产业环境具有某种影响力，因此企业可以通过他们影响目标顾客的绿色消费行为。

（3）相关群体具有多样性，例如政府机构、媒体、非政府机构、社区组织等都可以视为相关群体。对环境关注的相关群体越多，企业的选择余地越大，许多相关群体需要企业创造性地去发现。另外，成功的绿色营销往往需要与多个相关群体进行有效合作。

（4）对于多数相关群体来说，企业给他们提供的利益主要是流程利益，也就是参与到绿色营销活动中而产生的利益。因为这些相关群体本身有参与绿色营销活动的内在动力，他们并不需要企业付出特别的代价，尤其是金钱代价。如企业与新闻媒体合作进行某些环保问题的调查和环保产品的宣传，企业支持中小学生和志愿者参与环保活动等。

企业通过与相关群体的合作，为相关群体创造流程价值；相关群体通过自己的宣传活动或其他手段，提升绿色产品和绿色消费行为的关系利益，使消费者感受到因为选择绿色产品而受到社会的承认和尊重，从而提升绿色产品的关系价值。这便是一个价值转移过程：企业为相关群体创造流程价值，相关群体为企业的目标顾客创造关系价值，其前提是企业的绿色产品创造了社会利益。

如果绿色产品的环保利益非常显著，而企业又有效地将这种环保利益转化为消费者的关系利益，那么绿色产品就有可能在顾客价值上获得相对竞争优势，消费者就有可能由消费非环保产品而转向消费绿色产品。实际上，在企业通过相关群体将绿色产品的环保利益转化为关系利益的同时，还可以增加目标顾客消费非绿色产品的心理成本，如增加负疚感、失去自尊等提高绿色产品的顾客价值，改变目标顾客的购买行为或消费行为。

例如，某小区的草坪经常被小区居民抄近路践踏，几次栽种都被毁坏。后来小区物业与当地小学联系，利用学生的劳动课将最容易践踏的几块草坪建成红领巾草坪，在重栽的过程中拉出红色条幅进行宣传，建完之后又竖上标牌注明为红领巾草坪。自此之后草坪再也未被践踏。这是一个典型的相关群体（小学生）的参与改变人们认知和行为的例子。过去人们将草坪看成公地，但小学生的参与改变了人们的认知和行为，因为作为社会未来的儿童对成人的行为具有巨大的影响力。只要能够找到合适的相关群体，就可以通过适当的手段改变目标顾客的采购和消费行为。

相关群体还可以影响竞争对手的产品成本和市场进入。例如通过法规和产品指标就可以限制某种非绿色产品的销售，或必须采取某种额外措施才能销售。例如，要求汽车达到某种水平的排放标准就会对某些厂家形成限制。欧洲、日本对进口中国茶叶和农产品进行限制，理由是农药残留物超标。这实际上是当地的农民组织制造的绿色贸易壁垒。这种壁垒的建立提高了竞争对手的市场进入成本。因此，未来绿色营销的重要方向是绿色产品的生产企业要努力推动政府法规和环境标准的制订和实施。

利用该模型进行绿色营销，其营销过程必然与一般的 STP + 4PS 的营销过程有所不同，其营销过程如下：

第一，必须明确界定绿色产品的环保利益或社会利益。这种利益必须是显著的，受到社会重视的，只有受到社会重视的环保利益才能更有效地转化为目标顾客的关系利益。同时还要使这种利益具体化、形象化和可以度量化。企业必须清楚，有时某些环保利益并不为社会所重视。如许多空调、冰箱因为省电而号称绿色环保，但目前阶段省电不构成环保关注的重点，因此成效不大。

第二，确定绿色产品所创造的社会利益的受益群体或最关注该社会利益的群体，根据这些群体本身所具有的资源和采取环保行动的内在动力，以及他们对潜在绿色产品消费者的影响能力，确定作为企业绿色营销合作对象的绿色相关群体。

第三，根据绿色产品本身的特点和绿色相关群体的特点，确定绿色产品的目标顾客或最终消费者。

第四，确定具体的营销策略，如与绿色相关群体的合作方式，将社会利益转化为何种具体的关系利益，如何确定诉求重点，如何与顾客进行有效沟通，如何与对手进行差异化竞争等。

该模型的核心是利用绿色相关群体将绿色产品的社会利益转化为目标顾客的关系价值，但关系价值的创造往往是一个较长的过程。因此企业的具体策略必须具有针对性，同时企业必须有真正的绿色营销理念，并在绿色产品方面进行长期投资，否则就会成为概念炒作。例如，某企业在一个城市节水办的合作下推广节水型洗衣机，声称可以节水一半，但遭到竞争对手和媒体的质疑，结果反受其咎。这种情况国外也屡有发生，如 Body Shop International 宣称销售全天然、对环境友好的化妆品，但其股东富兰克林研究与发展公司（Franklin Research and Development Corporation）因怀疑其绿色产品名不符实而卖掉其所持股票，导致该公司的股票价格下降15%。

第四节　绿色营销组合

与传统的产品一样，绿色产品的营销也有一个营销组合的问题。这一组合正是前述模型中的重要部分。因为只有一个恰当的营销组合才能为目标顾客提供合适的价值，而且也只有合适的营销组合才能促使相关群体采取有效行动并影响目标顾客的购买行为。一般营销组合包括产品策略、定价策略、渠道策略和促销策略四个方面的内容。绿色产品的营销组合与非环保产品的营销组合相比，还是有一些特殊性。

一、绿色产品策略

产品策略解决三个问题：一是产品的核心利益问题；二是产品定位问题；三是产品的包装问题。目前，绿色营销主要解决的是第三个层次的问题。当然这里的包装不是指具体的包装，而是绿色产品或服务以什么样的名字、形象出现，广告上出现什么样的画面或用什么样的明星来做广告等。这个问题虽然重要，但只是一时之计，是对已有产品或服务的锦上添花，一般并不具有战略意义。对于绿色产品而言，最重要的是定位问题。因为定位涉及四个层次的问题。

第一，绿色产品的定位应该以利益为重点，必须是针对消费者的特定利益。这个利益必须是具体的，消费者能够感知的。最近几年，我国的许多企业都注重产品策略中的定位问题。例如，宝来汽车就以驾乘者之车来定位，获得年轻而事业有成的一批家庭顾客的青睐，取得了非凡的成功。早期的秦池酒曾经定位为"永远的绿色"，但因为利益不清楚、不具体而没有获得认同。现在许多企业都在纯天然上做文章，如各种饮料、牛奶、椰汁等，并且以绿色食品的形象出现，获得了相当的成功，如蒙牛牛奶。

第二，绿色产品的定位必须简单。由于绿色产品本身比较复杂，可能有多种利益，有些利益不突出，因此，定位必须集中于消费者最为敏感的利益。但有些企业的定位广告说了几百个字，也没有说清楚自己到底是什么。但是，农夫山泉的水源定位就非常简单明确，后来，它策划的每卖出一瓶矿泉水向奥申委捐一分钱的活动，也非常成功，值得学习。

第三，绿色产品的定位必须与众不同，也即必须制造自己和竞争对手的差异之处。定位不是针对对手的，而是针对消费者的。为了使自己和对手不一样，不是要在同一舞台上较量，而是要在不同的舞台上较量。这点国内的企业往往重视不够，因此很容易陷入价格竞争的怪圈。就目前我国的经济形势和消费趋势来说，低价竞争弊大于利，非常容易使企业的品牌定位陷入一种低档低质的困境。绿色产品的对手应该是非环保产品，但目前我国的绿色产品又有一哄而上的趋势，而且也有同质化和低价竞争的现象。如果绿色产品将竞争对手锁定为同类产品，那么必然导致自相残杀的局面，不利于绿色产品在消费者心中留下牢固的印象，也不利于绿色产品整体的发展。

第四，绿色产品的定位必须是一个过程，是企业长期追求的结果。因为目前消费者对绿色产品以及绿色利益还缺乏充分的了解和深刻的认识，而企业在提供绿色利益方面也有漫长的路要走。因此，企业要正确地定位，必须长期不懈地追求。不要认为今天做了定位，刊播了广告，消费者就会接受。实际上，一个企业或品牌要在消费者心目中建立牢固的定位，往往需要3~5年，甚至更长。当然有些企业通过密集的广告攻势获得了较高的知名度，但并不意味定位成功。

当然，绿色产品策略中最重要的部分是产品的核心利益，这是一个战略问题，也是前述绿色营销模式中的核心问题。它关系到企业对自己的核心经营领域的定义，也涉及企业对自己的目标顾客的定义，还与企业的目标、信念等密切相关。绿色产品的策略的核心是要真正发掘绿色产品的社会环保价值，并通过相关群体宣传这种价值，为绿色产品的消费者提供直接的利益关系（满足其社会需要），使他们感受到自己对社会所肩负的责任（满足其自尊需要）。因此无论是绿色产品的生产者还是消费者，实际上都是对社会的一种贡献，都是一种对更美好社会、美好生活、美好环境和美好地球的孜孜追求。只有企业在其产品中体现了这样的追求，它才算是一种真正的绿色企业。

但是，在现阶段，我们许多企业仅仅将绿色产品当作一件绿色包装或衣服，虽然无可厚非，但从营销的角度看，却并不有效。

二、绿色产品的定价策略

如果一个企业解决了自己的产品核心利益和定位问题，实际上解决了产品定价的基础。但从营销观念的角度看，定位的基础应该建立在消费者对产品价格的认同上。因此定价策略要解决的根本问题不是具体确定多少价格的问题，而是要解决目标消费者认为你的产品究竟值多少钱的问题。如果消费者认为你的产品值 600 元，而你将其提升为 1000 元。则会导致大部分目标顾客转向竞争对手，而自己成为竞争对手的"托儿"。相反，如果消费者认为你的产品值 1000 元，而你将其降为 600 元，那么只会产生两种结果：一是使你的目标顾客暂时蜂拥而至，同时吸引另一些追求低价的消费者，销量大增，从而导致竞争对手的跟随降价，从而降低企业的市场份额；二是使你的部分目标消费者弃你而去，使品牌的定位降低。因此定价的关键在于真正了解消费者对产品的认知，实际上，认知价值是产品的定价基础。但营销手段的有效利用可以提升产品的认知价值。例如，通过有效的品牌宣传就可以增加产品的关系利益从而提升产品的认知价值。现在许多企业自己并不生产产品，而只是进行产品开发和品牌营销，就在于他们的品牌能够增加消费者的认知价值。

就绿色产品的定价而言，目前有两种不好的趋势：一是定价过高，使大量的目标顾客转向非绿色产品，例如国内的有机食品，目前就有定价过高的问题，导致其市场规模有限；二是价格不能与产品提供的利益相适应。价格不是认知价值的反应，而是拍脑袋的结果，或者凭空想象出来的结果。

实际上，绿色产品的定位决定了它的定价，但当绿色冰箱并不比一般冰箱更好而消费者又没有环保意识时，以更高的价格销售绿色冰箱就难以获得成功。在这种情况下，绿色冰箱的生产者可以有两种选择：一是通过政府执行某些法规，限制非绿色冰箱的生产或鼓励绿色冰箱的生产和销售；二是通过宣传提升绿色冰箱使用者的社会责任感和自尊心，使他们感到使用绿色冰箱是一种对社会负责的表现，是有品位的表现。只有消费者接受了这样的观念，认识到绿色冰箱的社会价值之后，才能将绿色冰箱定价高于同样功能的普通冰箱，也才能实现绿色冰箱的成功定位。目前我国的企业却没有注意这一点。

在绿色产品的定价策略上，最大的误区在于许多企业认为自己的成本高，因此应该根据成本定价，卖较高的价格。但消费者却是根据产品所提供利益的多少而决定自己的出价，有些产品成本很低，但却可以卖较高的价格，有些产品恰恰相反。前者如某些保健品，后者如普通大米等。在许多情况下，产品的认知价值与成本关系不大。就绿色产品而言，如果不能提升产品的认知价值，即使产品的成本高，也不能以较高的价格出售。最近几年，我国许多地区开展了绿色食品的认证工作，取得了显著的成效，认证是一个提升产品认知价值的手段。当然，企业还可以利用现代科技提升绿色产品的认知价值。在营销方面，则要强化品牌和渠道的建设。

三、绿色产品的渠道策略

对于任何产品来说，渠道策略都具有不可忽视的作用，日本产品最初进入美国市场，所依靠的法宝是"分销商利益第一"。因为美国有非常成熟和专业分工很强的分销体系。但中国的分销体系比较混乱，过去是国营批发、零售和各种专营系统（如新华书店、五金交电、粮油副食等）一统天下，现在是群雄逐鹿，各种批发、零售、专营、代理等机构纷纷出笼。由于批发零售业内部的竞争，不同的渠道之间也逐步分出档次，这样生产厂家在选择渠道策略时也就要更多地思考一下。

渠道策略解决的是如何以快捷、经济、可靠的方式将产品送到消费者手中。由此而衍生出六个问题：

（1）渠道的定位如何，是高档的还是低档的，是专业化的还是大众化的；对于绿色产品来说，选择渠道的定位尤为重要。因为只有一个非常负责而本身又注重环保的渠道才适合于绿色产品的销售。因此美国有许多专门的绿色产品或有机食品的销售商店。中国大多数绿色产品都是通过大型超市销售的，因为进入大型超市的顾客相对消费水平较高，对产品质量敏感，这正是绿色产品的目标顾客。

（2）渠道的规模。由于企业的大小不同，产品的特点不同，对渠道的规模或分销能力的大小的要求就不一样。同时，在进行渠道选择时还必须决定是选择单一类型的渠道还是多个渠道、是地区渠道还是全国渠道、渠道覆盖的密度是低还是高；对于绿色产品而言，如果定位清楚，采取单一渠道更好一些，覆盖的密度低一些，这样可以降低渠道的费用。在企业发展初期，可以从发展地区性渠道着手，逐步发展全国性渠道。当然，有些产品如奶制品，虽然也是绿色食品，但它的目标顾客是普通消费者而不是特殊的绿色消费者，因此其渠道类型可以很多，渠道密度可以很高。

（3）渠道的效率，即将产品送到目标消费者手中所花费的时间和成本，渠道的效率是企业选择渠道要考虑的关键因素，因为它直接关系到企业产品的分销成本。渠道效率反映在两个方面，即单位产品的分销成本和分销速度。对于鲜货和季节性强的产品来说，分销速度具有重要意义。对于一般产品而言，分销成本更为重要。绿色产品应该根据产品的具体特点兼顾渠道的成本和速度。

（4）渠道的控制，如何管理渠道，现在已成为许多大企业最头疼的问题。因为渠道现在已成为了各厂家争夺的焦点，争夺越激烈，管理越困难；绿色产品在进行渠道设计时，应该注重对其激励，通过激励实现对渠道的控制。因为只有对渠道进行有效的控制，才能保证绿色产品的定位以及基于渠道所进行的促销。

（5）渠道的服务水平。目前我国商业渠道的服务水平普遍较低，因此许多企业不得不建立相应的分支机构提高服务水平；对于绿色产品，也需要建立相应的机构支持渠道的服务水平的提升。

（6）如何与渠道进行沟通和如何激励渠道成员。对于企业来说，渠道就是上帝，只有企业善待分销商，分销商才能善待顾客，才能通过有效的分销服务使产品进一步增值。同时渠道对消费者也最了解，与渠道进行有效沟通不仅可以更好地与渠道企业进行合作，而且还可以更好地了解目标顾客的真正需要。由于绿色产品还是一个新兴事物，因此只有与经销商进行沟通，才能使经销商对产品有信心，才能促使经销商去宣传绿色产品的优点、推动绿色产品的销售。因此，对于绿色产品的生产企业来说，要花时间培训、培养核心经销商，要不断支持经销商，解决他们的问题。

对于有些绿色产品来说，还存在一个逆向渠道的问题，即对消费过的产品的包装、零部件、废弃物等进行回收的系统，如啤酒生产商基本上都有一个系统来回收啤酒瓶。现在的研究发现，废弃的纸制品、塑料制品、电池、电器、汽车、IT 设备等如果不进行回收，可能对环境造成巨大的损害，如果当垃圾处理，也需要大量的土地和消耗大量能源。但如果对他们进行全部和部分的回收利用，则会节约能源和减少污染。但最大的困难在于，企业缺乏有效的逆向渠道系统。例如，纸制品的回收就需要人们对垃圾和废纸进行科学分类。但目前我国还缺乏严格的体系，因此废纸回收利用比例低，许多与生活垃圾一起填埋或焚烧。同时回收的废纸也因为分类不科学、回收技术等问题使回收利用效率不高。同时，目前许多人都认识到废旧电池对环境的危害，但中国却缺乏回收电池的硬件设施，有专门回收旧电池的地方，公众也缺乏将废弃电池送往回收地点的积极性和觉悟，因此效果不佳。现在，中国缺乏对家用电器、IT 设备等再利用的政策和法规，都是民间在加以利用，但会出现假冒伪劣产品的问题。欧洲已经对许多产品的回收利用作出了明确的规定，企业必须对售出的产品进行回收再利用。这需要企业有一套逆向渠道系统。短期看，这会增加企业成本，长期看，随着企业回收技术的提高，这样的逆向渠道会增加企业的竞争优势，同时也会增加其他的企业的进入障碍。另外，这也为一些专门从事废弃物回收利用的企业提供了机会。实际上，中国目前有近 1000 万人从事废弃物的回收利用工作，但却没有受到应有的重视，没有在政策上进行有效的支持和鼓励，也没有进行相关技术的投资。同时，生产企业也没有回收利用自己产品的技术和动力，因此，我国除了特殊行业如啤酒企业外，其他行业的企业还没有完善的逆向渠道系统。随着经济的进一步发展和人们环保意识的进一步增强，中国也会要求某些企业如 IT 设备、家电、汽车等行业的企业建立一套逆向渠道系统。

四、促销策略

渠道解决的是使具体的产品如何达到顾客手中的问题，而促销策略解决的是如何使产品利益让用户接受的问题，对于绿色产品来说，还有一个重要的任务是如何将绿色产品的社会利益转变为顾客的关系利益和流程利益的问题。具体而言，包括以下内容：

通过提供产品的具体信息和相关知识使消费者充分了解产品的具体利益，以及这些利益对于消费者的意义和价值，例如提供绿色产品的知识、环保知识和绿色产品的具体介绍。

通过一些情感诉求和其他手段，拉近与消费者的距离，增强消费者的信任和信心，消除消费者的购买障碍，如通过实验、现身说法的方式介绍绿色产品的优点，或者请消费者参观企业、参与企业组织的活动等都有利于拉近消费者的距离，减少购买障碍。当然，最佳的减少购买障碍的途径是消费者的口碑，如果一个产品有良好的口碑，它的销售就会非常顺畅。

通过品牌定位和塑造品牌形象增加消费者的价值感，例如进行绿色产品认证或环保标志认证来提升产品形象，通过明确的产品形象来树立自己环保方面的领先地位和对社会、对地球负责任的经营理念，都会提升消费者的价值感。

通过具体的优惠、奖励措施促使消费者尽快采取行动。例如提供限定时间的赠送礼品，季节性优惠、数量优惠、重复购买优惠等。

总之，促销的目的是实现具体的销售。目前，通常使用的促销手段有各种广告（如电视广告、网络广告、报纸广告）、近台促销（即在销售点进行产品的宣传和刺激销售的活动）、公共关系（如通过新闻形式进行宣传、举行公益活动、新闻发布会、研讨会等）、人员销售（即通过销售人员面对面销售）、形象整合（即通过设计和树立统一的公司形象来促进销售）、权威认同（如获得各种环境标志的认证和 ISO14000 认证等），绿色产品除了要利用上述促销手段外，还要综合利用社会营销中广泛采用的公益营销（Cause - related Marketing）。

公益营销是通过发动、参与或支持某一公益事业以提升企业形象并达到销售企业产品的目的。从某种意义上说，绿色产品本身就是一种公益事业，至少有这方面的成分。因此绿色产品的企业要积极参与到公益营销的活动中，利用公益营销提升企业形象，吸引目标顾客的参与和关注，最终将绿色产品所创造的社会利益转化为消费者的关系利益和流程利益，创造相对竞争优势。

企业在利用公益营销时，一定要注意以前述营销模式作为指导，不能随便参与各种各样的公益活动，否则企业将不堪重负。首先，企业发动和参与的公益活动必须能够吸引媒体和企业目标顾客的广泛关注；其次，活动要有持续性，因为一次性的公益活动不会对目标顾客产生决定性的影响以改变他们的购买决策，只有持续地进行下去，才会产生效果；再次，尽量组织多种利益相关群体的参与，尤其是对目标顾客有影响的相关群体的参与，参与的相关群体越多，就越可能充分利用各自的资源促进环保事业的发展，因而也是企业创造发展的广阔空间；最后，公益营销需要系统的策划和科学地评估，只有在事前明确目标、预算合理、计划好公益营销的每一个细节、措施到位，活动过程中组织得力、执行到位，并且事后进行科学评估，才会将公益营销真正做好，使之服务于绿色营销的目标。

总之，绿色营销的具体策略与一般营销的差异不大，关键是针对绿色产品的具体特点加以取舍，尤其是使营销策略与营销模式密切结合起来。只有这样，才能创造绿色营销的特色和未来。

小结

本章概述了绿色营销的概念以及在中国的发展，重点探讨了绿色营销与一般营销的区别，提出了一个典型的绿色产品营销模式，利用这个模式，帮助我们制定切合实际的绿色营销计划，可以更好地分析绿色营销的相关案例，解释目前绿色营销中面临的一些困惑。

思考与讨论

4-1 为什么目前全世界都关心环境问题？试举例说明环境问题对生活质量的影响。

4-2 绿色营销与一般营销的异同，他们之间的关系如何？

4-3 如何理解一个典型的绿色产品（如再生纸）与一般产品在功能利益上的差异，分析这种差异产生的原因。

4-4 绿色营销模型在实际应用中成功的关键要素是什么，如何确保其有效性得以发挥？

4-5 中国是否应该限制企业在广告中随便使用"绿色""环保""天然"等用语，利弊如何？

4-6 有些环保型企业如废纸、废塑料的加工企业，他们在生产过程中也可能产生污染，如何防止并解决这样的问题。

4-7 举例说明公益营销在绿色营销中的作用。

4-8 如何在绿色营销中充分发挥利益媒体、教育机构、学术界和政府部门的作用？举例说明。

第五章　绿色运营管理

第一节　生命周期管理

自进入 20 世纪以来，科学技术取得了突飞猛进的发展，世界经济一直在以惊人的速度增长，同时环境问题也相继出现。全球气候变暖、臭氧层破坏、酸雨的出现和蔓延、土壤破坏和沙漠化程度加剧、海洋污染、危险物越境转移、生物多样性锐减、森林覆盖率降低以及各种污染的不断加重等，使得环境问题成为公众舆论关注的焦点，并作为一个政治问题列入世界议事日程。当前，环境保护形势发展的一个重要特征是，环境问题不再被当成孤立的事件对待，而是和社会、经济、科学技术、文化教育的发展等紧密联系起来。这种形势发展不仅对环境保护本身具有重要意义，对整个人类社会的可持续发展也产生了深刻的影响。

企业的环境管理大致经历末端管理、过程管理并正在向产品系统管理发展。末端管理可以理解成是对突如其来的污染问题的一种应急措施，是对工艺工程中没有采取或没有很好地采取环境措施的生产过程，在其末端进行处理，以减少污染的排放量。其特点是不涉及生产过程的改造，从治理的角度考虑环境问题，因此不能有效预防污染，更不能有效解决区域性环境问题。从被动的末端治理走向积极污染预防，是过程管理的主要特点，是当前我国环境管理的重要手段。随着经济的发展，污染的发生量不断增加，被动的末端治理已经不能达到所要求的环境目标，20 世纪 80 年代开始在工艺过程导入环境保护措施减少污染的末端发生量，于是出现了过程管理。过程管理主要关注产品整个生产过程，而忽视产品设计、流通、使用、废弃物处理和循环利用等环节，不能满足经济资源可持续发展的要求。所以，从末端管理与过程管理转向以产品系统为核心的全过程管理是大势所趋。生命周期评价和生命周期管理是面向产品系统的重要环境管理工具，它对产品从设计、生产、使用、废弃物处理和循环利用的全过程实施评价与管理，从而全面减少环境负荷，达到绿色运营的目的。

一、生命周期评价

（一）生命周期评价的产生与发展

产品系统主要包括原材料采掘、原材料生产、产品制造、产品使用和产品废弃处理等环节。产品系统投入造成生态破坏与资源衰竭，产品系统输出带来环境污染。所以，环境管理必须评价整个产品系统对环境影响的总和。正是在这种情况下，生命周期评价（Life Cycle Assessment，LCA）诞生了。LCA 被称为是 20 世纪 90 年代的环境管理工具，它对产品从摇篮到坟墓的全过程进行全面的环境影响分析和评估。LCA 所研究的对象则是产品或服务，其目的是通过分析和评价产品在其整个生命周期过程中所带来的环境问题，对该种产品的生命周期过程提出改善途径和建议。

20 世纪 60 年代末，受饮料公司的委托，美国的 MidWaste 研究所对饮料容器进行了评价。在此之后对包装和容器为中心的产品评价便在各地开展起来。70 年代中期，欧美的一些研究机构从能源有效利用的角度开始了生命周期分析方法的研究工作。1984 年，美国 Little 公司受美国钢铁协会的委托提出了"容器中所含有的生命周期能源"的研究报告。其后，芬兰和瑞士等的研究机关也从生态平衡和环境评价等角度出发对生命周期评价进行了较为系统地研究。这些对于开创生命周期评价这一新领域起到了决定性的作用。1992 年以后，以环境毒物学和化学学会为主，组织德国、法国、瑞典和日本等几个国家的有关科研机构成立了 5 个研究工作组，对生命周期评价开展了全面深入的研究工作。这 5 个小组于 1993 年和 1994 年进行了多次交流，并对一些有关的概念、定义及具体操作处理方法等进行协调和统一，使得生命周期评价有了长足的发展。当前生命周期评价中虽然还有一些悬而未决的问题，但看来离实际应用已经不远了。

20 世纪 80 年代中期至 90 年代初，LCA 研究进展迅速。发达国家开始推行环境报告制度，要求对产品形成统一的环境影响评价方法和数据；一些环境影响评价技术，例如对温室效应和资源消耗等的环境影响定量评价方法不断发展。这些都为 LCA 方法学的发展和应用领域的拓展奠定了基础。1993 年出版的《LCA 原始资料》，被认为是当时最全面的 LCA 活动综述报告。90 年代以后，由于国际环境毒物学和化学学会以及欧洲生命周期评价开发促进会的大力推动，LCA 方法在全球范围内得到较大规模的应用。国际标准化组织制订和发布了 LCA 系列标准。其他一些国家（美国、荷兰、丹麦、法国等）的政府和有关机构也通过实施研究计划和举办培训班，研究和推广 LCA 方法学。在亚洲，日本、韩国和印度均建立了本国的 LCA 学会。

（二）生命周期评价的含义

LCA 有许多定义，其中国际标准化组织（International Organization for Standards，ISO）、国际环境毒物学和化学学会（Society of Environmental Toxicology and Chemistry，SETAC）和联合国环境规划署（United Nations Environment Programme，UNEP）定义最具有权威性：

（1）ISO 定义：汇总和评估一个产品（或服务）体系在其整个寿命周期期间的所有投入及产出对环境造成的和潜在的影响的方法。

（2）SETAC 定义中，生命周期评价是一种对产品生产工艺以及活动对环境压力进行评价的客观过程，它是通过对能量和物质利用以及由此造成的环境废物排放进行辨识和进行量化的过程。其目的在于评估能量和物质利用，以及废物排放对环境的影响，寻求改善环境影响的机会以及如何利用这种机会。评价贯穿于产品、工艺和活动的整个生命周期，包括原材料提取与加工、产品制造、运输以及销售；产品的使用、再利用和维护，废物循环和最终废物处理。

（3）UNEP 的定义：LCA 是对产品系统生命周期的全过程，即从原材料的提取、加工、产品生产、包装、市场营销、使用、产品维护和再使用，直至最终废弃处置或循环再利用过程的环境影响进行分析与评价的工具。

关于 LCA 的定义，尽管存在不同的表述，但各国际机构目前已经趋向于采用比较一致的框架和内容，其总体核心是：LCA 是对贯穿产品生命周期全过程，即所谓从摇篮到坟墓过程的环境因素及其潜在影响的研究。

（三）生命周期评价的实施步骤

生命周期评价一般包括目标定义与范围界定、清单分析、影响评价和改进评价四部分，如图 5 – 1 所示。

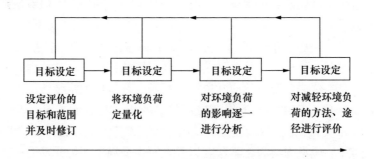

图 5 – 1　生命周期评价步骤

确定目标和范围（Object Identification and Boundary Conditions）是 LCA 研究中的第一步，看起来似乎很简单，但却是关键的一个环节。研究目标说明进行 LCA 分析的原因和最终目的。范围界定中应详细描述系统的功能、系统边界和环境影响类型。根据确定的目标和系统边界，还应具体的阐述假定条件、限制条件、原始数据质量要求、结果的评议类型和研究报告类型等。范围界定要保证研究的广度和深度与目标一致。目标和范围设定得过小，得出的结论可能不可靠；而设定的过大，则会增加后续分析的工作量。例如，要评定饮料容器，则饮料本身可不必考虑；如果评价代用品，则代用品与原产品相同部分可不必考虑；如果评价生产地问题，则全部可能的生产地环境条件、基础设施、生产技术和运输条件等都应列入考虑范围之中。另外，LCA 研究是一个反复过程，可以根据收集数据和信息修正设定的范围来满足研究目标。必要时甚至也可以修正研究目标。

清单分析（Life Cycle Inventory Analysis）是对目标产品、工艺过程或服务等进行生命周期盘查，即在所界定的边界内，对其整个生命周期的原材料和能源投入，以及向环境影响排放的各种污染物等进行定量的技术过程。清单分析开始于原材料获取，结束于产品的最终废弃和处理，如图 5 - 2 所示。

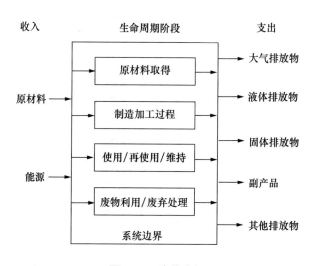

图 5 - 2　清单分析

在清单分析中，产品或服务系统作为完成特定功能并与物质和能量相关的操作的集合，从包围它的系统边界中分离出来，边界外所有区域叫做系统环境，系统环境是系统输入源泉和输出场所，从而通过系统的输入和输出对其环境影响做出评价。

影响评价（Life Cycle Impact Assessment）是对清单分析中辨识出来的环境

负荷的影响进行定性或定量的描述和评价。影响评价通常包括影响分类、特征化和量化评价三步骤。影响分类属于定性作业，是将清单分析的结果，将对环境有一致或类似影响的部分进行归类，形成不同的环境影响类型。影响类型通常有资源消耗型、人类健康影响型、社会福利影响型和生态影响型等，每一大类又可分为许多小类，并冠以不同的影响因子。通过分类，可以探明各影响因子对环境造成影响的途径，掌握它在多大范围内对环境产生影响，从而确定下一步分析评价的对象。特征化是将已经归类的环境影响分类汇总。特征化是十分困难的一个阶段，因为多数环境影响因素模糊不清，随环境条件、发生时间和地点的不同而变化，并且多种污染物往往是复杂的非线性污染组合。对这些影响进行定量整理和分析常常要消耗大量的人力和时间，对此目前尚无统一的合适方法。通俗地讲，特征化的目的在于给不同产品系统评分，使本来不可比的环境影响指标更具有可比性。特征化通常用所占百分比衡量。量化评价是将上述分类并定量化的各种影响因子统一成一个指标，作为最终评价结果。虽然存在着众多的意见分歧，在对不同影响因子进行统一时，经常采用等价变换值、等量因子和利用相互关联模型等方法。层次分析法（AHP）也经常被用来确定不同影响类型的贡献大小，即确定权重，以便能得到一个数字化的可供比较的指标。

改进评价（Life Cycle Improvement Analysis）是 LCA 的最终目标。通过对产品、工艺过程和技术方案等进行变换或改进，再次进行清单分析和影响评价，直到满意为止。这样通过 LCA 就可做出改善产品对环境影响的最佳选择。系统地评估产品整个生命周期内减少能源消耗、原材料使用以及环境释放的需求与机会的分析，包括定量和定性的改进措施。为了每个功能单位的环境性能都能得到改善，产品和过程的投入以及对环境产出都要进行评价。改进的效果依据于清单分析和影响评价二者结合，改进的机会也应该被评价，以确保它们不产生额外的影响而削弱提高的机会。改进评价是目前发展最不足的部分。

这里所说的 LCA 仅是从环境影响分析方面的考虑，实际中还必须与社会经济系统结合起来，综合考虑资金、资源、劳动力及社会条件等对产品系统做出全面、完整的结论。

二、生命周期管理

作为一种定量的技术评价工具，LCA 的提出为环境管理方法研究开拓了一个新的视野，但是还有其局限性，因为分析与评价还只是一种参谋和监督机制，还没有完全摆脱被动的地位。随着环境问题的不断深刻化，生命周期评价开始转变成生命周期管理。基于同样理论基础生命周期思想产生发展起来的生命周期管理（Life Cycle Management, LCM），则更具有宏观性和战略意义，尤其在国外企业整体方针的制定、决策过程及协调环境目标与经济目标间的关系等方面已初具成效，其在环境管理中的应用将更为普遍，但国内对此研究尚少。为此，这里就生命周期管理的概念、实施步骤、应用实例和存在的问题等加以阐述并提出讨论。

（一）生命周期管理的含义

在理论方面，LCA 的发展比 LCM 成熟和完善，但两者源于同样的理论基础。LCA 的理论基础，实际上包括分析和最小化在产品、服务或活动全生命周期中的负荷，通常称之为生命周期思想。负荷在 LCA 中体现为环境影响，在 LCM 中不仅体现为环境影响，还包括环境目标和经济目标之间的协调。在环境管理中，LCA 提供了一种系统化的定量评价工具，但就其时间和成本耗费而言，LCA 在采用时须经过谨慎的考虑。LCM 方法相对于 LCA，操作加以简化，并结合经济目标考虑如何在产品、服务、活动生命周期中尽可能减少能源、物质的消耗和污染的排放，突出其中最需改进的环节，确定需要采用 LCA 的内容，对整体环境规划具有指导性，更具有实际推广的普遍意义。LCA 与 LCM 的比较情况如表 5 - 1 所示。

表5 - 1　生命周期评价与生命周期管理比较

项目	LCA	LCM
理论基础	生命周期思想	生命周期思想
目标	全球生态系统变化的预警	经济与环境的协调发展
方法	定量分析为主	定性分析为主
操作对象	产品及产品系统	产品、服务、活动
内容结构	目标和范围定义、清单分析、影响评价、改进评价	识别、查汇分析、评价、实施
局限性	时间消耗大、成本耗费高	主观性成分较高

生命周期管理定义通过以上对生命周期评价的定义以及生命周期评价和生命周期管理的比较，可以初步了解 LCM 概念的内涵。目前关于 LCM 的定义不如 LCA 定义权威和详尽。有人认为，生命周期管理是企业每个部门在竞争中能够采取的用以积极降低成本，增加收益的一种首要的、神奇的策略。也有专家认为，生命周期管理概念是企业生产向生态效益和可持续发展模式转化的必然结果，LCM 是在产品和服务全生命周期中使环境负荷、风险和成本最小化的整体性方法。环境毒物学与化学期刊中基于生命周期思想提出 LCM 概念，认为 LCM 是将环境活动概念化和结构化、促进决策、结合经济效率和环境改进的系统性方法。一般认为，LCM 是以经济目标和环境协调机制为目的，分析和最小化产品、服务、活动全生命周期中的环境影响，优化环境管理的有效

方法。

（二）生命周期管理的实施步骤

生命周期管理实施步骤与生命周期评价基本相同，只是指导思想不同，具体如下：

识别（Identify）。生命周期管理方法涉及范围广泛，包含内容繁杂，为了使研究重点突出并贯彻始终，同时也便于确定收集所需信息和进行评价的范围，识别的第一步是规定和明确研究目的，同时了解该项研究的最终用户，是个别企业还是公众，因为这将影响研究过程和结果的透明程度。然后确定边界，包括系统边界、空间边界、时间边界。系统边界指全生命周期中涉及的所有过程和活动；空间边界是指地理位置而言；时间边界对产品的生命周期管理较为明显，一般始于物质能量的获取，而对服务、活动生命周期管理的时间终点则需根据环境影响作用的强弱和持续时间来决定。进一步划分生命周期阶段，通常以流程图表示，再根据研究目的识别主要过程单元和次要过程单元。

查汇分析（Inform）。查汇分析指根据流程图确定系统输入与输出，列出清单，并调查、分析相应的潜在影响。流程图中输入包括资源和能量，资源主要是以原料形式投入，此外还应考虑土地和人力等资源；输出包括排放到空气中、水中和陆地的大气污染物、水体污染物和固体废弃物。清单中也可根据需要补充有关措施的其他信息，如在污染处理中，处理规模、土地利用状况等资料也需要。然后得出生命周期各阶段输入、输出、其他相关信息清单。同时基于该清单，根据潜在影响的不同，分组应激因子（Stressors），即清单项目的再分类。应激因子是指对环境、人类或资料产生正面或负面影响的物理、化学、生物条件或实物。每一个或一组应激因子都与一种或多种潜在影响相关。它们可分为三类：

（1）污染，与进入环境的所有排放物相关。

（2）消耗，包括从环境中掘取的所有系统输入物。

（3）扰动，在环境中体现出的人类社会影响和结构的改变。

影响水平（Level of Concern）。指示在该生命周期阶段应激因子与潜在影响的相关程度，一般分为：无或低（Ⅰ），中等（Ⅱ），高（Ⅲ）。评定等级的方法是由调查组中各评价者分别独立评定相关水平，然后综合得出较为一致的意见。等级划分可预设一定的标准，无或低表示两者之间没有关系，或该应激因子对潜在影响的贡献可忽略，或两者之间是否存在影响仍无法确定。确定中等和高相关的标准可以包括：污染物排放数量、速度；干扰的时间范围和可逆性；控制、容纳处理和排放的能力；监测、检验处理和排放的能力等。潜在影响识别表以清单中的项目为基础，识别应激因子，以及应激因子在不同生命阶段对环境可能产生的影响及危害水平。其中，生命阶段可根据不同的污染物性质及不同的处理方法加以划分。

例如，对已产生的污染物根据处理措施不同划分阶段：设阶段 1 为无任何处理措施作为对照；阶段 2 为简单的物理处理（如覆盖、清除）；阶段 3 为较为复杂机械处理手段（如填埋、移除）；阶段 4 为化学处理；阶段 5 为生物处理。然后对不同应激因子经过不同处理措施后的危害程度进行评价，初步确定生产过程中产生的各污染物（即应激因子）可能产生的危害以及经过不同处理过程后能达到的效果。同时，可结合各个处理措施的经济可行性做出生命周期管理的初步决策。值得注意的是，评价等级虽然经调查组反复讨论，独立评价，进而综合评定等级，结果中主观成分仍较高，但实施至这一过程已达到LCM 的最简单应用水平。

评价（Assess）。该过程基于查汇分析的结果进行评价，根据研究目的明确进一步工作的必要性和重点。对于众多的应激因子和处理过程，选取工作重点的标准设置可以从潜在影响识别表的影响水平推断，并可从以下几方面进行考虑：

（1）消费水平：各应激因子的消耗水平。可运用消耗最低即效益最好原理。

（2）毒性水平：某应激因子的毒性、难降解性、生物积累性的强弱。

（3）责任义务：某应激因子的排放是否超过法规标准。

（4）环境灵敏度：某应激因子所在环境人口、社会对干扰的灵敏度，以及产生扰动的空间和时间范围。

（5）联系成本、机会：该应激因子对经济效益和成本的影响。

实施（Implement）。实施过程是根据分析、评价结果执行相应措施，可以发生在 LCM 的任何一个阶段。在最简单的应用水平上（查汇分析），LCM 方法从生命周期思想和角度提高环境意识，并对生命周期各阶段的潜在影响作一粗略调查。在更高的应用水平上，LCM 结合经济目标评价后，可根据研究目的和用户需要确定需改进的关键区域。

第二节 基于环境保护的设计（Design for Environment，DfE）

一、DfE 的概念及其作用

（一）DfE 的含义

DfE 就是实现产品环境要求的设计，其目的是克服传统设计的不足，使所设计的产品具有环境友好产品的各个特征。与传统设计不同的是，DfE 包含产品从概念形成到生产制造、使用乃至废弃后的回收、重用及处理处置的各个阶段，即涉及产品整个寿命周期，是从摇篮到再现的过程。也就是说，要从根本上防止污染，节约资源和能源，关键在于设计与制造，不能等产品产生了不良的环境后果再采取防治措施（现行的末端处理即是如此），要预先设法防止产品及工艺对环境产生的负作用，然后再制造，这就是 DfE 的基本思想。

概括起来，DfE 是这样一种方法，即在产品整个生命周期内，优先考虑产品环境属性（可拆卸性、可回收性、可维护性、可重复利用性等），并将其作为设计目标，在满足环境目标要求的同时，保证产品应有的基本性能、使用寿命、质量等。

（二）DfE 是可持续发展的必然选择

1987 年世界环境与发展委员会把可持续发展定义为"既满足当代人需要又不降低后代人满足需要的能力的发展"。可持续发展的基本思想有两点：一是强调把发展放在优先考虑的地位；二是必须以保护环境为重要内容，以实现资源、环境的承载能力与社会经济发展相协调。DfE 无疑是可持续发展观念在设计科学中的合理延伸。它将可持续发展思想融入到产品设计、包装设计、室内设计、纺织品设计等设计领域中。DfE 保证在设计和生产的各个环节都以节约能源资源为目标，减少废弃物产生，以保护环境、维持生态平衡。这与可持续发展认为经济发展要考虑生态环境的长期承载能力的观点不谋而合。通过 DfE 可以达到可持续发展的需要，所以 DfE 是人类可持续发展的必然选择。

（三）DfE 是绿色消费的要求

绿色消费是什么样的消费呢？从环境学的角度讲，绿色消费是指人类吃、穿、住、用、行等消费活动无害于环境，是无污染或最小污染的消费。从资源学的角度讲，绿色消费是指人类的消费应做到对自然资源的适度利用和综合利用。从生态学的角度讲，绿色消费是指人类的消费活动既满足人类的自身需要又不破坏生态系统的食物链。综上所述，绿色消费是人们进行消费时，不仅关心产品功能、寿命、款式和价值，而且更关心产品的环境性能。随着增强的环境意识，人们开始宁愿多付钱购买绿色产品，而且人们的消费观念也变成在求得舒适的基础上，大量节约资源和能源。

在绿色消费的潮流面前，环境标准就成为塑造消费行为和生活方式的重要因素。所以，产品设计人员更应该关注如何将产品设计与环境保护融为一体，使产品在设计、制造、使用、维修及回收等各个环节，都满足环境要求，并最终得到绿色产品。

（四）DfE 是消除绿色贸易壁垒的最有效途径

目前，一些国家由国家专门机构或其指定的组织依据一定的环境保护标准、指标或规定，向有关申请者颁发其产品或服务符合环境要求的特定标志（即绿色标志）。像我国这样的发展中国家受资金、技术等多方面条件的限制，很难得到发达国家的绿色标志，因此其出口产品就失去了与获得绿色标志的同类产品竞争的机会，这就是"绿色贸易壁垒"。现在我国许多企业已逐步认识到，商业上长期稳定的利润在一定程度上将取决于企业的环保行为。所以，我国企业更应通过 DfE，提高产品设计水平和科技含量，尽快达到国际环境标准，冲破绿色贸易壁垒以取得良好的经济效益。

二、传统产品设计过程与 DfE 过程的对比

（一）DfE 首先是指在"技术"操作上，应该具有生态、环保概念

即针对某一具体的设计行为，应就设计对象的用材选择、用料数量、结构性能及造型等要素，充分考虑环境效益与资源的有效利用。就产品设计而言，DfE 的要求不仅要尽量减少物质和能源的消耗，减少有害物质的排放，而且要使产品及零部件能够回收与重新利用。

在飞利浦（PHLIPS）设计中心，为了保证每一设计的最优化方案实现环保要求，设计中心在设计定位与人才资源配置上的部署如图5-3所示。设计中心开发了"环保咖啡机"，主要从以下几个方面实现环保目的：

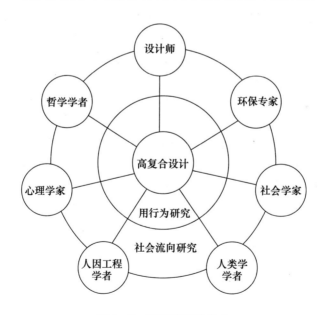

图5-3 飞利浦设计中心

（1）减少咖啡机部件，使之集约化；

（2）减少部件及色素的运用；

（3）减少原材料的消耗；

（4）开发节约能源的手动产品。

就包装设计领域而言，日本提出了"零度包装"的概念，即在交通运输等基础设施性能大幅度提升的条件下，可以接近或完全实现不使用包装件与缓冲件，而仅靠产品自身的材料、结构、性能等方面的有效设计以达到降低冲击，有效保护产品的目的。"绿色"概念不仅体现在具体设计的材料与物理性能上，也体现在设计对象的外观形式上。它追求造型、色泽等要素的简洁与和谐，而不是令人眼花缭乱、华而不实的"视觉垃圾"，这引发了"少就是多"（Less is More）思想的复苏。20世纪90年代，国际上兴起一种追求造型极其简洁的设计流派，即"简约主义"（Minimalism），它在室内设计、家电设计、家具设计等领域，都得到了体现。

（二）DfE 既是指设计实务中的环境友好行为，更是指宏观上的一种观念与方法

随着全球能源、环境等问题的日趋严重，人们在审视身处的社会的同时，也在对设计进行重新认识：设计是什么，将走向何方？在工业化社会，设计往往是指针对某一对象的创造与操作过程，是一种"造物行为"，如产品造型设计、广告设计等；设计师的工作往往被描述为一种"技术性"工作。步入信息化社会，设计将逐步由对"物"的设计向"非物"的设计转变，由对产品（Product）的设计向服务（Service）的设计转变，这无疑是一场观念与思想方法的革命，这带来了"DfE"在观念上的革新。它启迪人类社会，应从环境保护与可持续发展的高度，重新认识、评价现有的生产方式、消费方式、生活方式等问题，就衣、食、住、行、用等方面，寻求最优化的解决方案。

以清洁卫生领域为例，写字楼或家庭均需要对室内外环境、用品等进行卫生处理。传统的解决办法是：在设计师与其他人员的协同工作下，企业推出相应的产品，如洗衣机、吸尘器、净水器等。消费者一次性付费从市场购得所需产品，成为其所有者，以供使用。看似合情合理，仔细研究，发现其中存在以下几个方面的隐患。

（1）消费者购买产品归其私人所有，意味着产品具有不同程度的排他性，从而伴随着产品服务量的闲置与浪费。试想，一台家用洗衣机，一个星期工作了多少小时？

（2）消费者拥有产品，将担负起对产品的保养与废弃等职责，而这并非消费者原本希望承担，也非消费者所擅长的。

（3）更为重要的一点是：消费者从商家处购买产品，生产企业的盈利模式即为有效的、最大化的销售产品。在以销售为导向的情况下，企业必然会设

法刺激消费、实施有计划的商品废止决策，如降低产品的使用寿命或改变现有产品的外形与款式等，使产品在较短期内"失效"，从而促使消费者购买更新一代的产品。如此一来，势必形成恶性循环：越来越多的新产品的生产，伴随着越来越多的旧产品的废弃。最终造成资源的严重浪费，并引发环境问题。

实质上，就清洁卫生而言，消费者真正关注的是获得优质的卫生服务，清洁用品仅是解决问题的工具而已，购买产品并不是目的。认识到这一点，问题的解决也许就会大不一样。

在日本，有一家名为 Duskin 的租赁公司，其业务范围即为家庭和写字楼提供各种清洁用品的租赁服务。1998 年，Duskin 将一种小型的电动吸尘器带入市场，以每月不到 1 美元的价格出租，所有这些吸尘器，设计成便于拆卸，部件（如马达）、材料都会回收重新使用，目前已拥有了 1000 万本国客户。表面上看，似乎这只是企业的一种商业策略，其实，它体现了"DfE"的概念。由于 Duskin 公司的商业模式不同于一般的"产品供应商"，它是一个"服务供应商"，靠提供卫生服务盈利。因此，企业的设计将最大限度地提高每件产品甚至于每一个部件的性能与使用寿命、并积极开发能回收利用的材料以节约成本，因而，产品的数量不会无休止的增长，消费者也不必为产品的维护操心。这既解决了问题，又提高了单件产品的有效利用率，而且节约了资源。这实在是一个绝佳的"绿色解决方案"。

1999 年，伊莱克斯在瑞典本土开创了一种新的业务形式，称为"洗多少，付多少"（Pay Per Wash），为 7000 户家庭免费配备洗衣机，用户无须购买，而是依据洗衣机的使用量付费，也同样解决了清洗服务这个问题。

三、DfE 的主要特点

（一）拓展产品生命周期

传统产品生命周期包括从"产品制造到投入使用"的各个阶段，即"从摇篮到坟墓"的过程；而 DfE 将产品的生命周期延伸到了"产品使用结束后的回收重用及处理处置"，即"从摇篮到再现"的过程。这种拓展了的生命周期便于在设计过程中从总体的角度理解和掌握与产品有关的环境问题及原材料的循环管理、重复利用、废弃物的管理及堆放等，便于 DfE 的整体优化。

（二）DfE 是并行闭环设计

传统设计是串行开环设计过程，而 DfE 要求产品生命周期的各个阶段必须被并行考虑，并建立有效的反馈机制，即实现各个阶段的闭路循环。

（三）DfE 有利于保护环境，维护生态系统平衡

设计过程中分析和考虑产品环境需求是 DfE 区别于传统设计的主要特征之

一，因而 DfE 可从源头上减少废弃物的产生。

（四）DfE 是可以在不同层次上进行的动态设计过程

DfE 可以在 3 个层次上进行，即治理技术与产品设计（如可回收性设计）、清洁预防技术与产品设计和为价值而设计（目的在于提高产品的总价值，这种价值体系是人与环境的共同体）。

由此可见，DfE 针对产品全生命周期，是可以在不同层次上进行的动态设计过程，而其实施的主体是掌握绿色知识的设计人员。

四、DfE 体系结构

该体系结构将 DfE 划分为 4 个部分，即产品结构设计、材料选择、产品环境性能设计与产品资源性能设计，每一部分都从全生命周期的角度进行设计选择，并通过相关环节（如评价等）相互联系和进行信息交换，如图 5 - 4 所示。

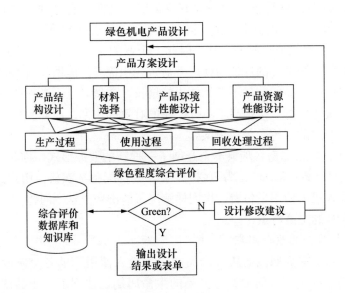

图 5 - 4 DfE 的体系结构

（一）环境友好产品的描述与建模

DfE 首先应解决的是环境友好产品的描述与建模，即什么是环境友好产品，不同产品的绿色属性如何表现，并通过寿命周期分析方法（LCA）与并行工程的思想建立环境友好产品设计模型。

（二）环境友好产品结构设计

环境友好产品的结构除满足普通产品的基本要求外，在 DfE 过程中主要考虑的是结构的易于拆卸与回收处理。良好的拆卸性能和回收性能是 DfE 的主要内容，拆卸是回收的前提，回收则是在产品淘汰废弃后以较为经济的方式实现重用。其研究内容包括：

（1）产品拆卸设计方法研究；

（2）拆卸评价指标体系的建立；

（3）拆卸结构模块的划分及其结构设计；

（4）回收工艺方法研究；

（5）产品可回收性评价模型的建立；

（6）零部件及材料分类编码及识别系统的建立等。

（三）DfE 的材料选择

绿色材料是构成环境友好产品的基础，DfE 应选择绿色材料。DfE 的材料选择模型部分包括以下内容：

（1）材料选择的经济性分析；

（2）材料选择对环境影响的定量化研究；

（3）材料绿色程度综合评价理论和方法；

（4）产品材料相容性分析和配备优化技术等。

（四）产品资源性能设计

DfE 通过并行考虑产品生命周期的各个阶段，达到使产品的资源得到合理利用和配置。环境友好产品的资源性能设计模型主要内容如下：

（1）机电产品生命周期的资源消耗模型的建立；

（2）机电产品生产过程的资源消耗特性分析。

（五）产品环境性能设计

在产品设计初期，将其环境性能作为设计目标是 DfE 区别于传统设计的主要特点之一。有不同的环境性能，设计时应根据产品特点、使用环境与要求等分别予以满足。如对电冰箱而言，其环境性能主要表现在不用氯氟烃类的制冷剂和发泡剂，减少或消除酸洗、磷化过程中产生的环境污染物，降低能耗，减小噪声，减少所用材料种类等。

（六）DfE 评价

DfE 的最终结果是否满足预期的需求和目标，是否还有改进的潜力，如何改进等是 DfE 中必须解决的问题。要对这些问题做出回答，则必须进行 DfE 评价。DfE 评价是 DfE 的重要环节，对指导设计过程的进行以及对设计方案的完善具有重要作用。其主要内容包括：建立系统、完整的 DfE 评价指标体系；在对现行评价方法研究的基础上，利用层次分析法、模糊数学、神经网络等方法，建立 DfE 的综合评价模型，研究一套量化的、有效的评价方法。

五、DfE 的实施策略

（一）有效的 DfE 应在并行环境下实施，其实施过程具有闭环特性

DfE 的实施，首先要实现人员的集成，即采用绿色协同工作组（Green Team Work，GTW）的模式，这是一种先进的设计人员组织模式。由于设计目标和涉及问题的复杂性，DfE 应组织多专业、多学科（如材料、设计、工艺、环境和管理等）的人员组成开发小组负责整个产品的设计，并要求设计小组内所有人员协调工作，并行交叉地进行设计。

（二）DfE 要实现有关信息与技术集成

实现 DfE 的关键是产品的信息集成和技术方法的集成。产品生命周期全过程中的各类信息的获取、表达、表现和操作工具都集成在一起并组成统一的管理系统，特别是产品信息模型（Product Information Model，PIM）和产品数据管理（Product Data Management，PDM）。产品开发过程中涉及的多学科知识以及各种技术和方法也必须集成，并形成集成的知识库和方法库，以利于并行过程的实施。这两种集成能提供 DfE 所需的分析工具和信息，并能在设计过程中尽可能早地分析设计特征的影响、规划生产过程，从而提供一个集成的工程支撑环境。

（三）DfE 需要有一定的支撑环境

由于 DfE 是基于并行工程，其支撑环境应包括并行工程支撑环境和 DfE 支撑环境两部分。

（四）DfE 可通过设计网络来实现

每个设计人员在各自的工作站上既可以像在传统的 CAD 工作站上一样进行自己的设计工作，又可以与其他工作站进行通信。根据设计目标的要求，既可以随时应其他设计人员的要求修改自己的设计，也可以要求其他设计人员修改其设计以适应自己的要求。这样，多种工作可以并行协调地进行。

（五）实例研究是 DfE 较为可行的方法

实例研究可以有效地表达和处理 DfE 中的环境因素，可从研究实例中为 DfE 提供设计参考和设计准则，并及时跟踪市场变化，获取改进设计所需的信息，如电冰箱、洗衣机等的 DfE 目前广泛采用了基于实例的研究方法。

六、DfE 要素及其构成

DfE 工具主要包括 DfE 的需求分析和目标确定、生命周期过程阶段描述与设计、设计评价、设计模拟及系统信息模型等。

（一）需求分析和目标确定

需求分析和目标确定是根据所设计产品的功能、结构特点及环境特征等确定具体设计目标，并合理协调目标之间的关系。例如，若某一产品以竞争力和

绿色程度作为设计目标，则与这两个目标有关的需求涉及诸多内容，对竞争力而言，需要考虑产品成本、可制造性（包括拆卸性）、产品功能需求等；而对产品的绿色程度讲，需要考虑产品能耗、绿色材料的选用、产品零部件的可重用性及回收材料的使用需求等。而且，为了使这两个目标取得协调，与其有关的需求之间也需要相应的协调。

（二）生命周期过程阶段描述与设计

生命周期过程阶段描述与设计是描述产品生命周期各阶段的各种需求对环境的影响，并在设计过程中实现这些需求。产品生命周期的主要阶段包括原材料制备、生产制造、装配、运输、使用、回收重用及处理处置等。例如，可拆卸性设计可显著减少回收过程的环境影响并使回收过程大大简化，但同时，由于满足拆卸性能的要求势必使产品结构有所变化，会使制造过程的复杂性增加。详细描述这些需求，并在设计过程中进行协调和控制，使设计结果最终满足 DfE 的基本要求。

（三）设计评价

设计评价也是 DfE 工具的主要内容之一。DfE 评价可以利用各种工具，如DFDA（计算机辅助拆卸分析）、LCA 工具及各种数据库等，以支持生命周期各阶段设计过程的进行。

（四）设计模拟

按设计结果对产品功能、属性等进行模拟是保证产品设计一次成功的必要手段。这里的模拟是广泛意义上的模拟，它除了通常产品结构方面的模拟外，还包括产品能耗、排放物的数量或环境污染数值的大小的可视化模拟，如利用bar 图或统计曲线图等。

（五）系统信息模型

DfE 信息模型是 DfE 的核心。通过信息模型，设计工具的各组成部分之间才能进行有效的通信和信息交换。通常产品生命周期各阶段的信息是在设计过程中及设计完成后产生，因而要求设计结果能简单明了地表达产品和环境之间的关系。

七、DfE 原则

（一）资源最佳利用原则

资源最佳利用原则包含两层意思：一是在考虑选用资源时，应从社会可持续生产的观念出发，考虑资源的再生能力和跨时段配置问题，不能因资源的不合理使用而加剧资源的稀缺性和资源枯竭危机，从而约束生产的连续性，因此设计选用资源时，应尽可能选用可再生资源；二是在设计上应尽可能保证被选用资源在产品的整个寿命周期中得以最大限度的利用。力求使产品整个寿命周期中废气、废水、废渣等排放物的排量最小，"零排放"是最佳状态；并通过可拆卸设计或可回收设计等手段充分考虑产品寿命终结后各种资源的回收再生重用问题，应使资源的回收利用和投入比率趋于1；对于确因技术水平限制而不能回收再生重用的废弃物应能够降解，且便于安全的最终处理，以免对环境造成污染。

（二）能量消耗最少原则

能量消耗最少原则也同样包含两层意思。一方面，在选用能源类型时，应尽可能选用太阳能、风能等这类清洁型可再生能源，而不是汽油等不可再生能源，这样可有效减缓能源危机，同时从全球能量储备观点看，能耗少；另一方面，从设计上应力求产品整个寿命循环周期中能源消耗最少，并减少能量的浪费，以免这些浪费的能量可能转化为振动、噪声、热辐射以及电磁波等，对环境造成污染，给人们的健康造成伤害。

（三）"零污染"原则

DfE应彻底抛弃传统的"先污染、后治理"的末端治理环境保护方式，而实施"预防为主，治理为辅"的环境保护战略，因此设计时应充分考虑如何消除污染源，从根本上防止污染。产品寿命循环周期中环境污染趋于零为最佳状态，也是DfE所追求的最终目标。

（四）"零损害"原则

确保产品寿命周期中对操作者良好的劳动保护是DfE必须遵循的设计原则。设计上不仅要从产品制造和使用环境以及产品的质量和可靠性等方面考虑如何确保生产者和使用者的安全，而且还要使产品的寿命周期符合人机工程学、美学等有关原理，以免对人们的身心健康造成伤害。总体来说，应努力使损害趋于零。

（五）技术先进原则

环境友好产品生产过程中，不仅要实现产品方便实用、无冗余的功能，而且还要力求所生产的产品寿命周期中节资、节能、劳保性好、环保性好，这是传统生产技术所难以做到的。而且生产中可能出现的许多问题也是没有解决过的新问题。因此，DfE考虑生产技术时，技术先进性是十分重要的设计原则。

（六）整体效益最佳原则

与传统设计不同，DfE中不仅要考虑企业自身的经济效益，而且还要从可持续发展观点出发考虑产品寿命周期的环境行为对生态环境和社会所造成的影响（比如，生产中所造成的环境污染，会影响生态平衡，并进一步影响人们的生存环境质量）而带来环境生态效益和社会效益损失，DfE不应只片面地追求某一项效益而忽略其他，应该追求整体效益最佳化。

八、DfE 策略

从前面分析可知，DfE 以并行工程原理并行地综合地考虑产品寿命周期各个阶段的环境保护、劳动保护、资源和能源优化利用等问题，故设计首先是在产品寿命周期各个阶段的设计"绿色化"基础之上，再从寿命周期整体角度上进行"绿色"优化。因此，进行产品 DfE 时必须十分清楚地知道产品寿命周期各阶段的 DfE 策略。表 5 - 2 中归纳出了主要的 DfE 策略，供大家参考选用。

表 5 - 2 DfE 优先考虑策略

产品生命周期阶段	设计策略	相关后果
制造前	选用回收材料	防止资源枯竭，减轻环境负担
	选用节能型材料	减轻环境负担
	选择环境友善型元件（零件）	操作性好，减轻环境负担
	选用可再生材料	防止资源枯竭，减轻环境负担
	选用可降解材料	减轻环境负担
制造	选择高产出工艺*	减轻环境负担，提高经济效益
	选用节省资源工艺	防止资源枯竭，减轻环境负担
	选择节省能源工艺	减轻环境负担
包装 运输	提高物流管理水平	减轻环境负担，提高经济效益
	低能耗和物耗的运输手段（如减轻重量）	防止资源枯竭，减轻环境负担，提高经济效益
	选用可回收包装材料	防止资源枯竭，减轻环境负担
使用	低能耗、低物耗设计	防止资源枯竭，减轻环境负担
	均衡寿命设计	防止资源枯竭，减轻环境负担
	长寿命设计	防止资源枯竭，减轻环境负担
	操作性好、低污染	减轻环境负担、劳动保护
最终处理	可拆卸设计	防止资源枯竭
	可回收设计	防止资源枯竭，面向环境设计
	保护材料特性，防止发生材料变性	防止资源枯竭，减轻环境负担，保证产品性能与质量
设计可行性分析	经济可行性分析	
	技术可行性分析	
	技术、经济、环境三者协调分析	

注：＊通过降低单位产品加工时间，减少设备因为空运转而造成的能量损失从而实现节能。

从表 5－2 中可以看出，DfE 过程中，在考虑产品材料选择时应优先考虑材料本身制备过程中低能耗、少污染且产品报废后材料便于回收再生重用或者易于降解（对于产品报废后的无法回收再生的废弃材料）的具有良好环境协调性的绿色材料。

在产品制造时应选用节资节能、低污染的工艺；应大力强化对后勤运输的管理和极小化产品的重量以尽可能减少产品运输过程中资源能源消耗；产品的包装材料最好采用可回收包装材料以便能进行多次回收利用从而实现资源的优化利用。

在考虑产品使用时，应有针对性地对具体产品使用阶段的资源和能源消耗情况进行节资节能设计（比如家用电器，就应着手于进行节能性设计）。同时还应对产品进行长寿命设计和均衡寿命设计，以延长资源产品化后的寿命和减少甚至消除因产品零部件间寿命不匹配而造成的资源浪费。

此外，产品的易操作性和对使用者良好的保护也必须慎重考虑：要真正实现合理利用资源和保护环境就必须有效地对报废产品进行回收，并实现资源的再生重用，应对产品进行可拆卸性设计（从原理上讲，可回收设计包括可拆卸设计，而可拆卸设计也基本上完全体现出可回收设计思想）。也就是在产品设计时，根据产品各个零部件的材料特性和经济性等明确了产品将来报废后哪些零部件将要被拆卸并实现回收再利用，并在产品结构充分考虑这些零部件材料性能的稳定性（即能相容材料才进行接触以防止材料间氧化、腐蚀、磨损等原因而变性）和易于无损拆卸等问题。在对产品寿命周期各阶段设计"绿色化"后，还应从总体上对设计方案进行经济可行性分析、技术可行性分析和环境技术经济三者协调分析，以确保所设计的方案最优"绿色化"和切实可行。

九、DfE 的主要研究领域及存在的问题

（一）质量功能开发

质量功能开发（Quality Functional Development，QFD）是将用户的需求转变成"质量特性"，并利用系统方法设计出最终满足质量要求的产品的一种方法学。QFD 目前还只能进行定性分析，不能进行定量分析。

（二）材料选择设计

材料选择设计（Design for Material Selection，DFMS）是在产品开发过程中最早、最重要的设计决策，是将环境因素融入材料选择过程的设计方法。产品所使用的材料、连接方式、能源消耗、可循环利用以及产品的报废处理方式都对环境有显著影响，因此也是考虑环境问题的最主要因素。材料选择需要考虑多种因素，如工程需要、可制造性、性能、环境影响和费用等，但这些都必须与产品的可靠性、性能、可维修性以及环境的友好性相一致，使产品整个生命周期内的费用以及对环境的危害最小。RosyW. Chen 等人提出将环境因素融入材料选择过程的方法，但该方法的定性因素较多，且经验起了较大的作用。

（三）面向制造与装配设计

面向制造与装配设计（Design for Manufacreability and Assembly，DFMA）是使产品更便于加工、易于装配的设计方法学。它提供了从装配和制造的观点出发分析设计方案的系统化方法，使产品更简化、可靠，而装配和制造费用更少。

美国于 1977 年首先提出 DFMA，该方法主要是通过 DFMA 分析，化简产品结构，减少零件数目，最终达到降低产品成本、缩短开发周期和提高产品质量的目的。1990 年提出一种新的产品可装配性评价方法，该方法充分考虑了零件的尺寸精度、装配精度、大小和重量，以及操作的重复性、螺纹长度等对装配成本的影响。1991 年又提出了在设计早期阶段，对与加工工艺有关的设计改进进行评价和检验；1993 年建立了包含装配序列规划、可装配性评价、可制造性评价和重新设计建议 4 项模块的产品生产性评价系统；此外，在 DF-MA 方面也进行了富有成效的研究工作。目前，在 DFMA 评价理论与方法的研究方面已取得很大进展，目前已开发许多软件实现这些方法，且产生了可观的经济效益，但 DFMA 仅考虑产品的制造与装配问题，没有同时考虑拆卸问题，这不利于报废产品的重新使用与回收。

（四）面向拆卸的设计

面向拆卸的设计（Design for Disassembly，DFD）是一种使产品最容易拆卸并能从材料回收和零件重新使用中获得最高利润的设计方法学。它研究如何设计产品才能高效率、低成本地进行组件、零件的拆卸以及材料的分类拆卸，以便重新使用及回收。主要手段有设计更容易拆卸的产品、设计最佳的拆卸规划以及拆卸系统的设计和应用。对于应用多种不同材料（金属和非金属）组合的复杂产品，只有通过对产品高效率地拆卸、分类，才能从材料回收与零件、组件的重新使用中获得高回报率或利益。

在 DFD 研究领域，Ishiik，Mark M. D. 和 Eubanks C. F. 已建立了产品可拆卸、可回收的经济性评价方法（LASeR），提出产品可拆卸性评价的方法。

（五）面向循环的设计（DFR）

面向循环的设计（Design for Recycle ability，DFR）是为了提高产品的循环利用能力而进行的设计，产品费用的 70% 左右在设计阶段就已确定，仅有很少一部分费用可以通过其后各环节的优化来获取收益，在设计阶段设计利于循环使用的产品是最好的方法。为了对 DFR 进行评估，提出了循环利用过程费用—收益模型，其评估结果能准确、直观、经济地对 DfE 进行评判，确定回收利用的程度。但其数据采集工作量大，计算复杂，费用昂贵，并只能对现有产品进行评估，而对新产品的设计、分析所需的大量数据很难获得。该方法主要从经济角度出发而未对环境影响直接评估。

Jan Emblemsvag 和 BertBras 提出来的 ABC（Activity base Costing）方法是用于估计产品循环利用的费用。使用 ABC 法能克服全生命周期评估工作量大、缺乏统一标准等缺点，该法很适于决策设计，但要获得动作信息，并对动作进行确定和估计却非常困难。

（六）全生命周期评估（LCA）方法是 DfE 的核心

LCA 将诸 DfX 方法组织为一个有机整体，经过反复的设计—评价—再设计—再评价过程，使产品设计在全生命周期达到最优，因此该方法得到很多政府与研究机构的重视。

第三节　企业逆向物流

一、企业逆向物流的含义

美国物流管理协会对物流的定义为："逆向物流是以重新获得价值或有效处理各种废品为目的，无论是在运营上还是成本上高效地规划、实施和控制从消费点到生产点的原材料、过程库存、最终产品和相关信息流动的过程。"该定义具体突出了物流的四个关键组成部分：物质流动、物质存储、信息流动和管理协调。物流过程是物质产品从供应者到顾客之间复杂的空间流转过程，涉及生产、流通、消费等领域。

逆向物流执行协会（Reverse Logistics Executive Council）对于逆向物流的定义为"逆向物流是以重新获得价值或有效处理各种废品为目的，无论是在运营上还是成本上高效地规划、实施和控制从消费点到生产点的原材料、过程库存、最终产品和相关信息流动的过程。"

比较这两个定义，可以看到逆向物流在本质上包含了物流定义中的所有活动，只不过它的运作方向与物流相反而已。简单地说，逆向物流是以重新获得价值或有效处理各种废品为目的，将物品从其最终消费点向前移动的过程。

因此，逆向物流所包括的产品不仅指终端消费者所持有的产品，而且包括供应链环节——批发商和零售商所持有的库存。同样，逆向物流不仅仅指使用后的产品、可再利用的装运容器、回收的包装材料，还包括由于质量问题、季节性库存、过量库存、产品召回等原因所导致的回流物品的处置。

　　产品被回收或被抛弃不外乎两种原因，一种是它们不能再正常的发挥功能，另一种是他们的功能不再为人们所需要。根据供应链的步骤，即产品的生产、分销到使用或消费，我们从这三个阶段分析逆向物流产生的原因，并进行相应的分类。生产、分销到使用是产生逆向物流的三个主要方面，我们按照供应链的这种结构将逆向物流分为生产返回、分销返回和消费者/用户返回，并且在每一个类别中归纳出逆向物流的具体形式，如图5－5所示。

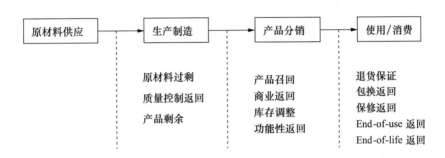

图5－5　产品供应链中的逆向物流种类

（一）生产返回

　　生产返回包括生产阶段零部件或产品回收的所有情况。这些情况的发生可能出于多种原因，例如，原材料剩余、中间产品或最终产品未通过质量检验而必须返回进行再加工、或者是生产中的产品剩余。第一种和最后一种情况属于产品不再被需要，而中间的那种情况则属于产品失误，这样我们可以将生产返回归纳为以下三类：

　　（1）原材料过剩；

　　（2）质量控制返回；

　　（3）产品剩余。

（二）分销返回

　　分销返回是指产品制造完成后，在供应链的分销环节所发生的所有返回。这些返回包括：

　　（1）产品召回。产品召回是指由于安全或者健康原因，由制造商或零售商将产品召回收集起来的情况。

　　（2）商业返回。商业返回是指由买家根据合同将产品返还给卖方的产品返回情况。这些情况包括：错误的送货、零售商将未出售的产品返还给批发商或制造商。后一种情况产生的原因一般是产品因为上柜时间过长（药品或食品）而过期。

（3）库存调整。库存调整是指由于重新调整仓库或商店里的库存而引起的产品返回。

（4）功能性返回。功能性返回是指由于产品自身的功能促使其返回的情况。这里最典型的例子是运输过程中的托盘。托盘的功能是在运输过程中承载货物，因而它将多次返回以便重复利用。

（三）消费者/用户返回

消费者/用户返回是指由消费者/用户由于消费或使用产品引起的产品返回。包括以下五种情况：

（1）退货保证。退货保证使消费者在购买产品后（通常发生在消费者收到商品后不久）自己的需要和期望无法得到满足时，有机会改变自己购买行为的后果。这种行为的动机有很多，比如在购买服装时，顾客退货的理由可以是衣服的颜色、尺寸、质地等。顾客在返回商品后将得到全额的退款，这就是退货保证返回。

（2）包换返回。同样，当产品无法或者看上去无法满足顾客的质量要求时，顾客有权要求调换商品。这些返回的商品将进行修理，而顾客将换得一件新的商品。

（3）保修返回（修理、调换零部件）。产品在超出了包换期以后，顾客仍然可以享受商品的保养和修理服务，但没有权利来获得一件新的同类产品。这些有问题的返回商品将在顾客处进行修理，或者被送回厂方进行修理。

（4）End－of－use。End－of－use 返回是指产品在其特定的生命阶段，顾客将其返回的情况。这种情况的产品包括将租借的箱子、可回收的容器（例如啤酒瓶等）或二手市场上的产品（例如 Amazon 的二手书市场 Biblifind）。尽管 EOU（End－of－use）产品都不是新的，但它们仍然可以投入使用。

（5）End－of－life。End－of－life 返回是指产品在结束了其物理和经济的生命周期后被返回的情况。这些产品可能是由于政府回收法规的规定返回到制造厂商处，或者返回到专业的回收公司进行再利用。消费者可以或多或少的参与到回收过程中，比如将空瓶子返回到超市、将打印机的墨盒邮寄回厂商等。企业为了激励消费者送回他们想要回收的产品，常常运用押金制度或者借助环保方面的民间组织完成回收。但是消费者有时并不直接参与到产品回收过程中，比如回收建筑垃圾，这种情况往往介于逆向物流和废弃物管理之间。

在根据供应链的顺序罗列了所有的企业逆向物流种类后，我们表 5－3 对逆向物流的所有种类进行一下归纳与比较。

表 5 - 3　逆向物流种类比较

发生环节	类别	周期长短	驱动因素	处理方式	例证	管理目标
生产	生产报废和副品	较短期	经济利益；政策法规	重新制造；循环利用	药品、钢铁行业中	减少
分销	商业返回	短到中期	市场营销	重新使用；重新制造；循环利用；报废处置	零售商积压的时装、化妆品等库存	减少
分销	功能性返回	短期	经济利益	重新使用	托盘、板条箱、器皿	增多
消费/使用	退货保证	短期	市场营销	确认检查，退货	电子消费品	有效控制
	保修返回	中期	市场营销；政策法规	维修、处理	有缺陷的家用电器，手机	减少
	EOU 返回	短期	政策法规	重新使用；循环利用	包装袋，饮料瓶	增多
	EOL 返回	长期	经济利益；政策法规	重新生产；循环利用	电子设备、地毯、轮胎	增多
			政策法规	重新生产；循环利用	白色和黑色家电	增多
			政策法规	重新生产；循环利用；报废处置	电脑元件、打印机硒鼓	

二、企业逆向物流的驱动因素

在对逆向物流进行研究时，我们首先会想到为什么会产生逆向物流、是什么驱动了逆向物流的发展，从企业的角度，我们将驱动逆向物流的因素归纳为以下三个方面。可以说，这也正是我们为什么对企业逆向物流进行研究的重要性所在。

（一）企业经济利益（直接和间接）的驱动

企业的回收活动会给企业带来直接和间接的经济利益。直接的经济利益是指回收活动所直接产生的利润。间接利益是指企业由于进行有效的逆向物流管理从而在营销战略中获得的较高的顾客满意度以及在竞争战略中获得的竞争优势。企业从回收活动中节约成本，获得直接收益。

这部分收益主要来源于以下两个方面：一方面，由于循环利用和重新使用，企业减少了废弃物的产生量，相应的废弃物的填埋成本减少，所以企业废弃物的处置成本减少；另一方面，回收物品作为原有定义的功能是没有价值的，但是，作为另外的功能则具有较大的价值。回收物品的零部件有可能再次组装物品，其至分解出来的化学物质都是产生价值。循环利用的产品和部件可以出售给第三方，或直接投入新产品的生产过程，因而企业节省了大量原材料和零部件的成本费用。例如，2000 年，惠普公司从其废旧电脑回收中回收了价值 500 万美元的黄金、铜、银、钢和铝等金属；某年，美国家电回收中心收益高达 2 亿美元。据了解，我国广东有公司已经开始尝试电子垃圾处理，每加工 1 吨电子垃圾可以赚到数百元。从这些案例看出，企业建立逆向物流，减少生产消耗，回收废弃物是有巨大收益的。

即使企业没有得到预期的收益，企业也会在营销战略和竞争战略中获得间接收益，从而为实施营销战略或竞争战略从事逆向物流活动。

企业逆向物流活动古已有之，因质量问题的退货和换货一直是企业经营活动中无法避免的问题。传统营销观念的企业认为产品到达顾客是其生命周期的结束，并不注重售后服务，并且把售后服务作为企业的负担。现代营销认为创造顾客价值是企业生存的根本，但是，回流物品的处置仍然花费了企业巨大的成本，这就是逆向物流成本。同时，逆向物流成本还包括构建使用后产品以及包装容器和材料回收体系的成本。但这些成本原因决不能成为企业提高退换货条件，从而限制顾客的退换货的理由，退换货条件提高必然会导致顾客满意度下降，其至流失顾客至竞争对手。我们知道，发展新的顾客的成本是很大的。自由的退货的企业会创造更高的顾客满意度，但是退换货条件的放松，会使企业运营成本极度上升。这主要是企业没有比较规范和有效率的逆向物流体系，而只是把退换货作为突发事件处理，必然导致正常的商业程序受到干扰，实现退货过程也是代价昂贵。这需要企业进行有的逆向物流管理，在企业运营成本和顾客满意度上作出最好的权衡。

例如通用汽车、西尔斯、3M 以及许多再现零售商已经将逆向物流问题从后台的阴影下推向了高层会议的焦点议程中，他们知道有效的逆向物流系统和流程将使退货返回库存，在清理中心出售，或被拆卸为零部件以节约成本，增加利润，并提高客户服务质量。

有时企业还会将产品回收活动作为企业的一项战略，以应对政府今后的相关政策。此外，面对竞争，一个企业也可能以产品回收活动来防止其他企业通过回收自己的产品获得自己的技术或进入自己的产品市场。为了在消费者面前树立环保的形象，或者为了与消费者建立起良好的关系，企业往往会从事回收活动以给自己带来间接的经济利益。例如，一家轮胎制造公司为顾客提供轮胎重新压螺纹的服务以减少顾客的支出，从而与顾客建立起良好的关系。又如，企业拥有一条绿色的产品生产线将成为顾客关系战略的一部分。但以上这些都依赖于全社会即消费者的环境意识的提高。

（二）环境政策法规的驱动

随着全球各类在资源和生产能力的有限性愈加明显，已使用过产品及材料的再生恢复逐步成为满足急速增长的消费市场需求的关键力量。同时，各工业化国家纷纷制定减少浪费的政策举措促使材料循环使用的理念逐步取代原来的"一次使用"的经济观，并出台了一系列产品回收、循环利用方面的法规。大约10年前，德国第一个引入了生产企业必须对其产品生命周期负责的思想。从那时起，许多国家开始制订使用后产品回收的具体法规。这些法规包括使用后产品的收集、运输、回收和销毁。具体的做法包括法律、关税、税收、合同、津贴等。例如：

1995年1月1日，荷兰政府颁布法规要求汽车行业必须回收和重新利用旧汽车。1999年1月1日，荷兰政府又规定白色电器和黑色电器的制造商及进口商必须回收和重新利用使用后的产品。

1994年9月，欧盟规定其成员国有权拒绝接受其他成员国的无法循环利用的废弃物。1998年1月，欧盟禁止其成员国将无法循环的废弃物出口到非OECD国家。

这些政策和法规刺激了使用后产品的回收和相应的企业逆向物流系统的建立。在过去的10年里，产品的使用后回收和循环利用无论在规模和范围上都有了巨大的发展，其中主要的复印机厂商施乐、佳能等都投入精力对已使用过的设备进行重新制造，化工行业的多家企业近期正致力于已使用地毯的再循环，而柯达公司从10年前就开始了对一次性使用相机的回收、再使用和循环利用。

（三）公众环境意识的驱动

公众的环境责任感是指促使一个企业在逆向物流中表现得更有责任感的一系列价值标准和原则。从环境伦理学来说，企业应该有它的社会责任，企业在消耗自然资源、制造产品时，有责任减少这种消耗。因此，企业必须减少生产中的消耗，使生产中的边角材料及时返回，从而节约原料。而对于使用后的物品，企业有责任进行回收，首先，能够减少物料消耗。其次，可以减少固体废物量。最后，可以有效抑制有毒、污染环境的物质排放，这样企业能够符合环境保护的目标。

我们必须注意到，逆向物流通常是在多种驱动因素的共同作用下发展的。短期看一种出于伦理道德原则的行为从长远看必定会带来经济收益。

企业逆向物流的驱动因素如图5-6所示。

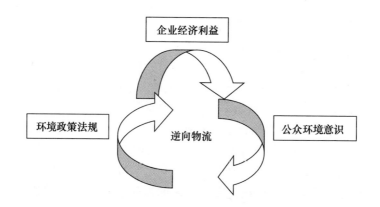

图5-6 企业逆向物流的驱动三角

三、企业逆向物流的回收过程

对于使用后或者废弃的产品的回收，企业所采取的回收方式主要分为四种。

（一）产品回收（重新使用）

对于那些可再使用的包装物和产品，在经过检测和清洁等一些简单的处理后，就可以在收集后重新使用。这些包装物包括瓶子、托盘和其他一些容器。可再使用的产品包括二手书籍、服装和家具等。在产品回收中，这些回收的包装物和产品可以在原来的市场上被重新使用，也可以在二手市场上重新使用。

（二）零部件回收（重新加工）

在经过收集和检测后，产品被拆卸开以获得其中有价值的零部件。这些零部件可以运用在新产品的装配上，也可以用来修理有瑕疵的产品。这种重新加工的方式保留了产品的主要性能，并力求将产品尽可能地利用到新产品中。这些零部件不仅可以用于同类产品的装配和修理，而且也可以运用到不同产品上。这种回收方式的产品包括飞机引擎、汽车发动机、复印机和打印机等。

（三）材料回收（循环利用）

材料回收将无法保留原产品或零部件的原有功能，其目的是重新利用产品中的原材料。这些回收的原材料可以在原产品市场以外的领域得以利用。通常，产品先被碾碎，然后分离出原材料，再按照期望达到的材料质量水平进行必要的加工处理，最后这些原材料就可以被重新使用了。这种回收方式的产品包括建筑材料、金属碎片等。

（四）能源回收（焚烧）

产品在焚烧时释放出的能量可以加以利用，这就是能源回收。

图 5-7 表示了供应链中的这四种回收方式。

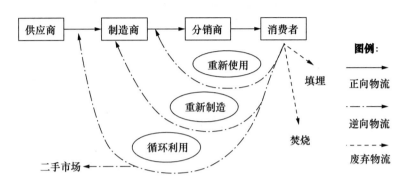

图 5-7 供应链中的产品回收方式

而具体的产品回收过程主要由五个过程组成，即收集、检测/挑选/分类、直接回收/再加工、报废处置和再分销。如图 5-8 所示，我们可以看到产品正向制造和逆向回收的整个过程。

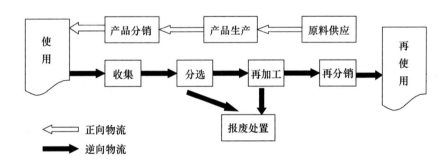

图 5-8 产品制造和回收过程

1. 收集

收集是指收回产品并对其进行物理上的移动，到达某一地点以等待进一步处理的所有相关活动，简单地说就是将产品从消费者手中收集到回收点的过程。在这一过程中，回收产品将与其他废弃物分离而进入逆向物流系统。

2. 检测/挑选/分类

在这一阶段，产品经过检测（例如质量评价等）以决定其回收方式，即对回收产品的再次可用性和如何使用做出确定的一系列运营活动。根据已计划好的回收方式，按照产品的质量状况和回收线路对产品进行分类。分类往往是整个过程中较为费时费力的，因此它成为物流系统中的瓶颈。如果分类能够在整个过程中较早的完成，或者在产品收集阶段，产品具有标准化的外形或容量，那么分类过程的效率将大大提高。同样，产品检测能够在较早的阶段完成，将节约一大笔的运输费。比如，在产品拆卸之前或之中进行质量检测，以决定产品是被废弃还是进行原材料重新利用，或其零部件投入重新加工。

3. 直接使用和再加工

直接使用包括产品的重新使用、重新出售和重新分销。再加工意味着将已使用过的或存在各类其他问题的退回产品进行加工，从而转换成再次可使用的产品的生产过程，包括产品的修理、翻新、重新制造、同型装配、循环利用及焚烧和填埋。每件产品在回收中都将经历本节所提到的四个过程，不同的产品在前两项和最后一项过程中差异不大，而在本阶段即直接回收和再加工过程中，每类产品或者说每件产品的经历都是不同的。修理、翻新和重新制造都是在质量和技术上对产品进行升级，其区别仅仅在于这种升级的程度。其中修理是升级程度最小的，而重新制造是最大的。

（1）修理。修理是将其产品恢复到其工作状态。经过修理后的产品，质量会略逊于新产品。产品的修理包括修补破损零部件的调换，而这些操作都不涉及没有问题的零部件。修理涉及少量的产品拆卸和重新安装，因而这项操作可以在顾客处完成，也可以在生产厂商指定的修理中心完成。许多耐用品生产厂商（比如，IBM、DEC、PHILIP）都开展了产品的修理业务。

（2）翻新。翻新的目标是将产品达到特定的质量水平，这一质量水平往往低于新产品的质量水平。产品先被拆卸为模块，所有关键模块经过检测进行修补和调换，最后合格的模块被装配到翻新产品中。有时，翻新是为了将技术上更为先进的模块调换产品中过时的模块以实现技术升级。军用及商用飞机就是翻新最好的例子。翻新使得飞机的质量得到改善，并延长了其使用寿命，当然这部分延长的使用寿命要比新飞机的平均使用寿命短。

（3）重新制造。重新制造的目标是使产品达到新产品的质量水平。产品将被完全拆卸开，所有的模块和零部件都必须进行检测，破损或过时的零部件和模块将被新的零部件和模块替代，可以修复的零部件通过修补后进行进一步的检测，合格的被装配到模块上进入新产品中。

重新制造同样也可以用于技术升级服务。一部使用后的机械工具可以通过升级变为全新质量和技术的产品，而其成本只有制造新产品的 50% ~ 60%。宝马公司（BMW）已对其引擎、转换器等汽车中的高价值零部件实施重新制造了多年，这些重新制造的部件必须通过严格的检测才能成为公司的调换零部件。这些零部件与新产品中的零部件有着相同的质量和售后保证，但价格上要便宜30%～50%。

（4）同型装配。在前几种回收操作中，回收产品的大部分得到重新使用。而在同型装配中，原产品只有一小部分将得以重新使用。同型装配的目标是尽可能多的回收利用产品中可再使用的零部件，这些零部件将用于修理、翻新和重新制造其他产品的部件。同型装配的质量水平取决于这些零部件最后的使用过程，比如用于重新制造的零部件质量要求将高于用于修理翻新的零部件。同型装配的过程包括有选择性的产品拆卸和对可再使用零部件的检测，而剩余的其他零部件将不再被使用。例如，美国 Aurora 公司主要从事集成电路的同型装配。他们从电脑上拆卸下他们所需要的零部件，在对其经过检测、整修、抛光后进行销售。1988～1993 年，公司的销售收入从零增加到4000 万美元。

（5）循环利用。前几种操作的目标是尽可能多的保留产品的原有属性和功能。换言之，是尽可能多的重新使用这些使用后的产品及其中的零部件。而在循环利用中，产品和零部件原有的属性和功能将丢失，但其中的物质材料将被回收利用。如果这些回收材料的质量较高，则可用于原来产品的制造中，反之，则可以投入其他产品的制造。循环利用首先将产品拆卸成零部件，然后从这些零部件中分离出不同的材料种类。分离出的材料被重新使用在新产品的生产制造中。循环利用已广泛应用于许多使用后产品的回收处理中。例如，在德国、英国和美国，废弃汽车中的金属材料都将被循环利用（一辆汽车重量中的75%有金属材料构成）。

我们用表5-4对以上讨论的五种再加工操作从各自的装配水平、质量要求和最终获得的产品做比较。

表5-4　五种不同再加工操作方式的特征比较

	装配水平	质量要求	获得的产品
修理	产品水平上	恢复产品到工作状态	固定或替换某些零部件
翻新	模块水平上	检查所有关键模块并改进到特定的质量水平	修理或替换某些模块，潜在的质量改进
重新制造	零部件水平上	检查所有模块和零部件，改进到新的质量水平	已使用过的和新的模块/零部件装配到新产品中，潜在质量改进
同型装配	选择性的零部件水平上	取决于零部件重新使用的工艺	某些零部件重复使用，其余部分循环利用或处置
循环利用	材料水平上	质量好的材料生产原生零部件，否则生产其他零部件	材料的重复使用，生产出新的零部件

4. 报废处置

报废处置表明产品由于技术或经济的原因不能被再次使用或利用，故而被有控制、有计划地报废丢弃的过程。处置的方式有运送到指定地点进行填埋和焚烧。在产品检测分类阶段以及产品再加工的过程中，某些产品或零部件由于自身质量和性能上的原因造成无法再加以利用，因而被报废处置。然而产品在焚烧时释放出的能量企业仍然可以加以利用。

5. 再分销

最后一个过程就是重新分销，它将处理后的产品返回潜在市场并进行物理上的转移，最终送到新用户的手中。这个过程包括销售（租赁、服务合同等）、运输和储存活动。在产品的重新分销及先前的各个回收过程之间都涉及一个重要的步骤，即运输。运输是逆向物流的一个重要的成本因素，特别是将回收产品从最终用户运送到第一层的处理地点时。由于所涉及的产品收集点为数众多，而每个收集点的产品数量又较少，从而造成运输费用的升高。如果所有的回收产品都必须在以上这些运输过程之间进行运送，而最终只有其中部分零部件得以重新利用，那么所耗费的运输成本也是很高的。因此，如果产品能够在临近收集点处进行拆卸或再加工，则将减少后续的运输量，最终使运输费用大幅度下降。

图5-9归纳了企业逆向物流的回收过程，也可以作为这一节内容的总结。

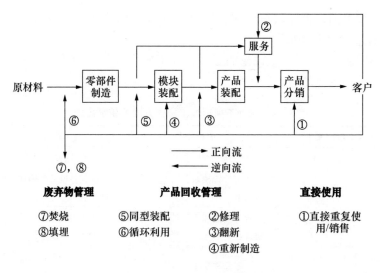

图5-9 整合供应链示意图

四、企业逆向物流的政府管制

在前几节中我们曾提到驱动逆向物流的因素，其中政府的政策法规是促使企业进行逆向物流系统建设的最主要的外部因素。在本节中，我们讨论目前世界各国在环境方面施行了哪些法规政策。

环境污染事件最早在欧美发达国家出现，如伦敦烟雾事件、洛杉矶烟雾事件，欧洲各主要城市中的河流发臭发黑等，这些事件向人类敲响了保护环境的警钟。尽管奉行市场化的经济政策，但由于市场调节的失灵，这些国家的政府不得不介入环境保护领域。因此，对企业实施环境政策的管制策略，也是从这些发达国家开始的。

尽管就有关是先发展经济，再治理环境，即先污染后治理（走欧美发达国家走过的路），还是在发展经济的同时保护好环境这一问题，随着可持续发展思想的出现获得了解决，但保护并治理已受到破坏的环境，仍需要大量的投资。由于资金匮乏延误环境治理，甚至不治理等已是不争的事实，因此，也只有在发达国家执行的环境管制更严厉，企业在响应国家环境政策时也表现得相应更积极。

下面我们分别来看一看日本、美国及欧洲政府的具体管制法规。

（一）日本

在日本实施的容器和包装循环利用法，要求各种容器和包装物的制造商和使用商，从 1997 年开始，负责回收利用玻璃瓶和 PET 瓶，从 2000 年开始，负责回收纸板/压模纸浆、其他纸类和其他塑料类。运作方式如图 5 - 10 所示。

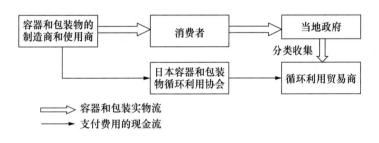

图 5 - 10　日本的容器和包装循环利用法实施流程

从 2001 年 4 月 1 日起，日本开始实施新的循环利用法。该法令要求生产企业对家用电器进行循环利用。在此之前，日本的家用电器由商家和地方政府收集，压碎后作为垃圾填埋，少量作为二手货或零部件出口，但在人口密集的日本，能用来填埋的土地越来越少，据政府估计，现有的填埋空间在 7 ~ 8 年内就会全部耗用完。日本每年需处理的家用电器达 2000 万件，其中有 20% ~

40%的旧电器被非法倾倒或出口。新法律实施后，制造商必须回收4种类型的家用电器，即洗衣机、电视机、电冰箱和空调，占在日本生产的所有电器的80%。尽管该法律在实施之初，还存在一定的难度，但许多电器公司表示，将遵守新法规，投入用于回收所必要的资金，改善回收物质的使用效率，对环境和社会负责。

日本矿业协会（Japan Mining Industry Association）的有关人员认为，如果所有的家用电器、汽车和自动办公设备能得到循环利用，那么每年可获得20万吨铜，相当于全年铜产量的14%。汽车和办公自动化设备的回收法律将在以后几年内实施。

日本的电池回收很早之前就受到法律约束。目前日本通过回收旧电池，循环利用其中的金属铅，使金属铅的进口量大大减少了。

（二）美国

美国的环境法律也是相当严格的。20世纪70年代，美国有关环境的法规文本不足1000页，80年代中期超过了6000页，到90年代中期已超过了13000页，而且处罚越来越严厉。企业不但要对生产过程中的污染负责，也要对商品消费过程中的污染负责，还要对EOL产品的回收和处理负责。1994年，美国环保局（EPA）移交司法部门提起公诉的环境案件就有200件，对250家个人和公司提起了刑事诉讼，并执行了监禁和罚款，两项分别比1993年增加36%和40%。

在美国，除了联邦法令外，各个州也以联邦法律为基础，根据各州的情况，制定了相应的法规。

在物质循环利用方面，美国政府也非常重视。1985～1990年，循环利用量从1640万吨增加到3340万吨，翻了一番多，1992年接近5000万吨。其中，新闻纸的循环利用很能说明美国政府在物质循环利用上的决心。从1989年起，有13个州制定了新闻纸的循环利用标准，另有15个州通过威胁将要进行类似的立法，与出版商进行谈判达成循环利用废纸的"自愿式"协定。在这些法律和协定之中，都要求新闻纸必须使用一定比率的循环纤维，多数州要求到2000年左右，新闻纸的循环利用率达到40%～50%。当然，循环利用率可以按年度平均，但应每年报告一次执行标准的情况，若没有报告则予以罚款。

（三）欧洲

欧洲的环境法规也同样严厉。从基于环境友好的物流系统设计的角度看，美国更多的是以经济利益为动力，即通过重复使用各种材料和零部件，降低成本，获取利润，而欧洲则更多的是以环境效益为目标，即通过回收各种物品，减少废弃物处理量，节约资源。

　　欧洲许多国家实施的环境法规，要求生产厂商对产品生命周期全过程负责。德国 1991 年实施的包装法，要求企业回收所有产品的包装材料。1996 年实施的电器报废法，对各种电器商品也设置了相同的回收目标。1998 年 4 月实施的废电池法令，规定了已使用完的电池和蓄电池的回收和处理，对销售商店的回收义务及向消费者披露产品环境信息义务的法规也于 1998 年 10 月生效。荷兰则要求汽车制造商回收所有已使用过期的旧汽车。

　　随着欧洲统一化的实现，欧洲各国的企业也相应地受到统一法规的制约。欧盟在 1994 年制订了包装和包装废品法令，并要求于 1996 年 1 月开始实施。该法令要求到 2001 年 7 月，至少能回收 50%（重量比）的包装废品，且在回收的包装废品中，至少要获得 25% 的包装材料，单种包装材料的循环利用率不能低于 15%。1999 年对该法令提出修正草案，其中有一项建议，要求到 2006 年，包装废品的回收率达到 90%，单种材料的循环利用率达到 60%。

　　在家用电器方面，欧盟有一项法令规定，到 2006 年，大型家用电器的回收率不能低于 80%，重复使用或循环利用率不能低于 75%，其他器具的回收率和循环利用率分别应达到 60% 和 50%。

　　1999 年 1 月 1 日，荷兰政府制订的"白色和棕色商品处理法令"正式生效，该法令适用于私人居家生活中所使用的白色和棕色电器及电子器具，并将相应的制造企业也包括在内。法令规定这些产品在使用完毕扔弃时应实行环境友好的收集和循环。这样，制造商和进口商都必须负责回收和处理这些器具，并向环境部通报回收和处理的方式，以及相关的组织机构和资金保证。在此法令下，荷兰的生产商和进口商向环境部提出了一个合作计划，该计划包括处置构架及其资金来源，得到了环境部的认可并已付诸实施。处置成本将通过征收处置税、向消费者收费等方式筹集的资金予以保证。该法令执行的具体后果为：

　　（1）对制造商和进口商而言：每月两次通报投入到荷兰市场上的产品数量；每月两次递交投入到荷兰市场上每件产品的处置税；将 EOL 产品处置税费沿供应链转移。

　　（2）对零售商而言：以旧换新。以同类旧产品换购新产品时，免收处置费。将处置费转移给消费者。

　　（3）对消费者而言：购买新产品时支付处置费。

　　由于该法令的实施，在 EOL 产品收集上，零售商和消费者受到很大影响。希望免收处置费的零售商可以采取如下方法：和市民一样，将 EOL 产品交给当地废弃物处置部门；将 EOL 产品交给地区储存站（RSS）（RSS 相应延长了工作时间，扩大了储存空间，其服务半径为 20 千米）；将 EOL 产品交给分销中心；将 EOL 产品交给相关的运输服务部门。希望免收处置费的消费者有两种选择方式：将旧产品交给零售商；或将其交给当地废弃物处置部门。

当地废弃物处置部门或零售商收集的 EOL 产品，由运输公司运送到地区储存站（RSS），进一步收集和分类，分类后的产品运送到三大专业循环利用公司。

五、企业逆向物流决策

对于一个有效的逆向物流系统的设计与运行，企业必须进行以下几个方面的决策。

（一）外包还是自处理

这一决策牵扯到企业在逆向物流活动中扮演怎样的角色。一种情况是，制造企业决定自己处理自身产品所有的回收活动。这样，企业就必须具备产品的专业知识。另外，回收产品的数量也将决定回收设备的投资额。另一种情况是，如果再使用、重新制造及循环利用不是企业的核心业务，那么企业就可以将这些回收活动进行外包。在实施产品循环利用并且产品的回收量较小且不稳定的情况下，外包不失为一种较好的选择。这样集中处理大量的回收产品将带来规模经济。此外，在这两种情况之间还存在着一种折中的情况。比如，企业将产品的收集和分类外包给物流服务商，而自己完成产品的后续回收过程，这样就可以产生运输的规模经济。

3M 公司自 1996 年起将逆向物流活动外包给了两家物流服务商，委托它们处理由零售商即企业用户处退回的约 50000 件商品。而英国邮政最近推出了一项新的逆向物流服务。该项服务可通过更加有效的退货管理，帮助零售商节省上百万英镑的开支。据悉，目前英国 Safeway 公司已经成为首家同英国邮政合作开展退货服务的零售商。英国邮政可直接在 Safeway 公司的网点对错投、损坏的商品，或对那些撤销订单的商品进行退货管理。双方希望通过有效的管理，取消 Safeway 公司内部的仓储运营、库存以及货物搬移等环节，从而为该公司带来成本上的大幅度下降。英国邮政正在全国范围内向 477 家商店拓展此项服务。该项服务目前只适用于在非食品类物品领域开展。按照有关协议条款，英国邮政将对 Safeway 公司位于斯文顿的仓库里的所有退货进行估价，货品估价、清点完成以后，Safeway 公司就可以通过不同的渠道，在最大限度保证利益的前提下，通过重新分发、重新出售、重新整理以及丢弃等方法，迅速、有效的清除仓库里的商品。目前，该项服务的试验已获得成功，双方接下来的合作可以使 Safeway 公司取消在退货方面的投资，并将退货从自身的网络中转移出去，将重点集中在自己的核心业务上。

有时，同行业竞争者之间的合作也是一种很好的选择。这种合作一般发生在以下这种情况下：即政府颁布法规要求企业回收其使用后的产品，而对每个单独的企业来说，回收活动与其核心业务毫不相干，并且每家企业的回收量又相当低。比如，在荷兰，汽车工业协会统一组织汽车制造商开展的旧汽车的循环利用活动。然而，在德国，回收活动由汽车制造企业各自完成。

（二）收集系统的形式

使用后的产品及包装物可以在供应链的各个环节进行收集。比如，在最终用户处（工业用户或者家庭用户）、零售商处或制造商处。此外，收集工作也可以由供应链以外的第三方完成，比如市政当局。由于供应链中环节数的增加，回收系统的复杂程度也就增加了。在供应链相邻的两个环节实现回收物流系统可能比较直接简单。比如，在运输商和制造商之间进行可重新使用运输包装物的交换。但若是由制造商来负责消费者丢弃的耐用品的回收，则情况将大为复杂。首先，第一个问题：是否由消费者送回使用后的产品到零售商或市政回收站，还是由物流服务商对产品进行收集。第二个问题：产品回收是否通过原来的分销渠道，这其中的某些环节可否跳过，或者还是重新建立一个回收系统，比如，邮政系统就是一个很好的回收系统。时间要求是收集系统选择上一个重要的因素，比如，机器的零部件必须在较短的时间内完成修理，而像托盘等运输包装物要经历较长时间才循环一次。

（三）逆向回收活动的选址

企业需要决策的问题是，在哪里开展这些前面提到的回收过程中的各项活动，对于像循环加工厂和产品测试中心等处理设施在选址时还必须考虑相应的运输连接问题。因此，我们必须在处理成本、投资成本及运输成本之间进行权衡。第一种情况是集中式的处理中心。循环利用往往涉及昂贵的处理设备，而循环利用的材料本身的价值却不高，因此，需要利用集中式的处理中心来实现规模经济。第二种情况是分散式的当地处理中心，产品首先在当地的处理中心进行预处理，这样就可以减少不必要的产品运输量从而节省运输费用。对于像托盘和纸盒等循环包装物来说，由于其再利用只涉及少量的处理工作，因而运输成本成为其回收成本中最重要的一项，而选择临近收集点的当地处理中心可以大大减少其运输量。而像电器设备只有经过检测获得其质量信息后才能进行后续的回收决策，在收集点进行早期检测可以剔除那些无法利用的回收产品及部件，从而减少运输费用，但电器检测设备的投资成本往往很高，这又限制我们在检测中心的数量上进行有效控制。

在选址问题上，我们需要考虑的重要问题是回收渠道与原来产品的分销渠道之间的联系。我们可以将回收产品的检测和处理安排在原来的产品配送中心完成。

（四）收集与分销的路径选择

在运输规划问题上，正向物流与逆向物流在分销渠道上的联系更密切。对于可重复使用的啤酒和软饮料瓶来说，这两种分销渠道通常是重合的。运输线路由正向物流决定的，而空瓶子可以沿着递送路线进行收集。相反，为了循环利用塑料包装袋中的物质，塑料包装袋的收集与原产品的分销路径毫不相干。因为原产品制造商和包装材料利用商是不同的实体，而且原产品和塑料包装袋所要求的运输方式也完全不同。如果企业将运输外包给物流服务商，那么正向物流与逆向物流分销渠道之间的联系就更少了。

一般来说，将正向物流的分销渠道与逆向物流相集成，能大大增加运输能力的利用率，并减少运输空载的数量。但回收网络中时间的要求不是很高时，这种分销路径的集成将是一种较好的选择。值得注意的是，在对产品回收策略进行环境评价时，正向物流与逆向物流分销路径的集成是一个重要的因素。

思考与讨论

5-1 请谈谈生命周期管理与发展循环经济的关系。

5-2 基于环境的设计与传统设计理念的区别何在。

5-3 如何认识逆向物流在企业绿色运营管理的作用。

第六章　环境会计与环境成本

环境会计（Environment Accounting）也称绿色会计（Green Accounting）。会计学领域讨论环境问题的历史还不长，自 20 世纪 80 年代起环境会计作为一个新的会计分支开始兴起并逐渐得到重视。进入 90 年代以后，一些国际组织积极推动环境管理、环境会计及环境审计方面的研究，制订和发布有关规则或标准。伴随着国家、区域或国际的相关法令和法规的建立、颁布与实施，环境会计在欧美发达国家的实务中有所进展，理论建设也有了初步框架。

环境会计可以区分为宏观和微观两个层面三个分支：宏观层面的国民收入核算和报告，微观层面的企业财务会计，以及管理会计，并从环境成本计算、成本分配、环境会计信息应用等方面为企业管理实务提供了技术指南。本章内容集中在微观层面的企业环境会计以及相关联的环境成本管理。

第一节　环境会计的发展和机构关注

任何一个学科分支的产生和发展，源自人类的实践和社会的广泛关注，环境会计也是这样。伴随着社会生产力的迅猛提高，人类的消费和企业在生产和经营活动中对资源环境所造成的负面影响，越来越突出并受到来自专业界和社会的普遍关注，并引致环境法规的产生，进而又对人类消费活动和企业经济活动产生影响，这就提出了环境成本核算以至环境会计课题。

一、国际组织的发展研究

（一）联合国有关环境会计的发展研究

1972 年，联合国斯德哥尔摩人类环境会议以来，环境问题日益引起全球瞩目，各专业领域专家学者针对资源、环境与人类社会之间的关系，从多个角度开展研究。在经济领域，与经济社会发展相联系的资源环境的核算研究，被区分为宏观和微观两个层面。宏观层面体现为建立环境资源核算指标体系，并与国民经济核算体系（SNA）相联系。这方面的理论和实务进展，集中体现在联合国 1993 年 SNA 修订版中以及与之相应的统计方法发展。

在微观核算层面，联合国国际会计和报告标准政府间专家工作组（Expert Working Group on Inter-government Standard of Accounting and Reporting，ISAR）对跨国公司环境报告进行了多年考察。从 1990 年起，环境会计问题成为 ISAR 每届会议的主要议题之一，并成为 1995 年 3 月 ISAR 第十三届会议的核心议题[①]。

ISAR 在 1991 年调查了 222 家跨国公司，评估各公司遵循其环境报告披露建议的程度。1992 年出版了《环境会计：当前的问题、书目和摘要》，以期帮助该领域研究人员。书中以 ISAR 历次调查的结果和英、美、加等国的情况为基础，总结了环境管理和记录环境影响的公司会计问题，提出了在当前会计模式下可能的会计和披露的变化，以及环境审计、可持续发展会计、环境对国民经济核算的影响等。1992 年，联合国经济社会发展部属下的"跨国公司和管理"分部对环境审计进行调查，启动了适用于公司的"可持续发展会计"的研究。1993 年，在印发的一份题为《跨国公司的环境管理》的调查研究报告中，对一部分跨国公司在其年度报告中披露环境信息的情况作了介绍。

自从 1972 年联合国召开人类环境会议以后，许多国际组织都设立机构或工作组，研究环境问题。ISAR 作为联合国会计专门机构，围绕"环境披露"进行了多年研究，有力地推动了其他国际性或区域性组织及发达国家在此领域的探讨与研究。

（二）欧共体

1993 年 3 月，欧共体国家环境部长会议达成共识（1990 年第一次提出草案），通过并发布了"环境管理与审计计划（Environmental Management and Audit Scheme，EMAS）"，并于当年 7 月生效。在此之前，1991 年曾提出了两项重要的草案"生态审计（Eco-audit）"和"生态认证（Eco-labeling）"，鼓励成员国和成员组织在"自愿"的基础上接受。EMAS 鼓励成员国企业设立环境目标，并由外部独立审计师验证其执行结果，为合格的企业颁发"绿色证书"。EMAS 被认为是有关环境管理体系的第一份国际标准。

（三）国际标准组织

国际标准组织（International Standard Organization，ISO）于 1993 年 5 月成立了环境管理技术委员会，ISO14000 系列标准是由国际标准化组织（ISO）第 207 技术委员会（ISO/TC207）组织制定的环境管理体系标准，其标准号从

---

① 1995 年大会主要围绕会议秘书处提供的"对各国环境会计法律法规情况的调查"、"有利和有碍于跨国公司采纳可持续发展概念的因素"、"跨国公司环境绩效指标与财务资料的结合"、"跨国公司年度报告中对环境事项的披露"等文件展开讨论。

14001 至 14100，共 100 个标准号，统称为 ISO14000 系列标准。它是顺应国际环境保护的发展，依据国际经济贸易发展的需要而制定的。正式颁布的有 ISO14001、ISO14004、ISO14010、ISO14011、ISO14012、ISO14040 6 个标准，其中"国际环境管理标准"ISO14001 是系列标准的核心标准。ISO14000 系列标准包含六方面内容：①环境管理制度；②环境审计；③环境标志；④环境业绩评价；⑤生命周期分析；⑥环境方面的产品标准。

以上所述，最重要的是欧共体 EMAS 和国际标准组织的 ISO14000 系列。在基本目标和基本内容方面，这两套国际性环境管理标准都比较接近，但也存在很多差别，以至于需要专门比较 ISO 14001 和 EMAS 的所谓"桥梁性文件（Bridging Document）"。1997 年在欧洲和美国有一系列的工作会议和学术会议专门讨论研究这两个标准系列以及环境会计和环境管理的其他问题。由此可见，环境会计和审计法规（标准）的建立，的确不是在短时期内就容易完成的。

二、政府及专业机构的关注和工作

（一）美国

美国联邦环境保护局在环境会计方面做了许多工作，特别是其组织编写的《环境会计导论：作为一种企业管理工具》一书，在概念上澄清了环境会计的三种含义，即环境会计分为宏观和微观两个层面：宏观层面与国民经济核算和报告相连，微观层面与企业财务会计和报告相连。该书在环境成本计算、成本分配、环境会计信息应用等方面为企业管理实务提供了技术指南。

美国的环境法规制定速度很快，分为联邦、州及地方政府三级。与环境成本问题有关的法规大体上划归两类：一类是关于环境清理与复原的责任；另一类是关于环境监测与污染控制，以及与标准有联系的财产损失负债。

在美国的财务会计准则委员会（Financial Accounting Standard Board，FASB）制定的会计准则架构下，企业对环境事项进行会计处理时，主要依据 1975 年的第 5 号准则或有负债会计（Accounting for Contingent Liabilities），以及与之配套的财务会计准则指南。由于这两个文件都是针对一般性或有负债，所以在确认和计量（估计）环境负债方面并不十分具体。从 1989 年起，FASB 指定工作小组专门研究环境事项的会计处理，并很快提出了两份文件 "EITF89 - 13 石棉消除成本会计"和"EITF90 - 8 污染处理费用的资本化"。按照这两份文件，环境污染的处理费用一般都应作为当期费用支出处理（即费用化），只有在满足以下三个条件时，才允许资本化处理：①延长了资产使用寿命，增大了资产的生产能力，或改进了其生产效率；②减少或防止以后的污染；③资产将被出售。1993 年，工作小组又提出了"EITF93 - 5 环境负债会计"，要求将潜在的环境负债项目从一般的或有负债中单独列出并加以估计。

（二）英国

在英国，环境报告一直是公司社会责任报告的一部分。经过几十年的争议，社会责任报告已成为向投资者和公众提供信息的不可缺少的一部分内容。

早在 20 世纪 50 年代初期，由于地域性和地区范围内资源浪费，环境污染等问题的出现，促使一些专家号召企业要进行一般性的社会责任审计和专门的环境审计。1989 年出版的《绿色经济蓝图》，即著名的《Pearce 报告》，得到了环境大臣 Charis Pattern 的支持和赞扬，这是政府对环境问题的第一次正式表态。这个报告中讨论了经济增长和环境保护之间的关系，而以往环境保护者们一向认为这两者之间肯定是互相矛盾的。书中提出了"可持续发展"的概念，以及"谁污染，谁治理"的原则，强调在实现环境目标中的财务数量化和市场动力。报告认为，要达到计量的一致性，应改变国民收入的计算方法。这个报告偏重于宏观政策的研究，对以后制定有关环境的法规产生了重要影响。

1990 年起，Rob Gray 教授在英国注册会计师协会 ACCA 的支持下，对微观领域企业会计进行了具有广泛影响的研究，出版了《会计人员绿色化：Pearce 报告之后的会计职业》（*The Greening of Accountancies: the profession after Pearce*）。这是 ACCA "会计人员的绿色化"项目的第一阶段研究成果。书中阐明，如果没有各组织的自发性反应，以及新的环境会计系统支持，《Pearce 报告》中的观点将无法推广和执行。Gray 教授认为，"环境管理"的功能包括环境审查、政策/目标发展、生命周期评估、环境管理和审核标准、法规遵守、环境评估、环境标志的使用、废弃物最小化、调查、发展和投资于更好的清洁技术。会计人员应是"环境管理"团队的成员。

"英国标准协会（British Standard Institution，BSI）"制订的"环境管理制度（Environmental Management Systems）BS7750"，作为一项标准于 1992 年正式颁布执行，被认为是世界上第一部正式颁布实施的环境管理法规。BS7750 对公司环境管理系统的开发、实施及维护都提出了明确要求，促使公司实现其已确定的环境目标和政策。

英国政府环境部在 1997 年 2 月颁布了适用于所有企业的文件"环境报告与财务部门：走向良好实务"。它虽然不要求企业强制遵守，但作为政府部门的一份文件发挥了重要的指导和规范化作用。

三、会计师职业团体的关注

各国的会计师职业团体在建立和推行环境会计方面作了许多努力，择要列示如下。

（1）美国注册会计师协会（AICPA）1995 年 6 月颁布其环境会计工作组

提出的文件"环境复原负债"（Environmental Re‐mediation Liabilities），涉及会计和审计两个方面，主题非常明确，并提出了一系列具有可操作性的方法。

（2）英格兰和威尔士特许会计师协会（ICAEW）1996 年 10 月提出"财务报告中的环境问题"，详细阐述环境成本核算、环境负债核算、或有环境负债、资产损害复原、信息披露等问题。

（3）国际会计师联合会（IFAC）1997 年 6 月颁布"财务报表审计中的环境事项之考虑"，主要针对环境法规，企业环境风险评估和相关的内部控制。

（4）英国特许注册会计师协会（ACCA）1997 年发布"环境报告和能源报告编制指南"。

（5）加拿大管理会计师公会 1998 年发布"理解和实施国际标准 14000"。

（6）英格兰和威尔士特许会计师协会（ICAEW），2000 年 2 月发布"财务报告审计中的环境问题"，欧洲会计师联合会（FEE）发布"对环境报告的专家意见（Expert Statements on Environmental Reports）"，论述财务报告审计中由于环境问题而带来的内部控制、风险评估、环境法规、审计程序、专家意见等问题。

四、专业服务机构的关注

国际大型专业会计公司在会计和审计各方面都处于领先地位（包括实务和研究两方面）[①]，在环境会计方面也是如此。近年来，大型专业会计公司都雇用了环境顾问，并积极开拓环境会计方面的业务和开展环境会计方面的问题研究。

Arthur Andersen（AA）开发出"生态会计"（Eco‐Accounting，1994，Chicago）模型及配套软件程序，帮助企业对环境总成本及其主要组成部分进行确认、追踪、累积、估算及管理。该模型定义了 100 多种环境活动，以成本矩阵形式组织和表达所有数据，并对各种主要环境活动的业绩加以计量。整个程序包含三个阶段：一是确认环境成本；二是计量环境业绩；三是分析评估并提出替代方案。各个阶段中都包含有一系列的实施步骤。AA 生态会计模型特别强调的一点是，它并不试图取代现行的企业会计体系，而是一种补充和延伸。

Deloitte Touche Tohmatsh（DTT）1992 年为全球性企业环境管理组织（Global Environmental Management Initiative，GEMI）开发了"环境自我评估规划"，帮助公司适应国际商会（International Commerce Chamber，ICC）关于可持续发展的战略，同时帮助公司优化环境改进措施。DTT 在 1993 年还对 70 多

① 主要是原"八大"、"六大"、"五大"，现为"四大"。

家公司进行了公司环境报告实务及动机的调查，并发布了详细分析报告。

KPMG Peat Marwick 在 1993 年进行的环境报告国际调查，包含 10 个国家的近 700 家公司。据调查，400 多家公司将环境话题融入了其年度报告，100 多家公司编制单独的环境报告。调查表明，大多数公司都将环境信息置于年度报告中的管理分析部分。

Price Waterhouse（PW）在 1990 年、1992 年、1994 年连续三年进行环境报告及环境会计问题调查并发布详尽调研报告。从三份调研报告的题目就可以在一定程度上看出其主题进展："环境成本：会计与披露"、"考虑环境的会计：一般公认会计原则、工程和政府面对的十字路口"、"面对环境挑战的进展：关于美国公司的环境会计和管理的调查[①]"。先是环境成本核算与披露，进而由环境会计实务延伸到会计准则及政府行为，再进一步将环境会计与环境管理相联系。

国际大型会计师公司对环境会计问题的重视，对于推动环境会计实务和理论的发展非常重要。

第二节　环境成本与环境负债

当环境信息披露（环境报告）发展到一定程度后，引申出了对公司在环境治理、保护、预防、管理等方面费用支出的会计处理（包括确认、计量、记录、报告）问题。环境会计较之环境报告涉及更多的方面，如环境会计对象、环境会计基本原则、环境成本计量等，并最终落实到是否需要专门订立环境会计准则。可以说，环境会计问题是目前会计界面对的最大挑战之一。其困难之处在于，既要适应不断增加、变化和完善着的环境法规，又要建立健全有关的会计标准，同时还与环境检测和计量技术有关。

一、环境成本之界定及计量

对环境成本很难给出精确定义[②]，而在会计领域讨论成本项目又不能不给出较为明确的界定。这里首先从不同的角度对环境成本概念加以阐释，进而讨论其会计确定与计量。

---

① Environmental Costs：Accounting and Disclosure（1992），Accounting for Environmental Compliance：Crossroad of GAAP，Engineering，and Government（1992），Progress on the Environmental Challenge：A Survey of America's Corporate Environmental Accounting and Management（1994）。

② 从国内外文献资料看，讨论环境成本时往往有其特定的立足点。

（一）不同空间范围的环境成本

不论怎样界定环境成本的内容，从一个企业看，总是可以区分为内部环境成本和外部环境成本。将环境成本区分为内部与外部，基于是否由本企业承担可计量的环境成本。这里的"是否由本企业承担"，现实中并不是一个会计问题，而是法规问题。

顾名思义，内部环境成本指应当由本企业承担的环境成本，包括由于环境因素而引致发生、并且已经明确由本企业承受和支付的费用。比如排污费、环境破坏罚金、赔偿费、购置环境治理或环境保护设备投资等。与外部环境成本相比，内部环境成本的显著特点是，对其可以做出货币计量（尽管并非一定合理和精确），从而才可能作为内部成本。外部环境成本是与内部环境成本相对应的。外部环境成本是指那些由本企业经济活动所引致、但尚且不能明确计量。并由于各种原因而未由本企业承担的不良环境后果。正是由于对这些不良环境后果尚未能做出货币计量，所以尽管已经被认识，却不能追加于始作俑者，因而还不能称之为会计意义上的"成本"。但不可否认的是，环境质量确实已经受到了影响甚至破坏，即事实上已经发生了外部环境成本。

环境成本的"内部"、"外部"之分并非绝对，对此可以从以下几点理解：

第一，某些情况下内部和外部环境成本同时并存。譬如"排污费"，是由于企业向外部排放"三废（废气、废水、废渣）"而向环境管理机构缴纳的费用，由企业负担，因而属于内部环境成本。但外部环境成本也同时存在：从数量说，计算缴纳排污费是按照环境管理机构制定的标准，实务中这种标准往往偏低，不足以弥补环境污染引致的各种损失；从性质说，即使全部排污费都用于治理环境，也存在环境被污染和恢复之间的一段滞后期。在这段时间内，环境污染的破坏作用已经蔓延开来。可知内部、外部环境成本有时是并存的。

第二，某些情况下内部环境成本会早于或晚于外部环境成本而发生。本企业考虑到某经济事项对环境的潜在损害的可能性而提取准备金，在会计处理中先发生了内部环境成本，此时外部环境成本尚未发生。对环境污染受害者的赔偿金往往由于法律程序而耽误一段时间，会计处理总是要等到实际赔偿时才作为内部环境成本，这时显然已经晚于外部环境成本。

第三，从会计配比原则讲，外部环境成本最终都应当转为内部环境成本。但是在会计实务中，两种环境成本之间既存在"转化时间差"，还存在"转化数量差"。空气污染导致酸雨以及生态破坏等引发的社会环境成本，几乎不可能做到完全的"会计配比"。究竟外部环境成本在多长时间内和有多大比例可以转化为内部环境成本，取决于环境法规的严厉和完善程度，以及环境会计标准的可操作程度。从这个意义上说，环境法规的建设固然重要，环境会计体系的建立也具有同样的重要意义。

（二）不同时间范围的环境成本

着眼于对环境成本的会计处理与其实际发生时间的吻合，可以将环境成本分为三类：过去环境成本、当期环境成本及未来环境成本。在会计期间内作为环境成本而确认处理的有关费用支出，其所补偿的可能是以前的环境损失，也可能是当期环境损失，还可能是预见到的未来环境损失。

（1）对过去环境成本的当期支出，指本会计期间内发生的环境性费用是基于清理以前造成的环境污染或补偿以前造成的环境损失。当具有追溯效力的新环境法规或会计法规生效时，这种会计事项就会增多（有时也可能是法律诉讼的结果）。也就是说，企业以前的经济活动在当时并未与环境法规不合，或者在当时的环境检测水准下企业经济活动对环境造成的不良影响并不明显，但是在今天的新条件下情况有了变化，企业不得不为过去的负面"产出"承担后果。在会计处理中引出了两个问题。第一，会计盈亏是分期计算的，当期因为以前若干年的经济活动之不良环境影响而增加了环境性费用，事实上的结果是当期的和以前的会计盈亏都不完全符合实际，那么怎样评价企业的财务业绩才为合理？第二，企业当期的经济活动及产品都可能与以前年份有所不同，如产品已升级换代，甚至已转产完全不相同的产品，这在实务中会有千差万别的结果，那么在实施会计配比原则时，当期的环境支出怎样与以前的活动及产品相对应？对过去环境成本的当期支出，既引发了财务会计方面的经营业绩计量甚至税赋疑问，也引致了管理会计方面的业绩考评疑问。

（2）对当期环境成本的当期支出，指本会计期间内发生的环境性费用是基于清理当期环境污染或补偿当期环境损失。从一般意义上说，在会计实务中不会对此产生认识上的疑问，可能存在的难点是，怎样在测定环境影响的基础上合理分配和归集环境成本。这要求企业必须具备较好的环境管理和会计计量基础。

（3）对将来环境成本的当期支出，指本会计期间内发生的环境成本是基于对将来环境污染和损失进行清理及补偿的经费准备。就会计处理特点而言，这使我们联想到了各种会计准备金（如坏账准备），因而或许可以为了叙述的方便而暂且称其为环境成本准备金。在会计处理中，设立环境成本准备金引出了两个问题。第一，由于环境成本准备金是以对将来不良环境影响的估计为基础，当期并没有发生真正意义上的会计支出，而环境成本准备金被列为费用成本项目，会影响当期盈亏进而影响纳税，所以需要有可操作的法规依据。如果企业是以纳税以后净利润中的一部分提取作为环境成本准备金，则需要以企业内部法规（如章程，董事会或股东会决议等）为依据。第二，当期环境成本准备金的数额提取之估计，以及与各种经济活动或产品的配比对应，既需要环境测量标准，也需要合理的会计处理方法。可见，对将来环境成本的当期支出，并不仅仅是一个会计问题，还涉及环境法规和企业规章，并且与如何判断将来的环境事务趋势有关。

（三）不同功能的环境成本

着眼于企业所发生的环境性支出的功能，可以将环境成本分为三类：弥补已发生的环境损失，维护环境现状，预防将来可能出现的不利环境影响。这种功能分类也可以表达为基于环境支出动因的分类。

第一种弥补已发生的环境损失所引致的环境性支出，所弥补的可能是以前时期的环境破坏后果，也可能是当期的环境破坏后果。一个共同的特点是环境损失已经发生。企业所支出的环境性费用，其目的仅在于或只能够用于弥补已经发生的损失，而不可能形成任何资产增量或收入增量。针对实物的支出只是对因污染而导致的物质耗损的弥补，针对人的支出是对因污染而导致的健康耗损的补偿。可见其被动性支出的明显特点。

第二种用于维护环境现状的环境性支出与不良环境影响同步发生，用以维持环境现状而不至于恶化。从会计处理看，应当认识到这样两点：其一，这类环境支出虽然不会形成企业的生产能力增量，但会形成其他资产增量或收入增量：用于环境保护设施或环境治理设备时增加了资产存量，用于环境保护人员的工薪则增加了人员收入。其二，当支出是针对环境保护或治理设施时，本会计期间应当承担的只是其中一部分，即会计处理中的费用化与资本化之区分问题。总体看，这类环境支出仍然是被动性支出，但已经具有了一定程度的主动性。

第三种用于预防将来可能出现的不良环境后果的环境性支出，发生在环境损失出现之前，并不是专门用于弥补性项目，所以属于主动性支出。会计处理中需要考虑到这样三点：其一，这类环境支出不但会形成资产增量或收入增量，而且可能会增加或改善生产能力（比如购置了有助于改进产品环境属性的设施或设备）。其二，对于形成的物质资产增量的会计处理，显然会有分期摊销或折旧计提，这时会与环境法规及会计法规有关。其三，总体来看这类环境性支出更像是一种投资行为，只是其目标具有特殊性，既不属于生产能力投资，又不属于非生产性设施投资。

二、环境成本的会计处理：追踪与分配

环境成本的追踪与分配应当作为成本会计与管理会计的一个主题，从而对环境管理提供有价值的信息。对环境成本的会计处理不能不涉及会计界以外的环境法规根据，目前需要着重讨论环境法规和会计法规两方面问题。

（一）所依据的环境法规

可以说，在很大程度上，没有环境法规就不会有会计意义上的环境成本。在经济社会中，利润是企业经济活动的第一导向作用力或内在基本动力。没有来自社会的环境法规压力，环境会计不可能在企业内部自然生成。回顾环境会计在欧美发达社会的产生，就是这样一个过程。即使许多自觉计量环境影响后果和披露环境信息的大型跨国公司，也是符合其长远发展战略的行事——绿色环保形象与企业长远经济利益紧紧联系在一起。

随着环境问题日益受到国际社会的重视，各个国家的环境法规会逐渐增多。在这种背景下，企业内部的高层管理人员及财务会计部门主管人员必须对环境法规予以足够的重视，关注其对本企业长期发展战略的影响，关注其对本企业远期及近期财务业绩的影响，并制定相应的措施。

从企业管理实务的角度看，立足于环境法规对企业会计核算的影响，可以作三种判断：其一，已经由立法机构或政府部门公布并生效的现行环境法规，当然应当不折不扣地遵守；其二，可预见的环境法规，指那些已经由立法机构或政府部门提出的提案文本（征求意见稿），其实施之日可以预见，企业应当做积极主动的准备；其三，潜在的环境法规，指那些虽然尚未有正式的提案文本，但已经被人们广泛注意到，并且在专业部门、实务界及各种媒介（如广播、电视、报纸、刊物）成为讨论内容的环境法规题目。企业对此尚不需要在行动上有所准备，但是在制订长远战略中不能不予以考虑。

（二）会计法规及原则

从会计实务角度看，大多数环境法规对于会计事项处理并不具有可操作性。但这并不意味着会计界可以因此而忽视环境法规，因为环境法规在不同程度上影响企业经济活动，从而影响企业的经济利益，并且必然或迟或早会落实到会计实务中。在会计实务初始阶段，对各种环境事项的处理可能做法不一，久而久之，无论从企业内部还是外部，都会提出对会计法规及会计原则的需求。

从前所述可以归纳，环境成本的会计处理方法主要集中在两个方面：一是由会计期间引出的资本化与费用化之划分；二是由配比性（可追踪性）引出的直接费用与间接费用之划分。

关于环境成本的资本化与费用化处理，这个问题一般而言比较清楚。企业用于有关环境项目的支出，从受益期间看总会有短期性与长期性之分，从而引出环境成本的资本化与费用化处理之划分。但是切莫过于简单地考虑这个问题，复杂性在于不同会计处理的结果，即对当前及未来财务业绩的影响，以及对企业持什么态度开展环境管理活动的影响。换句话说，环境成本的资本化或费用化处理之划分，其核心问题并不在于会计技术，而是在于后果判断和比较。对此，只要参照回顾一下研究与开发（R&D）支出在会计处理中的资本化与费用化问题的几十年争议，则不难理解。

关于环境成本核算中如何针对不同的环境费用起因去追踪环境成本，即针对不同的环境成本核算对象，对已发生的环境成本鉴别直接费用与间接费用，并加以分配归集，这是一个会计技术问题，也是环境会计中的主要难题。从设计思想看，立足于环境费用的可追溯性，可以对已经发生的环境费用作四种判断：其一，明确属于直接费用，即费用发生动因很清楚，譬如某种产品生产过程中排污量超标引发的环境费用，又譬如针对某种产品生产过程而增加的环境保护设备投资。其二，在很大程度上属于直接费用，但不是很确切，即若干种费用发生动因有所交错。譬如某种材料使用于若干种产品生产，在该种材料初加工阶段发生的环境费用，就具有这种特点。其三，在很大程度上属于间接费用，但也与直接生产有关，譬如仓库等建筑物改建工程引致的环境费用。其四，很确切属于间接费用，譬如车辆的尾气排放改造费用。

对于上述四种情况，会计处理中对第一种和第四种很清楚，对第二种和第三种则比较复杂。特别在环境费用金额比较大时，怎样对之处理，直接关系到企业财务业绩和内部责任业绩评估。这时应当提出的问题是：什么时候发生的费用？与哪些产品或设备有关？有没有相关的生产作业记录？解决这些问题，最重要的是建立和健全成本会计基础工作，特别是各种基本记录。有了完整详细的工作记录，对成本费用的追踪、计量及分配归集才会有根有据。

（三）环境保护成本的会计处理案例

ABC 公司管理会计小组白皮书（节选）

州环境保护法（SEPA）导致了公司某建设项目的额外环境保护成本。除 SEPA 规则外，还存在大量其他的规则和要求（譬如许可规则、城市政策、OSHA、EPA），都是公司的项目扩建计划获得许可的前提条件，必须得以满足。为了遵从这些规则和要求所花费的成本，可按照成本的基本性质予以资本化或费用化。

正常情况下，这方面的成本应费用化；如果环境保护协议要求的是对资产进行修正、对土地进行改良，则成本应资本化；如果环境保护协议要求向地方当局支付用于减少交通压力的款项，则这方面的成本应费用化。公司对于支付给地方当局的环境保护支出，依据以下分析作出费用化而不是资本化的决策。

（1）不是资本资产成本的正常并可预测的组成部分，也不能为相关的资本资产增加任何可测算的价值。

（2）ABC 公司资本化措施的基本目标是确保记录的资产价值一致性。公司对于地方当局的环境保护支付，是其扩建计划获得许可的前提条件，这不能作为资本化的唯一标准。公司建立了一项操作，将开端设计、工厂重新整理、特殊再造等其他类型的成本费用化。

（3）费用的处理：要与前述措施一致（如公园的改良）；要与取得资本资产时不免会导致的同类成本的处理方式一致（如开端设计）；要与为环境保护成本所代替的税的处理方式相一致。

税法和用于支持税收扣除的相关案例并不与成本会计处理决策必然相关。房地产开发商将环保成本资本化、并随房屋的销售按比例分摊到房屋当中，有关这种决策的税务案例更多地与直接存货成本的决定有关，而与一般目的的资本资产成本的决定关系不大。在任何事件中，税法都不是必须同财务与成本会计的合理原则相一致（特别是涉及收入的提高和社会经济因素时）。

此外，环保支出的货币规模并不应该成为最主要的考虑因素。随着环保协议所要求行动的落实和对城市支付的支出，环保成本也得到了确认。这时，成本的重要性就会在四年间随着现金的支出而下降。

以上决定与 ABC 公司现存的资本化政策以及保证资产价值记录方面一致性的基本目的是一致的。我们要继续利用会计功能对环境保护问题进行分析处理，以评估是否担保了这一政策的未来变化。

三、环境负债

在实务中，公司长期面临着在资产负债表上反映环境复原负债（Environmental remediation liabilities，ERL）的时间和方法的各种选择。美国注册会计师协会（AICPA）的会计准则执行委员会 1995 年 6 月发布"财务状况建设书草案：环境复原负债（Exposure Draft of Proposed Statement of Position）"，以期为会计人员确认、计量和揭示环境负债提供指导。

（一）环境复原负债确认指南（Recognition Guidance）

目前企业在确认 ERL 的时间上差异很大。加之成本构成因素的复杂性，公司或企业所需承担的环境债务金额需要经过连续的事件和活动才能得以确认。据一项调查表明：对以前经营活动所产生的 ERL 记录的时间有以下几种：

（1）完成复原调查 RI/可行性研究 FS 时（20%）。

（2）在销售处置废弃设施时（20%）。

（3）在清理时作为当期费用（18%）。

（4）在公司提供出解决办法时（15%）。

（5）由相关的法规执行机关初次确认时（12%）。

（6）按财产的有效使用期逐期摊销（8%）。

（7）同意进行 RI/FS 时（5%）。

（8）通过公司内部程序确认清洁成本时（2%）。

为使公司在确认时间上能够统一，草案提供了两种主要方式：

（1）讨论评估程序。这一程序为适时确认可能需多年才能确定数额的负债提供基础。

（2）确认 ERL 的标准必须与 FAS5 相一致。

草案另外提供了确认债务的六项标准，这些债务或与 CERCLA 法确认的复原地点有关，或与 RCRA 法确认的地点有关。其中三条尤为关键：

（1）确认和证实为 Superfund 场所潜在责任方的、或必须服从 RCRA 设施许可文件（Facility Permit Requirements）。此时很可能已发生了负债，只是可能因缺乏足够信息还不能合理估计出债务的最低数额。

（2）以潜在责任方身份参加 Superfund 场所的复原调查和可行性研究，或参加了 RCRA 场所的设施调查，如必要并进行了修正措施研究。到这一步，即企业同意参与上述活动时，企业至少可以确认它应承担的成本份额。

（3）大体上完成可行性研究或修正措施研究。至此时，尽管仍可能存在不确定性，如关于份额比例的确定，从第三方获得赔偿的可能等，但必须至此即确认全部负债。

（二）环境复原负债计量指南（Measurement Guidance）

确认 ERL 往往需要依靠能够合理估计复原成本。得到可信赖的估计数值需要评估技术、规则、法律等因素，并且这些因素都以管理阶层的判断来支持会计结论。

据一项调查表明，在确认和衡量 ERL 时涉及变量的相对重要程度由大到小包括：环境的复杂程度，确认的潜在责任方人数，潜在责任方的财务能力，执行机构的数量，保险赔偿。另外，在评估过程中还有一些重要因素：逐步发展的复原技术，正在变化的规章原则，在类似地点的经验，证明投放废弃物的数量和类型的记录的存在性和质量高低，投放废弃物的程度大小。

上述诸多因素中，有些有利于合理的计量复原负债，而有些因素反而加大了计量的不确定性。有利于计量的因素包括类似地点的经验、较少的潜在责任方数目、稳定的法规、可直接进行技术处理的地点。其次的一些因素包括法规的制定机构数、潜在责任方的财务能力、保险赔偿额。较不易衡量的因素包括场所的复杂程度、潜在责任方众多、有诸多可能选择的技术、标准未确定。

草案中规定"应计环境负债"（Accrual for Environmental Liabilities）包括：

（1）复原活动直接成本的数量。

（2）直接为复原活动投入的人力的补偿成本和福利成本。

为规范计量 ERL，草案规定 ERL 中包括：

（1）对某一个具体场所承担的可分配份额。其份额大小以投放废弃物的体积或有害程度等因素确定。

（2）分担其他潜在责任方或政府可能不会承担的份额。

指南要求严格区分负债份额和损失赔偿额。损失赔偿只有在可实现程度很大时才能确认。而且按"抵销与某合同相关的数额"的原则，公司已确认的赔偿额很少能符合要求而冲抵 ERL。

草案认为衡量一项负债应以现有的法案和现存的法则、政策、复原技术以及报告单位估计预期履行活动的成本为基础。如果负债总额、现金支付额和支付时间固定或可确定时，计量值还应折现，以反映货币的时间价值。此外，草案还提出如下指南：在财务报表上写明（Display）ERL、披露与环境成本的公司确认计量相关的会计原则、环境复原或有负债及其他或有负债项目。另外还对环境审计提出指南。

围绕着草案的其他争议，主要包括复原成本中法律工作的成本处理问题、债务折现问题等。它们都与现行的会计准则有些冲突。如果执行后使公司会计原则、会计估计在某些方面上发生变化，但由于这些变化彼此并非孤立，按其要求，公司应把执行后的全部影响作为会计估计的变更。

（三）公司的态度和对策

据英国 1995 年 12 月 5 日《金融时报》报道，美国通用汽车公司因其生产的凯迪拉克汽车配备违反控制污染规定的装置而受到召回 47 万辆汽车的政府裁决，并依照《清洁空气法》判通用公司罚款 1100 万美元。估计通用公司因此将会损失 4500 万美元。

最新的环保丑闻发生在德国大众集团（Volkswagen）。作为德国规模最大的企业，大众集团在全球雇用了 60 万人，业务遍及 153 个国家和地区，销售额达 2000 亿欧元。美国西弗吉尼亚大学的一个研究团队发现。他们在实地调查柴油车尾气排放中发现，大众汽车的氮氧化物排放远远超过官方实验室的检测数据，有时高达 30 多倍。美国环保署展开独立调查后向大众汽车公司提出质询。在几番抵赖后，大众不得不承认，他们在汽车控制软件中加装了一个欺骗性装置，一旦发现在接受官方检测，就启动特别程序限制污染物排放，使其处在允许范围内，而在车辆正常行驶过程中则不加限制。2015 年 9 月，美国环保署责令大众召回在美国销售的 50 万辆柴油车，拆除欺骗性装置。美国司法部在联邦法庭起诉德国大众集团违反美国《清洁空气法》。丑闻曝光后，大众汽车股价大跌 30%。大众汽车最终同意向 48.2 万名美国柴油车车主支付 102 亿美元。

对于环保和竞争的争议已延续多年。过去许多人认为严格的环保措施非常不利于企业参与竞争。事实告诉人们，环境保护与竞争并非相互矛盾。为避免环保方面的高成本支出，企业会加速生产过程及产品的革新，以期降低为减少污染而发生的净成本（社会成本与社会收益的差额）及复原成本，同时又为公司在与无此限制的同行竞争中处于有利位置，使公司利润上升，环境责任感提高。企业通过革新履行环境方面的法规，设计适当的法规又可以促进革新，增进竞争优势。

随着环保意识在全球范围内的增强，环境管理成为公司战略管理的一项重要内容，成为竞争的一个新领域。公司内部各阶层的管理决策均需要与环境有关的各种高质量信息。环境信息和决策类型如表 6-1 所示。在有些情况下，作出决策需要多种类型的环境信息。

表 6-1 环境信息和决策类型

所需的环境信息	决策
◎与减少有害物和废物相关的实际数据	◎环境计划的资本投资
◎为过去的行为、场所、产品而累计的现在的环境成本	◎非环境计划的资本投资
◎为防止污染的现在和将来资本支出	◎财务报告
◎为控制污染的现在和将来的资本支出	◎生产程序设计
◎产品重新设计的现在和将来成本	◎购买
◎程序重新设计的现在和将来成本	◎成本控制
◎将来环境成本的估计	◎产品设计
◎将来环境收益的设计	◎产品包装
	◎产品成本
	◎产品定价
	◎公司设备和产品的经营情况
	◎管理人员的评估
	◎风险评估和风险管理

对于公司内部环境成本评估，理论界和实务界也都发展了不少有效的方法体系，如"生命周期评估体系"（Life-cycle-assessment，LCA）。Auther Anderson 会计师事务所开发了一套模型和软件，帮助公司确认、追查、累积、估

计、管理全部环境成本和重要的成本因素。

由于 CERCLA 及其他相关的环境法规的原因，目前对责任人概念产生了一些质疑。法庭判例表明，在许多情况下，当有害物质是由银行贷款的财产生成时，只要政府和第三方有理由确信银行或贷款人是责任人，他们也要承担环境复原的责任。另外，公司在购买资产或进行企业合并时，也需管理者慎重从事，以免因所购资产中有要承担 ERL 的项目而使公司承受巨大的财务风险。

第三节　环境成本管理

如同成本会计具有双重目标（所提供基础成本数据既用于财务会计计算盈亏、也用于管理会计考评责任）一样，环境成本信息也是既服务于财务会计又服务于管理会计，并且应当为企业环境管理提供尽可能充分的信息。有效管理建立于信息充分性的基础上，由此可以理解环境会计与环境管理的关系。立足于环境管理，本节对环境成本管理和环境成本核算的若干新观念作概要的延伸性介绍。

一、ABC 与 ABM

作业制成本计算（Activity–based Costing，ABC）和作业制管理（Activity–based Management，ABM），是建立在作业分析基础上的成本核算与成本管理体系。一般认为，ABC 和 ABM 包含以下几个组成部分：①作业种类、作业过程及成本动因的分析；②作业制成本计算；③作业过程的持续改进；④管理重组。

鉴于环境费用发生起因的复杂性，将 ABC 和 ABM 引入环境成本核算和环境管理中具有重要的意义。以作业或活动作为成本动因，作为成本会计基础，有利于更具体地识别环境成本动因，更准确地对环境费用进行分配和归集，更有效地追溯环境成本的来龙去脉并对之实施控制。

二、LCC 与 LCA

生命周期成本计算（Life Cycle Costing，LCC）的基本思想是，对环境成本加以确认、计量、记录和报告时，应当立足于产品的生命周期全过程，对产品设计材料加工、仓储、销售、使用、废弃等各个阶段所有内部和外部环境费用加以会计处理。LCC 概念最初出现于 20 世纪 60 年代中期，是一种针对产品生命周期的会计方法，后来被用于分析环境问题，对产品或工程的环境影响进行货币化计量与分析评估。LCC 所要计量的环境成本，其一般归类可列示如表 6–2 所示。

表 6 - 2　生命周期成本分类

常规成本	负债性成本	环境成本
资本、设备	法律咨询	全球复暖
人工、文件	罚款	臭氧层破坏
能源、监测	人身伤害	光化学烟雾
维护	复原作业	酸性沉淀物
法规遵从	经济损失	资源破坏
保险/特别税	财产损害	水污染
排气（水）控制	未来市场变化	慢性健康影响
原材料/供应	公众形象伤害	急性健康影响
废物处理/处置成本		居住地变更
放射性/危险性充物管理		社会福利影响

注：环境成本与负债性成本之间的界限可能是模糊的，环境成本可能引致负债性成本（比如水污染导致的人身伤害）。

资料来源：本表引自《Measuring Corporate Environmental Performance》1996，第 8 章。

生命周期评估（Life Cycle Assessment，LCA）的相关内容已在前文有详细描述，这里不再赘述。

三、FCA 与 LA

全部成本会计（Full - Cost Accounting，FCA）的内涵与标准成本相比很是不同，突出体现在 FCA 的五个基本原则：更加重视成本而非费用、重视隐藏的成本、重视间接成本、重视过去和未来的成本流量、按照作业和路径核算成本。

FCA 将产品带给环境的未来成本（如废弃后的处理）纳入会计核算范围，并追溯分配予各类产品，是一种全新的成本会计架构。就功能而言，FCA 的作用在于：①从远期看，为公司发展战略提供完整的成本信息基础，让企业管理者对本企业生产经营活动的现时成本和未来成本有清醒的了解和认识；②从近期看，为企业产品定价及生产经营调整，提供成本信息基础。

在企业会计实务中，尽管已有企业接受全部成本概念（如英国石油公司年度报告），但是还看不到全面运用 FCA 的案例。因为企业在产品定价中以 FCA 信息为基础，不利于自身的竞争地位。所以 FCA 作为企业制定长期发展战略中的一种信息工具可能更为现实。这时，全部成本可以从几个角度分析：内部成本和外部成本；现时成本和未来成本；生产成本与环境成本。

作为 FCA 的一种替代，遗留物成本计算（Legacy Costing，LC）出现在成本会计领域。LC 是对企业产品及生产经营活动之环境影响（后果）的专门核算。遗留物成本包括：①为了将负面环境影响降低到最小程度而发生的预防性费用；②评估环境影响程度的评估费用；③修复环境损失的费用。这里，第三种费用涉及的环境损失，又可以分为两种情况，一种是本来可以通过产品设计、生产、工艺使用等环节的预防措施而避免的损失（但未能避免），另一种是由意外因素导致的损失。

第四节　企业环境信息披露与环境业绩审计

在微观层面环境会计领域，环境信息披露最早进入专业实务。企业环境信息披露也称环境报告，指公司将各种活动对环境产生影响的信息向外部社会公布。环境信息披露最早是作为社会责任报告的一个组成部分。在 20 世纪 80 年代中期，披露方式是在公司年度报告中的"管理分析与问题讨论"部分增加讨论。进入 20 世纪 90 年代以后，随着"绿色化"意识日益被官方和公众接受并强化，也对公司信息披露产生了更大的压力，所以大公司纷纷在年度报告中增加环境信息部分，以至编制独立的年度环境报告（Annual Environmental Report）。报告与业绩审计和评价总是联系在一起。

一、企业环境信息披露

（一）环境信息披露规则

我们知道，上市公司披露信息是由证券与交易管理机构（譬如美国 SEC）发布规则予以规范，但是在环境事项的披露方面，并没有特定的规则要求①。根据 KPMG 的一项调查②，1994 年披露环境信息的大公司为 65%，1995 年增长为 77%，而最大的 100 家公司则全部编制环境报告（或作为年度报告一部分，或单独编制）。

（二）一些企业的环境信息披露

1. ABB 集团公司

国际著名企业 ABB 公司在 1992 年签署了国际商业环境保护条约，并组成本公司的环境管理委员会，主要负责公司各项环境保护措施的实施以及环境报告。该公司 1993 年把 38 个国家的子公司纳入环境评估，并在制造地点进行有

---

① 值得专门提到的是，我国台湾省在上市公司揭示环境信息方面走在世界前列。1991 年发布的《证券发行人财务报告编制准则》中，明确规定了应揭示的环境保护资讯，包括污染损失、赔偿、对企业的影响、环境保护资本支出等项目。

② 1996 年 7 月 11 日《会计时代（Accounting Age）》。

关的环境问题评价。1994 年公司第一本环境报告出版。1995 年出版第一套环境保护目标体系并建立了 ABB CS‑EA 国际环境问题交流平台。1996 年环保质量标准体系 ISO 14001 公布，ABB 的 50 余个子公司通过了此标准体系的认证，公司全面推行环保措施。1997 年第二套环境保护目标颁布，主要面向 21 世纪全球化公司发展的需要。公司关于环境保护管理的措施在 1999 年主要集中于产品本身。23 个业务区域中的大部分都完成了他们的第一个环保产品声明。在 ABB 核心产品的整个产品生命周期内，所有有关环境方面的要素都被加以考虑和描述，包括环境目标和相应计划。1999 年内公司还举办 5 场研讨会，来自各业务区域的员工接受了有关 The Eco‑Lab life cycle assessment tool 的培训——这一培训是生产符合环保声明的产品的必要条件。ABB 还投入资源帮助国际能源组织实施其减少二氧化碳排放的计划。自 1998 年起，ABB 公司每年的环境保护报告都将被翻译成 22 种语言在集团内广为传阅，1999 年之后，环境报告也在公司网站披露，外部使用者可以自己上网查询。

2. 摩托罗拉公司

摩托罗拉公司在环保、健康和安全（EHS，Environment，Health，Safety）方面的目标是，关注雇员、消费者和供应商合作伙伴的健康与安全；关注地球资源的可持续使用；遵守所有环保、健康和安全的法律法规；同时还致力于 EHS 管理系统的发展以及污染减排计划。

摩托罗拉的环境报告主要包括 EHS 综述、EHS 指导原则和宗旨、EHS 的目标和主要成就、社会责任等内容。从公司 1999 年度环境报告中了解到，本着可持续发展的思想，摩托罗拉公司按照国际环境报告准则制订了七个有关社会经济方面的目标，并在过去的一年中实现了全部目标，在有些领域里甚至超额完成计划。1998～1999 年度摩托罗拉公司在环保方面取得的成就有以下几点：①减少挥发性有机物质的排放高达 45%，减少 19% 的有害空气污染物的排放量（原计划每年都是减少 10% 的排放量）；②实现无危害废弃物重复利用达 49%；③减少 22% 的水的使用量和 15% 的天然气和电力的使用量。

3. 英国航空公司

英国航空公司自 1996 年起在环境管理方面取得成功，BAAE（British Airways Avionics Engineering）是英航第一个通过 ISO 14001 认证的部门，纸张回收利用率达 14.4%，超过 300 名管理者接受了有关环境保护的培训，地面能源消耗利用率提高了 7.7%。

英航的年度环境报告包含了以下内容：主要的环境保护方面的事项；环境保护执行情况的指标及图示；年度内主要的环境保护成就；环境保护的管理与交流；关于噪音处理的具体情况，包括夜航噪音处理、起飞时噪音处理、地面噪音处理情况及关于噪音的研究等；放射物、燃料效率及能源的处理情况，详细分述了产生原因和控制效果等；废气、废水、废渣的回收利用与处理情况；英国航空环境保护政策。

4. 斯堪的那维亚（北欧）航空集团公司

斯堪的那维亚航空集团公司（Scandinavian Airlines System，SAS Group）由瑞典、挪威、丹麦三个国家的若干航空公司组成（均为上市公司）。1995 年 SAS 单独编制并发布其第一份年度环境报告，该报告涵盖其航空运输业和机场、机上贸易业务的相关环境信息（旅馆业务的环境信息另外处理），与公司的年度报告同时发布。年度环境报告的内容非常详细，主要包括：SAS 的环境战略；SAS 在飞行，机上服务，地面服务的各种活动对环境的影响（环境平衡表，分为投入与产出两方）；总裁就环境事项的年度总结；董事会就环境事项的年度总结；各种业务的环境信息；对大气影响的专题分析；公司环境管理实务；为减少对环境的不良影响而进行的新技术开发工作；各种有关的知识栏目；公司环境管理机构及通信联系。

5. 宝洁（P&G）公司

宝洁公司设立首席环境官。公司从 1994 年起编报其全球环境报告，面向广泛对象（包括科学家、环境保护组织、立法人以及消费者）。全球环境报告目的是将公司对社会在环境方面的承诺执行情况作出报告。报告发布以后，公司对 500 位社会各界的读者作追踪调查，并将得到的反馈意见体现在下一年的全球环境报告。在全球环境报告中，表明了宝洁公司面对的环境挑战；公司制定的战略以应对挑战，确保公司产品的持续改进；公司的环境策略、环境组织，以及环境哲学/观念；公司环境责任的实施措施；公司所作出的努力在数量和质量两方面的成效。在 1995 年全球环境报告中这样写道："P&G 要为进入 21 世纪做好准备。环境报告不仅是对本公司的介绍，更主要的是阐释所遵循的战略，所建立的目标，所取得的进展，以及所作出的努力。"

二、环境业绩

（一）环境业绩：宏观与微观、财务与非财务

进入 20 世纪 90 年代以来，社会各界环境意识的提高和政府依法加强治理，企业界（尤其是环境污染比较严重的企业）感受到了来自市场、法规和舆论的压力，许多企业要求改善环境绩效（主动地或被动地）。一些知名企业主动请中介组织进行环境管理评价，以树立良好的企业形象。在这种大环境下，国际标准化组织（ISO）于 1993 开始制定环境管理国际标准，即 ISO14000 系列，并于 1996 年颁布和实施第一批与环境管理体系及其审核有关的标准。

ISO14000 系列被普遍认为是企业改善环境绩效的重要手段和环境策略。国际国内越来越多的企业开始参加 ISO14001 认证，将其作为本企业的环境经营策略。企业在遵守国家制定的各种环境法律法规的同时，自觉采取改善企业的环境行为的策略，提高企业的环境绩效。比如使用清洁原材料、减少生产经营中的有害污染物排放、资源的节约和循环使用、固体废弃物的分类收集、回收以及生产环保产品等。目前被认为企业所采取的最普遍的和最行之有效的保护环境的策略，是实施 ISO14001 环境管理体系认证。该认证在 1996 年颁布，当年底就有 257 家企业通过认证，1997 年为 1491 家，1998 年达到 5017 家，1999 年突破万家，到 2001 年底全世界通过 ISO14001 认证的企业已经达到了36000 家。在我国，从 1997 年 4 家企业申请 ISO14001 认证，到 2002 年已经发展到近 1100 家企业，在世界上排第 10 位。

（二）企业的环境成本与收益

1. 环境成本（投入）

（1）ISO14001 审核咨询费：初次审核费用较高，包括咨询费用和审核费用，且咨询费用要高于认证费用。以后则只需支付认证审核费用。

（2）环保设备购买和环保设施建设费用：该项资金投入依企业规模和所在行业而定，没有共同趋势，每一个企业都有其特定的环境状况，并没有一个较为平均的水平。

（3）环保设备维修费用：设备维修费用比较难以统计。

（4）其他的环境方面的支出：如运行费用、环保监测费用和废物处理费用等。

不同企业在环境投入上相差非常大，这种差别的存在，难以从企业的环保政策（环境方针）和企业实施 ISO14001 的目的上找到原因。各企业的环境状况不同，环保投入有很大差别。

2. 环境产出（收益）

节能降耗节约支出：节约能源和降低能源消耗是实施 ISO14001 企业的环保政策（环境方针）主要内容，许多企业在实施 ISO14001 时，通过所设定的目标指标来节能降耗。无论以哪种方式表示，都说明节能降耗是企业环境策略的一个重点。

通过环境治理减少排污费的缴纳：通过加强环境管理，减少污染物的排放，进而减少排污费的支出。

通过实施 ISO14001 增加的销售收入以及无形资产的增值：企业很难填写出这项数据是正常的，对这种收益进行统计确实存在着非常大的困难。

其他环保收益：包括通过废物回收利用获得的收益，一些无法用货币计量的环境收益，如污染物排放浓度的降低、噪音的降低、化学品泄漏和污染的减少以及员工意识的提高。这是对企业环境收益的内容的一个非常好的补充。

环保总收益：由于大部分企业一般都只能填写节能降耗数据，其他几项内容填写的并不完全，所以这项内容的数值作为以上几项的总和。

3. 环境绩效评估

企业以实施 ISO14001 作为其环境策略，首要目的是保护环境，预防污染和改善企业形象，这一目的通过实施 ISO14001 得到了实现。实施 ISO14001 的重要目的是增加销售收入和市场份额，但企业对于这一目标的是否实现是模糊的，只有少数企业能够得出企业通过实施环境策略实现了收入增加。企业以实施 ISO14001 作为其环境策略，会获得一定的经济收益，最主要体现在节能降耗上。由于自身情况的不同，不同的企业的环保投入和收益存在很大差别。从环境策略的经济收益方面讲，总体来说企业环保投入大于环保收益，环境经济收益为正的企业少于其收益为负的企业。但须强调的一点是，不包括由于企业实施环境策略而增加的销售收入和无形资产增值。

三、环境审核与业绩审计实务

(一) 概述

环境审计（Environmental Auditing）是一个比较宽泛的概念，目前对其存有许多争议，争议不在于应不应该进行环境审计，而是在于审计内容、方法和实施。一般而言，环境审计是对任何商业性生产经营活动与其周围环境之间相互影响关系及后果的系统性考察和分析评估。环境审计当然应当有其基本的法规依据，但又不仅仅限于符合法规要求。

环境审计的提出有两个起因：一是作为社会审计延伸出来的新的分支，主题在于经济增长与环境保护之间的关系。其中很突出的问题是，当就业压力较大时，政府（特别是地方政府）怎样处理"确保环境质量以符合法规要求"与保持生产增长可能造成环境破坏的关系。由于社会审计涉及面非常广泛，审计方法又缺少其严谨性，所以环境审计位于其中也受到一定局限。二是越来越多的公司环境信息披露报告。由于缺少关于公司环境信息披露的技术标准，越来越多的大公司纷纷加入到发布环境报告的行列中，人们就不能不提出疑问：怎样对不同公司的环境报告加以比较呢？如何看公司环境信息的可信程度呢？前一个疑问是针对环境会计（即环境会计标准或准则），后一个疑问是针对环境审计。由于公司年度财务报告是经过会计师事务所（会计公司、会计师行）和注册会计师审计的，于是很自然地，会计师们对环境审计给予了特别的关注。

但一直存在两个争议较大的问题：第一，注册会计师有能力担当环境审计职责吗？毕竟环境审计并不是只针对环境会计数据和事项。第二，注册会计师对所审计的公司财务报告出具并签署审计意见书，要依法承担相应的责任吗？对于这两个问题，这里不展开讨论，但有几点供大家参考。①注册会计师不可能当然地具备从事环境审计工作的资格和能力，但目前也没有其他任何专业人员比注册会计师更具备此种资格和能力；②环境审计不像财务审计那样专门化，涉及面很广泛，应当由一个不同专业人员组成的审计团队集体负责；③对环境审计的结果（审计报告）的法律责任要求，可以分别期限，比如在几年以内承担何种责任，几年以后承担何种责任，并辅之以比较清楚的条件界限（比如重大的法律修改就应除外）。

（二）环境审核与环境审计

企业环境会计和报告使许多环境事项进入了财务信息，由此引致环境审计。有必要先讨论"环境审计"这个概念。1993 年 3 月，欧共体国家环境部长会议达成共识并通过和发布"环境管理与审核计划（EMAS）"①。欧美环境管理界使用环境审计概念，可以对应中文的"审计、审核、核查"等多种理解。而欧美会计界的环境审计概念以及中文的"环境审计"，则有其特定的财务含义。

1. 环境审计之事实前提：企业环境会计和报告

联合国国际会计和报告标准政府间专家工作组（ISAR）的工作，对推动环境会计发展起到了积极作用。从 1990 年起，环境会计问题成为 ISAR 每届会议的主要议题之一。1995 年 ISAR 第 13 届会议的核心议题就是环境会计。当时会议秘书处提供的讨论文件包括"对各国环境会计法律法规情况的调查"、"有利和有碍于跨国公司采纳可持续发展概念的因素"、"跨国公司环境绩效指标与财务资料的结合"、"跨国公司年度报告中对环境事项的披露"等。

环境信息披露最早是作为社会责任报告的一个组成部分。在 20 世纪 80 年代中期，披露方式是体现在公司年度报告中的"管理分析与问题讨论"部分。进入 90 年代以后，随着"绿色化"意识日益被官方和公众接受并强化，也对公司信息披露产生了更大的压力，大公司纷纷在年度报告中增加环境信息部分，直至最终成为独立的年度环境报告（Annual Environmental Report）。

2. 审计指南：关于环境事项影响财务信息的审计

关于环境事项影响财务信息的审计指南，是会计师、审计师职业团体和国

---

① EMAS 鼓励成员国企业设立环境目标和政府，并由外部独立机构验证其执行结果，为合格的企业颁发"绿色证书"，被认为是有关环境管理体系的第一份国际性标准，EMAS 于 1993 年 7 月生效。在此之前，1991 年曾提出两项重要的草案"生态审核"（Eco-audit）和"生态认证"（Eco-labeling）。

际组织所关注和着力建立规范的新领域。以下的阐释主要针对两份国际审计指南文献。

（1）IFAC 文件。国际会计师联合会（International Federation of Accountants，IFAC）1997 年 6 月颁布"财务报表审计中的环境事项之考虑"征求意见稿，之后于 1998 年 4 月成为正式公告《财务报表审计中对环境事项的考虑》。这是第一个比较系统完整的指导审计人员进行环境事项对财务信息影响的审计的权威性的文件，主要针对环境法规、企业环境风险评估和相关的内部控制。公告开宗明义指出，是为审计的人员在识别和表述环境事项对财务信息的实质性影响方面提供实际帮助。尽管公告的出发点是为注册会计师而写的，但在公告的最后一段"公共部门视角"中明确指出，指南同样可以应用到政府和其他公共部门的财务信息审计。

这份公告的结构：正文部分由引言、环境法规的因素、业务知识、风险评估和内部控制、发现风险/实质性程序、其他人员工作的应用、管理层声明书和审计报告八个部分组成，另外有两个附录，给出了两个示范性的提问和程序。

在引言部分，公告给环境事项的解释是：①根据合同和环境法规的要求，为了阻止、减少和医治对环境的破坏，或者为了保护可再生或不可再生的资源而自愿采取的作业活动；②背离环境法规的后果；③被审计单位采取的其他行为导致环境破坏效果的后果；④法定的代偿责任（譬如，由原来的所有者导致的破坏责任）。在引言中公告还指出，尽管不论国际会计准则或国家的会计准则都没有对诸如由环境事项所产生的备抵、或有负债之类的负债的确认、计量和披露给出明确的表述，但现有的会计准则还是可以从一般意义上予以应用。

在环境法规因素部分，公告明确了审计人员的责任：识别被审计单位是否遵守了环境法规。为了完成这个任务，审计人员应该对相关的环境法规有一般性理解。

在业务知识部分，公告强调审计人员应具备"足够"的知识：能理解对财务信息和审计有重要影响的事件、交易和实务。

在风险评估和内部控制部分，公告认为在评估审计风险时，审计人员应该考虑重要错误陈述的风险。风险评估可以从以下几个方面考虑：内在风险评估方面，审计人员对被审计单位的业务和行业的知识水平起主要作用；会计和内部控制系统的风险评估方面，公告认为被审计单位是否有环境管理系统，子系统并不是主要的因素，审计人员应该关心的是会计和控制系统中导出财务信息的政策和程序；内部控制环境的风险评估方面，审计人员应该考察管理层对内部控制及其在被审计单位中的重要性的态度、意识和行动，了解被审计单位有关环境控制程序，对形成审计计划是有利的。如果审计人员能够确定内部控制可能阻止、察觉和纠正财务信息中的重要错误陈述，而且控制性测试支持以上判断，则可以认为控制风险是低的。

在实质性测试程序部分，公告认为发现风险的水平直接与实质性程序有关。在这部分，对审计证据的获得是很重要的。但值得注意的是，通过实质性程序得到的审计证据大多是诱导性的（Persuasive）而不是结论性的（Conclusive），因此审计人员需要应用职业判断来决定程序是否适当。

在其他人员的工作部分，谈到了如何对待环境专家、内部审计和环境审计的工作。对管理层聘用的环境专家，公告认为要及时、经常与他们沟通，以使审计人员掌握相关情况。同时要应用 ISA620 "专家工作的使用"，注意环境专家工作的充分性。还有，专家的职业能力也是非常重要的。作为替代方法，审计人员可以另聘专家或实施额外的程序。对内部审计，审计人员主要考察被审计单位的内部审计活动是否把环境列入其工作范围。对于环境审计，审计人员可以应用 ISA610 "对内部审计的考虑" 和 ISA620 "专家工作的使用"，考察其是否满足作为审计证据的标准。

在管理层声明书部分，公告认为审计人员希望从以下三个方面——是否意识到由于环境事项所引起的重要负债/或有负债；是否意识到环境事项可能产生的资产减值；如果意识到上述问题，是否对审计人员披露了相关事实——得到管理层的专门声明。

在审计报告部分，公告认为，审计人员应该应用 ISA700 "对财务信息的审计报告" 和 ISA570 "持续经营"，以完成的审计工作和收集的审计证据为基础，对环境事项对财务信息影响的披露情况进行评估。如果披露是必须的话，审计人员还要评估披露的充分性，包括由管理层表达的关于预计或有负债后果的一切结论。

公告有两个附录。附录一是一组示范性的问题，是为获得和理解被审计单位的业务知识，得到从环境的视角审计人员为了评估审计风险需要考虑的因素而设计的 39 个问题。附录二是为了发现由于环境事项而使财务信息有重要错误陈述而设计的一个示范性程序。尽管公告一再强调这两个附录不是全面的，需要针对具体情况做必要的修正，但对于刚把环境事项对财务信息的影响纳入审计视野的实务界来说，其巨大的参考价值是不言而喻的。

IFAC 的这份公告影响很大，使环境事项对财务信息确有影响这一事实得到了强化，审计人员从事有关审计活动初步有了可以执行的规范。

（2）ICAEW 文件。早在 1992 年，英格兰和威尔士特许会计师协会

（ICAEW）的环境研究小组在一份研究报告中明确指出：审计人员的责任已经延伸到了需要考虑环境事项对财务信息的影响，提出了 6 个可能产生审计风险的可能事项：地址复原成本之类的备抵、未决诉讼之类的或有负债，以及环保意义下资产的价值、为了满足法律和其他规章而产生的资本性支出和经营性支出、产品重新设计成本、由于新的更严格的标准而产生的产品存续能力，即持续经营假设。尽管环境事项对财务信息影响的重要性逐渐被审计人员接受，但长期以来，缺乏这方面对审计实务的指南。

由于环境事项对财务信息影响的审计毕竟刚刚起步，而这方面审计活动有独特的一面，英格兰和威尔士特许会计师协会（ICAEW）收集和整理了实务界开展环境事项对财务信息影响的审计所遇到的问题，于 2000 年 2 月发布讨论稿《财务报表审计中的环境事项》。该讨论稿分为业务知识、风险评估和内部控制、环境法规、审计程序、由环境专家所作的环境报告或环境研究、管理层声明书六个方面，比较仔细的讨论了 13 个问题，得到 10 个推论。

问题 1：审计人员怎样确定环境事项对被审计单位的财务报告的重要程度？这个问题主要从业务的属性、地点和企业的大小三方面综合考虑。

问题 2：在环境事项对财务报告有潜在重要性的地方，哪些新增步骤是必需的？审计人员对这样的问题应该有什么程度的理解？回答这个问题需要审计人员的职业判断、获取诱导性的证据和向专家咨询。

问题 3：与管理层讨论环境事项有哪些好处？根据整理，可以得到以前和目前生产对环境的影响，作业或过程在未来可能的改变，目前和拟议中的规则及其对业务的影响，罚款的情况，对环境因素有重要影响的资本项目等方面的了解。

问题 4：在环境事项是重要的地方，审计人员应该如何评估在财务报告中的误导风险？讨论稿认为要按照 FRA12"财务报告准则 12"和 SAS 420"审计准则书 420"的要求来进行审计活动。

问题 5：审计人员应该寄希望于被审计单位对环境风险的控制吗？在多大范围内评估这样的控制？这个问题与 IFAC 的公告一样，认为主要考察被审计单位的内控系统是否包括环境风险控制。

问题 6：审计人员一定要检查被审计单位遵守环境法规的情况吗？如果审计人员认为没有遵守，应该采取什么行动？根据 SAS 120 的要求，审计人员应该检查被审计单位遵守环境法规的情况，如果法规的遵守情况不佳，则环境事项对财务信息的影响可能被错误陈述。

问题 7：在什么范围内，审计人员应该注意到环境准则？譬如 ISO 的"环境审计指南"。讨论稿认为被审计单位是否通过环境认证对审计活动的影响不是实质性的。

问题8：在确认和计量环境问题的财务影响时，有什么特别的会计难题吗？审计人员如何处理？和关于其他问题的准则有实质的区别吗？应该说在会计处理上，是存在一些特别的课题，譬如，环境负债、环境使资产的减值等，环境效应的滞后，以及会计估计没有历史参考，也会使会计处理面临困难。同时应该看到，环境法规本身的变迁和解释上的模糊，使审计人员判断的难度增加。

问题9：对诸如环境成本的资本化或环境损害的确认这些重要环境问题的会计处理，审计人员有何看法？在英国的会计准则中，FRS 12（财务报告准则12）《备抵，或有负债和或有资产》以及FRS11《固定资产和商誉的损害》对此有规定，审计人员可以作为依据。一般来说，有关环境支出应该资本化，而税和罚款的支出，应该作为经营性成本，环境造成的资产减值，一般不超过其修复的金额。

问题10：在获取审计证据上，环境问题产生不同寻常的困难吗？审计证据的获取是通过控制测试与实质性程序，这里的关键是对审计证据的判断。

问题11：如果企业的环境报告是分开写的，审计人员需要阅读它吗？如果它与财务报告存在不一致的地方，应该采取什么行动？根据SAS 160的要求，审计人员需要阅读企业的环境报告，在发现环境报告与财务报告不一致时，审计人员应该向环境专家咨询，搞清楚造成不一致的原因是什么，如果原因不明，要重新评估可能产生的审计风险。

问题12：在向环境专家咨询和得到他们帮助方面应该怎么做？如果由管理层聘请的专家提供的信息似乎不可靠时，审计人员该如何办？审计人员应该考察由管理层聘请的专家提供的信息充分性和适当性，同时要考察专家的能力和目标，必要时要求管理层改变他们的位置，也许会得到第二种意见。其他可以选择的办法是另请专家和修改审计报告。

问题13：审计人员应该从管理层处得到关于环境对财务报告影响的额外声明吗？根据SAS 440的要求，审计人员应该要求管理层写这样的声明。

通过上述13个问题的讨论得出10点推论。

推论1：环境事项对某些被审计单位是重要的，审计人员应该对这些问题有足够的警觉。

推论2：环境事项对财务报告的重要性依赖于被审计单位的业务的属性和地点以及被审计单位运行必须遵守的环境法规。

推论3：审计人员不必对环境事项有特殊知识，但应该得到足够的业务知识，能理解它对财务报告的重要影响。

推论4：审计人员从管理层得到的有关环境风险的信息和与管理层的讨论对辨认重要的环境事项是有帮助的。

推论5：在确认和计量环境负债时，特别是有关结束时间、可以利用的技术或可能的新的立法，由此造成的不确定性，审计人员需要在评估财务报告的误导或遗漏风险时特别小心。

推论6：在环境事项是重要的风险源的地方，内部控制系统可能是无效的。除非它包括了引起环境风险的项目。

推论7：管理层为了股东的投资和公司的资产，对所有的内部控制负有责任。而审计人员仅仅关心那些与财务报告的审计密切相关的环境控制。

推论8：审计人员的任务是去确认没有服从法规可能对财务报告有实质的影响。因为环境法规在不断的完善中，审计人员需要对相关业务的法规——包括那些针对特殊行业的——有一般的了解。

推论9：在确认和计量环境事项对财务报告的影响时，确有一些困难。这些困难会困扰审计人员。

推论10：在管理层聘请专家对环境事项进行评估和披露提供技术咨询的地方，审计人员应该考虑这项工作的适当性，以及专家的能力和目标。

思考与讨论

6-1　企业是营利性经济组织，但也是一个社会总体系中的单元和环节，必须承担一定的社会性责任。因此在考察企业经济效益的同时，也要关注环境效益以及两种效益的组合。这就需要重视环境会计的应用。环境会计在当今的会计理论和实践中占有很重要的地位，发挥着重要的作用，特别是在环境成本和产品定价方面。而环境成本在生产过程中非常分散，很难统一管理。怎样组织和改进企业的环境会计核算工作，使其为企业合理选择原材料，合理作出投资决策，恰当进行产品定价等多方面提供重要信息？

6-2　Anta工程公司最近因为一个大项目的环境影响遇到了麻烦，并且被当地报纸点名批评。公司感到压力很大，并担心引出更多的麻烦。公司CEO听说Balmer咨询公司帮助客户应对这类难题很有经验，于是计划聘请Balmer咨询公司帮助自己渡过难关。他给Balmer咨询公司的合伙人丹尼斯·威恩写了下面这封信：

尊敬的丹尼斯先生：

我写这封信的目的，是委托贵公司帮我们解决最近遇到的一个重大环境问题。您可能已经知道，《×××邮报》的文章和漫画加剧了已经非常敏感的形势。糟糕的是，我们担心负面报道可能刚刚开始，除非我们能尽快控制这一局面。由于过去几年中我们一直强调自己的正面环境形象，因此我们需要减少这一问题所带来的负面影响。我们特别希望请您派员审查我公司项目备选方案的所有相关方面，包括任何会计、管理、公共关系、税收、道德或其他贵公司认为相关的问题。

在我们答复外部审计之前，我们也需要贵公司对财务报告的看法。我们的会计部认为清理成本应该资本化，而外部审计人员似乎关注于我们是否需要把这一潜在的清理费用记录为一项负债。请提供给我们有关战略方面的建议，并且通知我们任何可能需要的披露。

您的建议将于2×××年5月20日星期五召开的会议上出示给本公司管理层，我们在5月23日星期一将有一个董事会议。

假如这个紧急的问题能被迅速解决，我们可以进一步委托贵公司对我公司目前的组织结构进行咨询。

感谢您愿意在这么短的时间里处理这一严重问题。您的报酬将按原来商讨的执行。

真诚地罗伯特·S. 考勒，CEO

通过这封信并不能获悉全部情况，不过从信件的语气可以作出一些猜测。请设想：

（1）Anta 工程公司遇到的难题；

（2）如果 Balmer 咨询公司接受委托，会设计怎样的工作方案。

第七章　投资项目环境评价

环境与人类生产活动密切相关，而人类生产活动又通常是通过以投资项目为手段开展的。这些以扩大生产建设规模为目的的投资项目大多在不同程度上引起项目所在地区自然环境、社会环境和生态环境的变化，并对环境状况、环境质量产生不同程度的影响。从投资项目角度出发充分认识人类活动对环境的影响，并在投资项目的场（厂）址和技术方案选择过程中，调查研究环境条件，识别和分析拟建项目影响环境的因素，研究提出治理和保护环境的措施，选择和优化环境保护方案，就可以从源头上贯彻绿色经济的思想，有效地实施绿色管理。本章将介绍投资项目环境评价的概念和方法，包括投资项目与环境的关系，投资项目对环境的影响及其对这种影响的经济评价方法和技术。

第一节　投资项目与环境

为减少投资项目对环境的负面影响，各国相继制定了相关的法规。美国国会于 1969 年通过了《国家环境政策法》（NEPA），确定了国家在环境保护方面的总政策。NEPA 规定，联邦机构在执行可能影响环境质量的开发计划之前，必须提交环境影响报告书，该报告书获得政府批准后，项目方可实施。

日本的环境评价始于 1963 年的"产业公害调查"。1975 年组建环境影响评价制度专门委员会，研究环境影响评价程序和制度，首次使具有国家立法性质的环境评价得到确认。

掌握环境状况，制定环境保护对策。如大气环境保护对策、土地环境保护对策、植被环境保护对策、内陆水环境保护对策、海洋环境保护对策等。在拟建项目的实施过程中除执行这些对策还要有当地居民对环境质量标准的要求和意见。

1986 年 3 月，我国国家环保局、国家计委和国家经委联合颁发的《建设项目环境保护管理办法》第六条规定："各级计划、土地管理、基建、技改、银行、物资、工商行政管理部门，都应将建设项目的环境保护管理纳入工作计划。对未经批准环境影响报告书或环境影响报告表的建设项目，计划部门不予办理项目审批手续，土地部门不予办理征地手续，银行不予贷款；凡环境保护设计篇章未经环境保护部门审查的建设项目，有关部门不予办理施工执照，物资部门不供应材料、设备，凡未取得'环境保护设施验收合格证'的建设项目，工商行政管理部门不予办理营业执照。"

上述规定说明，如果在投资项目决策过程中没有进行环境保护的设计考虑和环境评价工作或工作不符合要求，那么项目就不能得到审批和兴建。所以，拟建项目的环境评价和环保设计是投资项目决策过程中一项必不可少的重要内容。

第二节　投资项目环境影响评价

投资项目环境影响评价是对投资项目建设过程中和建成后对项目所在地周边环境所引发的变化影响，包括物理的、化学的、生物的和社会人文等方面的正面和负面的影响，并在环境影响因素及其影响程度分析的基础上，按照国家有关环境保护法律法规的要求，选用相应的防治措施，研究提出治理方案。

一、投资项目环境影响评价的程序和方法

（一）环境影响评价的程序

1. 环境影响评价的工作程序

当提出一个投资项目建议时，应根据投资项目的属性，遵循国家、地区或行业的有关政策法规进行。一般首先将计划活动的提案提交给主管部门，讨论有无必要进行环境影响评价。如果没有必要，即可着手进行开发；若经与环保部门及有关部门协商，认为有必要编写环境影响报告书时，即开始环境影响评价工作。做出环境影响报告书草案后，还要征求各有关部门及地方政府的意见，并召开公众意见听证会，征求群众意见，然后交给环保部门审查评议，如无问题再交主管部门着手开发；如有问题，则需进一步提交环境质量委员会审查，吸收环保部门及环境质量委员会的意见后，再作出环境影响评价报告书，经环保部门及环境质量委员会审议批准后，才能着手开发。

2. 投资项目环境影响评价的技术程序

环境影响评价的技术程序一般分为以下几个步骤：

（1）初步分析投资项目对环境可能产生的利弊，并明确主要的影响因素；

（2）掌握环境现状并提出预测评价目的；

（3）研究和确定环境保护的目标，即达到什么样的标准；

（4）对环境影响进行预测，并以环保目标为量度进行分析与评价；

（5）结合环境、经济、社会因素，提出若干防治措施与对策（尤其是不可逆部分的防治）；

（6）编写环境影响报告书。

环境影响评价技术程序的实施，主要是为了掌握调查项目和影响现状，提出适当的环境目标，选用合适的模型和参数进行预测评价。如果这样的评价得到批准，工作即可结束；如果各方面对预测及评价的结果都有意见，可以再作替代方案，重新预测评价。如果这个评价得不到批准，则投资计划应停止。公共投资项目，包括城市整顿规划、土地利用规划、综合开发住宅区和特别环保区等，均属于环境影响评价对象，必须按照国家和所在地区的规定程序开展环境影响评价工作。

3. 投资项目环境影响评价的内容

环境影响评价的内容主要包括基础工作、环境现状叙述、环境质量预测、综合影响评价与方案选择以及编写环境影响报告书。若基础工作做得好，可省略环境现状的叙述，而直接进行环境质量的预测，或直接编写报告书。环境影响评价一般包括以下内容：

（1）投资项目建设方案介绍。首先要说明建设方案的意图和法律依据，然后介绍方案的具体内容。

（2）投资项目建设方案所选地点的环境条件。介绍建设项目的具体地理位置，现有土地利用情况，以及物理的、化学的、生物的、文化和社会经济的环境状况。

（3）环境影响。提出对自然环境的影响，包括对地质、地壤、水文、气象、植物群落和动物的影响等。提出对社会环境的影响，包括对人口、社会经济、城市服务、公用事业、现有土地利用、交通、风景区及文物古迹的影响等。

（4）建设方案实现后的影响。建设方案实现后有哪些不可避免的不利影响，以及建设方案是否会造成不可恢复的环境变化。

（5）建设方案与本地区生产发展的关系。包括建设方案与本地区短期发展和长期生产力发展之间的相互关系，并综合分析建设方案对环境有利的和不利的影响。

（6）推荐提出的环境监测大纲。

4. 环境影响评价范围边界的确定

进行环境影响评价时，范围边界的确定很重要。范围太小，评价结果不能反映出整体受影响区域的实际情况；范围太大，浪费人力、物力、财力。一般说，进行环境影响评价范围边界的确定应根据以下原则：对准备开发的项目类型、规模进行分析、研究，把这些建设项目开发可能对环境有影响的地区作为环境影响评价的范围边界，若此范围内所获得的数据不能整理出影响评价报告，此范围可以适当调整。

大气污染的环境影响评价调查区域和预测区域的确定，同上述原则基本相似，其特点是增加气象因素，而且气象因素显得非常重要。把由于建设项目的开发而可能影响到的地区作为调查区。

（二）评价方法的选择

环境影响评价的方法是多种多样的，选用一个理想的方法，除了受时间、经费和人力的限制外，选择时可以从以下几个方面考虑：

（1）方法的综合性。选择的方法应能考虑到所有重要参数和参数的组合；除了直接的影响外，还需要注意间接的、异常的或预想不到的作用或影响。

（2）方法的选择性。环境影响评价受时间因素的限制，往往要求在短时间内完成。因而，选择的方法应把注意力集中于主要的因素。在各种可能的影响因素中，尽可能迅速地排除非主要因素，以便重点考虑主要的影响因素。这样，既可以把环境影响评价建立在可靠的基础上，又可缩短工作时间，节省人力、物力和财力。

此外，还应从人们最关心的环境影响问题着手，据此拟订出一套最基本的环境影响效应。这种方案可以使用较少的人力、物力作部分的分析。尽管这种分析是粗略的，但仍可识别哪些因素的影响效应较显著，对人们最为重要，以便对这些关键的问题进行更深入的分析和调研。作为评价者应开阔自己的视野，当时间、经费和人力允许时，评价范围可扩大些。

（3）方法的独立性。由于环境中存在着许多因素的相互作用，要避免效应和影响的重复计算是困难的。因而在实际工作中，只要保证每种影响指标辨别的专一性，就应允许从不同的角度去考察人类关心的指标。

（4）预测结果的可信程度。

（5）方法的客观性。只有采用客观的评价方法，才能把评价者感观认识造成的直观影响降到最低程度，以保证建设项目或备选方案之间的环境影响预测有可比性。

（6）相互作用预测。环境、社会和经济系统中经常存在着反馈作用。一种环境作用或影响的指标在数值上发生改变时，系统的其他部分也可能随之产生预想不到的扩大或缩减。因此，评价方法应能包括因素之间相互作用的辨别，并且有判断它们量值变动大小的能力。

二、环境条件调查

评价投资项目有关环境影响部分的首要任务是对拟建项目场（厂）址环

境现状的调查。调查要提供拟建项目所在地区有关环境物理的、化学的、生物的和人群特性的基本资料，以满足环境评价的需要。主要调查以下几个方面的环境状况。

（一）自然环境

调查项目所在地的大气、水体、地貌、土壤等自然环境状况及其发展趋势。

说明拟建项目所在位置（如省、市等），并提供区域位置图和地形图；叙述区域周围地形地貌及厂区的主要地质特征，如山崩、滑坡、河堤冲刷、火山、地震（给出地震烈度级别）；工程地质对建筑物的影响很大，如地基因建筑物的重量而下沉，上坡因挖掘而崩陷等有关结论性意见。水文地质是与工程现象有关的地下水文现象。调查对可能受到拟建项目运行影响的水体，其地下水的形成、含水厚度分布、水位等值线、水力坡度及运动规律等，提供其理化性质及生物、水文特性，季节水位变化幅度均值和极值。

叙述拟建项目区域的地表水，如江、河、湖、水库等的相对位置、大小形状，流动方式及流域概况，给出温度、流速、流量、水位、湖位、洪水、丰水期和枯水期水位和流量、水体底部及岸边构造等参数。对海洋应提供潮型、潮位、潮流速度、流向、持续时间、盐度和波浪活动等参数。对湖泊应给出半交换期和容量，对可能受污染水体的平均宽度、深度，扩散系数和稀释的不均匀性等参数值。

提供对场（厂）址有影响的暴雨、风暴、溃坝等造成的洪水水位、流量、规模及作用数据。

调查拟建项目所在地区气候特征，包括年、月平均和极端温度，湿度、降水量、降水和出现雾的小时数等；提供各类大气稳定度下适宜的大气扩散参数及现场必要的观测及实验次数。在"可研"中，尽可能采用国家或地方气象部门的能代表拟建项目所在地区气象特征的气象观测资料，提供简化的联合频率表及地面和一定高度处的风场特性、风玫瑰图。

（二）生态环境

调查项目所在地的森林草原植被、动物栖息、矿藏、水产、农作物、水土流失等生态环境状况及其发展趋势。

调查土地利用和资源概况，例如对矿藏、森林、草原、水产及野生动植物、农作物等分布和利用情况，农、牧、副、渔业生产概况，包括面积、品种、产量、生长和贮存、活动方式和经济价值，当项目建成后，对它们的影响程度。

（三）社会环境

调查项目所在地居民生活、文化教育卫生、风俗习惯等社会环境状况及其发展趋势。

调查当地居民的分布状况，长住及流动人口数量及密度，各个年龄组人口数量比例及文化层次，风俗习惯等社会经济活动的污染，破坏环境后现状资料。

调查场（厂）址周围的政治文化娱乐设施，工矿企业和军事设施分布状况，特别强调指出弹药、油料和易燃易爆的化学品仓库，武器试验场等；对陆、海、空交通要道的位置及分布状况予以说明。

（四）环境保护区

调查项目周围地区名胜古迹、风景游览区、自然保护区、温泉、疗养地等环境保护区状况及其发展趋势。

三、影响环境因素分析

影响环境因素分析，主要是找出项目建设和生产运营过程中导致环境质量恶化的主要因素。

主要因素是污染源，它是指生产工艺过程中设备或装置可能产生各类有毒有害物质，其设备或装置称为污染源。污染物是污染源向环境排放的或对环境产生影响的有害有毒物质。所以必须对污染环境因素进行分析，为保护环境作出贡献。

（一）污染环境因素分析

分析计算拟建项目的生产过程中产生的各种污染源和排放的各种污染物及其对环境的污染程度。

首先要论述清楚产生污染源的装置、设备、生产线及其投入物、产出品和排出物的品种、数量、排出方式、产生震动和噪声、粉尘、恶臭、有毒有害气体的装置等，提供物料平衡图。

（1）废气。分析计算排放点、污染物产生及排放数量、有害成分和浓度、排放特征以及对环境危害程度。编制废气排放一览表。

（2）废水。分析计算工业废水（废液）和生活污水的排放点、污染物产生及排放数量、有害成分和浓度、排放特征、排放去向及其对环境危害程度。编制废水排放一览表。

（3）固体废弃物。分析计算产生及排放数量、有害成分、堆积场所、占地面积，以及对环境造成的污染程度。编制固体废弃物排放一览表。

（4）噪声。分析计算噪声源位置、声压等级、噪声特征，以及对环境造成的危害程度。编制噪声源一览表。

（5）粉尘。分析计算排放点、产生及排放数量、组成及特征、排放方式，以及对环境造成的危害程度。编制粉尘排放一览表。

（6）其他污染物。分析计算生产过程中产生的电磁波、放射性物质等污染物发生的位置、特征、强度值，以及对周围环境的危害程度。

（二）破坏环境因素分析

主要分析项目建设施工和生产过程中的某些活动，对环境可能造成的破坏因素，预测其破坏程度。

（1）建设和生产活动对地形、地貌和已有设施的破坏。在做这项分析时，首先叙述项目的性质、规模、产品方案工艺过程、产生污染源的位置、数量、污染物对地形、地貌和已有设施产生哪些影响。例如，腐蚀性的"三废"即废气、废水、废渣等会对它们进行腐蚀，破坏了原貌及结构，严重时会使设施报废，无法使用。

（2）建设和生产活动对森林草原植被破坏引起的土壤退化、水土流失等。

（3）建设和生产活动对社会环境、文物古迹、风景名胜区、水源保护区的破坏。

四、环境保护措施

我国《建设项目环境保护设计规定》中对废气粉尘污染、废水污染、废渣污染和噪声污染等的防治措施均有详尽的规定，在可行性研究工作中应根据拟建项目的具体情况，在环境影响因素及其影响程度分析的基础上，按照国家有关环境保护法律法规的要求，选用相应的防治措施，研究提出治理方案。

（一）治理措施的原则

1. 源头控制

源头控制即控制污染源，使污染物的产生降低到最低限度，具体办法如下：

（1）新建、扩建、改建项目和技术改造项目以及一切可能对环境造成污染的项目必须坚决执行"三废"处理工程"三同时"的规定。

（2）凡产生环境污染和其他公害的项目，要把消除污染、改善环境和节约资源作为加强经营管理的重要内容，要推广清洁方式，尽量采用闭路循环工艺，大量减少"三废"排放量。

（3）要积极研究和采用无污染或低污染的先进工艺、技术与设备，限期改造、淘汰严重污染环境的落后生产工艺与设备，推广使用环保新技术。

（4）从国外、境外引进技术和设备的项目，必须遵守我国的环保法律、法规和政策，不得损害我国的环境权益和放宽环境保护规定，严禁将国外、境外列入危险特性清单中的有毒、有害废弃物和垃圾转移到国内处置，严格防止转移污染。

2. 控制污染排放

即对污染物的排放要坚决执行环境保护标准，达标后才允许排放。当前，排放标准主要为浓度标准，要逐步推行总量标准，实行超标准排放收费及排污许可证制度，以限制污染物的排放。

3. 综合利用治理污染源

如对废弃物中所含有害物质或余能的利用，制成副产品回收，生产中循环使用等。必须从项目设计方案着手，可采取下列积极预防措施。

（1）选择合理的燃料结构，改善燃料方式，加强废渣和废水的综合利用，防止排放污染。如对粉煤灰和炉渣的回收可作为水泥工业和制砖的原料；又如印染厂排出的废水可用于造纸工厂。

（2）推广无害工艺，组织密闭生产，消烟除尘，防止有害气体对大气的污染。

（3）对污水进行净化处理，循环使用，防止污染水源。

（4）采取先进传动、挤压、锻造等工艺设备，减少噪声干扰环境。

在项目可行性研究报告中有关环境保护的措施，内容应叙述有关综合利用和回收的工艺技术方案，综合利用及回收设施的规模与工艺路线的选择，编制环保设施的主要设备表，将其纳入项目生产设备表内，并列出环境保护设施费用估算额，说明占总投资的比例。

（二）治理措施方案

应根据项目的污染源和排放污染物的性质，采用不同的治理措施，对项目"三废"治理的方法，一般采用化学处理法、生化处理法、物理处理法、物理化学法、焚燃处理法、堆存处理或综合利用变害为利等措施。

（1）废气污染治理。可采用冷凝、吸附、燃烧和催化转化等方法。

（2）废水污染治理。有物理法（重力分离、离心分离、过滤、蒸发结晶、高磁分离等）；化学法（中和、化学凝聚、氧化还原等）；物理化学法（离子交换、电渗析、反渗透、气泡悬上分离、气体吹脱、吸附萃取等）；生物法（自然氧池、生物滤化、活性物理、厌氧发酵等）。一般说，废水处理可以采取三级处理法：一级处理是采用物理和化学方法，将废水中部分污染物去除，或转化为非污染物；二级处理是微生物处理，采用生化方法，把污水中有害成分去除，即去除大部分有机物和固体悬浮物；三级处理是高级处理和深度处理，使用物理化学或生物化学等方法使水质达到排放标准。

（3）固体废弃物污染治理。有毒废弃物采用防渗漏池堆存，放射性废弃物采用封闭固化，无毒废弃物采用露天堆存，生活垃圾焚烧，生物降解或填埋，以及利用固体废弃物制砖、瓦、水泥、路渣、保温材料、沼气、饲料、有机肥料等综合利用措施。

(4) 粉尘污染治理。可采用机械除尘，过滤除尘，湿式除尘，静电除尘等方法。

(5) 噪声污染治理。可采用吸声、隔音、减震、隔震等治理措施。

(6) 建设和生产引起的环境破坏的治理。对岩体滑坡，植被破坏，地面塌陷、土壤劣化等，应提出加固、修复、回填、复垦，改良土壤等治理方案。

(7) 建立环境监测制度。在可行性研究阶段，环境监测是为以后设计工作的需要拟订方案。方案应包括对流出物的监测和对环境的监测两部分内容，主要内容如下。

1) 监测有点的原则，流出物的监测与工艺过程密切相关，监测数据能反映出机器是否运转正常，有无泄漏等情况。布点时应注意：环境监测数据能否反映出被监测的自然环境（大气、水体、土壤等）污染程度，对居民生活和健康造成的影响方向和位置。

2) 专职监测机构的设置，环境监测要有机构、人员和监测设备作保证，机构和人员随拟建项目的规模、对环境影响程度而异，可以在中央化验室设置专人负责的监督监测小组，有明确分工。对大型拟建项目可设专职监测机构，选择专用监测仪器及设备，制定规章制度。对拟建项目处于待开发区建设，在项目前应对污染物的环境本底水平进行监测，以利于最终对环境污染程度全面评价。

3) 监测目标和监测方法。监测目标和监测方法应以拟建项目的性质和规模而异。在可行性研究中结合项目，予以明确，为设计提出要求，并在设计中全面落实。

在可行性研究中，应对提出的治理方案列出所需的设施、设备和投资，并计算出环保投资占总投资的比例，一般在10%左右。

（三）治理方案比选

在对环境治理方案进行评价时，首先从拟建项目的实际情况出发，收集项目所在地有关地形、水系、风速、风向、农业生产和城市规划等基础资料，根据项目设计污染物的实际排放情况，分析项目对空气、水流、土壤和动植物等自然环境的影响作出估计，了解可能产生的环境污染程度。然后对消除和减轻这些影响，使其达到国家环境质量标准要求，而采取的环境保护措施进行分析。环境治理主要是以避免污染，寻求环境与社会效益为目的。因此，衡量建设项目需要投入的环保投资所能收到的环保效果，除计算用于控制污染所需投资和费用外，同时还需核算可能收到的环境与经济实效，通过对环境治理的各局部方案和总体方案进行技术经济比较，作出综合评价。

（1）技术水平对比。分析对比不同环境保护治理方案所采用的技术和设备的先进性、适用性、可靠性、可得性，还应分析可否及时采取能替代的生产工艺以解决污染问题。

（2）治理效果对比。分析对比不同环境保护方案在治理前后，环境指标的变化情况，通过各项环保措施的实施，项目各项有害物质的排放，是否遵守国家规定的标准要求，"三废"治理后能否达到有关标准要求。应以国家颁发的有关标准作为依据，检测经过治理的"三废"，是否达到这些标准要求的限度，能否保证环境的应有质量。

（3）管理及监测方式对比。分析对比各备选方案所采用的管理、监测方式的优缺点。分析防止污染和其他公害的设施与治理工程项目，是否做到与主体工程同时设计、同时施工和同时投产的要求。

（4）效益对比。将治理环境所花费的代价（环境治理所需投资和环境保护设施日常运行费用）与所获得的收益（综合利用回收有用物质收益，及通过治理减少罚款和避免停产损失的效益等）相比较。效益费用比值较大者方案为优。同时也要分析治理"三废"所需的投资与不治理"三废"所造成的经济损失之间的比例关系。如果治理费用大于污染损失，就应将费用减少，达到符合治理标准为宜。因此，治理标准既要符合排放物污染不危害环境的要求，同时又要考虑治理投资的效益问题。这样既要防止不重视"三废"治理投资的现象，又要注意避免对"三废"治理过高要求而需支付超出国力的投资。至于污染危害人们的身体健康和对文物的破坏等非经济损失也应充分考虑进去，必须进行治理。因此，对于不能定量化的污染损失，要作出比较符合实际的定性分析与评价，以便确定污染治理的必要性及治理的程度。

第三节　投资项目环境影响的评价方法

一、清单法

清单法是用于环境影响评价的基本方法之一。清单是环境效应和影响指标的综合表，它并不需要对建设项目活动建立因果关系。此表的设计有助于评价时全面考虑建设项目活动的可能影响，然而，这种方法的缺点是，它可能使人们忽略未列于表中的因素。

清单法可提供下列几大类型不同内容的清单：

（1）简单清单是一个没有对环境参数指标提出如何测量和解释准则的参数表。

（2）描述清单包括环境参数的识别和怎样测量参数值指标。

（3）分级清单类似于描述清单，但增加了参数值的主观排序分级的基本信息。

（4）分级权重清单则相当于在分级清单的基础上，增加对各参数之间比较作出主观评价的信息。

（5）询问清单是根据一系列连接起来的问题形式清单。

尽管不同类型的清单在相互比较时有不同的优缺点，但它们几乎都存在一个共同的重要缺点，即只涉及某一工程对环境因子产生的影响。但是，各环境因子的影响之间可能有相互的作用，而且一种环境影响可能是由一项或几项工程活动共同作用引起的。清单法不能提供这方面的信息层和指南。此外，清单法也不能回答诸如参数的功能如何，如何对影响进行评价和预测等。表7-1和表7-2是清单法分别用于某公路工程和造纸项目的环境影响评价的例子。

表7-1 某公路工程的环境影响清单

项目	可能影响的性质								
	不利的					有利的			
	短期	长期	可逆	不可逆	大范围	短期	长期	显著	轻微
生态	×			×	×				
渔业	×				×				
淤积		×		×	×				
侵蚀		×		×					
大气质量	×			×					
地表水质量		×	×		×				
地表水文		×	×		×				
土地利用							×	×	
高速公路/铁路							×		×
农业							×	×	
住宅							×		×
健康							×		×
社会—经济							×	×	

表7-2 某造纸项目的环境影响清单

项目活动 环境要素	工厂建设	红麻种植	使用农药肥料	原料运输	引水	固体废弃物	废水排放	废气排放	就业
地表水质量			×			×	×		×
地表水文					×				
大气质量				×				×	
渔业			×				×		
野生生物生境	×								
野生生物	×								
土地利用		×							
高速公路/铁路									
供水			×				×		
农业		×							
住宅									×
健康						×	×	×	
社会—经济									×

二、矩阵法

在形式上，矩阵法是一个人为活动项目表和一个可能受到影响的环境指标（参数）表的结合。两个相关的表联结成一个矩阵，可以在有限的范围内辨别特定活动及其影响之间诸因素的相互关系。在矩阵的方格里，可填入这些参数关系的定性或定量的估计。矩阵可分为简单相互作用矩阵和等级定量矩阵等。

简单相互作用矩阵是一种简单的二维表，工程活动列于表的纵轴，环境参数列于表的横轴。对任一环境组分可能产生影响的参数，可通过在它们相对应的要素交叉的格子里标上记号辨别。这种判断是根据经验做出的。尽管这是最简单的矩阵，但在辨别特定活动与环境要素之间的相互关系时优于清单法，既有助于思维的进一步扩展，又不影响快速评价的特点。

等级定量矩阵是在简单的矩阵的基础上，把经验的判断进一步扩展为等级系统，用它来表示受影响程度的"大小"和相对"重要程度"。

菲舍和德维斯（Fischer and Daries，1973）进一步扩大了矩阵的概念，设计了一种修正矩阵法。它由下列三个步骤组成。

（1）环境基线估计：包括识别现有的主要环境要素，估计它们的现状条件和估价它们对管理的敏感性。对于重要性4~5级的环境要素，进行下一步分析。

（2）相容性矩阵：它的设计是为了对拟建项目和相关活动将来可能的状态作初步的全面分析评价。使用矩阵时，要求把对要素确定的指标值填在相应的网格中，指标值可以在下列的项目中选择和估值。

表7-3　相容性矩阵

评价内容	评价					备注
影响的性质： 影响的程度： 影响的持续时间：	（+）表示有益 （-）表示有害 从1级（低）到5级（高） S表示短期影响 L表示长期影响					例如： +3S表示有益，影响的程度中等，具有长期影响。 -3L表示有害，影响的程度中等，长期影响
环境参数/项目活动	P1	P2	P3	P4	…	
生态学： A.1 A.2 A.3 …	-2L -2L -2L	 	-3L -3L -3L	-1L -1S -1L		
自然资源 B.1 B.2 B.3 …	-1 -3L -2L	-2L -3L -3L	 	3L -3L -3L		
公众利益 C.1 C.2 C.3 …	-4L -2L 1L	-3L -3S -1L	L -1L -5L	L -1L -5L		

完成该评价矩阵后，对那些获得等级值 4～5 的指标项作标记，以便继续进行第三步决策矩阵。

（3）决策矩阵：它是一个包括在第一、第二步中含 4～5 等级值的主要影响要素表。在最后一步中，用一定的格式汇总所有必要的资料信息，做出环境影响的结论和决策。

三、投资项目环境影响的费用—效益 CBA 分析

费用—效益 CBA 是一种通过对项目的费用和效益进行比较的决策工具。如果项目呈现净效益，则可能被通过，同时还可以根据净效益的大小对项目进行排序。CBA 的主要问题是可能觉察的未被补偿的外部效应性，对投资项目的环境评价来说特别重要。这就要求：

（1）仔细识别不同群体（获利者和损失者）的影响和影响程序；

（2）考虑减少对受害方影响的方法；

（3）制定财务和机构机制，以便向可能损失者提供实际补偿。

下面对费用和效益的概念，以及分析中采用的办法做扼要说明。

联合国环境规划署（UNEP）在 20 世纪 80 年代提出一种评价系统，这个模型的结构按下列六个部分的顺序提出：

（1）基本工程描述，为分析提出一套自然和经济参数；

（2）逐条列举工程使用的资源、间接受影响的资源和产生的废渣；

（3）资源的枯竭或退化；

（4）资源的增加；

（5）需要附加的工程部分；

（6）结论总结并用公式表示综合的费用—效益说明。

美国东西方中心提出了自然系统评价的费用—效益分析方法，它包括两个方面的研究：第一是确定对开发项目的成败起决定性作用的自然系统要素，并使其定量化；第二是从经济的角度对这些要素进行经济损益分析。其中特别重要的包括：①开发目标对自然系统的依赖性；②影响的空间范围；③不可逆的程度；④问题向坏的一面转化的紧迫程度或速率。推算的技术大致可以分为定向研究和定向调查。然而，经济推算在很大程度上依赖于对开发活动的物理、化学和生物特征的理解与测定。本方法不仅涉及对环境质量的作用，而且提出继续使用的条件。费用—效益分析力图从财政上估算环境效应，并以经济的费用—效益形式表达评价的结论。

四、修正的投资项目评价模型（自然资源的价格构成）

实际上，自然资源的价格不仅取决于其中包含的人类劳动，还取决于自身特点所决定的效用性和自然界赋予的稀缺程度。

自然资源的价格是生产成本加平均利润再加资源补偿费和环境成本。

生产成本：即资源产品生产或开采过程中所消耗的人力、物力和财力，并且应把勘探费也包括在内，是一种边际成本。

平均利润：现代经济分析和决策的特点是在成本中包括平均利润。成本以外的利润属超额利润或"经济利润"。如能源行业的"长期边际成本定价"方法，其中的边际成本就包括平均利润。

资源补偿费：对自然资源的耗用所收取的补偿费。可以理解为现在使用稀缺的自然资源而失去的未来使用的"机会成本"。

环境成本：即由于利用自然资源造成了对生态环境的破坏，为了弥补、维持和改善生态环境质量所付出的代价。环境成本又称生态成本、生态效益价格、边际外部成本。

在进行投资项目评价时应考虑生态环境的经济价值。根据效益—成本模型（B/C 分析法），修正以后的评价模型为：

效益 – 项目成本 ± 环境效果的经济价值 > 0

投资项目的环境效益是投资造成的生态环境变化对人类利益的影响。

这部分人类利益，有些可以通过一定时间的增长经济效益或费用计算，如大气污染会使一定时期内的生产成本上升或效益下降（即环境损失），生态环境改善使农民收入增加、工厂生产成本下降（即环境收益）。

而有些则必须通过对生态资源的价值化而确定。

$$NB = \sum_{t=0}^{n} (Q_t \cdot P_t + X_t + Y_t)(1+i)^{-t}$$

式中，Q 表示产量；P 表示产品价格；X 表示企业治理污染中从政府方面得到的收入，如政府补贴或税赋减免等；Y 表示企业在治理污染中得到的副产品收入。

这里假设各种物质投入品与产出品的价格不变，项目投产后的产量不变，并且产销量相等，折现率为 i。

$$NC = \sum_{t=0}^{n} (I_t - I_{t'} + D_t + V_t + W_t + C_t)(1+i)^{-t}$$

式中，I 表示项目的固定资产和流动资产投资；$I_{t'}$ 表示回收的固定资产折旧、残值和流动资产价值；D 表示除工资外的企业经营费用；V 表示与劳动者直接有关的工资及其费用；W 表示由政府征收的外部不经济补偿费；C 表示企业支出的生态环境治理费。

分析投资项目对环境影响的费用和效益，涉及如何对环境影响的价值进行评估。本节将介绍一些实用的环境影响价值评估方法。

五、实际影响的市场估值法（MVPE 法）

（一）MVPE 法的基本原理

最直接的环境变化估值的方法是观测环境的实际变化并估计其对商品和劳务价值的影响。例如，酸雨会损害树木和植物，从而降低其市场价值；土壤侵蚀会引起作物减产，并引起下游的农民和水库所有者较大的费用来源除淤泥。在这些情况下，环境变化会引起一些人支付的费用增大。

例：假定一个环境属性是一个在某些产品或服务的产量或成本函数中的因素。例如，在一个渔场的生产函数为：

Q = f[R，S(E)]；

Q = 收获鱼的数量；

R = 捕鱼投入的资源；

S(E) = 湖中鱼的存量，它取决于水的质量(E)。

这时，湖的环境的质量改变就意味着：水污染造成水的质量（E）的恶化——影响湖中鱼的储存量。水的污染导致两种可能结果：

（1）为保持当前收获速度，渔场人员必须分配更多资源给捕鱼（R↑）。

（2）如果渔场人员不给捕鱼增加资源，则导致减少收获鱼的数量（Q↓）。

上述两者都可以使渔场遭受经济上的损失。在后者的情形，渔场损失的是产出 Q 减少的价值。对于前者，则是作为必须增加他们的捕鱼努力的水平 R，结果增加了渔场成本。

这就为我们提供两个在环境质量中恶化的成本的测量方法：

（1）失去的产出的价值（生产力的变动）。

（2）附加资源投入的成本的价值（成本的变动）。

运用 MVPE 法可分为以下三个基本步骤：

第一，估计环境变化对受影响物（如：受环境变化影响的财产、机器或人员）的实际影响，例如上游森林的破坏会产生每年 3% 的水土流失。

第二，估计产出或成本的变化。水土每年流失 3% 会导致玉米每年减产 2%，比如：每单位面积减产 100 公斤。

第三，估算这些产出或成本变化的市场价值。

如玉米每年减产 100 公斤会引起农民纯收入减少，比如：250 元（100 公斤×3 元/公斤 =300 元，减去 50 元的收割或其他可变成本）。

目前，环境影响测定的实用方法主要有：剂量响应法（Dose – Response）、损失函数法（Loss Function）、生产函数法（Production Function）、人力资本法（Human Capital）和替代成本法（Substitute Cost）。

（1）剂量响应法。剂量响应法用于环境变化受影响者的实际影响，如空气污染对材料的腐蚀、酸雨对农作物产量的影响、水质污染对游泳者健康的影响等。

（2）损失函数法。损失函数法采用剂量响应法的数据估计环境变化的经济成本。环境变化产生的实际影响通过单位产量的市场价格转换为经济价值。注意，"损失函数"这一术语并不表示这一方法仅仅与（损失）成本估价有关。

（3）生产函数法。这一常用的经济分析方法是找出产出与不同投入（即所谓的生产要素：土地、劳动力、资本和原材料）水平的函数关系。生产要素的变化（如劳动力）会引起产出的某一变化。生产产量是这些投入的函数。环境"投入"如土地的肥沃程度、空气和水质作为投入，是可测度的，并对产出有显著影响，例如，灌溉用水的盐碱含量与水的用量、播种量、化肥和劳动力等因素一样，对农作物的产量有影响。

（4）人力资本法。人力资本法测算环境变化引起的人们健康恶化的费用。从流行病数据、控制组实验或通过对环境质量对人们健康影响的观察可获得有关证据。通过对工人劳动生产率的测算可得到人们健康恶化的经济成本。使用"人力资本"是因为在计算中只考虑了作为工作单元的人的价值（尽管人们健康的主观估价、对保持身体健康的支付意愿、痛苦和疾病的成本等因素很重要，但没有在这里考虑）。

（5）替代成本法。替代成本法是上述方法的一个特例。在这里，环境变化的损失费用是通过受害者用于消除损害的费有估算的。这些数据可通过观测受害者的实际开支（如修建防止农田泥沙淤积的挡墙和堤坝的费用）或向专家咨询了解纠正损害需要多大费用。

有些环境变化对产出也会起到积极作用，例如，修建新水库会促进养鱼业发展，减少海滩污水的排放会促进旅游业和渔业的发展等。在这些情况下，环境与产出的关联不强，无法采用剂量响应法。尽管如此，我们应合理估计环境变化对产出的有利影响，使 MVPE 法得到更有效的应用。

MVPE 法有时也叫做"捷径"法，因为它直接估计环境变化对受影响者的影响。与 CVM 法（权变估值法）和替代市场法讨论的方法不同，它与人们的偏好无关，也不是通过对人们的观察来间接推断环境价值。

（二）MVPE 法的应用

MVPE 法的应用广泛，它是在所有国家中使用最广的一种估值方法。它直观明了，易于解释，并具有说服力。

1. MVPE 法的应用领域

（1）水土流失对农作物产量的影响和下游泥沙淤积对流域内其他用户的

影响，如低洼地农户、灌溉者、供水公司、电力公司和航空测量人员等。

（2）酸雨对作物和树木生长的抑制和影响，以及对材料设备的腐蚀作用。

（3）水污染对人类健康的影响，例如，肠道疾病的影响、以水为载体通过水库和灌溉系统传播的疾病的影响等。

（4）不完善的排水系统和积水导致的农田盐碱化，影响作物产量。

（5）造林计划对气候和生态的作用。

（6）土地用途改变引起的变化，例如，将自然生境区改变作农场或牧场引起自然作物的损失抵消新的土地的受益。

（7）矿山、农村和废弃物处理场排放的重金属和其他化学遗留物在土壤和地下水中沉积。

2. MVPE 法的适用条件

（1）环境变化直接引起了产品或服务产出的增减，这种产品（或服务）是市场上已有的，或者是有市场前景的，或者市场上有相似的替代品。

（2）环境变化影响明显，并可观察得到，或可通过实际检验。

（3）市场功能完善，价格能准确反映经济价值。

（三）MVPE 法的局限性

通过对 MVPE 法应用的回顾，我们可以总结一些共同的局限性问题：

客观世界的因果关系远非人们所看到的那样简单。环境变化的原因、症状，及其对产出和费用的经济影响之间的实际联系常常很模糊。建立因果关系往往需要做出假设，或运用其他已有的因果关系的数据，或对多个办法和数据来源进行折中，得到结论。

已发生的环境变化可能源于一个或多个原因，而且很难把其中一种原因同其他原因区别开来。对于多种来源造成的空气污染，这种情况尤其明显。区别人为原因还是自然退化非常困难。例如，土壤流失和酸雨对庄稼、树木造成的损失。

当环境变化对市场有显著影响时，需要采取更复杂的方法，观察了解市场结构，弹性系数和供求反应。消费者行为也需要引用到分析中。决定原因和结果，需要假设不发生某一种环境变化时的情况——设定"有"和"没有"该变化的两种情景。除非完成这一步骤，否则会把太多（或太少）的环境破坏归结为某种原因的风险。当所讨论的事件发生在一个连续的过程中，问题就产生了（例如，已有严重的空气和水污染或土壤流失）。甚至在有效的和没有扭曲的市场上，如果存在明显的消费者剩余价格也会低估经济价值。

而且市场价格不包括外部效应性，无论是正面的，还是负面的。某些产品的市场尚不存在或发育不良，这种情况下，需要求助于间接的估值方法，或者使用一些替代办法。

六、显示的偏好与替代品市场

环境价值评估中的重要问题是环境质量无相对的市场。环境的价值不能直接用环境交易中的价格和数量显示，人们不直接购买和出售环境质量。

但是，人们对环境的偏好能够通过考察他们与环境有关的市场行为而间接推论。有一些商品和服务是对环境质量的补偿，有一些则是其代用物或替代品。通过考察人们在密切联系的市场中所支付的价格，或获得明显利益，从中可以推测人们的环境偏好。

以下介绍三项主要技术方法：

旅游费用法（TCM），用参观游览一自然景点所花费的时间或费用来代替进入此景点的价格。

规避行为（AB）与防护费用（DE）法，以人们针对现存的或潜在的环境质量的下降则采取的防护措施的费用为线索。

财产价格法（HPM），它立足于财产的价格反映了其所处环境的质量。这一价值是从其他构成某一财产价格的诸因子中分离出来的。

这三种方法全部通过观察人们的市场行为来推测他们显示出的偏好，这与后面将讨论的权变估值 CVM 技术不同，因为后者是从人们声称的偏好中获取信息。

（一）旅游费用法（TCM 法）

旅游费用法 TCM 是估价未明码标价的自然景观或环境资源的一种方法，因为春游不对游客征收参观费或其他费用。其主要问题是找到这些难以标价的资源对游客的价值的定量依据。一种解决方法是直接询问游客，这就是权变估值 CVM 法；另一种方法是用游客的旅行费代替他们愿意付的"价格"。

1. TCM 法的基本原理

旅游费用法 TCM 的基本原理是，游客虽说不付参观费、服务费或其他费用，但他们支付直接的交通费，或花费自己的时间进行游览。经济学家们常用的一个假定是，当商品价格上涨时，需求量就会减少。类比可知，游览的人次通常会与旅行费用成负相关。根据人们对旅行费用的反应情况可以得到对所研究资源的需求曲线，曲线下面的面积可解释这种资源的总利益。这一数量的总和是总的消费者剩余，理论上说，它可以指导收费的幅度（如果它是可行的话）。

TCM 法的数学模型如下：

$$V_{ij}/N_i = f(C_{ij}, X_i)$$

式中，V_{ij} 为单位时间从 i 区到 j 区的旅游总人数；N_i 为 i 区的总人口；C_{ij}

从 i 区到 j 区的旅游费用；X_i 为 i 区的社会经济解释变量。

旅游率 V_{ij}/N_i 一般用地区 h（zone h）每万人口的旅游次数来表示。

$$V_{ij}/N_i = a + bC_{ij}$$

每个地区的居民全部旅游的消费者剩余可表示为下列方程关于价格（成本）的积分，积分区间为每区实际的旅游价格（成本）至使该区旅游降为零时的价格。

$$C.S. = \sum_{C_h = B}^{P} (a + bC_h) dC_h$$

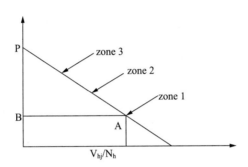

图 7-1 居民旅游的消费者剩余

2. TCM 法的适用范围

TCM 法主要适用于下列场合或部门：娱乐场所；自然保护区、国家公园、用于旅游、娱乐的森林和湿地；大坝、水库、森林等有娱乐性副产品的场所；薪柴供应；饮用水供应。

适用的场所应具备以下性质：此场地可以到达，至少部分时间可到达；所涉商品及服务都不直接收费、不收入场费或收费很低；人们花费相当的时间或其他费用以到达此地。

例1：旅行费用研究揭示的娱乐价值。根据美国在 1968～1988 年进行的约 300 个旅行费用研究成果，一个娱乐日的平均价值，折合在 1987 年价格是 34 美元。各种活动的平均收益在每日 12～72 美元，报告显示，打猎、钓鱼、划船及冬季体育运动是价值最高的活动。

例2：考虑如下的一个休闲旅游地（图 7-2），根据统计数据和分析，见表 7-4，可计算得出该地的价值（总消费者剩余）为 442500 美元。

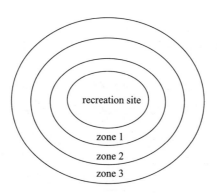

图 7 - 2　一个休闲旅游地和分区图

表 7 - 4　对某一休闲旅游地的统计数据和分析

	总人口（人）	旅行成本（美元）	旅游率（%）	价格 = 0 观察值 旅游人数（人）	旅游率（%）	价格 = 5（假设）旅游人数（人）	旅游率（%）	价格 = 10（假设）旅游人数（人）
地区 1	50000	10.00	20.00	10000	17.50	8750	15.00	7500
地区 2	100000	20.00	15.00	15000	12.50	12500	10.00	10000
地区 3	60000	35.00	7.50	4500	5.00	3000	2.50	1500
合计				29500		24250		19000

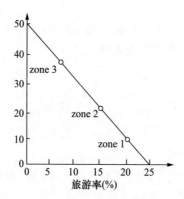

图 7 - 3　该休闲旅游地的旅游率和分区的关系

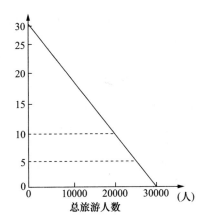

图7-4　该休闲旅游地的需求曲线

3. TCM 法的主要步骤

（1）将区域分为几个小区。

（2）游客取样。

（3）调查取样。

（4）估算旅游费用。

（5）进行统计回归。

（6）画出需求曲线。

（7）计算消费者剩余。

在应用旅行费用法（TCM）时可能遇到以下复杂情况：

（1）多目标游览。

（2）旅行中的实用与不实用因素。如客观的旅行费用也许低估了喜欢旅行的人或不舒适的交通方式所付出的实际旅行代价。

（3）闲暇时间估计。用闲暇时间去娱乐或文化场所旅游所产生的开支不一定应被视为旅游者所付出的代价。

（4）取样的偏差。用问卷收集数据因其成本费较高可能会限制取样的数量及调查面谈的时间。这可能会产生偏差，过多强调了经常性游客的意见而减少了家庭采访方式。不采访（环境）非使用者的调查工作可能会得出非常片面的结论，因而不能掌握重要的信息。

（5）非使用者与景点外效益。TCM 法是获取对直接使用者（游客）效益的方法。它不处理非景点本身的使用价值（如流域保护，生物多样性）或（景点）为当地居民提供的服务及产品（木材、野味、蜂蜜、医药产品等）。该法也不考虑资源的选择价值或存在价值。因此，TCM 法倾向于低估总效益。

如果可能，本法应与能反映其他价值的方法联用（如 Grand staff and Dixon，1986）。

（6）回归函数形式的选择。这一估算程序对结果及需求曲线有很大影响。

（7）环境质量变化的度量。TCM 法可用来估算舒适程序的变化或潜在变化对游览影响，或估算对两个不同环境质量的景点的需求差别。这一情况下必须对环境质量进行客观度量，当然这不是一件容易的事。

4. TCM 法的评价

TCM 法是一个比较成熟的方法，它用来估算对娱乐设施的需求，从而推出保护及强化此设施的效益。不是由于偶然原因，大部分经验性的 TCM 研究都是在发达国家中进行的，特别是美国。TCM 法最适用于独立的某个景点，到此地的手段一般只是机动车，此景点的特色及其吸引力应是稳定的。到此地的游客都将旅行时间视为一种代价也是非常必要的。

该方法需要通过问卷调查收集大量数据。估算过程需要较大精力的投入。TCM 法对多目标游览活动给出的结果比较模糊。它难以适用于城市内的景点，因为这些景点的旅行费用少；本法也难以用到把旅行作为乐趣之一的游览活动中。当运用到诸如娱乐和野生生物保护区时，本法未考虑地方的利益，非景点价值及非使用价值，这些都是关键性的缺陷。

TCM 法可在以下方面帮助决策：确定国家公园和娱乐区的门票价格，在不同景点之间分配国家的娱乐和保护预算，判断是否值得将景点作为娱乐区保护，而不用于其他土地利用活动；等等。在许多发展中国家和落后地区，如农村，TCM 法还能用于评估供薪柴和供水项目。

（二）规避行为和防护费用法（AB&DE）

对于面临可能的环境变化，人们试图用各种方法来补偿。如果他们周围的环境正在遭受破坏，或者可能被破坏，人们将试图保护自己的环境。这些商品也许可被视为环境质量的替代物或代表物。相反，当环境质量改善时，在这些替代品上的花费将会下降。

规避行为（AB）来自不同的方式：如防护费用（DE），或称为预防性消费，人们试图采取保护措施应对居住地质量的退化，例如，采取防止水土流失方法，安装水过滤器和净化器，或在他们的小汽车中装上空调器；购买环境的替代品，如买装在水箱或瓶中的水，因为人们不喜欢污染的或不可靠的公用自来水；一些对环境变化的感受过于强烈的人也许会选择搬迁。

1. 使用 AB&DE 法的主要步骤

（1）识别有害的环境因素：研究时应分出主要和次要环境因素，并将逃避的行为归到某个主要目的上。因为城市交通的增长既会增加噪声水平，又会加重空气污染。与供水有关的困难也许既包括了水质下降，又包括了更频繁的停水，防护费用的水平会夸大单个有害环境因素的价值。

（2）确定受其影响的人群：需要找到一些分界点，来区分一些利益受到非常影响的人群和所受影响很小可以忽略的人群。

（3）获得人们反应措施的数据：收集相关数据的方式包括：对潜在受害者的综合调查，当受影响者较多时采取抽样调查。

2. 规避行为法（AB&DE）的适用范围

（1）大气、水或噪声污染；

（2）土壤侵蚀、土地滑坡或洪水；

（3）土壤肥力，土地退化；

（4）海域和海岸带的污染和侵蚀，等等。

3. 规避行为法（AB&DE）的适用条件

（1）人们知道他们正受到环境质量的威胁；

（2）他们采取行动来保护自己；

（3）这些行动能用价格体现；

（4）当使用者正直接经受环境质量的威胁，并期望该逃避行为能奏效时，AB&DE 法对求得使用者价值来说是可靠，但是却不能提供存在价值或公共商品价值的可靠证据。

4. 对 AB&DE 法的评价

AB&DE 法相对比较简单，并具有较强的直观特征。AB&DE 法观察人们的行为以及通过抽样调查和专家意见来获得实际数据。另外，靠 AB 法得到的数据易出现可靠性差或难以解释的弊端。特别是，AB&DE 法假设人们了解环境风险的程序，并能作出相应反应，而且所采用的对应行动不大会受（诸如贫困或市场不完善等）因素的制约。不完善的环境替代物导致过高或过低补偿，结果影响 AB&DE 法数据的使用，使该领域的工作无效。

然而只要使用得当，AB&DE 法仍不失为一种有用的方式，用以揭示人们对环境问题的关心程度，这些环境问题包括空气和水质、噪声、土地恶化、土壤侵蚀和土壤养分退化、土地滑坡和洪水的风险、海岸侵蚀和污染。

人们常常将 AB&DE 法与决策中采用的其他方法（特别是剂量响应法或对生产的影响）获得的结果进行比较从中得到启示。

（三）财产价格法（HP）

HP 依据的原理是人们赋予环境质量的价值可以通过他们为包含环境属性的商品所支付的价格来推断。分析中常常使用房地产市场，如果人们为某一地方与其他地方相同的房屋和土地支付更高的价格，而且其他各种可能造成价格区别的非环境因素都加以考虑后，剩余的价格差别可以归结为环境因素。

HP 的基本假定是：改变若干种类型的属性之一，其中包含环境质量，能够影响房地产的销售价格。为分离出特有的环境属性对房地产价格的影响，我们必须将房地产价格表示为一个它的重要特征或者属性的函数。

1. 财产价格法（HP）的基本方法

首先需要估计一个享受的财产价格（或者隐含价格）P^H 的函数：

$$P^H = f(S, N, A, E)$$

式中，S 表示房屋结构；N 表示邻居群体社会层次、素质；A 表示生活、工作便利；E 表示环境。

从财产数据估计有关环境影响的财产值的边际影响：

$$\frac{\partial P}{\partial E} = P_E$$

环境影响对一个家庭的边际价值。设计一个工程项目能提高环境质量（如减少空气污染）对一个家庭的价值可以用以下方法估价：

对一个家庭的价值 $= P_E \times (E_2 - E_1)$

计算总价值 $= P_E \times (E_2 - E_1) \times$ 家庭的数目

这里，$E_2 - E_1$ 为环境的改善量。

应用 HP 法必须具有所研究地区房地产特点的大量数据。价格变化与房产大小、新旧、条件、地点等关键因素相关，其余无法解释的价格变化，归结于当地的环境因素。

简而言之，"清洁空气的舒适度价值可以归并到土地的价值中"。

这样的信息也可以从不同职业和不同地区的工资差别中得到，对工资差别的各种可能原因进行分析——年龄、技能水平等，任何其他余下的区别可以归结为环境和职业风险的补偿。其理论依据是劳动市场会对工资进行调节，以补偿工人所遭受的环境风险和不舒适性，有风险者上调，工作环境舒服者下调。这些被称为工资风险研究。

实际上，劳动力市场并不总是这样运作，特别是在发展中国家，工人，尤其是低收入和不熟练工人，常常对环境风险了解甚少。贫困和恶劣工作环境条件并存。工资风险研究采用的类比存在不确定性，特别是对发展中国家。本章其余部分将集中讨论更普遍适用于市场的 HP 法。

2. HP 法的主要步骤

（1）HP 法的主要阶段包括：①定义和度量环境属性；②确定财产价格可行函数；③采集跨部门或是环境序列数据；④使用多元回归法评价环境属性；⑤获得改变环境的需求曲线。

（2）环境属性度量。环境状况如果要与财产价格相联系，就必须是可以度量的。例如空气质量可以通过下列指标表述：各种气体（CO_2、NO_x、SO_2、臭氧等）和固体颗粒物的浓度。可类比的水质指标包括：溶解氧浓度、生化需氧量、大肠杆菌数等。

噪声程度通常用分贝计量，但针对不同的目的和对象，平均噪声值、最大噪声值或高噪声值发生频率每项都可作为主要指标。

选择适当的环境指标后，决定涉及临界范围，例如，污染程度很低时，大气和水质变化对财产价值的影响不大，但一旦绝对值接近或超过某一临界点（阈值）时，同一比例的变化可能会很大。对其他一些环境指标，污染水平与其对受体影响可能是线性的，这是在HP法中很容易建立模型。

（3）具体描述财产价格函数。这个阶段包括描述财产价格与其相关属性，包括环境属性之间的功能关系。解释性的变量一般包括：财产特点（房层数量、新旧、庭院大小、是否具有停车场、其他条件等）；地段和邻居因素（交通便利程度、当地设施、购物、距离主要公路和铁路的距离、犯罪率、邻居素质高低等）；每一不同地区的环境因素（空气和水质的质量的度量、噪声、舒适度等）；有些情况下，第4组指标也是必需的，即财产所有者的社会经济特点（年龄、收入、家庭状况、教育水平、职业等）。

变量的选择对研究结果有明显的影响，如果选择的变量太少，其余的未能解释的因素就可能被夸大，因此会过高估计环境属性的价值。如果选择的变量太大，除了会加重数据采集的负担外，也会造成相应的偏见。

函数类型的选择是一个影响到效益估算的重要技术问题，通常选用对半对数形式，虽然还有其他的一些函数形式。精确确定函数形式可以通过统计分析得到。

（4）数据收集。HP法需要大量数据。

（5）相关性分析。在这一阶段，多重回归分析法被用来研究房地产价值与相应的环境属性之间的相关性。价格同各种非环境变量分别进行回归分析，价格差异用这些参数加以解释。

（6）获得环境改善的需求曲线。理论上讲，下一步是分析计算个人对以环境支付意愿。

3. 对HP法的适用性和评价

HP法适用于造成当地空气和水质的变化；噪声骚扰，特别是飞机和公路交通噪声；对社区福利舒适程度的影响；选择对环境有不良影响的设施（污水工程、电站等）的地区，公路和高速公路的路线规划；在城市落后街区改进计划的影响评估。

（1）HP 法还特别适用于：存在一个活跃的房地产市场，房地产市场价格相对不扭曲，交易透明；环境质量被人们认作财产价值的一个相关因素；环境质量在时间、地点上的变化易于感受。

（2）HP 法分析的优点：使用可观察到的有关财产销售额或者工资率数据，而不是假定的数据；可作为一种通用的方法，能够考虑多种市场物品和环境质量之间可能存在的相互作用；从这一研究得到估计价值能够使用在对环境有相似要求和供给特征的其他的政策制定方面。

（3）HP 法分析的不足之处：HP 法是一种非常复杂的方法，并需要大量的数据。分析结果是对计量经济学的模型假定比较敏感，实证的结果取决于选择模型形式；对当 WTP 的测量是限制性和在很多现实世界设置中时，解释结果必要的，非现实的假定；对相当大量的数据需求会导致数据收集上的困难，造成费时和花费很高的成本。

七、调查方法：权变估值法

前文论述了把市场价格作用于实际环境影响所得到的各种价值。然而，某些环境的变化对市场上销售的产品和服务并不产生影响。在某些情形下，了解一头大象（除了大象肉、皮和象牙外）或一头鲸（除了鲸肉和鲸油外）的总价值是很有用的，但是在市场上却没有这些动物的其他某些属性的价格。建造一个发电厂，可能会毁坏周围的风景，影响人们散步乐趣：在没有消闲和景观市场的情况下，这些影响的价值如何估算呢？

权变估值法（CV 法）可以为此提供帮助。权变估值法是市场研究的一种新方式，所涉物品是环境变化。

CV 法与传统的市场研究（如新型洗衣粉的市场研究）不同，它的研究对象是某一假定的事件如环境的改善或恶化。CV 法通常应用于公共产品的变化，如空气质量、风景和野生动物的存在价值的变化等，但也可用于个人的环境产品，如给排水条件的改善。CV 法可应用于使用价值（如水的质量、野生动物的观赏和直接观赏的乐趣）或非使用价值（如存在价值）。

人们在权变估值法采访中表达的价值取决于（即权变取决于）对物品的描述、是否提供了物品以及支付方式等因素。

（一）CV 法的实施框架

CV 法主要核心问题是要求调查对象对环境的变化标定出价值。典型的问题包括：您愿意为改善空气和水质、保护风景、改善海水水质以便人们游泳等支付费用吗？如服务水平改善，您愿意将家庭给排水管道接入公共给排水系统吗？若愿意，您每月愿支付多少金额？

采用 CV 法有三个根本问题需要解决，即采访的方式、问卷的设计和提问方法（启发、引导方式）。

采访可采用邮寄、电话和面谈的方式进行，实际应用中，也可综合采用这三种采访的方法，如在邮寄调查后，再采用电话或面谈采访。

采用 CV 法时，问卷的设计十分重要。第一部分应对问题进行描述，例如采用专栏或图片说明所面对的环境变化，以保证调查对象对有关问题有清楚的了解。

若待调查的主题是环境的改善问题（如供水排水），采访则应通知这种改善什么时间可完成、调查对象预期采用何种方式支付、其他人预期支付多少、提供服务的方式是什么、其质量和可靠性如何。

第二部分应引导调查对象对环境变化估值。对于环境改善问题，可设计显示支付意愿（WTP）的问题。对于环境恶化的问题，理论上说应设计补偿的接受意愿（WTA）。在调查中，支付意愿和接受意愿这两种测度方法经常使用。

第三部分应包括有关调查对象及其家庭的社会、经济和人口统计方面的一组问题，这些信息对分析和核实其支付意愿是必要的，特别是在回答采用是或不是的问卷中。有两种主要的提问题引导方式。一种方式是对于环境的变化，可以向人们提出愿意支付的最大金额，或他们可以接受的最小补偿额。这些问题称为直接问题或开放式问题。另一种方式是，如果已经确定了（环境变化）需支付的费用，问是否准备购买这一劳务或接受这一（环境）变化（即是/否型问题、封闭型或两分法问题）。

（二）分析数据

CV 法可分三个层次对收回的答案数据进行分析：列出频度分布，把不同规模的支付意愿声明与做此声明的数对应出来；将支付意愿的答复（WTP）与调查对象的社会经济特性及其他有关因素交叉列表；采用多变量统计法将答案和调查对象的社会特性相联系。

对样本估计的汇总是统计学上的共同问题，可通过对随机抽样的选择而消除。最好是由具有抽样经验的统计专家参与工作。

对目标人口的精心划分非常重要，直接影响社会总的支付意愿的数额。对具有地区或国家和国际重要性的环境问题来说，这是关键的一点，因为存在很多潜在的利害相关者。

一旦数据分析完成后，应检验数据和采用方法的可靠性，主要有三种检验方法：

（1）对调查设计的内部检验，推敲未分离样本之间的某些细节来检验是否产生了有系统的差别。

（2）多变量分析，分析支付意愿与需求理论中的社会经济变量（如收入、教育、家庭状况、住房条件等）的相关关系。如果与预计的关系不同，那么就证明调查方法有问题。

（3）若有可能，可将 CV 法的估值与采用其他方法的估值进行比较。并就 CV 法和采用其他方法的估计值作更加深入详细的比较分析。

（三）CV 法的适用条件及其评价

CV 法适用于下列情形：环境变化对销售额无直接影响；不能直接了解人们的偏好；抽样调查的人有代表性，了解调查的主题并有兴趣和有足够的资金、人力和时间进行充分研究。

CV 法非常适用于评价下列一些问题：空气和水的质量；娱乐（包括垂钓、打猎、公园和野生动物）；无市场价格的自然资源（如森林和野生区域）的保护；生物多样性的选择及其存在的价值；生命和健康风险；交通条件改善；污水和排污。

（四）CV 法的优缺点

优点是在其他调查方法不能使用时，CV 法具有很大的作为数据来源的潜力，或者对其他方法收集的数据进行检验。现在人们越来越多地将 CV 法与其他一些方法结合起来使用。该方法随着科学取样理论、收益估价评论、计算机数据处理和公众意见调查法的发展已取得长足进步，在政策制订过程中起到了重要的反馈作用。在美国，埃克森石油公司漏油事件（发生在阿拉斯加瓦尔德兹）引发了一场大诉讼案，使权估值法得到了很大推动，因为所涉问题之一是如何评定自然风景和野生生物损失的价值。

CV 法的主要缺点是它依赖于人们说什么而不是人们做什么，尽管其他方法可修正产生的种种偏差。另外，要获得可靠的数据需要大量的时间、精力和资源的投入，这也使得 CV 法成本很大。

思考与讨论

7-1 环境影响评价的技术程序一般分为哪几个步骤？

7-2 选择环境影响评价的方法时需要考虑哪几个方面的因素？

7-3 自然资源的价格由哪些因素构成？

7-4 MVPE 法的主要的优缺点是什么？

7-5 间接市场法主要有哪几种？它们各自的适用范围是什么？

7-6 权变估值法（CV 法）适用范围是什么，其主要的优缺点有哪些？

7-7 假设有两家工厂，甲厂的污染边际控制成本为 $MC = 0.5W$，乙厂的污染边际控制成本为 $MC = W$，假定两家工厂的总污染许可量为 30。

（1）如果将污染许可量平均分配，是不是最优的？

（2）什么是最优的排污分配量？

（3）若将污染许可量平均分配，则总控制成本比最优分配增加多少？

7－8　一个对某旅游景点的旅行费用的调查得到如下信息：

地区	总人口（万人）	旅游率（%/万人）	旅行费用（元/人次）
A	100	400	20.00
B	200	150	70.00

（1）画出人均需求曲线，标出具体的数字。

（2）画出每个地区对该旅游景点的需求曲线。

（3）画出市场的需求曲线。

（4）计算每个地区对该旅游景点的消费者剩余和总体的消费者剩余。

7－9　案例：测量外在性影响

你是位于北京的一家咨询公司的项目助理经理。目前，环境保护局（EPA）正委托你的公司承担一项关于对"居民区上空的高压电力线的环境经济影响"的研究。该项目起因于近来出现的一些公开的报道，为此一些居民很担心高压线将对他们的健康带来负面影响。但是，该项目研究报告将不仅限于健康影响方面，而是包含对高压电力线下的居民产生的所有的外在性影响。项目主管已指示你组建一个8人的小组开展这项研究。你选择的人将在THU大学集中，并制定该项目的详细研究计划。因为EPA只为该项目提供了有限的经费，你只可以选择在THU大学工作和学习的人员参加。并使用THU大学的网站，招聘最多不超过8人的团队（为此，你首先需要概述你所考虑的问题，以及考虑你所采用的研究方法）。

项目主管已要求你提交一份备忘录来说明：

（1）哪些是你所考虑的重要问题；

（2）你将选择什么样的人来参与项目。

第八章　企业环境风险管理

第一节　企业环境风险管理概述

环境风险是企业风险的重要组成部分。从 20 世纪 60 年代环境风险进入企业管理的视野以来，环境问题带来的风险和机遇成为企业不能回避的问题，其影响也越来越大。

中国现行的公共环境管理政策体系中包括的法律法规、规范标准、环境经济政策以及"环境影响评价"、"三同时"、"排污许可证"等制度，对防范企业因污染行为而导致公共环境风险发挥着基础性的作用。

对企业而言，污染行为和污染事故意味着现实的损失或潜在的损失。例如，1989 年 3 月 24 日，当时全球第一大石油公司埃克森公司（Exxon）的一艘超大油轮瓦尔迪兹号在阿拉斯加威廉王子湾附近触礁，大量原油泄出，在海面上形成巨大油污带。原本风景如画、盛产鱼类、海豚海豹成群的威廉王子湾生态环境遭到严重破坏，至今未能彻底恢复。埃克森公司马上陷入被动境地。此次事故埃克森公司直接经济损失包括清理费、补偿金、诉讼费和罚款总共达43 亿美元。2010 年 4 月 20 日，英国石油公司（BP）在墨西哥湾的钻井平台发生爆炸，这次事故造成 11 人死亡、17 人受伤，同年 4 月 24 日，事故油井开始漏油，持续 87 天，约有 410 万桶原油流入墨西哥海湾，污染波及沿岸美国 5 个州。墨西哥漏油事件爆发后，BP 公司股价在该事件爆发的最初 3 个月，暴跌 1/3，市值蒸发约 800 亿美元。美国司法部依据《保证水清洁法案》、《濒危物种保护法案》、《保护候鸟协定》和《惩处石油污染法案》等向 BP 公司提出索赔诉讼。另外，美国有 10 万人向 BP 公司提出诉讼，诉讼事由包括：营业利润的损失和个人收入的损失；对环境的破坏；漏油事件导致财产损失；石油和化学分散剂所带来的健康问题和健康风险；清理工作中的伤害和健康危险等。最终达成妥协，BP 公司为漏油事故支付的赔偿约为 420 亿美元。

加强环境管理有助于增加企业产品及服务的价值，培育持续的竞争优势。

因此，领先的企业将环境风险管理逐步纳入企业的风险管理系统①，并视其为企业经营和战略管理的有机组成部分。与企业的非市场环境风险的概念不同，本书所谓的企业环境风险（Environmental Risk）指与自然环境和生态资源问题相联系的企业风险。

企业对环境风险的管理正从被动地服从管制的阶段向更为主动和全面的方向发展，这一般通过建立战略性的环境管理体系实现。对于具有创造性的企业家、风险管理者、保险商和咨询机构，在企业环境风险管理的领域里出现越来越多的商机。

一、风险与风险管理

（一）风险的概念

风险首先可以抽象为一种随机变量，加上时间维度后就可视为一种随机的过程。它既包括遭受损失的可能性状况，也包含了一定可能性的损失量，是这两者的函数，即：

风险＝f（可能性，损失量）

在实践中，可以用随机变量的某种特征描述和度量风险，比如方差。

风险与不确定性都是对随机性的描述。当遇到的随机性可以用数值的概率表示，而不管这种随机性是客观的或仅仅是个人的主观信念时，就用风险这个概念描述。风险指能够预先估计其可能出现的结果及其出现的概率。如果事先不知道可能发生的结果或不能明确其发生可能性有多大时，就用不确定性描述。换言之，不确定性是风险的基础，如果结果是确定的，则不存在风险。同时，风险是与损失相联系的，存在不确定性并不意味着风险。

企业面临的风险可以从企业本身及其管理者的角度分析，也可以从企业投资者（股东和债权人）的角度考察。从财务上看是由于负现金流造成的，持续严重的负现金流会导致企业资产负债率过高甚至破产。风险还有可能来自企业内部管理控制系统的失效。

（二）风险的构成要素

风险的构成要素包括风险因素、风险事故和风险损失。

风险因素是指引起或加大风险事故发生的潜在条件或来源。引起企业内部环境风险的因素有物理性的（Physical），比如工艺流程落后、污染物处理设施不配套等；心理性的（Morale），比如因为建立了环境管理体系而对风险防范工作产生疏忽；道德风险（Moral Hazards），比如偷排污染物、瞒报排放量等。

---

① Risk and Insurance Management Society Environmental Committee（Robert W. Teets, et. al.），Applying the Risk Management Process to Environmental Management. Risk Management，1994（2）：4 - 14.

由风险因素导致风险事故的发生，使损失的可能性转化为现实损失，这时的现实损失就是风险损失。损失有可能是运营效率或财务上的损失，也可能是品牌或商誉上的损失。

（三）风险的性质与分类

风险的存在是必然的，是可以预测的。但因其形成过程的复杂性和随机性，风险是否发生、何时何地发生以及发生的范围和程度都是不规则的。

按照风险性质的不同，可以将其分为静态风险和动态风险。

静态风险，是因为自然因素或个体行为失当而引起的损失的可能性，强调实物损失。比如，污染物泄漏导致人身伤亡的风险。动态风险则指以社会经济因素变化为直接原因的风险，比如，由于排污标准的提高而使得企业支出的排污费或罚款额增加。两者的区别在于，第一，静态风险对所有个体而言都可导致损失，而动态风险对某些个体有损失，但对其他个体则可能有益。第二，静态风险一般可以采用统计方法进行预测，而动态风险比较复杂，不宜进行定量预测。

按照风险损失的性质，可以将风险分为纯粹风险和投机风险。

纯粹风险指只有损失机会而无获利可能的风险。与静态风险类似，纯粹风险导致的是绝对损失，其发生和变化呈现一定的规律，因而可预测性高，一般具有可保性，故此也被称为可保风险（Insurable Risk）。

投机风险是由行为者的主观选择和投机行为产生的风险，既有损失可能性也有获利可能性，例如高新科技领域里的风险投资等。投机风险难以通过大数定律进行预测。

对于企业而言，按照生产经营活动的内容，可以将风险分为投资风险、生产风险、财务风险、经营风险、人事风险等。另外，企业风险也可以分为外部环境风险、经营过程风险、决策信息风险等。

（四）风险管理

风险管理是指以最低成本处理风险以达到既定目标的科学方法。风险管理的实践活动包括对风险的计划、识别、评估、控制以及对风险及其管理效果的监控等，主要是关于纯粹风险的管理决策，其中包括一些不可保的风险。从本质上讲，风险管理是应用一般的管理原理管理一个组织的资源和活动，并以合理的成本尽可能减少意外事故损失及其对组织的影响（许谨良等，1998）。

1. 风险管理的途径

程序式管理法，即按照明文规定的制度和流程管理风险。

内部控制管理法，即对风险进行识别、评估、分级，然后根据其影响和概率分别进行处理的内部控制管理方法。

　　组合式管理风险管理，即将企业面临的各种风险作为一个整体看待，并对其"风险组合"进行持续和定期的监控。

　　在实践上，风险管理往往是同时采用以上方式。由于企业环境风险与企业战略、运营或财务等诸多方面都有联系，因此，对环境风险的识别和评估，可能既需要管理层自上而下的分析，也需要基层员工自下而上的建议。

　　2. 风险管理的目标

　　企业不可能完全避免风险，但应尽量避免不必要的风险、不该由其承担的风险或股东不想承担的风险。这意味着企业应根据其风险管理目标评估风险的程度和控制风险的总量。

　　风险管理的目标包括在风险事故发生前对潜在损失的控制目标和对风险事故发生后的实际损失的控制目标。

　　（1）控制潜在损失的目标。

　　1）制定风险管理计划，建立风险管理机制，建设风险管理的综合能力，以最经济的方法预防风险事故发生。

　　2）减轻企业利益相关者的心理压力，保证企业正常运行。

　　3）履行法律法规要求的安全防范责任。

　　（2）控制实际损失的目标。

　　1）启动应急计划，防止损失扩大，保险索赔，维持企业生存和运营。这是企业风险损失发生后的首要控制目标。

　　2）恢复正常运营，稳定企业收入，辅助管理层进行危机管理，及时改善风险管理计划和机制。

　　3）承担社会责任，尽可能承担风险事故对各利益相关者和整个社会的不利影响，防止企业可能实施的违反法律和道德的行为，正确处理公共关系，营造企业生存发展的良好环境。

　　3. 风险管理的一般程序

　　风险管理的程序是为实现风险管理目标而进行的一系列管理过程，主要包括风险计划、风险评价、风险对策以及风险监控等几个相互联系的阶段，反映了风险管理的基本规律和工作步骤。

　　（1）风险计划。风险计划是对风险管理的战略框架的构建，包括风险管理目标的确定、风险管理部门内部组织结构和人员职责的安排、业绩标准和作业标准的制定、与其他部门合作沟通的机制以及财务资源的分配等，依照合理的程序并以文字的形式对上述内容加以描述，形成正式的风险管理计划（RMP）。

　　（2）风险评价。风险评价包括风险识别和风险衡量两个部分，是决定管理成本和工作进度的关键技术过程。风险识别是指对可能存在的风险因素和可能发生的风险类别的分析和记录，方法包括指标分析法、财务报表法、故障树法、幕景分析法和专家调查法等。风险衡量是指对识别的特定风险发生的概率及其损失程度的定量估计和预测，方法包括概率数理统计、计算机模拟、敏感性分析、专家判断等。

影响程度和发生概率是风险衡量的两个要素，可据此对风险进行描述和排序。损失影响不大但发生可能性大的风险往往比损失影响大而发生可能性小的风险更具危害性。

（3）风险对策。制定和实施风险对策是根据风险评估的结果和风险计划确立的目标和程序，采取适当对策处理风险是风险管理的关键阶段。基本对策有预防、规避、减少、转移以及自担风险等。

图 8-1　风险对策矩阵

（4）风险监控。风险监控是对风险及风险管理效果的系统化追踪和评估，并不断修正和调整风险计划的过程。监控过程应采用进度表数据，依照一种正式的、周期性的标准化程序进行。监控绩效评估主要有两方面的标准：一是基于管理效果的，即是否以最小成本最大限度地减少风险损失；二是应辅以风险管理的作业标准，对风险管理部门的工作数量和质量进行考核。

在企业内部，风险管理系统应具备定期、连续的风险监控功能，这实际上要求企业将风险监测和控制纳入内部控制系统，并在企业管理信息系统的基础上对风险信息进行有效分析和沟通。同时，上市公司的信息披露制度要求企业在其外部报告中说明风险及其管理对策。

4. 企业风险管理的研究现状

在风险管理研究领域，化解投资金融风险（例如利率风险、信用风险、资产组合风险等）的风险管理工具，比如远期合约、期货合约、互换交易形式、期权合约和保险等，已经取得创新性的进展。而企业风险及管理的研究相对滞后，大部分停留在纯粹风险的研究上。企业风险涉及新产品开发、技术创新、市场营销、运营及战略管理的各个环节，但在实践上，风险管理者很大程度上依靠直觉判断和演绎法进行决策，使用数量方法的风险管理仍处于初期阶段。

二、企业环境风险

企业环境风险是指由企业活动引起并通过环境介质传播的，对人体健康和环境生态产生影响、破坏乃至毁灭性作用的不利后果的发生概率。在本章的内容中，也涉及由于环境技术管理创新而使企业面临的投机风险，但本章主要讨论纯粹环境风险及其管理方法和对策。

（一）企业环境风险的性质和范围

企业环境风险包括复杂的作用过程和相当宽泛的范围。有些环境风险具有累积性和滞后性，比如企业污染物排放及处置不当可能产生累积性后果，从而对人体生命健康和财产带来严重的损害。也有些是突发的重大环境灾难，比如切尔诺贝利核电站爆炸事故、联合碳化物公司印度博帕尔农药厂泄漏事故以及油轮溢油事故等。中国也发生过类似事故，2005年11月13日，中国石油天然气股份有限公司吉林石化分公司双苯厂硝基苯精馏塔发生爆炸，造成8人死亡，60人受伤，直接经济损失6908万元，并引发松花江水污染事件。2010年7月16日，位于辽宁省大连市保税区的大连中石油国际储运有限公司原油库输油管道发生爆炸，引发大火并造成大量原油泄漏，导致部分原油、管道和设备烧损，部分泄漏原油流入附近海域造成污染，事故造成的直接财产损失为22330.19万元。2015年8月12日，位于天津滨海新区塘沽开发区的天津东疆保税港区瑞海国际物流有限公司所属危险品仓库发生爆炸，165人遇难，8人失踪，直接经济损失68.66亿元。事故对事故中心区及周边局部区域大气环境、水环境和土壤环境造成不同程度的污染。

1. 企业环境风险的性质

企业环境风险既包括静态风险，也包括动态风险。

从经济学的角度看，这些环境损害所导致的成本除了需要直接赔偿的费用，即内部成本（或私人成本）以外，还包括因无法直接赔付而由自然环境和社会承担的外部成本（或社会成本和环境成本）。随着环境法规和标准的建立和完善，一些外部成本正逐渐被内部化；从长远看，这些成本将在未来的某个时间点成为企业的会计成本，有必要对潜在的环境风险进行管理。因此，企业环境风险管理的目的和方法是将内部环境成本及外部环境成本最小化。

2. 企业环境风险的范围

一般而言，各行各业的企业都会与自然环境产生直接或者间接的联系，因而也存在与自然环境相联系的风险。不同企业面临的环境风险的性质和程度往往有所不同。有些环境风险是与企业活动直接相关的，有些则是与企业活动有间接的关联。企业从生产运营到其产品最后废弃的整个过程中，都可能产生环境风险问题，比如污染和健康危害等，企业管理者甚至可能为此负有刑事责任。

对于存在直接环境风险的行业的企业而言，环境风险是关乎企业生存和发展的核心问题，对环境风险处理的好坏，直接决定了企业的竞争地位。在这样的行业中，企业都会把环境问题放在企业战略最重要的位置考虑，高层管理者成为环境风险管理人员的一分子，企业将采购、生产、销售的各个环节相关环境风险的监控被置于较高的优先级别，并辅以完善的环境风险管理体系。其中，对环境风险的识别、评估以及风险的规避和应对措施都有详细的规定，形成了程序化、规范化的工作制度。这些行业也是风险管理研究关注的重点行业。

对于有些行业，企业经营活动一般与自然环境因素直接关系不大，因而企业不会设置专门的环境风险管理部门管理环境风险，也没有详细的环境风险管理办法。然而，由于企业相关的活动，比如投资或办公设施采购，可能间接涉及环境问题，因而对企业形象可能产生影响，所以也应该对环境风险进行必要的考虑。

大多数的行业介于以上两种情况之间，直接风险和间接风险同时存在。随着环境问题日益突出，人们环境意识的不断升级，环境问题逐渐被内部化到企业经营管理活动中，成为不得不关注的问题。例如，麦当劳公司对包装材料的改变，以及杜邦公司氟利昂产品的停产都属于这类情况。

（二）企业环境风险分类及特点

企业环境风险的类别比较复杂，作为承受主体的企业又是情况各异，因此，关于企业环境风险的分类，需要从多种角度出发进行考察。

1. 企业环境风险的类型

企业因其活动对自然环境产生影响而承担的风险，可以按照风险来源、影响的经营活动、作用对象、作用过程等划分具体的类型。

（1）按照风险来源划分。企业环境风险从风险的来源可分为企业内部环境风险与市场竞争有关的环境风险和宏观环境风险。

企业内部环境风险，指源于企业自身、与企业战略及运营管理过程直接相联系的环境风险。例如工业"三废"的超标排放、库存原料泄漏、作业环境对员工健康安全产生影响等风险。当然，忽视具体发展阶段而盲目超前的环境战略也可能导致财务风险。

与市场竞争有关的环境风险，指与企业经营直接发生关系的利害相关方（如消费者、供应商、竞争对手、同盟者、销售商、政府等）的环境行为或环境态度的变化给企业带来的风险。例如，消费者转向绿色消费、销售商对所经销产品要求环境标志认证、产品不符合环境标准而需要召回等对企业带来损失的可能性。

宏观环境风险，主要指与企业所在行业和地域有关的环境风险，或因环境政策法律的变化而导致的风险。比如，淘汰氟利昂对电冰箱制造商的影响，国家二氧化硫和酸雨控制区的划定对该区域内以煤为燃料的工业企业的影响等。

（2）按照风险影响的经营活动划分。环境因素有关的市场风险，包括因环境行为失当或产品环境问题使企业信誉和形象、企业品牌的认可度以及产品的市场占有率等受到损害的风险。

环境因素有关的运营风险，包括超标排污及化学品泄漏、产品责任风险、污染工艺被限制等风险。

环境因素有关的财务风险，比如既往污染行为滞后影响责任构成的负债、资产的损害、保险损失等风险。

环境因素有关的资本成本风险，比如污染处理设施的额外投入、产品因环境不达标需要重新设计的成本等损失的风险。

环境因素有关的交易风险，比如因环境问题而导致的资产重组或剥离等交易的时间成本增加的风险。

环境因素有关的持续经营风险，比如能源或资源利用效率低等因素导致的潜在的企业竞争力下降的风险。

（3）依据作用对象划分。可以根据企业环境行为影响的介质或对象对企业环境风险进行分类。比如：水污染风险；土壤污染风险；大气污染风险；健康损害风险；资源损害风险；生态风险；物种损失风险；全球变化风险等。目前，环境科学的研究和公共环境管理领域一般使用这样的分类方式。企业也可以利用这种分类方法帮助识别所面临的环境风险。

（4）根据作用方式划分。有的环境风险是突发的，例如油轮溢油、化工厂有毒物质泄漏等事故。有的环境风险是逐渐累积的，其产生严重影响的作用过程较长，例如农药随地表径流输送并累积在河口区的过程。

突发性环境风险事前很难做出判断，但一般与管理或操作不当有关；累积性的环境风险在其形成过程中比较容易被察觉，但其后果同样是难以逆转的，需要采取有效的管理方式加以避免。环境风险作用方式不同，相应的管理方式的重点可能有所差异。累积性环境风险可以采取过程控制的方式使得风险降低甚至避免；突发性风险则要求企业建立相应的预警系统和应急方案，不然企业会陷于非常不利的境地。

2. 企业环境风险的特点

企业环境风险的特点主要体现在相关环境风险对企业产生的影响上。

（1）危害大。通常情况下，环境风险不像道德风险那样在企业中经常出现，而一旦发生则对企业具有很大的影响。如果环境保护不利，一家造纸企业可能会被关闭；如果不能适应消费者对产品在环境和健康方面的要求，企业将丧失市场份额。

（2）表现形式复杂。企业环境风险的表现形式比较复杂。企业既可能因为环境行为不符合法律法规要求而遭到罚款等损失，也可能因为生产过程中的环境影响而受到当地居民的抵制甚至起诉，更可能因为企业及产品的环境形象欠佳而失去顾客。在国际贸易中，企业可能因为无法越过绿色贸易壁垒而被拒于国际市场之外。这些都是企业环境风险管理应该考虑的问题。

（3）发生概率难以预测。一般意义上的风险指可以预测可能发生的结果及其概率的情况，不确定性是指结果和发生概率都无法确定的情况。环境风险介于一般意义上的风险与不确定性之间，特别是突发型的环境风险，预测是十分困难的。

（4）危害具有潜伏性。无论是累积的环境风险，或者是突发的环境风险，其可能导致的环境损害和人群健康危害往往具有潜伏性。例如，工矿作业环境中的粉尘等导致工人矽肺的健康损害以及放射性物质导致癌症发病率的升高等。很多国家的法律规定，在这种情况下，环境问题的制造者同样要完全承担责任。危害的潜伏性要求企业在风险管理过程中不能采取简单、消极的管理策略，而应该采取主动的风险管理策略。

（5）滞后性。大部分环境风险的危害有一个滞后期，甚至要让后代人承担，也就是说一部分环境风险具有隔代的外部性。企业环境风险的滞后性造成企业对环境风险的忽视和对后果责任的逃避，导致企业环境风险管理体系与环境质量目标之间的系统性偏差。

三、企业环境风险管理的基本原理和方法

企业环境风险管理的主要内容是系统地评价企业面临的环境风险，并根据环境风险的类型及特点采取相应的风险管理对策。采取明智的环境风险管理措施有利于同时减少企业的内部成本和外部社会成本及环境成本。

（一）企业环境风险管理的目标及原理

企业环境风险在广义上包括企业活动引发或面临的环境问题对企业价值、人体健康、社会经济发展以及生态系统等造成的风险。实际上，在企业环境风险管理中，主要是采用狭义的环境风险，即环境问题对企业运营、财务、营销以至于战略管理的直接或间接影响的可能性，也包括因此而引起的可能的责任索赔。本书所指的环境风险一般是纯粹环境风险。在这个意义上，企业的环境风险管理的目标及原理均是总环境风险成本的最小化。

1. 企业环境风险管理的目标

企业环境风险管理的目标是在进行管理决策时对环境风险进行评估，从而避免不必要的环境风险及风险损失。当环境风险发生概率高时，风险管理旨在降低其不利结果出现的可能性；当环境风险后果严重时，风险管理旨在降低其导致的损失影响。

更具体说，主要是通过对环境风险的评价和控制管理，达到以下目标：①对企业不同资产单元进行环境风险的相对比较；②合理签订企业环境风险的保险合同；③根据环境风险大小进行投资项目分析；④为企业经营业绩评估提供必要信息；⑤进行企业环境风险控制等。

2. 企业环境风险管理的基本原理

企业进行环境风险管理的基本原理是"生命周期环境风险—成本最小化"。这一原理可以简单地通过图 8-2 理解，图中 C^* 点代表综合考虑了环境损失成本与风险预防及控制成本的最优的风险管理投入水平。

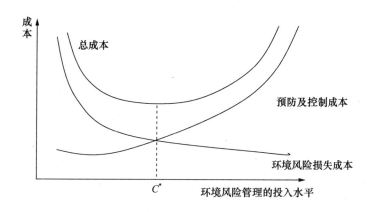

图 8-2　企业环境风险管理的基本原理

环境风险评价应该在产品设计、工艺设计、厂址选择、原料及设备采购、生产运营、资本投资、成本控制、废弃物管理、成本分配、产品组合、产品定价以及绩效评估等企业基本活动的全过程中予以贯彻，即需要系统地考虑供应网络、制造系统和销售渠道中的环境问题而导致企业损失的可能性。当然，一个企业如何具体定义其"环境风险"，依赖于该企业的特点和管理主体所处的管理层级。一项风险是否属于环境风险往往并不易明确和定量判定，但关键是使得潜在的风险得到适当的重视。

（二）企业环境风险管理的步骤及方法

企业环境风险管理将根据环境风险评价的结果及企业的承受能力，确定所考察的环境风险是否可以接受，并采用相应的管理及控制措施。一般来说，环境风险管理一般遵循以下几个步骤：①识别企业面临或可能面临的重要环境问题；②估计每种环境问题可能出现的多种情景；③测算各种情景出现的概率；④估计每种情景所对应情况下的损失程度；⑤评价整体环境风险成本；⑥根据风险评价结果选择风险最小化或者收益最大化的策略。

和其他类型的风险管理相似，在企业环境风险管理中，常用的风险管理方法主要有减缓环境风险、分散环境风险、转移环境风险和隔离环境风险，当然，也包括风险避免和损失控制。

上述风险管理方法应该形成企业环境风险管理战略的必要组成部分，其具体应用涉及组织结构及人力资源方面的问题，需要专家咨询，寻求法律支持，制定行动计划，进行初期培训，并在环境风险管理运营的过程中予以持续改进。

由于涉及间接环境风险的问题，环境风险管理要特别重视对环境敏感性以及或然责任（Contingent Liabilities）的考虑，比较成熟的环境影响评价（EIA）方法可能为环境风险评价（Environmental Risk Profile）提供有价值的参考。

对于或然环境责任风险，企业应加强环境索赔管理（Claims Management）。损失控制有助于将环境风险降到最低水平，但并不能完全杜绝环境事故或损害的发生。复杂的环境索赔可能会拖垮一个企业。因此，企业环境风险管理体系需要保险公司、损失精算公司以及咨询公司的环境索赔管理的专业服务。当然，这些专业公司也需要不断创新和发展识别环境风险及制定补救方案的能力，以保护其自身利益。

关于环境污染对人群健康和生态系统的影响，可以利用这一领域的专家组织的知识资源。比如，氟氯化合物（CFCs）会破坏臭氧层，持久性有机污染物（POPs），比如 DDT 农药等，会在环境及生态系统食物链中产生累积影响。但是，在风险评价过程中，很难识别这些问题的具体责任方是制造商还是消费者。处于不断发展中的国际公约和各国环境政策，均在加强对此类环境有害物质的生产和销售的直接管制。然而，对于企业来说，这可能意味着需要在末端处理或源头控制策略中进行选择，需要量化评价某种污染物毒性及降解行为，因此，通过专家调查法等是得到量化结果的直接途径。

企业环境风险管理中常用的分析技术包括流程图、故障树分析、问卷调查、检查表分析、财务报表分析、监督记录历史损失等，主要应用于风险识别。环境风险衡量、风险预测和决策中常常采用基于概率论和数理统计的技术。

四、企业环境风险管理与企业战略管理的关系

企业环境风险的范围和程度大小是动态变化的，即使当前环境风险较小的企业也不能对环境问题置若罔闻，因为潜在环境问题有可能对整个企业或企业管理的某个方面产生严重影响。因此，企业应该建立有效的环境风险管理体系，使得环境风险的管理成为企业战略管理的有机组成部分。

20 世纪 60 年代以来，人们认识到环境风险的危害，开始采取措施对环境进行管理。政府制定相关的环境保护法律、政策及标准，旨在控制工业污染、资源破坏和保证生态环境质量。其中，既有对企业环境行为的直接控制，也有通过激励手段促使企业采取最有利于其自身的途径改进其环境行为。企业的自愿环境管理是正在逐渐兴起的企业与政府在环境问题上进行合作的一个领域。

企业自愿环境管理主要基于以下两方面认识。第一，企业对环境风险的管理往往是对其自身利益的保护。第二，企业的环境绩效日益成为产品增值，增强竞争优势，塑造企业品牌，降低成本增加企业收益的重要因素。在企业自愿环境管理的情况下，企业主动将环境分析因素纳入企业发展战略的考虑，并据之进行适当的战略调整。比如，提高报废品的回收和利用率以同时降低环境风险及生产成本，在新产品开发中将降低环境风险作为必需的考虑因素等。图8 - 3 示意性地反映了企业环境风险管理与企业战略管理之间的内在联系。

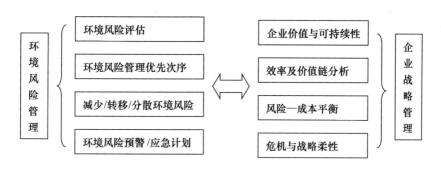

图 8 - 3 企业环境风险管理与企业战略管理内在联系示意图

事实上，许多企业的重要战略决策中已经体现了对环境风险的考虑。例如，英国石油（BP）公司考虑到石油资源存量有限及环境污染问题，研究开发太阳能设备作为替代能源，在降低环境风险的同时开拓了新的市场，现在已经占领了世界 10% 的市场，为公司的发展提供了空间。又如，巴斯夫公司（BASF）通过一体化的概念使废弃物得以在其他流程或生产基地循环使用。

在企业战略层面考虑环境风险，除受外部因素的影响外，企业对价值及成本的考虑是其主要驱动力，当然，还有来自企业内部的文化及理念的驱动。这些影响因素一般需要通过财务决策信息反映出来，才能被有效地纳入企业战略决策或具体的环境战略分析之中，比如工艺改造、产品升级、新市场开拓等。其中，由于难以对环境风险进行确切测量，构成将其纳入财务分析的障碍，需要克服一些评价方法上的困难。在目前实践中，往往采用一些关键绩效指标（Key Performance Indicators，KPIs）间接反映这些信息。

第二节　企业环境风险与财务管理

企业对其环境风险的考虑，需要有企业战略管理的视角；同时，必须落实到企业财务管理的实际工作中。在环境会计及环境审计的研究内容中，对环境问题考察的主要目的是为企业的财务管理和决策提供有关环境风险的信息。而在财务管理中有关投资和融资的基本原则及方法，对环境风险问题的合理解决也具有重要的现实意义。

尽管对环境风险导致企业的或有负债及潜在成本的识别及量化非常困难，企业财务管理及投资评估的基本原理仍然可以直接应用于企业环境管理，包括环境风险及其应对策略的分析，特别是可以用来改善企业在污染防治投资项目的评估以及企业在利用资本市场方面的决策质量。

一、企业环境风险与财务管理关系概述

企业的每一个决策都有其财务含义，企业财务管理关系到具体项目投资的成败直至企业的生存和发展。企业环境管理工作也必须根据企业资源状况，寻找与企业财务管理的最佳结合点。

环境风险作为企业风险的重要组成部分，正在重新定义企业财务管理的目标和内容；而财务管理的方法和原则也是完善企业环境风险管理的必要工具。

（一）风险与财务管理的关系

财务管理与风险因素密不可分。一般意义上，财务管理主要研究价值和风险在不同的时间和不同的对象之间的转移。例如投资，这个时间段上的投资可以带来以后多个时间阶段的收益。债务也是如此，这个时间的负债在以后的负债期间内应不断支付利息。风险的转移，主要指企业把自己的经济风险通过合同的形式转移给其他单位例如银行、保险公司或者其他金融机构。因此，财务

管理的基本内容是管理投资、融资及其风险。

价值的时间分布本身和未来的不确定性相连，价值在时间上的转移是有风险的，而风险在不同个体之间的转移更不能脱离对风险的管理。因此，在一定程度上，可以说财务管理就是对风险的管理。

（二）纯粹环境风险与财务管理目标的关系

环境风险所关注的重点是环境因素带来的不利影响，即纯粹环境风险，其影响范围可能涉及企业某个层面以至于整个企业经营的连续性。

传统的企业理财理论将企业价值最大化或股东价值最大化作为单一目标，其暗含的假设条件是相关的社会成本（外部成本）可以忽略不计，或者可以被定价并由企业支付。事实往往并非如此。对环境风险的无知或有意识的忽视，可能导致企业的有关行为与其财务目标背道而驰。

例如，Johns Manville 公司在 20 世纪五六十年代生产石棉，为了赚取最大利润而忽略了石棉导致癌症的潜在可能性。30 年后，受石棉影响而患癌症的工人对该公司提起诉讼，诉讼结果导致了公司的破产。

对企业来说，纯粹环境风险必将损害其财务目标的实现，即造成收益的减少。而减少环境危害事故发生的概率和影响，则有利于降低保险费用及资本成本。另外，有利于环境的投资还可获得税收减免或加速折旧等政策优惠。

（三）企业环境风险对财务管理的影响

环境问题因其复杂性和危害性而受到全球社会的关注，企业环境风险的范围正在日益扩大。然而，目前此方面的管理理论和方法还很不完善。因此，不当环境行为或不利环境因素所导致的企业环境风险往往直接反映为企业财务管理的困难和风险。

1. 环境风险对财务管理影响的主要体现

环境风险对企业财务管理的影响主要体现在以下两个方面。第一，由于环境风险因素的存在，企业中存在大量的隐性负债和隐性资产，以及一些隐性的支出和收益。这些隐性财务项目的存在，给企业财务管理带来了难度，而对其影响的忽视则导致财务风险。第二，企业运作过程的很多层面，例如经营权的许可、原材料和能源价格，以及产品市场份额等都容易受到环境和资源因素的直接影响，并在企业的财务报表中得到体现。

反映在企业的收益模型上，环境风险可能导致企业收入的减少或者是成本的增加，或者两者同时都有影响。

随着环境风险对企业的影响越来越大，企业战略管理中纳入环境风险因素的必要性已经不容置疑，要求把环境方面的成本和收益考虑到整个企业的成本和收益中，需要对环境风险进行比较客观的度量。财务管理作为企业战略管理的重要支持部分，必将体现出这方面的变化；而企业会计系统作为财务管理的重要基础之一，也将随之调整，向环境会计的方向发展。

2. 财务管理中应考虑的主要环境风险问题

一般来说，在财务管理中应该处理好以下几个有关环境风险的问题：

（1）怎样通过常用的财务分析工具，比如折现现金流和内部收益率的计算等，以分析投资计划和项目评估中的环境保护和环境风险问题；

（2）如何评估一个纯粹的环境保护项目的风险；

（3）在日趋全球化的资本运营条件下，诸如并购、接管或者直接投资于另外一个公司的活动中，如何考虑企业环境风险；

（4）环境风险管理对于企业的资金管理会产生何种影响；

（5）企业是通过自留资金、合同转移和保险三者中的哪种方式对企业环境风险进行管理等。

当然，这些问题的回答，要视企业的具体情况而定。对于不同的企业，或者同一个企业的不同发展阶段，答案可能是不同的。

二、企业环境风险与企业价值的实现

环境风险对企业价值所产生的影响，需要从企业运营的角度加以考察，进一步定量判断环境风险和企业价值实现过程之间的关系。这也是把环境风险管理引入企业战略管理的最为重要的一个环节。以下从实体运营和资本运营两个方面，分别对环境风险进行讨论。

（一）环境风险与企业实体运营

企业实体运营包括企业价值链中的各种价值活动。价值活动是企业所从事的物质和技术上有显著差别的各项活动，包括基本活动和辅助活动。基本活动包括原料组织、加工生产、产品储运、市场销售、售后服务等。辅助活动包括资产购置、技术开发、人力资源管理、企业基础管理活动等。其中，基础管理活动包括总体管理、计划、财务、会计、法律事务和质量管理等。

从总体上看，上述每个价值活动环节都可能受到环境风险的影响，从而影响到该环境财务目标的实现，进而妨碍企业价值的实现。因此，企业应该对企业运营的每个环节以及各个环节之间的衔接进行风险监控和管理。但因企业所处产业特性的不同，环境风险对企业价值链不同环节的影响有所不同。对于自然资源依赖型企业，原料组织过程的环境风险控制最为主要。例如，造纸厂可能会由于原料木材的产地实施森林保护政策而不得不到更远的地方采购原材料。同样，市场对不利于环境保护的产品的拒绝可能会使企业对原来的生产流程进行改造。明显的例子是，消费者环境意识的增强使得塑料包装行业的市场空间萎缩，企业转而寻求可降解的包装材料。另外，对报废品或部件的回收处理等售后服务也可能会成为企业环境风险控制的核心环节。

（二）环境风险与企业资本运营

环境风险的存在对企业资本运营也会产生重大影响，这个影响甚至远远超过对企业实体运营影响。资本运营的目标是企业价值的最大化或资本的最大增值。评估企业价值的方法多种多样，但基本的评价方法是以折现现金流模型为基础的，其中净现值（NPV）分析方法运用最为广泛。

1. 考虑环境风险的投资净现值

一项资产的价值取决于该资产创造未来现金流的能力，而其"现值"是指资产所有者应该资产投资而在未来能收到的全部现金流的折现价值。

设企业的原始投资（设为第 0 期）为 I_0，第 1 期到第 T 期的自由现金流为 CF_1，CF_2，$\cdots$，CF_T。各期的利率水平设为 i，则该项资产的净现值为：

$$\text{NPV} = -I_0 + \sum_{t=1}^{T} \frac{CF_t}{(1+i)^t} \qquad (8-1)$$

有风险存在的资产的净现值将减小。考察企业环境风险对企业价值的影响，也可以从式（8-1）右边的第二项入手进行分析，该项包括预计现金流、资产的生命周期（T）和资本成本的风险因素。

显然，企业环境风险可能导致预计现金流的减少，根据期望效用理论，则确定性等价比期望收益要小。同时，环境风险可能导致资产生命周期的缩减，例如，国家政策对污染严重的工艺设备的强制淘汰，也会引起企业资产现值的缩水。

与财务管理意义上的风险因素相似，环境风险因素同样可以作用于风险折现率 i，即要求在无风险利率的基础上加上一个正的风险报酬，可根据式（8-2）进行计算：

$$i_c = i_0 + \delta \qquad (8-2)$$

式中，$i_0 > 0$ 表示不考虑环境风险的利率，$\delta \geq 0$ 表示环境风险贴水。

不考虑环境风险的利率可以通过计算企业的加权平均资本成本（WACC）获得式（8-3）。

$$i_0 = w_{BC} i_{BC}(1-\tau) + w_{EC} i_{EC} \qquad (8-3)$$

式中，w_{BC} 对应总投资中的债务份额，$w_{EC} = 1 - w_{BC}$ 对应总投资中权益资本的份额。i_{BC}，i_{EC} 分别是借贷资本和权益资本的成本。τ 代表税率，通过因子 $1-\tau$ 作用于 i_{BC}，表示税后债务成本。

在实际计算时，折现率 i_c 必须和企业的状况相吻合，代表企业的实际资本成本。δ 的计算方法有很多种。例如，与其他风险状况相似的企业进行比较，风险状况相似的企业采用的折现率应该大致相等。上市公司的财务数据可以在公开报告中获得，比较具有可操作性。

为了鼓励企业采取有利于环境的企业行为，很多国家制定了针对环境项目的优惠政策。有利于环境的投资可以获得税收减免，或者是加速折旧，这些政策使得企业注重环境保护更加有利可图。

另外，风险折现率还可以依据专家的判断和经验来加以评估。

2. 股东价值（SV）

考虑一项投资 I 由权益投资和债务融资构成的情形。假设企业的权益资本为 EC，债务为 BC，则 EC = I − BC。

于是，净现值的计算应该按照资产净值来计算：

$$\text{NPV} = \sum_{t=1}^{T} \frac{CF_t}{(1 + i_c)^t} - EC \tag{8-4}$$

而股东价值的计算公式为：

$$\text{SV} = \sum_{t=1}^{T} \frac{CF_t}{(1 + i_c)^t} - BC \tag{8-5}$$

i_c 是考虑环境风险的折现率，用考虑环境风险的折现率对现金流折现，反映投资面临的环境风险的影响。

计算 NPV 可以判断企业投资的可行性。企业投资必须要求 NPV 大于零，至少不应小于零。计算股东价值 SV，可以验证企业的权益投资（I − BC）是否小于股东价值，只有权益投资小于股东价值时，投资对股东才是有意义的。

股东价值是企业未来现金流的折现值与显性债务的差。可以应用于整个企业，用以判断整个企业的运作是否对股东有利；也可以应用于单个投资项目上，判断投资项目是否可行。

以上分析方法既适用于对整个企业或具体项目的环境风险因素的分析，也适用于纯粹环境保护项目的投资分析。

企业环境风险管理要求企业对某些环境风险进行自保，其主要途径是投资建立相应的环境保护设施和管理能力。企业进行环境保护投资涉及财务管理和投资评估的基本原则的运用，其中的难点是对环境投资的具体成本和收益的识别及量化，重点是对增加企业价值的环境因素的分析，比如直接或间接的成本优势，以及风险规避等。环境风险、环境投资与资本市场的关系也是需要分析的重要内容。

（三）企业环境保护投资评估

有些投资可以提高周转率、销售额；有些投资可以提高产品的质量，从而扩大企业的市场份额；有些投资可能是降低企业成本或经营风险，这些都是增加股东价值的途径。

环境投资一般会为企业带来以下方面的价值回报。第一，环境投资给企业带来直接的价值回报。例如，通过提高环境绩效扩大产品销量和市场份额等。第二，环境投资可以使成本大幅度降低。例如，通过环境投资循环利用原材料可以降低生产要素成本，还可以降低企业的排污费、保险费和融资成本。第三，环境投资有利于防范企业的环境风险，从而有利于降低企业的资本成本和股东资本的机会成本。这种资本成本的降低可以通过对关注环境问题的银行所披露的利率信息的考察来估测。

值得注意的是，并不是所有环境投资都可以带来股东价值的增加。例如，进行污染物末端处理的投资，仅仅是转移或处理已经产生的污染物，并不能保证长期增加股东价值。与之相比较，污染预防（Pollution Prevention，P2）的投资指的是那些可以改变企业生产流程，减少生产过程中的污染，或者避免潜在的环境污染的投资项目。这种投资也被称为"工艺改造投资"，可以带来直接的正面效应，例如提高产品质量等。但是，这种投资规模比较大，甚至可能需要建立全新的生产流程，有必要在战略管理的层面上进行综合考虑。

企业的投资往往涉及很多方面，把其中的环境因素分离出来单独考虑是十分困难的。如果这一问题能得到有效的解决，对环境投资的评价就变得比较容易，以上提到的净现值法和股东价值法都可以用来分析环境投资项目的可行性。

1. 用现金流折现法分析环境保护项目投资的可行性

企业分析环境保护项目投资的净现值，是指利用项目方案所期望的基准收益率，把项目生命周期内的逐年净现金流折算到项目投资初期的总现值。其计算公式为：

$$\text{NPV}^{E} = \sum_{t=0}^{n} \frac{NCF_{t}^{E}}{(1 + i_{c})^{t}} = \sum_{t=0}^{n} \frac{(Ci - Co)_{t}}{(1 + i_{c})^{t}} \qquad (8-6)$$

式（8-6）中，上标 E 表示这些变量对应于环境因素，比如环境保护项目净现值、环境保护项目的逐年现金流等。Ci 和 Co 分别指现金流入量和流出量，$(Ci - Co)_{t}$ 指第 t 年的净现金流。n 为项目的生命周期。i_{c} 指基准收益率，一般以行业的平均收益率为基础，也是项目投资收益的期望水平，要综合考虑资本成本、风险贴水和通货膨胀等因素来确定。

对于单一环境保护投资方案的评价，若 $\text{NPV}^{E} \geq 0$，则方案可行；对于同一项目的多种方案的评价，则净现值大（并不小于0）的方案较优。

2. 环境保护项目投资的主要收益和成本

对环境保护项目进行评估的实用方法一般包括若干步骤和条件。首要的步骤是判断现金流的组成部分中的价值驱动因素，比如资本成本等。旨在降低环境风险的投资能削减资本成本的风险贴水，因而也是有效的价值驱动因素。此外，还要考虑影响现金流的其他因素，比如折旧和补贴等。通过净现值或股东价值的计算来评估环境保护投资的效果，往往需要与相同行业内面临相似风险的企业的回报率进行比较。

表8-1给出了环境保护投资或一些跨国投资的环境保护方面主要的收益和成本。

表8-1　环境保护项目投资的主要收益和成本①

总收益的增加（+）	
	超额销售收入，来自产品环境指标的改善或生态标签
	超额销售收入，来自环境保护项目所产生的价格增益
	其他超额销售收入，来自物资回收利用、咨询服务等
	其他超额收入，来自赠款、补贴、专利和特许权等
总成本的减少（+）	
	总节支，能耗降低
	总节支，水电的节约
	总节支，其他原材料的节约
	总节支，废物处理（来自回收利用和工艺改进等）
	总节支，保险费的降低
	其他方面的节支
总销售收入减少（-）	
	总销售收入减少，由于环境保护投入导致产品价格上升
	其他方面的总收入减少
总的超额运营成本（-）	
	总销售收入减少，由于环境保护投入导致产品价格上升
	总额外成本，超过环境法规和标准要求所承担的成本
	其他超额运营成本
	工程造价及研究投入

注：如果税率为τ，对以下项乘以$(1-\tau)$：
　　以上正号项之和，
　　减去以上符号项之和
　　（注意不可扣除项，主要重复计算！）

---

① Jean - Baptiste Lesourd, and Steven Schilizzi, The environment in corporate management: new directions and economic insights. Edward Elgar Publishing Limited, UK, 2002.

续表

税收效应，折旧及其他可扣除准备金	
	设备折旧（包括适用的环境保护设备的额外津贴）
	其他可扣除的准备金
	税率τ作用于折旧及准备金总额
计算资本成本	
	估计无风险利率（投资时间范围内的长期国库券利率）
	加：风险贴水，风险贴水计算步骤如下
	（1）计算可比上市公司的收益率
	（2）利率，可根据相似企业或项目的银行贷款利率，或者根据垃圾债券的利率计算
	（3）根据相似企业或项目的历史数据，对风险进行统计学估计
	（4）估计相似企业或项目失败的概率
	加：环境风险贴水

前文从项目层次上考察了如何将环境保护问题纳入投资评估和决策。事实上，对企业环境保护问题还应该在整个企业及资本市场的层次上进行考察。

三、环境风险、金融机构与资本市场

在整个企业层次以及资本市场的层次上对企业环境保护问题进行考察，涉及金融中介机构，比如银行、投资基金以及保险公司等。

（一）企业环境风险与金融机构

企业贷款的途径大多来自银行。银行在为企业提供贷款时，对企业的环境风险进行评估越来越必要。其中，特别需要注意两个问题。第一个问题是环境因素带来的投资失败的风险，主要是指企业无法归还贷款，造成呆账坏账的可能性。对应于高风险，银行一般要求提高贷款利率作为回报。第二个问题和企业提供担保的资产有关，比如，这些资产的价值有没有被高估，是否包含某些与环境问题有关的隐性风险等。

银行在给企业贷款时要验证企业的资信水平。而在西方发达国家，越来越多的银行被卷入所谓"贷方责任（Lender Liability）"的诉讼案中。比如，由于作为贷款抵押物的企业不动产包含环境污染因素，银行可能有责任去清除污染；或者被抵押物的价值受环境风险因素的影响而大幅缩水，导致贷方银行严重受损。因此，贷方可能采取如下措施来规避或减少其环境责任风险[①]：①制

---

① Buonicore, A. J. Environmental liabilities in financing real estate. The Real Estate Finance Journal, 1989, 5 (1): 4–14.

定银行贷款的环境政策；②建立识别存在环境风险的资产的操作程序；③对职员进行环境知识和法规培训；④主动了解有关环境法律法规及其发展趋势；⑤委托环境专业咨询机构对抵押资产进行评估。

贷款给企业时，银行需要计算企业的风险贴水，从而设置相应的贷款利率。比较简单的做法是直接采用环境风险贴水乘以某个系数作为整个企业的风险贴水，这种方法准确性不高，在实际中较少应用。另外一种常用的方法是对投资的某些环境影响特征进行考察，从而对企业环境风险进行多个角度的评估，确定企业的风险等级。这种方法需要事先制定一个详细的对照表，对企业环境风险的各个方面进行对照检查。

投资基金是比投资银行相对较小的投资机构。投资基金常常是一些公司、信托机构，其投资的范围比较小，尽量避免风险较大的投资。道德基金（Ethical Fund）的投资项目带有一定的社会责任因素。环境基金把资金投向那些对环境有贡献的企业，而环境风险高的企业不在其投资之列。在北美和欧洲，已经有相当多的道德基金建立了环境投资指标，环境基金也有较快的发展；广义上的可持续性及道德投资的年增长率高达70%以上。

其他金融机构或企业在资本市场中的行为也越来越受到环境问题的影响。例如，保险公司为企业环境风险提供创新的保险服务。企业之间的并购决策，必须考虑相关的环境风险因素。

（二）企业环境风险与资本市场

资本市场中环境因素的影响正在日益明显。环境绩效和声誉好的公司更容易得到投资者的认可，而对环境、健康等有不利影响的企业融资则相对困难。原因是环境绩效好的企业能有效管理环境风险，为股东长期价值的增值提供了保障。其环境绩效往往通过企业治理结构、声誉风险、人力资本、利益相关者关系以及包括直接环境因素在内的企业社会责任等方面的定性的、非财务的信息得到间接的反映。

以道琼斯可持续发展指数（Dow Jones Sustainability Group Index，DJSGI）为例说明。

道琼斯可持续性指数是根据企业的可持续性指标对64个产业行业的企业进行鉴定和评级筛选，每年选取其中10%的领先企业作为指数成分而形成的。对被纳入考虑的企业进行连续监测，必要时调低绩效欠佳的企业的排名或将其从名单中去除。评价所需的信息来源是多方面的，包括企业问卷调查、企业档案资料、公开信息、利益相关者关系、媒体筛选以及企业访谈等。评价所遵循的方法和步骤是外部事先确立的，并根据新的研究进展逐年进行调整，以便更好地反映企业可持续性绩效。DJSGI基于经济、环境及社会"三重底线"的评价标准体系如表 8 - 2 所示。

表 8 - 2 道琼斯可持续性指数成分的评价标准①

	机遇（50%权重）	风险（50%权重）
经济方面（33%权重）		
战略维度标准	战略规划，组织建设	治理结构
管理维度标准	人力资本管理，信息化管理，质量管理	风险与危机管理 企业行为规范
行业特殊标准（示例）	研发投入	互联网安全性
环境方面（33%权重）		
战略维度标准	环境制度	环境政策，环境责任
管理维度标准	环境报告，环境损益分析	环境审计及管理体系 环境绩效
行业特殊标准（示例）	产品生态设计，创新服务	产品认证，环境债务
社会方面（33%权重）		
战略维度标准	利益相关方参与	企业关于社会问题的政策 社会责任
管理维度标准	社会报告 雇员权益及满意度等	童工问题 冲突解决，非歧视政策 职业健康与安全
行业特殊标准（示例）	社区计划	居民重新安置

　　DJSGI 于 1999 年 9 月由道琼斯指数（Dow Jones Indexes）与 SAM Sustainability 集团联合推出。其理念是将包括环境因素在内的可持续发展思想纳入企业治理结构、股东价值、业绩基准以及社会责任等方面。通过 DJSGI 与道琼斯全球指数（DJGI）的比较可以发现，兼顾经济、环境及社会责任的企业的风险收益曲线明显有利于投资者（见图 8 - 4），其平均权益回报率（ROE）、投资回报率（ROI）和资产回报率（ROA）均高于 DJGI 的水平如图 8 - 5 所示。

---

　　① Knoepfel Ivo. Dow Jones Sustainability Group Index: A Global Benchmark for Corporate Sustainability. Corporate Environmental Strategy, 2001, 8（1）: 6 - 15.

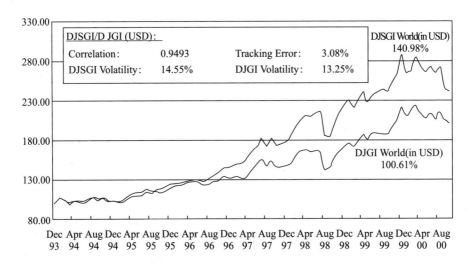

图 8 - 4　DJSGI 与 DJGI 的比较（1993 年 12 月~2000 年 10 月，美元价格指数）

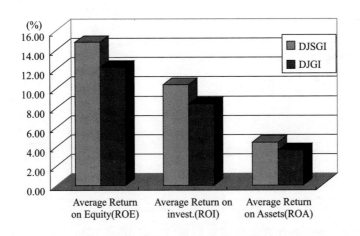

图 8 - 5　DJSGI 与 DJGI 的比较（五年平均值）

注：数据时间为 2000 年 6 月 30 日。

第三节　企业环境风险评估

　　自 20 世纪 70 年代以来，环境风险评价作为公共环境管理领域里对建设项目、区域规划以至政策议案等进行环境评价的一种方法而被广泛采用。中国于

1989 年成立国家环保局有毒化学品管理办公室，组织有毒化学品的风险评价。

企业环境风险形式多样，各因素间关系复杂。企业环境风险的评价在原则上应围绕企业价值来界定评价的范围及深度。为了选择适当的风险管理策略和方法，需要系统地识别企业现存的或潜在的环境风险，并正确地分析和衡量环境风险。

一、企业环境风险的识别

风险识别是风险评价的首要内容，目的是发现风险之所在及导致风险的主要因素。环境风险识别是根据因果分析的原则，在造成损失之前或损失刚出现时就对企业环境风险因素进行监测和分析，以保证在风险管理决策过程中不遗漏某些重要因素。

引起企业环境风险的因素及其危害程度各不相同，各因素之间的关系错综复杂，而环境风险识别的理论和方法还远未成熟。每个企业有自己的特殊性，不同的企业根据自己企业的状况采用不同的风险识别办法；同一企业中不同的特定风险也需要相应的识别方法。在实际分析中，往往需要综合运用不同的风险识别方法。

常用的风险识别方法有：流程图法、幕景分析法、故障树分析法、调查表法及财务报表分析法、专家调查法等。

（一）流程图法

流程图法是指通过建立企业实际运行的一系列流程图，对企业经营的每个环节逐一进行调查分析，从中发现潜在风险的一种风险识别方法，适用于产品制造企业生产过程的关键活动面临的风险的识别。从流程图可以发现原料来源、原料处理、加工、包装、储运以及废品（部件）回收处理等不同阶段潜在的环境风险。

例如，在图 8-6 所示的水泥生产过程中，产生粉尘的主要环节有生料粉磨、熟料煅烧、熟料粉磨、水泥包装和运输系统等，为了控制污染，水泥制造企业应在关键设备处安装各种收尘器，以防粉尘泄漏；推行散装运输也是防止运输过程粉尘泄漏的重要措施。

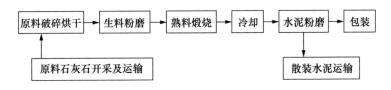

图 8-6 水泥生产流程图

在实际生产过程中，各种工序往往形成一个复杂的网络系统，一般用方框表示输入，用圆圈表示工艺过程，可以绘制比较综合的流程图。依据流程图，可以对不同工序可能产生的环境风险事故、潜在风险因素以及可能发生的损失后果进行分析。

（二）幕景分析法

幕景分析法是一种通过数字、图表、曲线等形式，对关键风险因素进行识别的方法。其主要目的是说明某种可能引起环境风险的因素变化时其后果如何，以便进行比较研究。该方法主要包括筛选、监测和诊断的循环过程，包括疑因估计、仔细检查和征兆鉴别等要素，其关系如图 8 - 7 所示。

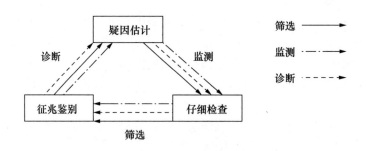

图 8 - 7 幕景分析法中风险筛选、监测和诊断的循环过程

环境风险筛选的过程起始于对潜在风险的产品、工艺过程或现象等进行分类仔细检查；诊断的过程起始于风险征兆鉴别，进而找出疑因并进行仔细检查；监测的过程起始于风险疑因估计，根据被监测因素的有限序列，通过科学的布点和频率对监测对象的时间、空间分布特征和影响量级进行判断。这几个过程紧密相连，往往需要重复循环才能有效地识别复杂的环境风险因素。

（三）故障树分析法（FTA 法）

故障树分析法利用图解的形式可以将复杂的环境风险系统分解成比较简单的、容易识别的风险子系统，并进一步对引起子系统风险的环境因素进行分解分析。故障树分析法是从结果出发，通过演绎推理查找原因的一种过程，一般用于对技术性较强，并且缺乏经验认识的风险的识别。

利用回转窑水泥制造设备焚烧处理有害废弃物既安全高效，又不会影响水泥的生产，但需要满足几个基本条件：窑内温度大于 1200 摄氏度、被焚烧物在高温区时间超过 2 秒以及充分搅拌等。假设在处理过程中，可能会因为有毒气体大量产生或收尘控制无效而使有毒气体或粉尘泄漏到空气中。

比较普通的故障树主要由结点和连线组成，结点表示某一具体事件，而连线则表示不同事件之间的关系。图 8－8 是对其环境风险进行分析的一个简单的故障树分析示意图。

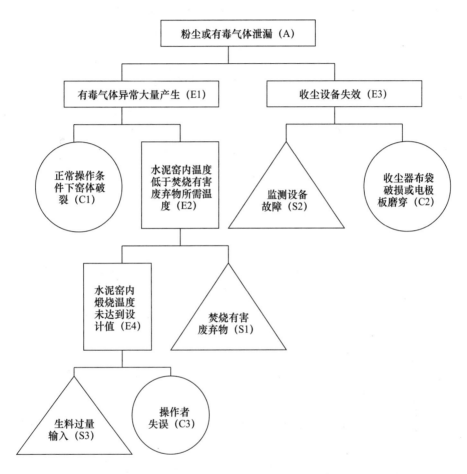

图 8－8 利用水泥回转窑焚烧处理有害废弃物的环境风险故障树示意图

在此例中，泄漏事故（A）在顶端，引起泄漏的风险因素为故障树的分枝。两个因素 E1 和 E3 都可以独立导致泄漏事故的发生，图 8－8 中可以用或门符号（∩ ⌒）或"＋"表示这种关系；有时候两个因素同时发生才导致风险事故发生，比如此例中的 E4 和 S1，图中可以用与门符号（∩）或"－"表示其关系。另外，可以用"○"表示源事件或基础事件，用"□"表示需要进一步调查原因的中介事件，用"△"表示某种特定的输入。这样，可以将说明事件的故障树重新绘制成符号故障树，如图 8－9 所示。

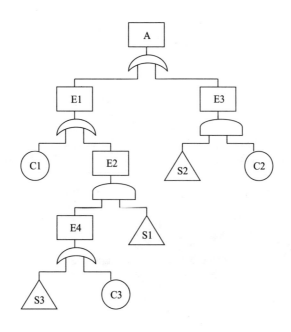

图 8-9　符号故障树示意图

　　虽然以上介绍的是定性分析过程，但在本质上，故障树分析法属于定量分析方法，在实际应用中，故障树分析法不但能够查明潜在的风险因素，还能计算出风险事故发生的概率，从而提出各种控制风险因素的具体方案。现实中存在诸多不确定性因素，因此，必须注意是否有严重的风险尚未被体现于故障树分析法中。

　　（四）调查表法及财务报表分析法

　　风险分析调查表是根据企业历史的风险经验推断企业现在的风险状况。基本方法是把企业经历过的环境风险事件、发生原因以及处理办法等进行详细记录，据此绘制成调查表，为风险问题提供解决方法和依据。保险公司等中介机构可根据同一行业企业或相似企业的风险管理记录编制标准调查表，以报告书的形式提供给企业风险管理者参考。企业不断完善其适用的调查表有利于企业环境风险管理的程序化。

　　财务报表分析法也属于调查表法中的一种，它是以企业的资产负债表、利润表、财务状况表、财产目录以及补充记录等资料为分析依据，对企业的财产、责任和人身损失等情况进行风险分析，以便识别企业面临的潜在风险。由于财务报表集中反映了企业财务状况和经营成果，因此可以据之发现风险因素的线索；同时，可以与财务预测和预算联系起来，对未来风险进行预测。

财务报表分析法基于常规资料，其文字表述一般比较简明和规范，使得风险识别的工作易于在企业内部和外部进行沟通。以表8-3所截取的财务会计科目为例，可以用报表内容分析识别可能导致损失的潜在风险。

表8-3 财务报表分析法示意①

科目	资产、人员及活动	潜在损失	损失原因
存货	原材料 供应商保管 　　（由供应商）运至仓库的途中 仓库储存 　　（由本企业）运至制造厂的途中 制造厂临时放置	财产损失 直接损失 间接损失 净收入损失	火灾、水灾、爆炸等灾害事故
		责任 由于事故损害他人财产需要承担的赔偿责任	过失、违约、工伤事故 运输事故
	产成品 　　制造厂临时放置 　　（由本企业）运至仓库的途中 仓库储存 批发商或零售商保管	雇员、消费者及相关人员的人身损失	死亡、健康恶化等

财务报表分析法的局限性是不能有效地反映以非货币形式存在的问题，对环境风险的分析而言，更为有效的分析有赖于企业环境会计和环境审计工作的建立和完善。

（五）专家调查法

由于环境风险具有较高的复杂性和不确定性，许多风险因素无法在短期内通过统计学方法、实验分析方法或因果论证的方法进行识别，或者调查费用过高。对此，可以采用专家调查法对环境风险的可能性及其后果作出估计。其中，德尔菲法是一种比较可靠的方法。采用德尔菲法进行环境风险分析的一般情况是，选择好包括环境风险评价专家在内的适当的专家范围，遵循一个事先确定的逐步循环的过程，首先让专家利用各自的专业知识独立作出环境风险分析，然后对专家意见进行收集整理，并将结果反馈给专家，经过多次反复直到专家意见收敛得出风险识别的结果。

采用专家调查法必须注意专家选择的合理性和操作步骤的标准化，并注意

---

① 许谨良，周江雄. 风险管理. 北京：中国金融出版社，1998.

对专家意见进行科学的整理汇总。

二、企业环境风险的衡量

环境风险衡量，也称估计或度量，主要是在风险识别和对历史损失资料的分析的基础上，运用概率论和数理统计的方法，对环境风险事故发生的可能性及损失程度进行定量化考察，以作为进行风险管理决策的依据。

（一）环境风险损失概率估计

风险损失概率有多种情形，既可能是一个风险单位面临单一风险所导致的单一损失的概率，也可能是多个风险单位面临一种或多种风险导致的多种损失的概率。在风险衡量中，往往通过对一定时期内风险事故发生的次数即风险损失频率的计算来估计损失概率，也称风险度。有时为了在多种情形下进行比较分析，一般用一个归一化的数字来描述风险度，比如标准方差 δ 与期望值 Ex 的比值。

1. 环境风险损失概率估计的一般方法

采用上节有毒气体或粉尘泄漏到空气中的环境风险示例，根据图 8 - 10 的符号故障树中的"或"门、"与"门的关系，可以写出一系列的事件集。

$$A = E_1 + E_3 \tag{8-7}$$

$$\left.\begin{array}{l} E_1 = C_1 + E_2 \\ E_3 = S_2 \times C_2 \\ E_2 = E_4 \times S_1 \\ E_4 = S_3 + C_3 \end{array}\right\} \tag{8-8}$$

将式（8-8）代入式（8-7）可得：

$$A = C_1 + (S_1 \cdot S_3) + (S_1 \cdot C_3) + (S_2 \cdot C_2) \tag{8-9}$$

可见，在以下事件集 C_1，$(S_1 \cdot S_3)$，$(S_1 \cdot C_3)$，$(S_2 \cdot C_2)$ 中任何一个发生，都将导致有毒气体或粉尘泄漏到空气中。这些事件集被称为最小事件集。

每一个最小事件集发生的概率可根据理论概率计算。例如，最小事件集 $(S_1 \cdot S_3)$ 发生的概率为：

$$P(S_1 \cdot S_3) = P(S_1) \cdot P(S_3)$$

每个单元事件的概率一般可以采用由大量试验取得的统计数据、历史记录的事故频率以及其他经验数据等，或参考专家调查法得到的主观概率数据。据此可以计算得出一定时期内污染物泄漏事故发生的频率。

2. 主观概率预测法

由大量试验数据统计得到的概率数值是客观概率。但在企业环境风险评价中，经常难以获得足够多的实验数据，例如，某种污染物的暴露水平与肺癌发病率的关系，不可能通过大量试验来进行统计分析。为了对风险事件出现的可能性做出估计，有必要采用专家估计的主观概率。所谓主观概率，就是在一定条件下，对未来风险事件发生可能性大小的一种主观估计及对估计的置信程度的度量。

主观概率的估算方法有专家调查法、累积概率法、交叉概率法等。

（1）累积概率法。以某化工企业考察员工肺癌发病率 F 的增长率 $\Delta F/F$ 与厂界范围空气中某污染物浓度 C 的增长率 $\Delta C/C$ 之间的关系为例，假设两者之间呈线性关系：

$$\Delta F/F = a\Delta C/C$$

需要进行估计的是比例系数 a，采用专家调查的方法，要求被调查专家（应满足一定人数）根据各自经验及观察给出 a 取值范围的估计。可以采用如表 8-4 形式的调查表。

表 8-4　概率取值范围专家调查表（专家代号 ××）[1]

累积概率	1%	25%	50%	70%	99%
a 取值					
说明	最小可能值（a 值小于该取值的可能性为 1%）		中间值（a 值大于或小于该取值的可能性各占 50%）		最大可能值（a 值小于或等于该取值的可能性为 99%）

（2）交叉概率法。交叉概率法实质上是一种再预测方法，是对主观概率法的一个校正，在实际运用中经常应用。由于评估对象常常是一组事件或事件系统，相互之间存在交叉影响，因此，孤立地研究某一个事件的未来概率，就不甚恰当，而应该对已经独立预测的各个事件进行系统地再预测。

设未来相关事件为 D_1，D_2，$\cdots$，D_n，初步估计其发生的概率相应为 $P（D_1）$，$P（D_2）$，$\cdots$，$P（D_n）$。设再预测事件为 D_i，则首先估计事件 D_j 对 D_i 的影响，即条件概率 $P（D_i/D_j）$，$j=1,2,\cdots,i-1,i',i+1,\cdots,n$，其中 $P（D_i/D_i'）$ 表示所有 D_j（$j\neq i$）事件皆不发生时 D_i 发生的概率。于是，可以通过全概率公式可再估计预测事件 D_i 发生的概率为：

$$P^*（D_i）= \sum_{j=1}^{n} P（D_i/D_j）P（D_j），i=1,2,\cdots,n \qquad (8-10)$$

---

[1]　丁桑岚. 环境评价概论. 北京：化学工业出版社，2010.

式中，$P(D_i/D'_i) = P(D_i)$ ，$P(D'_i) = \prod_{j \neq i}^{n} [1 - P(D_i)]$

$P(D_i/D_j)$ 可以是正数也可以是负数，正数表示 D_j 发生对 D_i 的发生有加强作用；负数表示 D_j 发生对 D_i 的发生有减弱作用。

（二）环境风险损失程度估计

风险衡量不仅要估计潜在风险发生的概率，更要测算风险损失的程度。对风险损失程度的考虑包括直接损失、潜在的间接损失和累积性影响的损失。企业环境风险损失的严重程度，不仅与损失类型和范围有关，也与涉及单位的数量有关。同一环境风险事故涉及的单位越多，则潜在损失越大。

风险损失程度通常需要以货币价值表示。对于环境风险损失而言，进行货币化表示的前提条件是，对环境资产（包括组成环境的要素以及环境质量）所提供的物品或服务进行定量评估，并用货币的形式表示出来。

对环境风险损害程度进行评估主要分两步进行：第一步，需要将污染物对健康、生产力、财产及舒适感产生的实物性损失进行识别和量化。其中包括采用剂量—反应关系或损害函数等物理关系对环境损害进行估计和模拟等。第二步，通过货币价值等对物理性影响进行评估。基于社会福利的价值测算能够正确地反映环境损害量，因为它同时反映了受害者身体和精神的损害成本，或环境物品的使用价值及非使用价值的损害成本。

1. 实物损失程度估计

以有毒物质泄漏引起的健康损失为例，其损害程度取决于该污染物的毒性、实际作用剂量和受损对象的个体状态。

比较污染物毒性的常用方法有半致死浓度和阈值浓度。前者表示在接触期内有50%受试生物个体死亡的污染物浓度；后者表示在给定的暴露时间内不产生危害的极限接触浓度，分为正常工作条件下的极限浓度和风险事故情况下的短期极限阈值浓度。

一般采用损害函数描述特定健康损害与环境风险事故程度之间的关系。损害函数也称剂量—反应函数，说明了每增加一单位或一个百分数的某污染物所引起的健康损害的增量单位数或百分数。如果知道该污染物总量或其增量的百分数，就可据此关系计算其环境损害水平或其增量的百分数。例如，美国的几项研究发现，硫酸盐及颗粒物含量每增加一个百分点，就会导致死亡率上升0.1%。剂量—反应关系的参数可根据流行病学数据等统计数据进行估计。然后，利用这一数量关系就可用以预测一定程度的污染或污染物暴露水平下，以"活动受限天数"、"工作日损失"或"残疾调节生命年（Disability – adjusted Life – years，DALYs）"等表示的发病率，以及以"早亡率"表示的死亡率增加。

　　由于存在复杂的相互作用和干扰因素，剂量—反应关系一般很难建立。这需要对引起死亡或疾病的诸多因素分别进行控制试验。在有些方面，已经建立了良好的剂量—反应关系，比如尼古丁和铅污染物的健康危害，但颗粒物等环境污染物的健康损害尚有很大的不确定性。一些初步的研究中采用年均暴露浓度作为考察的自变量，但事实上，在环境风险事故情况下，由于短时间内的高浓度暴露引起的急性反应和亚急性反应，以及由长期低浓度暴露导致的慢性反应，考察的方法也不一样。

　　2. 经济损失程度估计

　　获得可靠的环境风险损害的物理性数据后，就可以据之进行经济成本评估。在通常情况下，仅仅物理性数据本身就可为环境风险管理提供有意义的依据。但这不利于将环境风险纳入企业的管理决策。用实物性指标衡量的环境风险损害数据本身无法为环境风险对企业价值和可持续性的影响提供完整的参照。

　　经济学对环境损害评估的考察涉及偏好和效用函数等概念。经济主体对于物品和服务有不同的偏好排序，偏好决定其在不同物品和服务之间进行取舍，而其选择受到效用函数的约束。对企业环境风险损害进行经济评估，可以采用支付意愿调查法或受偿意愿调查法，对风险涉及的各单位的损害进行评估。然后将所得结果进行汇总得到总体损失的估值，然而这样的评估常常缺乏可操作性。

　　在实际操作中，通常根据经验数据采用两种方法估计环境风险损失程度：一是对一个单位在单次环境风险事故中的最大可能损失额和最大估计损失额的估计；二是对同类环境风险年总损失额的估计。

　　（1）单次风险事故损失金额的估计。大多数风险损失呈对数正态分布，即表现为小额损失发生概率较大，大额损失发生概率小的特征。对数正态分布的概率密度函数为：

$$f(x) = \frac{1}{x\sigma\sqrt{2\pi}}e^{-\frac{1}{2}(\frac{Lnx-u}{\sigma})^2} \qquad\qquad (0 < x < \infty)$$

其数学期望 $E(x) = e^{u+\sigma^2/2}$，方差 $V(x) = e^{2u+\sigma^2}(e^{\sigma^2}-1)$。

　　以某企业过去火灾损失数据为例[1]，首先将原始数据序列化为对数值序列，然后将新序列按一定组距分为 n 组，每组频数为 f_i（$i = 1, 2, \cdots, n$），计算每组的中值 m_i 等，列入表 8-5 中。

————————————

　　① 何文炯. 风险管理. 大连：东北财经大学出版社，1999.

表8-5　某企业火灾损失数据对数值序列分组及计算表

组号	组界	频数 f_i	组中值 m_i（万元）	$f_i m_i$	m_i^2	$f_i m_i^2$
1	0.4~0.9	3	0.65	1.95	0.4225	1.2675
2	0.9~1.4	11	1.1	12.65	1.3225	14.5475
3	1.4~1.9	7	1.65	11.55	2.7225	19.0575
4	1.9~2.4	4	2.15	8.6	4.6225	18.49
合计		25		34.75		53.3625

根据表中数据，可得：

$$\overline{X} = \frac{\sum f_i m_i}{\sum f_i} = \frac{34.75}{25} = 1.39 \text{（万元）}$$

$$S = \left[\frac{(\sum f_i m_i^2 - n\overline{x}^2)}{n-1} \right]^{\frac{1}{2}} = \left[\frac{(53.3625 - 25 \times 1.39^2)}{24} \right]^{\frac{1}{2}} = 0.46 \text{（万元）}$$

于是可得：

$E(x) = e^{1.39 + 0.5 \times 0.46^2} = 4.463 \text{（万元）}$

$V(x) = e^{2 \times 1.39 + 0.46^2} (e^{0.46^2} - 1) = 4.6936 \text{（万元）}$

可见，每次火灾的平均损失值为4.46万元。

在此基础上计算火灾事故损失超过特定损失额的概率。例如，由对数正态分布函数，可知损失额超过5万元的可能性为：

$$p(x > 5) = p(Inx > 5) = 1 - \varphi\left(\frac{In5 - 1.39}{0.46}\right) = 0.3156$$

（2）年总风险损失额的估计。根据历史损失分布的特征，可估算同类风险的年总损失额。例如[1]，某化工厂的几个生产车间主要面临的环境风险是有毒物质泄漏。根据以往资料统计，该工厂每年发生有毒化学品泄漏事故损失的概率分布如表8-6所示。

表8-6　概率分布

损失额 X（万元）	4	7	10	15	20	23
概率 P	0.15	0.18	0.23	0.30	0.09	0.07

---

① 金锡万．企业风险控制．大连：东北财经大学出版社，2001.

则发生有毒化学品泄漏的年平均风险损失额为：

$$E(\overline{X}) = \sum p_i x_i = 0.15 \times 4 + 0.18 \times 7 + 0.23 \times 10 + 0.3 \times 15$$
$$+ 0.09 \times 20 + 0.07 \times 23$$
$$= 14.47 （万元）$$

年损失额≥10万元的概率为：

$$p|x \geqslant 10| = 1 - p|x = 4| - p|x = 7| = 1 - 0.15 - 0.18 = 0.67$$

值得注意的是，衡量企业环境风险损失程度及概率时，应充分考虑风险单位本身及外界所采取的污染防治措施。

事实上，企业进行环境风险损失评估常常面临理论、方法和基础数据等多方面的困难。一个简单的问题是，应该注重完善目前从数据和方法上可计算的损害评估，还是试图理解企业环境风险损害的真实量级？另外，保证各种环境风险损失估值的可比性对进行全面准确的评价极为重要。

三、企业环境风险的评价

环境风险评价是指在风险识别和风险衡量的基础上，把损失概率、损失程度以及其他相关因素结合起来考虑，分析风险影响的可接受性及对策。通常采用比较的方法，将所分析的环境风险与其他风险、承担风险所带来的效益、减缓风险所耗费的成本等进行适当的比较。

（一）企业环境风险评价的方法

通常采用环境风险值 R 来表示风险的大小，其与风险概率 P 及风险程度 C 之间的函数关系为：

$$R = F(P \cdot C) \tag{8-11}$$

在环境风险评价中，一般有以下几种常用的比较评价方法。

1. 与自然背景风险进行比较

自然背景风险值可视为被社会所接受的风险值。为简单起见，可将自然灾害如地震、风暴、雷击等不可抗力对个人的风险值 $10^{-6}/a$ 作为环境风险的背景值，或将遭受水灾、中毒、车祸等意外事故的风险值 $10^{-5}/a$ 认为可被社会接受的风险水平。

很多环境问题源于污染物的累积。比如，放射性的痕量气体能在大气中滞留几十年甚至几百年；被列为持续性有机污染物（Persistent Organic Pollutants，POPs）的农药，经过缓慢的水、土壤迁移，可能会在多年后污染水质。间接影响也是环境风险的后果，例如，铅污染物会通过呼吸进入人体血液中，而血铅浓度的累积可能损害儿童智力发育甚至导致早亡。

最为典型的环境损害特征是环境污染的"S"型非线性效应。即在环境污染过程中，污染物对环境的损害行为往往表现为一种"S"型非线性效应（奚旦立，1995）。污染物对环境的损害在低剂量时表现不明显，在污染物达到临界剂量之后，随污染剂量的继续增加，环境资源的受损程度表现为急剧增加，结果造成环境质量极度恶化；当污染剂量增加到一定程度后，环境质量的受损程度又呈缓慢增长，最终达到污染损失的极限。

从评估对象的性质看，环境系统是具有复杂的非线性关系的综合体，各环境成分或要素之间存在相互依存、拮抗或者协同作用，而其各部分的价值在于，它是系统中的一部分。因此，将其简单分割开并进行评估，要得到真实的测算结果是很困难的。

有的学者（宋新山，2001）试图通过建立起单项污染物的环境污染损失机理性模型，对之求解得到 Logistic 方程形式的环境污染损失数学模型。然后将这种污染损失程度用污染损失率的形式表示出来，依据多项污染物共同作用机制，推导出综合污染损失率模型。

2. 与减缓风险措施所耗费的成本比较

环境风险评估之所以可以被用来确定可接受的风险水平，其前提假设是风险暴露的成本与风险减缓的收益之间存在着平衡关系（Trade - offs）。

环境风险值与风险减缓成本之间的函数关系可以表示为：

$$risk = b_0 \cdot cost^{-b_1} \tag{8-12}$$

这是一个对数线性模型，式中，b_0、b_1 为需要估计确定的参数。

虽然经济学理论认为存在一个拐点，可以使得风险减缓成本的边际成本与边际收益相等，在边际成本小于边际收益的区域，风险减缓的措施是经济可行的；反之则在经济上不可行，但是，仅仅依靠式（8 - 12）的风险—成本曲线无法确定拐点的位置，往往需要通过专家调查而辅助确定，可以结合减缓风险的支付意愿（WTP）—风险曲线来确定风险减缓成本的经济区间。

实证数据支持减缓风险的支付意愿（WTP）—风险曲线具有与风险—成本相似的函数形式：

$$WTP = a_0 \cdot risk^{-a_1} \tag{8-13}$$

这说明人们会对陈述给他们的环境风险减缓措施的感知的成本和收益进行权衡，即式（8 - 13）所确定的支付意愿（WTP）—风险曲线可以作为社会接受的风险减缓成本曲线。这样，与式（8 - 12）所确定的企业环境风险减缓的技术成本曲线一起，就可以确定减缓企业环境风险的经济可行水平，如图 8 - 10 所示。

在最优可接受风险水平，有：

$$WTP = a_0 C^{-a_1} = b_0 C^{-b_1} = RiskCostTadeOffs \tag{8-14}$$

$$C^* = \left[\frac{b_0}{a_0}\right]^{\frac{1}{(b_1 - a_1)}} \tag{8-15}$$

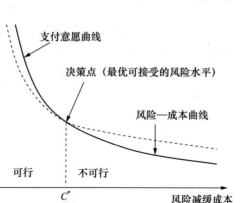

图 8 – 10　支付意愿曲线与风险—成本曲线所决定的可接受的风险水平

当 $|a_1| > |b_1|$ 时，C^* 有解。而当 $|a_1| < |b_1|$ 时，支付意愿曲线在风险—成本曲线上方，对应减缓环境风险成本很低、风险频率或程度却很高的情形。

同样，存在不确定性的情况下，可以得到最优环境风险水平的一个范围，如图 8 – 11 所示。

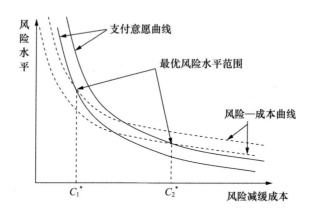

图 8 – 11　不确定性情况下的最优环境风险水平范围

3. 根据综合因素对环境风险进行定性评价

这种方法可以用图 8 – 12 所示的案例说明。

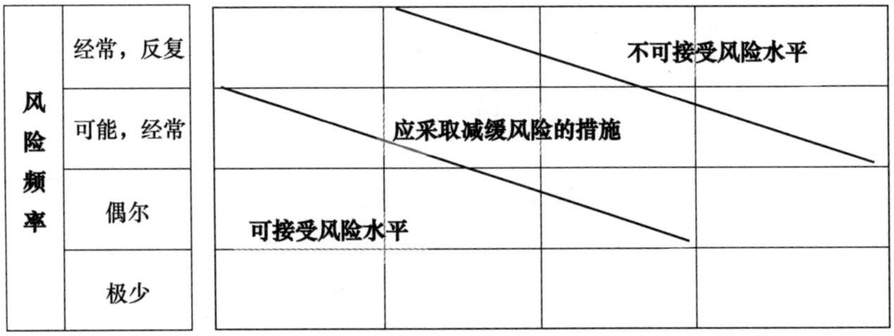

风险频率	经常，反复			不可接受风险水平	
	可能，经常		应采取减缓风险的措施		
	偶尔	可接受风险水平			
	极少				

		风险损失			
		可忽略	有限的	严重的	灾难的
设施	实物损失	1天内可恢复	设备维修需若干天	设备超过1个月不能使用	财产大量损坏，一些设备丧失
	货币损失	十万元以下	百万元以下	千万元以下	千万元以上
人身安全		轻微病伤不能工作时间每月不超过12小时	轻微病伤不能工作时间每月超过12小时	死亡或重伤病超过1人	死亡超过10人，或重伤病超过100人
生态系统		轻微破坏	暂时的、可以恢复的破坏	关键物种濒临消失、栖息地破坏	大量物种消失，不可逆转的破坏

图 8 - 12　综合判断环境风险可接受程度的案例

资料来源：丁桑岚. 环境评价概论. 北京：化学工业出版社，2010.

（二）企业环境风险评价的范围及深度

评价环境风险的可接受性，除了决策者的偏好及心理因素外，还应该考虑风险所涉及的时空范围，并明确风险评价的深度。

1. 企业环境风险评价的范围

环境风险损失评价方法的可靠性和结果的准确性首先与其评估的范围有关。广义的环境风险损失评价，应该反映由企业活动引起的环境风险事故对总和资本（包括自然资本、人造资本、人力资本和社会资本）的流量和存量的影响。然而，可计算的评估范围远比理想的评估范围狭窄。所以，核心问题是评估的边界。按照数据的可得性和计算的难易程度，可对评估对象分类如下：可采用直接法评估的；可确定估计高值—低值范围的；能给出最可得值、或估值量级的；数据不可得的。

通常，也按照环境风险事件的类型、风险暴露人群、生产流程阶段、地理区域尺度、风险事故影响的时间尺度以及建设项目的进展阶段等考虑企业环境风险评价的边界。

2. 企业环境风险评价的深度

根据环境风险水平和风险管理的不同要求，企业环境风险评价的深度可能不同。比较常见的是对单一或多种污染物的环境风险进行评价，比如化学品的致癌性等，方法上比较成熟可行。将企业面临的环境风险进行系统评价，目前往往缺乏成熟的理论和方法，但对环境风险进行整体考虑是非常必要的。

应该注意，大多现有评价方法存在只重视评价结果而忽略实际评价过程的缺陷，因为实际的每一过程都影响着结果的可信度和准确性。应该从环境风险损害的具体过程出发，认识损害的主要来源、作用对象、作用方式及其影响程度。

第四节　企业环境风险管理对策

由于环境风险的存在，企业确实面临相应的财务方面的风险。正如本章第二节所讨论的，从财务角度分析，可以通过折现率的风险贴水反映企业环境风险。但是，从财务管理的角度分析，主要考察的是环境因素影响下的企业的经济风险（Economic Risk），比如无法实现盈利等经济目标。这样的风险分析的模型是相对比较简单的。

对企业的物理性环境风险的直接管理实际上还涉及环境科学、环境工程、环境政策、环境法律和标准等多学科的问题。

从财务管理和物理性影响的角度考察环境风险无疑都是必要的。企业在对环境因素的财务影响和对物理性环境风险进行评价之后，应提出处理环境风险的管理措施或决策方案，既要保证企业基础活动的正常进行，又要将环境风险的水平控制在可接受的水平。为此，企业风险管理人员需要通过适宜的支持系统将环境风险管理纳入企业整体的风险管理体系；企业领导者也需要在企业战略管理中考虑环境风险的因素，并从持续改进的角度出发，推动企业组织绿化（Greening）的学习。

企业控制环境风险的总体策略是制定环境风险规划，从企业战略层面上整合风险规避策略以及其具体实施过程，包括风险识别、风险评价、风险处理的各个方面。其中应重点考虑两个问题：第一，企业环境风险管理策略本身是否正确可行；第二，实施管理策略的措施和手段是否与企业战略目标相匹配。

一、企业环境风险的处理方法

根据企业的环境风险计划，在对环境风险进行识别和衡量的基础上，需要采取规范、具体的环境风险处理对策和措施。

可以将企业环境风险处理的基本对策分为以下四种：避免环境风险、减缓环境风险损失、转移环境风险和环境风险筹资。前面三种对策旨在改变企业环境风险的发生概率或损失程度；环境风险筹资主要指对企业必须承担责任的、已经存在的环境风险损失筹集资金予以补偿的处理方法。

（一）避免环境风险

避免环境风险的策略，是指根据环境风险的评价结果，选择不承担某种环境风险，或主动放弃已经承担的某种环境风险。前者的例子是，环境影响较大的工业企业一般不能选择居民区等环境质量标准较高的地区作为其生产基地。后者的例子是，对小造纸厂、小水泥厂等高环境风险的工厂或生产线的关闭。

避免环境风险往往需要法律的制约或政府政策的引导。由于环境影响作为一种外部性影响，往往会给引起环境损害的企业带来短期的收益，因此，政府必须通过严格的环境影响评价制度控制新建项目的环境风险。同时，由于退出壁垒的存在，企业一般不会主动选择关闭污染大或资源浪费严重的工厂或生产线，这种情况下政府可能会采取强制取缔的措施。

应该注意的是，避免某一种环境风险可能会产生另一种风险。事实上，避免环境风险常常是以环境风险较低的解决方案对高环境风险或中等环境风险的一种替代。

（二）减缓环境风险损失

减缓环境风险损失也可以称为环境风险损失控制。从主动规避环境风险以避免损失的角度看，避免环境风险也是一种控制环境风险的策略。所不同的是，减缓环境风险损失的策略实际上是承担了环境风险，但积极采取措施对环境风险事故进行预防，或采取有效的风险损失控制措施。

预防环境风险的主要目的是降低环境风险事故发生的概率。"预防为主、防治结合"是工业污染控制的政策原则。清洁生产、企业环境管理体系等均是预防原则的体现。企业可以通过生产工艺革新或生产设备改进等内部能力建设活动，降低环境污染风险、健康安全风险、原材料风险及产品的市场风险等。例如，宝马汽车公司（BMW）实施为"拆卸而设计"（Design for Disassembly）的方案，重新利用合格零件，回收利用原材料。又如，世界最大的包装公司之一 Sonoco Products，循环利用 2/3 以上的原材料，结果其销售额及收入的增长均创最高纪录。

风险损失控制的目的是降低环境风险的损失程度，包括事前措施和事后措施。事前措施有企业污染处理设施建设等，事后损失控制的主要措施有采取应急措施减少风险损失，或者隔离风险以防止风险损失影响的扩散。

（三）转移环境风险

风险转移是在系统内各部分之间进行风险的再分配或者风险分散的策略，以降低某些单位的风险。这种转移可以是买卖双方，或者买者之间、卖者之间的风险再分配。风险转移包括非保险转移（合同转移）、保险转移、风险自担等方式。

从企业实体运营的角度说，转移环境风险意味着利用诸如迁移厂址、风险移民等措施使得企业原来面临的高的环境风险转移到相对风险较低的所在。例如，上海浦东国际机场选址与飞鸟栖息场所之间互相影响，为此，投资1000多万元在远离机场的河口沉积岛建设了绿化引鸟的生态工程。

合同转移是企业以契约的方式将可能存在的潜在损失转移给其他（一般是承受该风险能力较强的）单位的措施。比如，企业可能将污染处理承包给垃圾焚烧、废水处理等专业的环境服务机构。

企业通过保险将环境风险转移给保险公司，或寻找事业伙伴共同承担风险是转移环境风险的资本运营途径。当然，并非所有的环境都可以通过保险得到转移。可保险的基本条件有：①数量众多的同质风险的存在（Risk Pooling）；②损失概率和程度可以根据大数定律进行定量测定，大多数保险对象不会同时发生风险事故（Large Number of Little Correlated Occurrences）；③排除道德风险（No Moral Hazard），故意制造风险不能予以赔偿；④不产生逆向选择（No Adverse Selection），环境风险高，则保险费用高；⑤可以对风险事故进行充分的因果分析，并能判断责任方（Sufficient Causality and Responsibility）。

在无法采取其他风险损失控制和风险转移方法时，企业要自担环境风险，比如，将超标排污罚款或民事赔偿的损失摊入经营成本等。这往往意味着环境风险在企业内部各单位间的分散或转移。在一些情况下，企业要建立环境损失基金，或者通过借贷资金对环境风险事故进行补偿，这也属于环境风险筹资的方式。

（四）环境风险筹资

由于环境风险损失影响的累积性和潜伏性，企业及其他受损害者的风险损失往往在一定的滞后时期才显现出来。例如，患矽肺职业病的退休工人可能对原来工作过的工厂提出损失赔偿的要求。因此，企业有必要通过保险、借贷、自保等方式进行环境风险筹资。通过创新的风险筹资合同可以使得环境风险转移或环境责任不超过最大限额。

还有一种保险措施是保险人以分保形式将其承担的风险部分转移给其他保险人，使数家保险公司对同一保险事故承担责任，增加了保险的可靠性，从而也使自己承担有限的保险责任。

根据环境风险的特征，上述策略的基本思路主要是设法降低环境风险事故发生的概率或减轻风险损失的程度。在既无法有效降低环境风险发生概率，又无法减轻风险损失的程度的情况下，比如损失后果严重且无法得到补偿或风险管理措施的经济成本超过其预期收益时，企业可能通过关闭高环境风险生产单位等途径避免严重的环境风险损失。每种环境风险的处理对策都有其局限性。实际上，企业往往采取上述风险处理对策的某种组合方式。从长远看，加强企业环境风险管理的内部能力建设、改变组织习性是从长期避免恶性环境风险的出路。

二、企业环境风险管理决策

在以上各节中，介绍了环境风险是什么、有哪些类型和特征？会产生哪些影响，如何判断这些影响？有哪些可供选择的处理环境风险的方式，其特点如何？

企业是否对环境风险进行处理以及如何在各种备选策略间进行选择，属于环境风险决策的内容。决策的目标是以可行的风险处理策略组合，达到以最小成本获得最大环境安全保障。

（一）环境风险决策的原则

环境风险问题的复杂性高，纯粹环境风险的危害性大，这使得企业的环境风险决策有别于一般的财务决策。一方面，企业不仅要考虑环境风险对企业的影响，而且有责任考虑对社区、社会及整个地球生态系统的影响；另一方面，企业环境风险决策要解决的是如何从企业价值最大化的角度对环境风险进行处理。从发展趋势看，政府环境政策及法规的直接约束和市场及消费者的选择正在缩小这两个方面之间的差距。这种差距反映了企业环境管理及其风险决策所应该改善的方向。虽然无法在决策中完全体现全部的环境损失，但依循一些基本的决策原则和方法，将有利于企业在环境风险决策中做出相对较优的选择。

企业环境风险决策的原则应该体现企业环境管理的经济学基本原理，并与企业环境管理体系及企业的整体战略相兼容。主要应注意以下原则：①全环境成本或全成本原则，这与企业价值及企业可持续性的目标相对应。②风险—成本平衡原则，这与风险对策的经济可行性相对应。③定性分析与定量分析结合的原则，主要是保证对重大环境风险的避免。④跨部门合作的原则。

（二）决策主体的环境风险态度

环境风险决策首先要在环境风险评价的基础上进行环境风险损失预测。但是，环境风险的损失后果一般很难计算，即便是可以预测，同样的损失在不同决策者的考量中也往往会有较大差异。因此，风险容忍度是决策者在处理风险做出最终决策一个重要影响因素。

以承担风险的效用值 U 与风险可能损失值 X 为坐标轴，可以得到三类决策者的效用曲线 $U(X)$，分别代表风险规避、风险中立和风险偏好的态度，如图 8 – 13 所示。

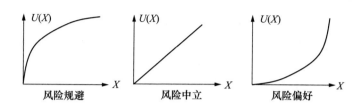

图 8 – 13　决策者的不同风险态度

值得注意的是，社会对纯粹环境风险的态度往往是风险规避的，但由于缺乏有效监督等原因，一些企业决策者倾向于风险偏好的态度，甘愿支付罚款也不对其环境污染行为进行约束。

（三）企业环境风险决策分析的方法

企业环境风险对策的决策取决于决策者对环境风险损失的期望和决策者对待环境风险的态度，而决策方法的科学性影响着决策的效率。

1. 环境风险决策的类型

企业环境风险决策大体有三种类型：①环境损失确定状态下的决策；②风险状态下的决策；③不确定状态下的决策。

2. 不同类型的环境决策方法

（1）环境损失及处理对策确定状态下的决策。企业所面临的环境风险，有时候可以比较容易地判断其损失及各种处理对策的收益，并且各种情况出现的概率相同。在这种环境损失确定的状态下，企业环境风险决策转化为成本收益分析的问题，通过分析常常可以选择一种最优的风险处理对策（组合）。

（2）风险状态下的决策。风险是指事物发生的可能性状况及其后果。纯粹环境风险只会给企业和社会带来损失。假设当企业面临一定潜在的环境损失时，选择处理策略 S_i（$i = 1, 2, \cdots, n$）的期望收益是 E_i，$P_{i,j}$ 代表 S_i 策略在 j 情况下的收益，p_j 代表 j 情况（$j = 1, 2, \cdots, m$）发生的概率。则 S_i 对策的期望收益：

$$E_i = \sum_{j=1}^{M} P_{i,j} p_j \qquad (8 – 16)$$

在环境风险分析中，往往需要通过工程造价或环境经济学方法考察不同风险对策的收益，风险概率应通过严谨的实验或其他经验数据确定。

（3）环境损失及对策不确定状态下的决策。不确定性状态与风险状态的区别在于，不确定性状态的各种情况及发生概率均未知。相应的决策标准有最大（收益）法、最小损失法或最小后悔度法，根据具体风险问题及决策者的风险容忍度选择。

如果在贝叶斯（Bayesian）统计表的基础上假定各种不确定性情况发生概率全部相等，则不确定状态下的决策转化为风险状态下的决策（Kerzner，2002）。

三、企业环境管理和环境风险的监控体系

（一）企业环境管理体系

企业的环境管理体系有可能是建立在某些专门机构的基础上的（Organization – based），也可能是基于单个企业的（Individual Company – based）。

目前国际上基于专门机构的企业环境管理体系主要有：ISO 14000；Eco – Management Audit Scheme（EMAS）；Coalition for Environmentally Responsible Companies（CERES）；the Responsible Care Program of the Chemical Manufacturers Association；the Natural Step；the Factor 10 Club/Camoules Declaration；International Chamber of Commerce；Global Environmental Management Initiative（GEMI）；and the United Nations Environment Programme（UNEP）等。

（二）企业环境责任的法律原则

有关法规为企业活动设定了环境底线。例如，中国《刑法》中设立了"破坏环境与资源保护罪"，可以据之对严重环境污染事故的肇事者进行惩戒。

20 世纪六七十年代以前企业和社会都没有重视环境问题的风险，认为自然环境提供资源和消化废弃物的能力是无限的，基本上没有环境风险管理的意识[1]。在美国，70 年代后期通过的"资源保护和恢复法"和"环境响应、补偿和责任综合法"主要针对的是有害废弃物的处置问题。针对污染者的环境责任问题，经济合作与发展组织于 1972 年提出了"污染者负担"原则，并很快得到国际社会的认同，被许多国家确定为环境保护的一项基本原则。

（1）企业环境责任法律界定的发展过程。关于污染者的环境保护责任的法律规定，有一个发展的过程：即从"谁污染，谁治理"原则到"污染者治理"原则，再进至"污染者付费"或"污染者负担"原则。这些变化在本质上表明了环境污染者环境保护责任的法律性质和适用范围的重大变化。

"谁污染，谁治理"原则是将治理责任限制在污染者只对其已经产生的现有污染负责，并且只对污染治理负责。"污染者治理"原则扩大了责任范围，

---

① 赵旭东. 环境法的"污染者负担"原则研究. 环境导报，1999（5）：8 – 11.

将其扩展为污染者不仅对已产生的现有污染的治理负责，而且要对可能产生的污染的治理负责，对污染的长期影响负责。上述两原则尽管强调了治理的责任，但对于客观存在的不能治理或不愿治理等问题，因为污染者能做的只能是"治理"，于是就没有切实可行的有效替代形式协调经济发展与环境保护的关系，所以国家和社会就极易成为污染治理责任的被转嫁者。

"污染者负担"强调污染环境造成的损失及防治污染的费用应当由排污者承担，而不应转嫁给国家和社会，明确了污染者不仅有承担治理污染的责任，而且具有防治区域污染的责任，有参与区域污染控制并承担相应费用的责任。这一原则并未将环境责任主体限于排放者，还包括污染物的产生者；治理污染的责任范围不局限于主体自身，还扩展至区域的环境保护。这体现了污染者个体责任的扩大和保护公益权的法律要求，更符合环境保护的公益性质和环境资源的公共资源属性。

（2）"污染者负担"原则的法律外化形式。"污染者负担"原则的具体内容和表现形式，在环境法领域中一般表述为行政责任、民事责任和刑事责任，具体范围涉及污染防治责任、损害补偿责任和损害赔偿责任三种。

1）污染防治责任。污染防治包含两层意义：第一是"治"，即要求污染者必须对自己所产生的环境污染积极主动负责治理。污染者是治理污染的责任主体。"污染者负担"原则不同于"谁污染，谁治理"原则和"污染者治理"原则，在于污染者可以不依靠自身的力量解决环境污染问题。比如，实行污染治理责任的责任主体和行为主体分离的作法，由污染者负担必需的处理费用和提供相关的资料等，交由专业化的污染治理公司负责治理环境污染，这既可促进环保产业的发展，也为政府强化行政强制措施（如推行代履行治污）提供了法律依据和实践条件，从而有利于更好地发挥末端治理应有的效用和潜能。第二是"防"。"谁污染，谁治理"和"污染者治理"的重点是治理已有的污染源及其所造成的环境污染，体现的是"末端控制"的思想，其所涉及的预防为主问题也只是停留在末端治理思想和战略指导下的预防上。以"污染者负担"原则为指导的"防"，着重体现全过程控制和清洁生产的原则，将末端控制战略下的预防为主发展为源头控制战略下的预防为主。

2）损害补偿责任。污染者的排污行为尽管具有相当程度的价值正当性或社会有用性，或其本身常常是各种创造社会财富、增进公众福利的活动在进行过程中的附带行为（即环境法学说中的"污染风险的不可避免性或不非难性"），但排污的结果却是使公众共享的环境资源遭受污染和破坏，并长期影响污染所在地的公民、法人或其他组织的合法权益，影响区域乃至整个国家的环境质量，损害更大范围的公共利益。因此，污染者所必须承担的损害补偿责任包括两方面的内容：其一，污染者应向作为公共环境资源代表者和管理者的国家缴纳一定税费作为对环境资源利用和所致损害的补偿，即对公益权的补偿。这在我国环境立法中主要表现为排污费制度。其二，污染者应承担向长年受污染地区的受害者提供损害救济和补偿的责任，即对受害者私益的补救。私益补救可以通过基金形式由政府出面加以协调处理，即环境受害的行政补救。

3）损害赔偿责任。污染者的排污行为除了给国家和社会的公共环境资源造成损失，使所在地成为长年污染地区外，还常发生一些偶然性、突发性事件，如有毒化学品泄漏、污水管道破裂等，势必造成当地他人的人身和财产损失，这就引发了对私益的侵权及侵权损害赔偿问题，污染者必须承担相应责任。我国民法将环境污染致人损害作为特殊侵权行为处理，《中华人民共和国民法通则》及各环境法规范均对此作出了明确规定。此外，污染者往往不是单数加害者，存在共同侵权行为。共同侵权行为者必须对损害负连带责任。另外，如果存在共同致害行为的情节，应按照对损害发生的作用程度分割责任。

（三）企业环境风险监控

环境风险监控过程是系统化的风险追踪过程，也是运用已经建立的标准体系评估环境风险处理效果的过程。

1. 环境风险监控的一般方法

企业环境风险监控的目标并非是为了完全消除风险，而是要把企业环境风险控制在合理的范围之内。因此，在企业环境风险监控体系中，应根据具体情况确定一个风险程度的划分范围（阈值）。如果计算得到的风险值超过阈值，则认为企业需要采取措施防范风险。这也称环境风险预警，是对环境风险损失进行事前控制的必要措施。

根据企业内部情况和环境法律政策及市场竞争条件，建立能够反映环境风险与企业绩效的关系的"企业环境风险绩效模型"，包括环境风险预警指标体系及相应的风险阈值。然后预测并计算指标体系中的指标，将得到的指标值与预先设定的阈值进行比较，对企业环境风险进行量化评估。如果计算得到的风险值超过阈值，则认为企业需要启动应对措施。通过对模型、指标及其权重进行动态调整，对企业环境风险进行跟踪、评价和预测。

企业环境风险监控的指标可分为先行指标、同步指标与滞后指标。指标的选取原则是：①指标应针对具体的经营管理内容；②指标能够敏感指示环境风险中的某一方面，并尽量各自独立；③指标应该有标准含义，能够反映出企业环境风险在长期中的变动趋势；④指标的选择是开放的，可以不断完善；⑤指标可以进行观测和量化。

企业环境管理的关键指标体系（Key Performance Indicators，KPIs）是工业企业环境管理体系的重要组成部分，也可以与环境风险监控的指标整合起来使用。

2. 企业环境风险监控与管理过程

通过一个综合的、连续的过程识别、预测和管理风险，并将其作为一种在分权化的企业内部进行管理沟通的工具，由高层管理人员支持，通过责任清晰的直线管理予以实施，并辅以适当的激励措施，可以很好地将风险管理整合到企业规划过程中。

企业环境风险监控与环境管理体系结合起来运行，如图 8-14 所示的 6 个相互关联的过程。

（1）识别风险（Identify Risks）：基于一般的风险模型识别风险，初步制定风险图（使得各风险因素及其相互联系直观可视）；培育风险管理意识。

（2）分析风险驱动因素（Analyze Risk Drivers）。

（3）评估风险（Quantify Risks）：量化评估 3~5 年的时间范围内的风险；验证修改初始的风险图。

（4）制定风险战应对策略（Define Risk Strategy）：考虑风险允许量，确定风险管理方案，明确目标及相应的行动。

（5）实施风险战略（Implement Risk Strategy）：将既定风险战略纳入企业整体规划，并为实施行动计划分配必要的资源。

（6）监测风险战略（Monitor the Risk Strategy）：连续监测关键的风险指标，以及风险管理的进展。

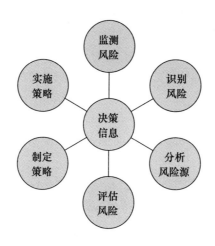

图 8-14　企业环境风险监控与管理过程

四、组织绿化的学习

企业对环境风险的控制，可能采取集中控制、分散控制和等级结构控制等类型。反映在组织结构上，其风险管理可能是集权、分权或两者结合的形式。

例如，某水泥公司环保工作为三级管理体系，主管生产的副总经理直接抓环保工作；下设技术质量部环保科，负责本公司的环保规划、统计、监管、监测和收尘设施的管理和技术改造；各分厂均设有一名领导主抓环保工作，工段长具体负责环保设施之日常管理、检修维护、运行管理工作，并根据重要程度配备有专职或兼职收尘工，从而形成三级环保管理网络。同时，该公司建立健全的环保管理制度和考核办法，每月对全公司的排放点和岗位粉尘进行一次全面测定，除严格接受考核办法考核外，并将结果报市环保局备查。

集中控制有统一规划、信息共享的优点，但也存在运转效率低和适应性差等缺点。分散控制反应迅速、局部效率较高，但往往缺乏整体协调，存在控制的盲区和资源的浪费。为了在对环境风险的集中控制与分散控制之间取得最佳的平衡，需要企业内部不断推进组织绿化的学习，以确保核心资源的有效利用，并维持适当的弹性。

企业环境风险管理策略的短期目标在于维持核心业务的稳定运作；长期目标在于选择适当的战略发展方向，避免纯粹环境风险，实现企业价值最大化和持续发展。

随着对公司治理和股东价值的相关因素的研究的深化，企业逐渐认识到应该从综合的视角采取集成的方法对其企业风险进行管理。

值得注意的是，企业的环境风险管理活动的关键维度在于企业的文化理念、风险意识和社会责任感。而风险管理的方法无论如何先进，都无法替代决策者和管理者的素质。拥有一流的风险管理体系的美国安然公司的破产案例深刻地说明了这个道理。企业持续改善其环境风险管理，有赖于全体企业职工充分发挥主观能动性，将环境风险意识贯彻于组织学习的过程之中。

思考与讨论

8-1　如何认识企业环境风险和企业环境风险管理的特点？请结合若干实例予以说明。

8-2　选择你所生活的社区周边的某个工业企业和一个服务业企业，例如饭店或商场，模拟一个通过专家意见调查法对这些企业的环境风险评价的过程。

8-3　请从环境风险的特点出发，对各种环境风险处理对策进行比较。

8-4　如何理解企业的环境风险管理与运营管理、财务管理、战略管理以及组织文化之间的关系？

第九章 企业可持续发展报告

第一节 GRI 及《可持续发展报告指南》G4 简介

GRI 是全球报告倡议组织（Global Reporting Initiative）的英文缩写。GRI 是于 1997 年在波士顿成立的非营利组织，致力于可持续发展报告框架编制和发布，前身是成立于 1989 年的 Ceres。1997 年，Ceres 启动了"全球报告倡议"项目，成立了 GRI 指导委员会（GRI Steering Committee）负责项目的运行。1999 年，联合国环境规划署（UNEP）成为 GRI 的合作伙伴。GRI 获得了全球发展的平台。同年，GRI 发布《可持续发展报告指南》征求意见稿。全球有 20 个组织根据该征求意见稿，编制并发布了当年的可持续发展报告。

2000 年，GRI 发布了《可持续发展报告指南》的第一版。同年，全球有 50 个组织依据此指南编制并发布了当年的可持续发展报告。2001 年，GRI 筹备与 Ceres 分离，成立了完全独立的指导委员会。当年全球有 80 个组织根据《可持续发展报告指南》第一版编制了当年的可持续发展报告。

2002 年，GRI 正式与 Ceres 分离，同年，GRI 发布《可持续发展报告指南》第二版，全球有 150 个组织依据此指南编制了当年的可持续发展报告。2003 年，全球有 325 个组织依据 GRI《可持续发展报告指南》编制当年的可持续发展报告。2004 年，全球有 500 个组织依据 GRI《可持续发展报告指南》编制当年的可持续发展报告。

2005 年，GRI 启动了第三版《可持续发展报告指南》编制，即 G3 项目。全球有 750 个组织依据 GRI《可持续发展报告指南》编制当年的可持续发展报告。2006 年，G3 的征求意见稿发布，全球有 300 个组织，3000 多个体对征求意见稿发表了意见。全球有 850 多个组织依据 G3 编制并发布了当年的可持续发展报告。2006 年 10 月，GRI 公布了第三版指南。为保证 G3 的技术可靠性（Technical Quality）、公正性（Credibility）和相关性（Relevance），GRI 与全球企业家、社会活动家、劳工及专业组织进行不断的讨论，以期达成共识。

2013 年 5 月 24 日，全球报告倡议组织（GRI）发布了《可持续发展报告指南》G4。2014 年 1 月 16 日，GRI 还在北京发布了《可持续发展报告指南》G4 中文版，《可持续发展报告指南》G4 有两个部分。第一部分是报告原则与标准披露；第二部分是实施手册。G4 从信息披露的方法学上做出规定，凡是发布报告的机构必须正确地界定其在经济、社会、环境三大板块中对可持续发展产生积极或消极影响的核心问题，必须报告对的业务最"具有实质性"的影响因素。

目前，《可持续发展报告指南》是世界上使用最为广泛的可持续发展信息披露规则和工具。2013 年 12 月 9 日发布的《KPMG 2013 年企业责任报告国际调查》发现，全世界 41 个国家的前 100 强企业中，80% 发布的企业责任报告使用 GRI 的可持续发展报告指南。被调查的全球 4100 家公司中 3/4 发布了企业责任报告，其中 78% 参照 GRI 指南。该调查同时发现，世界前 250 强企业的 93% 发布企业责任报告，其中 82% 参照 GRI 指南。这些统计数据表明，GRI 指南已经成为当今可持续发展或者说社会责任信息披露的全球标准。

第二节　《可持续发展报告》的编制原则

报告编制原则是实现可持续发展报告透明的基础。报告原则分为两类：界定报告内容的原则和界定报告质量的原则。界定报告内容的原则旨在考虑机构的活动、影响、利益相关方的实质性期望和利益的情况下，确定报告应涵盖的内容。界定报告质量的原则旨在确保报告信息的质量，信息的质量关系到利益相关方能否对绩效做出可靠、合理的评价并采取适当措施。

一、界定报告内容的原则

（1）利益相关方参与原则：发布报告的机构应当确认自己的利益相关方，说明如何回应利益相关方的合理期望和利益。

（2）可持续发展背景：《可持续发展报告》应当说明发布报告的机构在可持续发展整体背景中的绩效。报告的出发点是，机构如何对当地、区域或全球的经济、环境和社会状况、发展和趋势的改善或恶化产生作用，只报告个别绩效的趋势无法满足这一点。报告应当将绩效放在更广泛的可持续发展背景中展现。

（3）实质性原则：《可持续发展报告》应涵盖以下方面：反映发布报告的机构对经济、环境和社会的重要影响；或对利益相关方的评价和决策有实质影响。

如果在某个指标下所披露的信息没有涵盖一般标准披露项 G4 – 20 和 G4 – 21 中所确认的实质性内容的边界，则机构应当加以说明。

并非所有实质性议题都同等重要，因此报告应当突出重点，反映这些实质性方面的相对优先次序。实质性不只限于对机构业务具有重要财务影响的方面。还需要考虑对可持续发展能力产生的作用。报告内容应包括：机构面临的重大风险；促进机构成功的关键因素；机构的核心竞争力及其促进可持续发展的方式优先次序；报告应当对实质性方面和指标排定优先次序。

（4）完整性原则：报告应当涵盖充分的实质性方面及其边界，足以反映对经济、环境和社会的重要影响，使利益相关方可评价机构在报告期间的表现。

二、界定报告质量的原则

界定报告质量的原则是实现透明的基础。包括：

（1）平衡性原则：报告应客观地反映机构的正面与负面表现，让各方对机构的整体绩效作出合理评估。

（2）可比性原则：对于信息的筛选、汇总和报告应遵循一致的标准。列示信息的方法应可让利益相关方分析机构绩效的长期变化，并与其他机构进行比较分析。

（3）准确性原则：报告信息应足够准确和详尽，供利益相关方评估机构的绩效。

（4）时效性原则：机构应定期发布报告，使利益相关方及时获取信息，做出合理决定。

（5）清晰性原则：机构应当使信息便于利益相关方理解，并且容易获取。

（6）可靠性原则：机构应当收集、记录、编排、分析及披露在编制报告时使用的信息。

第三节　《可持续发展报告》涉及的内容

《可持续发展报告》涉及 3 个类别的内容：

一、经济

包括：经济绩效、市场表现、间接经济影响、采购行为 4 个方面。

二、环境

包括：物料、能源、水、生物多样性、废气排放、污水和废弃物、产品和服务、合规、交通运输、整体情况、供应商环境评估、环境问题申诉机制 12

个方面。

三、社会

社会包括：劳工实践和体面工作、人权、社会、产品责任 4 个子类别。

"劳工实践和体面工作"子类别，包括：雇佣、劳资关系、职业健康与安全、培训与教育、多元化与机会平等、男女同酬、供应商劳工实践评估、劳工问题申诉机制等 8 个方面。

"人权"子类别，包括：投资、非歧视、结社自由与集体谈判、童工、强迫与强制劳动、安保措施、原住民权利、评估、供应商人权评估、人权问题申诉机制 10 个方面。

"社会"子类别，包括：当地社区、反腐败、公共政策、反竞争行为、合规、供应商社会影响评估、社会影响问题申诉机制 7 个方面。

"产品责任"子类别，包括：客户健康与安全、产品及服务标识、市场推广、客户隐私、合规 5 个方面。

《可持续发展报告指南》G4 为机构提供两种选择方案编制《可持续发展报告》：核心方案或全面方案。核心方案包含可持续发展报告的基本内容，说明机构对其经济、环境、社会及治理绩效影响进行沟通的背景。全面方案在核心方案的基础上，增加对战略和分析、治理、商业伦理与诚信的标准披露。此外，机构还需披露与确定的实质性方面相关的所有指标，更全面地说明绩效。选择何种方案与报告的质量或机构的绩效无关，反映的仅是机构、企业的可持续发展报告符合《可持续发展报告》指南的程度。任何机构，无论规模、行业、地点，都可采取两种方案之一。

第四节　《可持续发展报告》G4 的标准披露项

《可持续发展报告指南》G4 的标准披露项有两类：一般标准披露项和具体标准披露项。下文列出标准披露项指标，为了便于读者与《可持续发展报告指南》G4 对接，我们直接使用《可持续发展报告指南》G4 中的标准披露项编号。

一、一般标准披露项

一般标准披露项包括：战略与分析、机构概况、确定的实质性方面与边界、利益相关方参与、报告概况、治理、商业伦理与诚信几个方面，这几个方面对应的标准披露项指标分别是：

（1）战略与分析：G4-1、G4-2。

（2）机构概况：G4－3、G4－4、G4－5、G4－6、G4－7、G4－8、G4－9、G4－10、G4－11、G4－12、G4－13、G4－14、G4－15、G4－16。

（3）确定的实质性方面与边界：G4－17、G4－18、G4－19、G4－20、G4－21、G4－22、G4－23。

（4）利益相关方参与：G4－24、G4－25、G4－26、G4－27。

（5）报告概况：G4－28、G4－29、G4－30、G4－31、G4－32、G4－33。

（6）治理：G4－34、G4－35、G4－36、G4－37、G4－38、G4－39、G4－40、G4－41、G4－42、G4－43、G4－44、G4－45、G4－46、G4－47、G4－48、G4－49、G4－50、G4－51、G4－52、G4－53、G4－54、G4－55。

（7）商业伦理与诚信：G4－56、G4－57、G4－58。

以下详细列示一般标准披露项的指标内容，带星号＊的指标是核心方案所使用的标准披露项指标。

（一）战略与分析

从宏观战略角度，展现机构/企业的可持续发展情况。

G4－1＊：机构最高决策者就可持续发展与机构的相关性及机构/企业可持续发展战略发表的声明。声明应包括：中短期内，有关可持续发展的战略优先项及关键主题，以及这些标准如何影响机构的长期战略和成就；影响机构和可持续发展优先项的大趋势（如宏观经济或政治趋势）；报告期内发生的重要事件、成就和不足；绩效和目标的对比；展望机构下一年的主要挑战和目标，以及未来三至五年的目标；与机构战略方针有关的其他事项。

G4－2：简要说明主要的影响、风险及机遇。

这部分应重点描述机构对经济、环境和社会的重要影响，以及相关的挑战和机遇。包括：国际认可的标准及规范中的期望，国家法律赋予利益相关方的权利，以及利益相关方的各种合理期望及利益；说明机构决定应对上述挑战及机遇之优先次序。可持续发展趋势、风险及机遇对机构长远前景和财务绩效的影响。机构的长远战略、竞争地位和财务价值驱动因素的关系；这些主题的优先次；当前报告期内的目标、绩效与目标的对比和经验总结；在下一个报告期和中期（即三至五年）与主要风险和机遇及为管理这些风险和机遇而制定的治理机制。

（二）机构概况

G4－3＊：机构名称。

G4－4＊：主要品牌、产品和服务。

G4－5＊：机构总部的位置。

G4－6＊：机构在多少个国家运营，在哪些国家有主要业务，或哪些国家与报告所述的可持续发展主题特别相关。

G4-7*：所有权的性质及法律形式。

G4-8*：机构所服务的市场（包括地区细分、所服务的行业、客户/受益者的类型）。

G4-9*：机构规模，包括：

1）员工人数；

2）运营地点数量；

3）净销售额（私营机构适用）或净收入（公共机构适用）；

4）按债务和权益细分的总市值（私营机构适用）；

5）所提供的产品或服务的数量。

G4-10*：按雇佣合同和性别划分的员工结构。

1）按雇佣合同和性别划分的员工总人数。

2）按雇佣类型和性别划分的固定员工总人数。

3）按正式员工、非正式员工和性别划分的员工总数。

4）按地区和性别划分的员工总数。

5）机构的工作是否有一大部分由法律上认定为自雇的人员承担，或由非员工及非正式员工的个人（包括承包商的员工及非正式员工）承担。

6）雇佣人数的重大变化（如旅游或农业雇佣人数的季节变动）。

G4-11*：集体谈判协议涵盖的员工总数百分比。

G4-12*：描述机构的供应链情况。

G4-13*：报告期内，机构规模、架构、所有权或供应链的重要变化，包括：

1）运营地点或业务转变，包括工厂的启用、关闭和扩充；

2）股本架构的改变，其他资本构成、保有及业务变更（私营机构适用）；

3）供应商所在地、供应链结构、与供应商关系（包括甄选和终止）的改变。

G4-14*：对外部倡议的承诺：机构是否及如何按预警方针及原则行事。

G4-15*：对外部倡议的承诺：机构参与或支持的外界发起的经济、环境、社会公约、原则或其他倡议。

G4-16*：对外部倡议的承诺：机构加入的协会（如行业协会）和国家或国际性倡议机构，并且：

1）在治理机构占有席位。

2）参与项目或委员会。

3）除定期缴纳会费外，提供大额资助。

4）视成员资格具有战略意义。

主要是指以机构名义保持的成员资格。

（三）确定的实质性方面和边界

概述机构界定报告内容、确定的实质性方面及边界和重订的过程。

G4 - 17*：

1）列出机构的合并财务报表或同等文件中包括的所有实体。

2）说明在合并财务报表或同等文件包括的任何实体中，是否有未纳入可持续发展报告的实体。

G4 - 18*：

1）说明界定报告内容和方面边界的过程。

2）说明机构如何应用"界定报告内容的报告原则"。

G4 - 19*：列出在界定报告内容的过程中确定的所有实质性方面。

G4 - 20*：对于每个实质性方面，说明机构内方面的边界，如下：

1）说明该方面在机构内是否具有实质性。

2）如果该方面并非对机构内的所有实体都具有实质性（如 G4 - 17 所述），选择以下方法之一报告：

– G4 - 17 中包含的该方面不具实质性的实体或实体类别，或

– G4 - 17 中包含的该方面具有实质性的实体或实体类别。

3）说明对机构内方面边界的任何具体限制。

G4 - 21*：对于每个实质性方面，说明机构范围外方面的边界，如下：

1）说明该方面在机构外部是否具有实质性。

2）如果该方面在机构外部具有实质性，确认其实质性对应的实体、实体类别或要素；此外，描述对确认的实体具有实质性的方面所在的地理区域。

3）说明对机构外方面边界的任何具体限制。

G4 - 22*：说明重订前期报告所载信息的影响，以及重订的原因。

G4 - 23*：说明范围、方面边界与此前报告期间的重大变动。

（四）利益相关方参与

概述机构在报告期间的利益相关方参与。这些标准披露项不限于为编制报告而实施的利益相关方参与。

G4 - 24*：机构的利益相关方列表。

G4 - 25*：就所选定的利益相关方，说明识别和选择的根据。

G4 - 26*：利益相关方参与的方法，包括按不同的利益相关方类型及组别的参与频率，并指明是否有任何参与是专为编制报告而进行。

G4 - 27*：利益相关方参与的过程中提出的关键主题及顾虑，以及机构回

应的方式，包括以报告回应。说明提出了每个关键主题及顾虑的利益相关方组别。

（五）报告概况

概述关于报告、GRI 内容索引、外部鉴证的基本信息。

G4-28*：所提供信息的报告期（如财务年度或日历年度）。

G4-29*：上一份报告的日期（如有）。

G4-30*：报告周期（如每年一次、两年一次）。

G4-31*：关于报告或报告内容的联络人。

G4-32*：

1）说明机构选择的"符合"方案（核心或全面）。

2）说明针对所选方案的 GRI 内容索引。

3）如报告经过外部鉴证，引述外部鉴证报告。

G4-33*：可持续发展报告的外部鉴证。

1）机构为报告寻求外部鉴证的政策和目前的做法。

2）如未在可持续发展报告附带的鉴证报告中列出，则需说明已提供的任何外部鉴证的范围及根据。

3）说明报告机构与鉴证服务方之间的关系。

4）说明最高治理机构或高级管理人员是否参与为可持续发展报告寻求鉴证。

（六）治理

概述：

1）机构的治理架构及组成。

2）在制定目标、价值观和战略方面，最高治理机构的角色。

3）最高治理机构的能力和绩效评估。

4）在风险管理方面，最高治理机构的角色。

5）在可持续发展报告方面，最高治理机构的角色。

6）在评估经济、环境和社会绩效方面，最高治理机构的角色。

7）薪酬和激励。

本部分旨在说明，为支持组织目标，最高治理机构是如何设立和组成的，且此等目标如何与经济、环境和社会层面相关联。

1. 治理架构和组成

G4-34*：机构的治理架构，包括最高治理机构下的各个委员会。说明负责经济、环境、社会影响决策的委员会。

G4-35*：最高治理机构授权高级管理人员和其他员工管理经济、环境和社会议题的过程。

G4-36*：机构是否任命了行政层级的高管负责经济、环境和社会议题，他们是否直接向最高治理机构汇报。

G4-37*：利益相关方和最高治理机构就经济、环境和社会议题磋商的过程。如果授权磋商，说明授权的对象和向最高治理机构的反馈过程。

G4-38*：最高治理机构及其委员会的组成：

1）执行成员或非执行成员。

2）独立成员。

3）治理机构的任期。

4）治理机构各成员的其他重要职位和责任的数量及相关责任的性质。

5）性别。

6）未被充分代表的社会群体成员。

7）与经济、环境、社会影响有关的专业能力。

8）利益相关方代表。

G4-39*：最高治理机构的主席是否兼任行政职位（如有，说明其在机构管理层的职能及如此安排的原因）。

G4-40*：最高治理机构及其委员会的提名和甄选过程，及用于提名和甄选最高治理机构成员的条件，包括：

1）是否以及如何考虑了多样性。

2）是否以及如何考虑了独立性。

3）是否以及如何考虑了经济、环境和社会事务相关的专长和经验。

4）是否以及如何考虑利益相关方（包括股东）参与。

G4-41*：最高治理机构确保避免和控制利益冲突的程序，是否向利益相关方披露利益冲突，至少应包括：

1）董事会成员交叉任职。

2）与供应商或其他利益相关方交叉持股。

3）存在控股股东。

4）关联方披露。

2. 在设定宗旨、价值观和战略方面，最高治理机构的角色

G4-42*：在制定、批准、更新与经济、环境、社会影响有关的宗旨、价值观或使命、战略、政策与目标方面，最高治理机构和高级管理人员的角色。

3. 最高治理机构的能力和绩效评估

G4-43*：为加强最高治理机构对于经济、环境和社会主题的集体认识而采取的措施。

G4 – 44*：对最高治理机构管理经济、环境和社会议题的流程和绩效评估。

1）评估最高治理机构管理经济、环境和社会议题绩效的流程。此等评估是否独立进行，频率如何。此等评估是否为自我评估。

2）对于最高治理机构管理经济、环境和社会议题的绩效评估的应对措施，至少应包括在成员组成和组织管理方面的改变。

4. 在风险管理方面，最高治理机构的角色

G4 – 45*：

1）在识别和管理经济、环境和社会的影响、风险和机遇方面，最高治理机构的角色。包括最高治理机构在实施尽职调查方面的角色。

2）是否使用利益相关方咨询，以支持最高治理机构对经济、环境和社会的影响、风险和机遇的识别和管理。

G4 – 46*：在评估有关经济、环境和社会议题的风险管理流程的效果方面，最高治理机构的角色。

G4 – 47*：最高治理机构评估经济、环境和社会的影响、风险和机遇的频率。

5. 最高治理机构在可持续发展报告方面的角色

G4 – 48*：正式审阅和批准机构可持续发展报告并确保已涵盖所有实质性方面的最高委员会或职位。

6. 最高治理机构在评估经济、环境和社会绩效方面的角色

G4 – 49*：说明与最高治理机构沟通重要关切问题的流程。

G4 – 50*：说明向最高治理机构沟通的重要关切问题的性质和总数，以及采取的处理和解决机制。

7. 薪酬和激励

G4 – 51*：最高治理机构和高级管理人员的薪酬政策。

1）按以下类型，说明最高治理机构和高级管理人员的薪酬政策：

• 固定工资和浮动工资：
    – 绩效工资
    – 股权薪酬
    – 奖金
    – 递延或已兑现的股份
• 签约奖金或招募奖励金
• 离职金
• 薪酬追回

●退休福利，包括最高治理机构、高级管理人员和所有其他员工的福利计划和缴费率的差异

2）说明薪酬政策中的绩效标准如何与最高治理机构和高级管理人员的经济、环境和社会目标相关联。

G4-52*：说明决定薪酬的过程。说明是否有薪酬顾问参与薪酬的决定，他们是否独立于管理层。说明薪酬顾问与机构之间是否存在任何其他关系。

G4-53*：如适用，说明如何征询并考虑利益相关方对于薪酬的意见，包括对薪酬政策和提案投票的结果。

G4-54*：在机构具有重要业务运营的每个国家，薪酬最高个人的年度总收入与机构在该国其他所有员工（不包括该薪酬最高的个人）平均年度总收入的比率。

G4-55*：在机构具有重要业务运营的每个国家，薪酬最高个人的年度总收入增幅与机构在该国其他所有员工（不包括该薪酬最高的个人）平均年度总收入增幅的比率。

（七）商业伦理与诚信

G4-56*：说明机构的价值观、原则、标准和行为规范，如行为准则和道德准则。

G4-57*：寻求道德与合法行为建议的内外部机制，以及与机构诚信有关的事务，如帮助热线或建议热线。

G4-58*：举报不道德或不合法行为的内外部机制，以及与机构诚信有关的事务，如通过直线管理者逐级上报、举报机制或热线。

二、具体标准披露项

具体标准披露项有四类指标：经济类指标、环境类指标、社会类指标和产品责任指标。

《可持续发展报告指南》G4对所涉及的3个类别（社会类别包括4个子类别）46个方面的内容有具体的标准披露项指标：

（一）类别：经济

经济绩效：G4-EC1、G4-EC2、G4-EC3、G4-EC4。

市场表现：G4-EC5、G4-EC6。

间接经济影响：G4-EC7、G4-EC8。

采购行为：G4-EC9。

（二）类别：环境

物料：G4-EN1、G4-EN2。

能源：G4-EN3、G4-EN4、G4-EN5、G4-EN6、G4-EN7。

水：G4－EN8、G4－EN9、G4－EN10。

生物多样性：G4－EN11、G4－EN12、G4－EN13、G4－EN14。

废气排放：G4－EN15、G4－EN16、G4－EN17、G4－EN18、G4－EN19、G4－EN20、G4－EN21。

污水和废弃物：G4－EN22、G4－EN23、G4－EN24、G4－EN25、G4－EN26。

产品和服务：G4－EN27、G4－EN28。

合规：G4－EN29。

交通运输：G4－EN30。

整体环境情况：G4－EN31。

供应商环境评估：G4－EN32、G4－EN33。

环境问题申诉机制：G4－EN34。

（三）类别：社会

1. 子类别：劳工实践和体面工作

雇用：G4－la1、G4－la2、G4－la3。

劳资关系：G4－la4。

职业健康与安全：G4－la5、G4－la6、G4－la7、G4－la8。

培训与教育：G4－la9、G4－la10、G4－la11。

多元化与机会平等：G4－la12。

男女同工同酬：G4－la13。

供应商劳工实践评估：G4－la14、G4－la15。

劳工问题申诉机制：G4－la16。

2. 子类别：人权

投资：G4－hr1、G4－hr2。

非歧视：G4－hr3。

结社自由与集体谈判：G4－hr4。

童工：G4－hr5。

强迫与强制劳动：G4－hr6。

安保措施：G4－hr7。

原住民权利：G4－hr8。

评估：G4－hr9。

供应商人权评估：G4－hr10、G4－hr11。

人权问题申诉机制：G4－hr12。

3. 子类别：社会

当地社区：G4－sO1、G4－sO2。

反腐败：G4 – sO3、G4 – sO4、G4 – sO5。

公共政策：G4 – sO6。

反竞争行为：G4 – sO7。

合规：G4 – sO8。

供应商社会影响评估：G4 – sO9、G4 – sO10。

社会影响问题申诉机制：G4 – sO11。

4. 子类别：产品责任

客户健康与安全：G4 – pr1、G4 – pr2。

产品及服务标识：G4 – pr3、G4 – pr4、G4 – pr5。

市场推广：G4 – pr6、G4 – pr7。

客户隐私：G4 – pr8。

合规：G4 – pr9。

各个标准披露项的具体指标如下：

具体标准披露项是在管理方法披露的基础上展开的。管理方法披露说明机构如何确认、分析、回应实际和潜在的实质经济、环境和社会影响，也为指标反映的绩效提供背景信息。

三、管理方法披露

G4 – DMa。

1）说明为什么该方面具有实质性；说明影响该方面实质性的因素。

2）说明机构如何管理实质性方面或其影响。

3）说明管理方法的评估，包括：

● 评估管理方法有效性的机制；

● 管理方法评估的结果；

● 对管理方法的任何相关调整。

（一）经济类指标

1. 经济绩效

G4 – EC1：机构产生和分配的直接经济价值。

1）按权责发生制，说明机构产生及分配的直接经济价值，包括机构全球业务中的下列基本要素。如果数据是按收付制列出，说明这一决定的理由，并报告下列基本要素：

● 收入。

● 分配的经济价值。

● 运营成本。

● 员工薪酬和福利。

- 向出资人支付的款项。

- 向政府支付的款项（按国家）。

- 社区投资。

用"产生的直接经济价值"减去"分配的经济价值"得出"留存的经济价值"。

2）为更好地评估机构对当地的经济影响，应根据重要程度，按国家、地区或市场，分别报告"产生的直接经济价值"和"分配的经济价值"。说明用以判定"重要"的标准。

G4 - EC2：气候变化对机构活动产生的财务影响及其风险、机遇。

说明由气候变化导致、可能造成运营、收入或支出重大变化的风险和机遇，包括：

- 说明风险或机遇及其类别（如现实风险、监管风险等）

- 说明风险或机遇相伴随的影响

- 采取措施前，风险或机遇可能带来的财务影响

- 用于管理风险或机遇的方法

- 管理风险或机遇的措施的成本

G4 - EC3：机构固定收益型养老金所需资金的覆盖程度。

1）若用于支付应付养老金所需资金由机构拥有的总体资源负担，披露所需资金的估算值。

2）如机构设有独立的基金用来负担支付应付养老金所需资金，请说明：

- 用于支付应付养老金所需的资金在多大程度上可以由预先划拨出的资产支付

- 进行上述估算的依据

- 做出上述估算的时间

3）若所设立的基金未能全额覆盖支付应付养老金所需资金，解释雇主为实现全额覆盖所采取的策略（如有），以及雇主希望实现全额覆盖的时间表（如有）。

4）说明员工或雇主为上述基金的支出在员工薪酬中所占的百分比。

5）披露机构员工参与不同养老金计划的参与率（例如：强制或自愿计划、地区或全国性计划，或参与其他有财务影响的计划的情况）。

G4 - EC4：政府给予的财务补贴。

1）说明在报告期内，机构从政府收到的财务补贴的总货币价值，至少应披露：

- 税收减免/扣除

- 补贴
- 投资补助、研发补助、其他类型补助
- 奖励
- 专利使用费免费期
- 出口信用机构（ECA）的财政补贴
- 财政激励措施
- 其他从政府得到或可得到的针对机构运营的财务资助

2）按国别分类披露上述信息。

3）说明政府是否以及在多大程度上占有股权。

2. 市场表现

G4-EC5：不同性别的工资起薪水平与机构重要运营地点当地的最低工资水平的比率。

1）如果大部分员工的薪酬参照最低工资标准支付，说明在重要运营地点按性别划分的起薪水平与当地最低工资的比例。

2）披露在各重要运营地点，是否不存在按性别划分的最低工资标准，或各主要运营地点的标准不同的情况。在存在不同最低工资标准可供参考的情况下，披露机构采用了哪种标准。

3）说明"重要运营地点"的定义。

G4-EC6：机构在重要运营地点聘用的当地高层管理人员所占比例。

1）说明在重要运营地点，从当地聘用高层管理人员的比例。

2）说明"高层管理人员"的定义。

3）说明机构对于"当地"的地理定义。

4）说明"重要运营地点"的定义。

3. 间接经济影响

G4-EC7：开展基础设施投资与支持性服务的情况及其影响。

1）说明机构开展重要基础设施投资和提供相关服务的情况。

2）说明这些投资和服务对社区和当地经济的实际影响或预期影响。需要报告所有相关的正面或负面影响。

3）说明这些投资和服务的属性，是商业活动、实物捐赠还是免费专业服务。

G4-EC8：重要间接经济影响，包括影响的程度。

1）举例说明机构所确认的重要正面和负面间接经济影响。例如：

- 改变机构、行业或整个经济体系的生产力水平
- 促进特困地区的经济发展

- 因社会或环境状况的改善或恶化而造成的经济影响
- 低收入者获取产品和服务的能力
- 提高在需要专业技能的行业或地理区域的技能和知识水平
- 通过供应链或分销网络创造工作岗位
- 刺激、促进或限制外国直接投资
- 因机构运营或活动所在地变化而造成的经济影响
- 因使用机构产品和服务而造成的经济影响

2）参照国家和国际标准、规章和政策议程等外部基准以及利益相关方的优先关注程度，说明相关间接影响的重要程度。

4. 采购行为

G4 – EC9：在重要运营地点，向当地供应商采购支出的比例。

1）说明在重要运营地点，用于当地供应商的采购预算的比例（如在当地购买的产品和服务的比例）。

2）说明机构对于当地的地理定义。

3）说明"重要运营地点"的定义。

（二）环境类指标

1. 物料

G4 – EN1：所用物料的重量或体积。

机构在报告期内，用于生产和包装主要产品和服务的物料的总重量或体积，按以下分类：

1）所用的不可再生物料。

2）所用的可再生物料。

G4 – EN2：采用经循环再造物料的百分比。说明用于制造机构主要产品和服务的物料中，经循环再造的物料的百分比。

2. 能源

G4 – EN3：机构内部的能源消耗量。

1）不可再生能源的燃料消耗总量，包括所用的燃料类型。

2）可再生能源的燃料消耗总量，包括所用的燃料类型。

3）电力消耗、供暖消耗、制冷消耗、蒸汽消耗。

4）出售的电力、出售的供暖、出售的制冷、出售的蒸汽。

5）报告总能源消耗量。

6）说明计算所用的标准、方法和假设。

7）说明计算所用的转换系数的出处。

G4 – EN4：机构外部的能源消耗量。

1）报告在机构外部消耗的能源总量。

2）说明计算所用的标准、方法和假设。

3）说明计算所用的转换系数的出处。

G4 – EN5：能源强度。

1）报告能源强度比。

2）说明机构用于计算该比率的度量标准。

3）说明该强度比率所涵盖的能源类型：燃料、电力、供暖、蒸汽或以上全部。

4）说明计算该比率时，计算的是机构内部的能源消耗量、机构外部的能源消耗量，还是两者都包括。

G4 – EN6：减少的能源消耗量。

1）由于采取节能增效措施而直接减少的能源消耗总量。

2）说明减少的能源消耗量中所包含的能源类型：燃料、电力、供暖、制冷或蒸汽。

3）报告计算能源消耗量减少的基准，例如基年或基线，以及选择这一基准的理由。

4）说明计算所用的标准、方法和假设。

G4 – EN7：产品和服务所需能源的降低。

1）在报告期内，提供售出的产品和服务所需能源的降低。

2）报告计算能源消耗量减少的基准以及选择这一基准的理由。

3）说明计算所用的标准、方法和假设。

3. 水

G4 – EN8：按源头说明的总耗水量。

1）说明从以下来源获取的水资源总量：

• 地表水，包括湿地水、河水、湖水、海水

• 地下水

• 报告机构直接采集和储存的雨水

• 其他机构的废水

• 市政供水或来自其他供水设施的水

2）说明计算所用的标准、方法和假设。

G4 – EN9：因取水而受重大影响的水源。

1）按类型说明因机构取水而受到重大影响的水源总数：

• 水源地规模

• 该水源地是否被划定为保护区（国家级或国际性）

• 生物多样性价值（如物种多样性和稀有性，受保护物种数量）

• 水源对当地社区和原住民的价值/意义

2）说明所用的标准、方法和假设。

G4 – EN10：循环及再利用水的百分比及总量。

1）报告机构循环及再利用水的总量。

2）循环及再利用水的总量占总取水量（G4 – EN8 指标）的百分比。

3）说明计算所用的标准、方法和假设。

4. 生物多样性

G4 – EN11：机构在环境保护区或其他具有重要生物多样性价值的地区或其毗邻地区，拥有、租赁或管理的运营点。

报告机构在环境保护区或其他具有重要生物多样性价值的地区或其毗邻地区拥有、租赁或管理的各运营点的相关信息，包括：

• 地理位置

• 机构拥有、租赁或管理的地下土地

• 与保护区（位于、毗邻、包含保护区的地区）或具有重要生物多样性价值地区的关系

• 运营活动类型（办公、制造/生产、资源采掘）

• 运营点面积（平方公里）

• 按以下特点划分的生物多样性价值：

－保护区和具有重要生物多样性价值地区的属性（陆地、淡水或海洋生态系统）

－保护级别明细（如保护区管理名录、湿地公约、国家级立法）

G4 – EN12：机构的活动、产品及服务在生物多样性方面，对保护区或其他具有重要生物多样性价值的地区的重大影响。

1）就以下一项或多项，说明对生物多样性的直接和间接重大影响的性质：

• 建筑施工或制造业、采矿和交通设施的使用

• 污染（说明造成非栖息地原生物质进入的点源或非点源性污染）

• 说明侵入性物种、害虫及病原体

• 物种的减少

• 栖息地变迁

• 自然变化范围之外的生态过程的变化（如盐度或地下水位变化）

2）按以下内容，说明直接和间接的重大正负面影响：

• 受影响的物种

• 受影响地区的范围

- 影响的持续期限
- 影响的可逆性和不可逆性

G4 - EN13：受保护或经修复的栖息地。

1）说明所有受保护和/或经修复区域的面积和位置，以及是否有独立的外部专业人士认可了修复措施的成功。

2）报告是否与第三方结成了伙伴关系，以在机构监督和实施修复或保护措施以外的地区，保护或修复栖息地。

3）每个地区在报告期末的状态。

4）说明所用的标准、方法和假设。

G4 - EN14：按濒危风险水平，说明栖息地受机构运营影响的列入国际自然保护联盟（IUCN）红色名录及国家保护名册的物种总数。

按以下濒危风险水平，说明栖息地受机构运营影响，列入国际自然保护联盟（IUCN）红色名录及国家保护名册的物种总数。

- 极危
- 濒危
- 易危
- 近危
- 无危

5. 废气排放

温室气体议定书将温室气体排放分为三个"范畴"——范畴一、范畴二和范畴三。范畴是对产生温室气体排放的运营边界的分类。范畴将机构自身或其他相关机构（如电力供应商或运输公司）产生的温室气体排放作如下分类：直接排放（范畴一）：机构拥有或控制的运营点的排放；间接能源排放（范畴二）：机构购买或取得的，用于内部消耗的电力、供暖、制冷或蒸汽的生产造成的排放；其他间接排放（范畴三）：在机构外部产生的所有间接排放（未包括在范畴二中），包括上下游机构的排放。

G4 - EN15：直接温室气体排放量（范畴一）。

1）以二氧化碳当量（吨）计，说明独立于任何温室气体交易（如购买、销售或转换的抵消量或配额）的直接（范畴一）温室气体排放总量。

2）说明计算中包括的气体种类（二氧化碳、甲烷、一氧化二氮、氢氟碳化物、全氟化碳、六氟化硫、三氟化氮或以上全部）。

3）以二氧化碳当量（吨）计，报告除直接（范畴一）温室气体排放以外的生物源二氧化碳排放。

4）说明选定的基准年、选择的依据，基准年的排放，以及致使基准年排放重新计算的任何重要排放变化的背景。

5）说明所用的标准、方法和假设。

6）说明使用的排放系数和全球变暖潜能值（GWP）的出处，或对 GWP 的出处进行标注。

7）报告选用的排放数据合并方法（权益份额、财务控制、运营控制）。

G4 – EN16：能源间接温室气体排放量（范畴二）。

1）以二氧化碳当量（吨）计，说明独立于任何温室气体交易（如购买、销售或转换的抵消量或配额）的能源间接（范畴二）温室气体排放总量。

2）报告计算中包括的气体，如有。

3）说明选定的基准年、选择的依据，基准年的排放，以及致使基准年排放重新计算的任何重要排放变化的背景。

4）说明所用的标准、方法和假设。

5）说明使用的排放系数和全球变暖潜能值（GWP）的出处，或者，如有，对 GWP 的出处进行标注。

6）报告所选用的排放数据合并方法（权益份额、财务控制、运营控制）。

G4 – EN17：其他间接温室气体排放量（范畴三）。

1）以二氧化碳当量（吨）计，报告其他间接（范畴三）温室气体排放，不包括机构购买或取得用于内部消耗的电力、供暖、制冷或蒸汽的生产造成的间接排放（这些间接排放在 G4 – E16 指标中报告）。不包括任何温室气体交易的情况，如购买、销售或转换的抵消量或配额。

2）如有数据，报告计算中包括的气体。

3）以二氧化碳当量（吨）计，报告除其他间接（范畴三）温室气体排放以外的生物源二氧化碳排放。

4）报告计算中包含的其他间接（范畴三）排放类别和活动。

5）说明选定的基准年、选择的依据，基准年的排放，以及致使基准年排放重新计算的任何重要排放变化的背景。

6）说明所用的标准、方法和假设。

7）说明使用的排放系数和全球变暖潜能值（GWP）的出处，或者，如有，对 GWP 的出处进行标注。

G4 – EN18：温室气体排放强度。

1）说明温室气体排放强度比。

2）说明机构在计算该比率时关于本机构的数据（分母值）。

3）说明强度比包含的温室气体排放类型：直接（范畴一）、能源间接（范畴二）、其他间接（范畴三）。

4）报告计算中包括的气体种类。

G4－EN19：减少的温室气体排放量。

1）以二氧化碳当量（吨）计，说明通过减排措施直接减少的温室气体排放量。

2）说明计算中包括的气体（二氧化碳、甲烷、一氧化二氮、氢氟碳化物、全氟化碳、六氟化硫、三氟化氮或以上全部）。

3）说明选定的基准年或基线，以及选择的理由。

4）说明所用的标准、方法和假设。

5）说明温室气体排放的减少发生在直接（范畴一）、能源间接（范畴二）还是其他间接排放（范畴三）。

G4－EN20：臭氧消耗物质（ODS）的排放。

1）以 CFC－11 当量（吨）为单位，报告 ODS 的产生量、输入量和输出量。

2）报告计算中包括的物质。

3）说明计算所用的标准、方法和假设。

4）说明使用的排放系数的出处。

G4－EN21：氮氧化物、硫氧化物和其他主要气体的排放量。

1）以千克或其倍数为单位，说明以下各主要气体的排放量：
- 氮氧化物
- 硫氧化物
- 持久性有机污染物（POP）
- 挥发性有机化合物（VOC）
- 有害空气污染物（HAP）
- 可吸入颗粒物（PM）
- 其他在相关法规中明确的气体排放标准类别

2）说明所用的标准、方法和假设。

3）说明使用的排放系数的出处。

6. 污水和废弃物

G4－EN22：按水质及排放目的地分类的污水排放总量。

1）按以下分类，报告规划的和未规划的排水总量：
- 排放目的地
- 水质（包括处理方法）
- 是否会被其他机构再利用

2）说明所用的标准、方法和假设。

G4 – EN23：按类别及处理方法分类的废弃物总重量。

1）按以下处理方法，说明有害和无害废弃物的总重量：

- 再利用
- 循环
- 堆料
- 回收，包括能源回收
- 焚化（大规模燃烧）
- 深井灌注
- 垃圾填埋
- 就地贮存
- 其他（由报告机构说明）

2）说明决定处理方法的过程：

- 由报告机构直接处理，或以其他方式直接确认
- 由废弃物处理承包商提供的信息
- 废弃物处理承包商的行业惯例

G4 – EN24：严重泄漏的总次数及总量。

1）报告记录在案的严重泄漏的总次数和总量。

2）对于已在机构财务报告中披露的泄漏，提供各次泄漏的以下补充信息：

- 泄漏地点
- 泄漏总量
- 泄漏的物质，按以下分类：
  - 油料泄漏（土壤或水面）
  - 燃料泄漏（土壤或水面）
  - 废弃物泄漏（土壤或水面）
  - 化学物质泄漏（多数为土壤或水面）
  - 其他（由报告机构说明）

3）说明严重泄漏的影响。

G4 – EN25：有害废弃物经运输、输入、输出或处理的重量，以及运往境外的废弃物中有害废弃物的百分比。

1）说明以下每项的总重量：

- 运输的有害废弃物
- 输入的有害废弃物
- 输出的有害废弃物
- 经处理的有害废弃物

2）运往境外的有害废弃物的比例。

G4 - EN26：受机构污水及其他（地表）径流排放严重影响的水体及相关栖息地的位置、面积、保护状态及生物多样性价值。

根据编制要领中的标准，说明受污水排放严重影响的水体及相关栖息地，补充信息如下：

- 水体和栖息地的面积
- 水体和相关栖息地是否被指定为保护区（国家级或国际性）
- 生物多样性价值（如受保护物种的总数）

7. 产品和服务

G4 - EN27：降低产品和服务环境影响的程度。

1）定量说明在报告期内，降低产品和服务对环境影响的程度。

2）如是根据使用情况推算的数据，说明推算是基于哪些对消耗方式所做的假设，采用了哪些系数来使数据标准化从而具有可比性。

G4 - EN28：按类别说明，回收售出产品及其包装物料的百分比。

1）按每个产品类别，说明回收的产品及包装物料的百分比。

2）说明本指标下的数据是如何收集的。

8. 合规

G4 - EN29：违反环境法律法规被处重大罚款的金额，以及所受非经济处罚的次数。

1）就以下各项，说明重大罚款和非经济处罚：

- 重大罚款的总金额
- 非经济处罚的数量
- 通过争议解决机制提起的诉讼

2）如机构未有任何违法或违规，简要陈述这一事实即可。

9. 交通运输

G4 - EN30：为机构运营而运输产品、其他货物及物料以及员工交通所产生的重大环境影响。

1）为机构运营而运输产品、其他货物及物料以及员工交通所产生的重大环境影响。如不披露定量数据，说明原因。

2）说明机构如何降低运输产品、其他商品和物料及员工交通产生的环境影响。

3）说明在判定环境影响的严重程度时，采用的标准和方法。

10. 整体环境情况

G4 - EN31：总环保支出及投资。

按以下各项，说明总环保支出：

1）废弃物处置、废气排放处理、补救成本。

2）预防和环境管理成本。

11. 供应商环境评估

G4 - EN32：使用环境标准筛选的新供应商的比例。说明使用环境标准筛选的新供应商的比例。

G4 - EN33：供应链对环境的重大实际和潜在负面影响，以及采取的措施。

1）说明接受环境影响评估的供应商的数量。

2）说明确认为对环境具有重大实际和潜在负面影响的供应商的数量。

3）说明供应链中确认的重大实际和潜在负面环境影响。

4）确认为对环境具有重大实际和潜在负面影响的供应商中，有多大比例的供应商经评估后，被认为负面影响有所改善。

5）确认为对环境具有重大实际和潜在负面影响的供应商中，有多大比例的供应商经评估后，被终止合作关系，以及相应的原因。

12. 环境问题申诉机制

G4 - EN34：经由正式申诉机制提交、处理和解决的环境影响申诉的数量。

1）在报告期间，经由正式申诉机制提交的环境影响申诉的总数。

2）在已确认的申诉中，说明：

• 在报告期内得到处理的申诉数量

• 在报告期内未得到解决的申诉数量

3）本报告期之前提交的，在本报告期内解决的环境影响申诉总数。

（三）社会类指标

社会指标包括劳工实践和体面工作、人权、社会、产品责任。

1. 劳工实践和体面工作

（1）雇佣。

G4 - la1：有关重大运营变化的最短通知期，包括该通知期是否在集体协议中具体说明。

1）说明在实施可能严重影响员工的重大运营变化之前，通常提前通知员工及其代表的最短周数。

2）对签有集体协商协议的机构，说明集体协议中是否规定有磋商和谈判的提前通知期和相关条款。

G4 - la2：按重要运营地点划分，不提供给临时或兼职员工，只提供给全职员工的福利。

1）按重要运营地点划分，不提供给临时或兼职员工，只提供给全职员工的标准福利。至少应包括：

- 人寿保险
- 医疗保险
- 伤残保险
- 产假/陪产假
- 退休补助
- 股权
- 其他

2）说明"重要运营地点"的定义。

G4 - la3：按性别划分，产假/陪产假后回到工作和保留工作的比例。

1）按性别划分，说明有权享有产假/陪产假的员工总数。

2）按性别划分，说明实际使用产假/陪产假的员工总数。

3）按性别划分，说明休完产假/陪产假后回到工作岗位的员工人数。

4）按性别划分，说明休完产假/陪产假回到工作岗位后十二个月仍在职的员工人数。

5）按性别划分，说明休完假后回到工作岗位和保留工作的员工比例。

（2）劳资关系。

G4 - la4：有关重大运营变化的最短通知期。

1）说明在实施可能严重影响员工的重大运营变化之前，通常提前通知员工及其代表的最短周数。

2）对签有集体协商协议的机构，说明集体协议中是否规定有磋商和谈判的提前通知期和相关条款。

（3）职业健康与安全。

G4 - la5：由劳资双方组建的职工健康与安全委员会中，能帮助员工监督和评价健康与安全相关项目的员工代表所占的百分比。

1）说明每个正式劳资健康与安全委员会在机构内通常运作的层级。

2）说明在正式劳资健康与安全委员会中劳方代表的比重。

G4 - la6：按地区和性别划分的工伤类别、工伤、职业病、误工及缺勤比例，以及和因公死亡人数。

1）按地区和性别，说明劳动力总数（即正式员工加上非正式员工）中，工伤的类别、工伤率（IR）、职业病发生率（ODR）、误工率（LDR）、缺勤率（AR）和因公死亡事故数。

2）按地区和性别，说明机构对工作环境总体安全负有责任的现场工作的独立承包商中，工伤率（IR）、职业病发生率（ODR）、误工率（LDR）、缺勤率（AR）和因公死亡事故数。

3）说明有关事故统计记录和报告的制度体系。

G4-la7：从事职业病高发职业或高职业病风险职业的工人。说明是否有工人从事某些具有职业病高发风险或高职业病风险的职业活动。

G4-la8：与工会达成的正式协议中是否包含健康与安全条款，包含哪些健康与安全议题，及议题所占的比例。

（4）培训与教育。

G4-la9：按性别和员工类别划分，每名员工每年接受培训的平均小时数。

G4-la10：为加强员工持续就业能力及协助员工管理职业生涯终止的技能管理及终生学习计划。

1）为提高员工技能而实施的计划和提供的协助的类型和范围。

2）为提高员工的持续就业能力，因退休或离职造成的职业生涯终止的管理能力，向员工提供的过渡期协助计划。

G4-la11：按性别和员工类别划分，接受定期绩效及职业发展考评的员工的百分比。

（5）多元化与机会平等。

G4-la12：按性别、年龄组别、少数族裔成员及其他多元化指标划分，治理机构成员和各类员工的组成。

1）根据以下多元化指标，说明治理机构成员的各项百分比：

● 性别

● 年龄组别：30 岁以下；30～50 岁；50 岁以上

● 少数族裔

● 其他相关的多元化指标

2）根据以下多元化指标，说明各类员工的各项百分比：

● 性别

● 年龄组别：30 岁以下；30-50 岁；50 岁以上

● 少数族裔

● 其他相关的多元化指标

（6）男女同工同酬。

G4-la13：按员工类别和重要运营地点划分，男女基本薪金和报酬比率。

1）按员工类别和重要运营地点划分，男女基本薪金和报酬比率。

2）说明"重要运营地点"的定义。

（7）供应商劳工实践评估。

G4-la14：使用劳工实践标准筛选的新供应商所占比例，予以说明。

G4 - la15：供应链对劳工实践的重大实际和潜在负面影响，以及采取的措施。

1）说明接受劳工实践影响评估的供应商的数量。

2）已确认的对劳工实践具有重大实际和潜在负面影响的供应商的数量。

3）说明供应链中已确认的对劳工实践的重大实际和潜在负面影响。

4）在已被确认为对劳工实践具有重大实际和潜在负面影响的供应商中，有多大比例的供应商经评估后，被认为负面影响有所改善。

5）在已被确认为对劳工实践具有重大实际和潜在负面影响的供应商中，有多大比例的供应商经评估后，被终止合作关系，以及相应的原因。

（8）劳工问题申诉机制。

G4 - la16：经由正式申诉机制提交、处理和解决的环境影响申诉的数量。

1）在报告期间，经由正式申诉机制提交的环境影响申诉的总数。

2）在已确认的申诉中，说明：

● 在报告期内得到处理的申诉数量

● 在报告期内得到解决的申诉数量

3）本报告期之前提交的，在本报告期内解决的环境影响申诉总数。

2. 人权

（1）投资。

G4 - hr1：含有人权条款或已进行人权审查的重要投资协议和合约的总数及百分比。

1）说明含有人权条款或已进行人权审查的重要投资协议和合约的总数及百分比。

2）说明机构对"重要投资协议"的定义。

G4 - hr2：就经营相关的人权政策及程序，员工接受培训的总小时数，以及受培训员工的百分比。

（2）非歧视。

G4 - hr3：歧视事件的总数，以及机构采取的纠正行动。

（3）结社自由与集体谈判。

G4 - hr4：已发现可能违反或严重危及结社自由及集体谈判的运营点或供应商，以及保障这些权利的行动。

（4）童工。

G4 - hr5：已发现具有严重使用童工风险的运营点和供应商，以及有助于有效杜绝使用童工情况的措施。

（5）强迫与强制劳动。

G4 - hr6：已发现具有严重强迫或强制劳动事件风险的运营点和供应商，以及有助于消除一切形式的强迫或强制劳动的措施。

（6）安保措施。

G4 - hr7：安保人员在运营相关的人权政策及程序方面接受培训的百分比。

（7）原住民权利。

G4 - hr8：涉及侵犯原住民权利的事件总数，以及机构采取的行动。

（8）评估。

G4 - hr9：接受人权审查或人权影响评估的运营点的总数和百分比。

（9）供应商人权评估。

G4 - hr10：使用人权标准筛选的新供应商的比例。

G4 - hr11：供应链对人权的重大实际和潜在负面影响，以及采取的措施。

1）说明接受人权影响评估的供应商的数量。

2）说明确认为对人权具有重大实际和潜在负面影响的供应商的数量。

3）说明供应链中确认的对人权的重大实际和潜在负面影响。

4）确认为对人权具有重大实际和潜在负面影响的供应商中，有多大比例的供应商经评估后，被认为负面影响有所改善。

5）确认为对人权具有重大实际和潜在负面影响的供应商中，有多大比例的供应商经评估后，被终止合作关系，以及相应的原因。

（10）人权问题申诉机制。

G4 - hr12：经由正式申诉机制提交、处理和解决的人权影响申诉的数量。

3. 社会

（1）当地社区。

G4 - sO1：实施了当地社区参与、影响评估和发展计划的运营点比例。说明实施了当地社区参与、影响评估、发展计划的运营点的比例，包括使用：

1）基于参与式过程的社会影响评估、包括性别影响评估；

2）环境影响评估和持续监控；

3）公开披露的环境和社会影响评估的结果；

4）基于当地社区需求的当地社区发展计划；

5）基于利益相关方匹配的利益相关方参与计划；

6）基础广泛的，包括弱势群体在内的当地社区咨询委员会和程序；

7）处理有关影响的劳资联合委员会、职业健康和安全委员会和其他员工代表机构；

8）正式的当地社区申诉程序。

G4 - sO2：对当地社区具有重大实际和潜在负面影响的运营点。

（2）反腐败。

G4 - sO3：已进行腐败风险评估的运营点的总数及百分比，以及所识别出的重大风险。

1）已评估腐败风险的运营点的总数及百分比。

2）通过风险评估发现的重大腐败风险。

G4 - sO4：反腐败政策和程序的传达及培训。

G4 - sO5：确认的腐败事件和采取的行动。

（3）公共政策。

G4 - sO6：按国家和接受者/受益者划分的政治性捐赠的总值。

（4）反竞争行为。

G4 - sO7：涉及反竞争行为、反托拉斯和垄断做法的法律诉讼的总数及其结果。

1）在报告期间，未决或结束的与反竞争行为和违反反垄断法相关的法律诉讼（已认定报告机构为参与者）的总数。

2）说明已结束的法律诉讼的主要结果，包括任何裁定或判决。

（5）合规。

G4 - sO8：违反法律法规被处重大罚款的金额，以及所受非经济处罚的次数。

1）就以下各项，说明重大罚款和非经济处罚：

• 重大罚款的总金额

• 非经济处罚的数量

• 由争议解决机制处理的案例数

2）如机构无任何违法或违规，简要陈述这一事实即可。

3）说明遭受重大罚款和非经济处罚的背景。

（6）供应商社会影响评估。

G4 - sO9：使用社会影响标准筛选的新供应商的比例。

G4 - sO10：供应链对社会的重大实际和潜在负面影响，以及采取的措施。

1）说明接受社会影响评估的供应商的数量。

2）说明确认为对社会具有重大实际和潜在负面影响的供应商的数量。

3）说明供应链中确认的对社会的重大实际和潜在负面影响。

4）确认为对社会具有重大实际和潜在负面影响的供应商中，有多大比例的供应商经评估后，被认为负面影响有所改善。

5）确认为对社会具有重大实际和潜在负面影响的供应商中，有多大比例的供应商经评估后，被终止合作关系，以及相应的原因。

（7）社会影响问题申诉机制。

G4-sO11：经由正式申诉机制提交、处理和解决的社会影响申诉的数量。

4. 产品责任

关注直接影响利益相关方（特别是客户）的产品和服务。

（1）客户健康与安全。

G4-pr1：为改进现状而接受健康与安全影响评估的重要产品和服务类别的百分比。

G4-pr2：按后果类别说明，违反有关产品和服务健康与安全影响的法规和自愿性准则（产品和服务处于其生命周期内）的事件总数。

1）按以下类别，说明报告期内，机构违反有关产品和服务的健康与安全法规和自愿性准则的事件总数：

• 导致罚款的违规事件

• 导致警告的违规事件

• 违反自愿性准则的事件

2）如机构未违反任何法规和自愿性准则，简要陈述这一事实即可。

（2）产品及服务标识。

G4-pr3：机构关于产品和服务信息与标识的程序要求的产品及服务信息种类，以及需要符合这种信息要求的重要产品及服务类别的百分比。

G4-pr4：按后果类别说明，违反有关产品和服务信息及标识的法规及自愿性准则的事件总数。

G4-pr5：说明报告期内客户满意度调查（基于统计相关的样本规模）的结果或关键结论中的下述信息：

1）机构整体。

2）主要的产品/服务类别。

3）重要运营地点。

（3）市场推广。

G4-pr6：禁售或有争议产品的销售。

1）说明机构是否存在以下情况：

• 出售特定市场禁售的产品

• 出售利益相关方质疑或有争议的产品

2）说明机构如何回应针对此类产品的问题或顾虑。

G4-pr7：按后果类别划分，违反有关市场推广（包括广告、推销及赞助）的法规及自愿性准则的事件总数。

1）按以下类别说明有关市场推广（包括广告、推销及赞助）的事件总数：
- 导致罚款的违规事件
- 导致警告的违规事件
- 违反自愿性准则的事件

2）如机构未违反任何法规和自愿性准则，简要陈述这一事实即可。

（4）客户隐私。

G4 - pr8：经证实的侵犯客户隐私权及遗失客户资料的投诉总数。

1）按以下分类，说明与侵犯客户隐私权有关的经证实的投诉的总数：
- 从外部个人或机构收到、经机构证实的投诉
- 来自监管机关的投诉

2）说明经证实的信息泄露、失窃或遗失客户资料事件的总数。

3）如机构无经证实的投诉，简要陈述这一事实即可。

（5）合规。

G4 - pr9：如有违反提供及使用产品与服务的有关法律法规，说明相关重大罚款的总金额。

第五节　GRI 标准披露项与联合国全球契约 "十项原则" 的联系

联合国环境规划署（UNEP）是 GRI 的合作伙伴。《可持续发展报告》的标准披露项非常注意与联合国有关文件的契合与对接。联合国全球契约的"十项原则"是 GRI 标准披露项最重视与之契合和对接的文件。

2000 年 7 月，联合国全球契约（United Nations Global Compact，UNGC）在联合国总部正式启动。全球契约的提出，是为了促成"共同价值观和原则"，通过集体的力量推动可持续发展和良好的企业公民意识。全球契约号召企业遵守在人权、劳工标准、环境、反腐败等方面的十项基本原则。全球契约使得企业与联合国各机构、国际劳工组织、NGO 组织及其他相关组织达成合作，建立一个更加广泛和平等的全球市场环境。全球契约的目的是动员全世界的跨国公司直接参与减少全球化负面影响的行动，推进全球化朝积极的方向发展。

全球契约在人权、劳工、环境和反腐败方面的十项原则享有全球共识，这些原则来源于《世界人权宣言》、《国际劳工组织关于工作中的基本原则和权利宣言》、《关于环境与发展的里约宣言》以及《联合国反腐败公约》。全球契约为承诺依据在人权、劳工、环境和反腐败方面普遍接受的十项原则进行运作

的各企业提供的一个框架。

《可持续发展报告》G4 的标准披露项与联合国全球契约的"十项原则"是契合与对应的，换句话说，《可持续发展报告》G4 的标准披露项反映了联合国全球契约的"十项原则"的要求。下面介绍它们之间的联系：

（1）联合国全球契约原则 1. 企业界应支持并尊重国际公认的人权。

GRI 指南"人权"子类别的所有方面；

GRI 指南"社会"子类别："当地社区"方面。

（2）联合国全球契约原则 2. 企业界应保证不与践踏人权者同流合污。

GRI 指南"人权"子类别的所有方面。

（3）联合国全球契约原则 3. 企业界应支持结社自由及切实承认集体谈判权。

GRI 指南：集体谈判协议涵盖的员工总数百分比；

GRI 指南"劳工实践和体面工作"子类别的"劳资关系"方面；

GRI 指南"人权"子类别的"结社自由与集体谈判"方面。

（4）联合国全球契约原则 4. 企业界应消除一切形式的强迫和强制劳动。

GRI 指南"人权"子类别的"强迫与强制劳动"方面。

（5）联合国全球契约原则 5. 企业界应切实废除童工。

GRI 指南的"童工"方面。

（6）联合国全球契约原则 6. 企业界应消除就业和职业方面的歧视。

GRI 指南"劳工实践和体面工作"子类别的所有方面；

GRI 指南"劳工实践和体面工作"子类别的"劳资关系"方面；

GRI 指南"人权"子类别的"非歧视"方面。

（7）联合国全球契约原则 7. 企业界应支持采用预防性方法应对环境挑战。

GRI 指南"环境"类别的所有方面。

（8）联合国全球契约原则 8. 企业界应采取主动行动促进在环境方面更负责任的做法。

GRI 指南"环境"类别的所有方面。

（9）联合国全球契约原则 9. 企业界应鼓励开发和推广环境友好型技术。

GRI 指南"环境"类别的所有方面。

（10）联合国全球契约原则 10. 企业界应努力反对一切形式的腐败，包括敲诈和贿赂。

GRI 指南"社会"类别中的"反腐败"和"公共政策"方面。

第六节 《可持续发展报告》的备注

《可持续发展报告》的备注，主要分为"资料搜集"、"报告形式和频率"、"认证"及"术语释义"四部分，是对报告编制过程中部分细节的处理说明和解释，对阅读者理解报告的内容、范围有重要帮助。

资料搜集部分主要介绍报告正文部分在数据上的局限性及造成局限性的原因。比如，某些信息涉及公司商业秘密或国家秘密不能对外公布，因而在某项指标上无法给出准确的绩效结果。此时，报告机构应就该情况在报告备注中指出，并说明不能报告的原因。

报告形式主要指报告媒介，包括光盘、网页或印刷品等；报告频率主要指报告机构报告编制和发布的周期，比如一年一次或两年一次等。选择两年一次的进行绩效汇报的机构，可以在两年之内，定期对企业综合绩效信息进行更新披露。可持续发展报告的披露时间最好能与公司财务信息报告时间保持一致，以便综合运用两类信息。

GRI 建议报告机构对可持续发展报告进行外部认证，包括专业认证、利益相关者专案小组或其他外界群体的认证等。外部认证要求认证者必须是报告机构以外的群体或人士。报告机构可以聘请外部群体或人士按照专业标准进行认证，或者不遵循任何标准，但根据系统，有记录的事实做出判断。

术语释义部分主要是为了提高报告的清晰性，使得一般大众更能读懂可持续发展报告。

思考与讨论

9-1 结合本机构/企业的情况，谈谈对《可持续发展报告》的编制过程中，如何具体遵循利益相关方参与原则和实质性原则。

9-2 《可持续发展报告指南》G4 中，一般标准披露项有 58 个指标，具体标准披露项有 91 个指标，针对你所在机构/企业的情况，有哪些指标无法描述，为什么？

9-3 在网上查阅一些中国企业发布的《可持续发展报告》，指出存在哪些主要问题？你认为最该重视的是什么问题？

第十章　循环经济的理论与实践

第一节　从不同角度理解可持续发展

一、从自然属性理解可持续发展

可持续性这一概念是由生态学家首先提出来的，即所谓生态延续性（Ecological Sustainability），它旨在说明自然资源及其开发利用程度间的平衡。1991年国际生态学联合会和国际生物科学联合会联合举行关于可持续发展问题专题研讨会。该研讨会的成果发展并深化了可持续发展概念的自然属性，将可持续发展描述为："保护和加强环境系统的生产和更新能力。"他们认为可持续发展是寻求一种最佳的生态系统以支持生态的完整性和人类愿望的实现，使人类的生存环境得以持续。

二、从社会属性理解可持续发展

1991年，由世界自然保护同盟（INCN）、联合国环境规划署和世界野生生物基金会共同发表了《保护地球——可持续生存战略》（以下简称《生存战略》），在这份报告中对可持续发展的描述为："在生存于不超出维持生态系统涵容能力之情况下，改善人类的生活品质"。《生存战略》认为各国可以根据自己的国情制定各不相同的发展目标。但是只有在"发展"的内涵中包括提高人类健康水平、改善人类生活质量和获得必需资源的途径，创造一个保障人们享有平等、自由与人权的环境，并使我们的生活在所有方面都得到改善，才是真正的发展。

Edward B. Barbier 在其著作《经济，自然资源，不足和发展》一书中将可持续发展描述为："在保持自然资源的质量和其所提供的服务前提下，使经济发展的净利益增加到最大限度。"这种发展已不是传统的以牺牲资源与环境为代价的经济发展，而是"不降低环境质量和不破坏自然基础的经济发展"。

三、从科技属性理解可持续发展

实施可持续发展，除了政策和管理因素之外，科技进步起着重大作用。没有科学技术的支撑,人类的可持续发展就无从谈起。因此,有的学者从技术选择的角度对可持续发展进行了描述,认为可持续发展就是转向更清洁、更有效的技术——尽可能接近"零排放"或"密闭式"工艺方法,尽可能减少能源和其他自然资源的消耗;有的学者认为"可持续发展就是建立极少产生废料和污染物的工艺或技术系统",他们认为污染并不是工业活动不可避免的结果,而是技术差、效率低的表现。

对可持续发展不同角度的理解都强调了要寻求一种更加节约资源、保护环境的方式来发展经济和改善人类的生活品质。然而,在这样一个总体目标下,处于不同发展水平和发展阶段的国家所追求的可持续发展的近期目标却有着显著的差别。年人均收入在15000美元以上的发达国家和年人均收入不足500美元的一些发展中国家的发展需求、生活需求和文化道德观念有很大不同。发达国家追求的可持续发展目标主要是通过技术革新减少资源消耗量以及污染物排放量,改变消费模式,提高增长质量和生活质量。人们关心气候变化等影响人类长远发展的全球重大环境问题。处于贫困状态的发展中国家所追求的可持续发展目标则首先是发展经济,消除贫困,解决温饱和人口健康、教育等社会问题。

第二节 循环经济的工业生态学原理

工业生态学的提出旨在减少整个生产系统污染排放的同时,不损害生产单位的市场竞争力,从而实现区域可持续发展的经济目标。

一、工业生态学的概念

工业生态学的概念是 Robert Frosch 在 1989 年发表的《加工业的战略》一文中提出来的。工业生态学是将生态学的理论和方法用于工业生产体系,将工业生产类比成生态系统中的一个封闭体系,其中一个环节产生的"废物"或副产品成为另一个环节的"营养物"或原料。这样,彼此相近的工业企业就可以形成一个相互依存、类似于自然生态中食物链的"工业生态系统"。在工业生态学中,常用"工业共生"、"工业代谢"等生态学中的概念来描述不同工业企业之间的关系。

(一)工业生态系统

在传统的工业生产模式中,由于对所产生的废物没有进行利用,而是直接排放到自然生态系统中,所以资源利用效率很低并会造成大量的环境污染问题。

不同于人类社会的工业生产模式，自然生态系统的运行是通过一张紧密相连的网进行的。在这张网中所有有机生物都依靠其他生物或生物产生的废物而生存。经过亿万年的演化，自然生态系统演化出很多新的生物去处理那些能提供能量与矿物质的自然系统废物，从而使得任何可以传递的能量及有用的物质都能在生态系统中循环不息地流动下去，而不出现浪费。在自然生态系统之中，资源与废物之间丧失了界限，每种生物产生的废物都会变成其他生物的资源，从而使整个生态系统不向外排放废物。

比照着自然生态系统，工业生态学提出了工业生态系统的概念。工业生态系统的运行机制与自然生态系统极为相似——在工业生态系统内的某一生产过程产生的产品与废物总会被网络中的其他成员所利用。因此在工业生态系统之中，废物的概念也是相对的，任一生产过程产生的废物都不会被简单地排放到自然环境中去，而会经过废物处理者的处理，成为其他生产过程的原料，从而使整个工业生态系统不再产生污染。在现实中完全的工业生态系统是不存在的，所以它还会向环境排放一定量的废物，但除去在系统中循环利用着的物质，排放量就小多了，从而大大减少了对环境的污染。

工业生态学研究如何对传统的工业生产系统进行集成化改造，重新设计其生产流程，使之成为工业生态系统，从而提高系统的整体资源利用率，获得人类工业生产的可持续发展。

（二）工业共生

工业共生（Industrial Symbiosis）的概念也是对照自然生态系统中共生的现象而提出的，指的是不同工业企业为了提高双方的资源利用效率、环境保护水平而进行的一种相互合作。两个以上的企业之间形成的工业共生关系就构成了一个工业共生链。图 10 - 1 给出了一个典型的工业共生链。

图 10 - 1 工业共生图

如图 10 - 1 所示，炼油厂通过向火力发电站提供废气而提高了原油利用效率；火力发电站则反过来向炼油厂提供余热，从而提高了自身的原料利用率。与此同时，火力发电站将煤燃烧产生的粉煤灰转给建筑材料公司，使得建材公司获得了低价原料。在这个共生链中，废气、粉煤灰原本都是污染环境的废物，但是通过工业共生关系的建立，都变成了其他生产过程的原料，提高了每个企业的资源利用效率。可见"废物"只是一个相对的概念。从工业生产系统观点出发，通过建立各种共生关系，就可以减少资源浪费改善环境。

（三）生态设计

生态设计是一种借助环境因素确定产品设计决策方向的设计方法。换言之，生态设计在产品开发时将环境也作为一种决策因素。工业上开发产品的传统决策因素包括使用功能、美学、方便性、质量等，生态设计将环境作为与这些因素同等重要的因素加以考虑。生态设计已在荷兰等国家进入研究生课程，有的产品已达到实用阶段。按生态效率改善程度由低向高的顺序，可以将生态设计分为四类——产品改进、产品再设计、功能革新和系统革新。

（四）生态工业园

依据生态学原理，用产业链将园区内的企业联系起来。一个工业企业产生的废弃物或副产品作为另一个企业的原料，实现废弃物的循环利用，可以形成所谓的生态工业园（Eco–industrial Parks）。加拿大、美国等国家自20世纪90年代开始规划建设了一批生态工业园。研究表明，以煤炭为主的矿产资源和以粮食为主的有机物可以形成工业共生的生态工业园。

二、工业生态学的特点

（一）系统性

工业生态学是系统性的而不是局部的，这是工业生态学中极为重要的一点。对应于自然生态系统中的各个部分，工业生态系统中的每一个过程都在为整个系统的优化做着贡献。所以在进行工业生态系统的设计与改造时，对于各个制造过程不能分裂考虑。例如，一个产生相对较多废物但可以被另一过程利用的制造过程，比那些产生废物较少但废物不可再利用的生产过程要更符合系统的整体利益。

（二）灵活性

工业生态系统与自然生态系统一样在不断演化。当新废物、新工艺产生时，工业生态系统就会发生相应的变化，需要及时进行新的研究，促进工业生态系统进一步完善。

（三）自发性

工业生态学的发展与应用是因为工业的需要，它符合企业自身及其周围系统的共同利益。工业生态学的应用不是由外部某个或多个因素的强制而被迫采用的，它的出现是现代工业生产发展的必然结果。

三、生态经济模式

将工业生态系统的概念扩展就成了生态经济模式。生态经济模式通过模仿自然生态系统中物质循环和能量流动的规律重构经济系统，力求将经济系统和谐地纳入自然生态系统的物质循环过程中，建立起一种新的经济形态。

生态经济与传统经济相比较，其不同之处在于传统经济是由一种物质单行的开环路径的经济模式。在传统经济模式中，人们以越来越高的强度把地球上的物质和能源开采出来，在生产加工和消费过程中又把污染和废物大量排放到环境中去，粗放式地利用资源最终导致了许多自然资源的短缺与枯竭，并酿成了灾难性的环境污染后果。生态经济倡导的是建立在物质不断循环利用基础上的一种闭环路径的经济发展模式。生态经济是按照自然生态系统的模式，以物质反复循环流动过程组织经济活动，使得整个经济系统排出很少的废弃物的一种经济发展模式。

生态工业代表了未来工业系统的发展方向，而创办生态工业园区是一种实现生态经济的有效且可行的途径。生态经济的特点可以用图 10 - 2 表示。其中，W_e 表示提取或加工的废物，W_m 表示产品生产过程中的废物，W_c 表示消费者产生的废物，W_r 表示废物的循环利用。

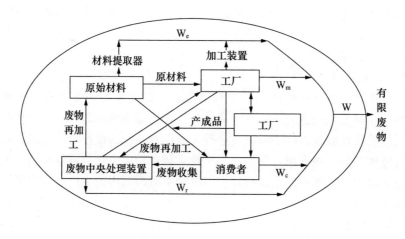

图 10 - 2　生态经济的特点

在这个图里，生产者和加工者从原材料供应者里得到原材料，将其转化或提炼为其他产业所需要的资源或卖给消费者。工厂和消费者排出的废物被整个循环系统所利用。最后整个生态工业系统所排出的废物数量将大大减少。

第三节　清洁生产

相对于工业生态学所研究的对象工业生产系统而言，清洁生产的研究对象更具体。清洁生产研究的对象主要是那些适用于单个企业或生产单位的生产技术与措施。

一、清洁生产的概念

清洁生产（Cleaner Production）这一概念是联合国环境规划署工业与环境规划活动中心在1989年首先提出的。当前该术语在国际上虽然尚未作出统一的定义，但世界各国正使用着一些同义的词语，如污染预防（Pollution Prevention）、废物最小量化（Waste Minimization）、清洁工艺（Clean Technologies）、源控制（Source Control）等。

联合国环境规划署工业与规划活动中心对清洁生产所下的定义为："清洁生产是指将综合预防的环境策略持续地应用于生产过程和产品中，以便减少对人类和环境的风险性。"《中国21世纪议程》则将清洁生产定义为："清洁生产是指既满足人们的需要，又可合理使用自然资源和能源并保护环境的实用生产方法和措施，其实质是一种物料和能耗最小的人类生产活动的规划和管理，将废物减量化、资源化和无害化实现于生产过程之中。同时对人体和环境无害的绿色产品的生产也将随着可持续发展进程的深入而成为今后产品生产的主导方向。"

清洁生产包括清洁的生产过程和清洁的产品两方面的内容，即不仅要实现生产过程的无污染或不污染，而且生产出来的产品在使用和最终报废处理过程中也不对环境造成损害。应该指出的是，在清洁生产的概念中不但含有技术上的可行性，还包括经济上的可营利性，体现经济效益、环境效益和社会效益的统一。此外，清洁生产是一个相对概念，所谓清洁生产过程和清洁产品是与现有的工业和产品比较而言的。因此，推行清洁生产本身是一个不断完善的过程。随着社会经济的发展和科学技术的进步需要适时地提出新的目标，争取达到更高的水平。

总之，清洁生产是通过产品设计、原料选择、工艺改革、技术管理生产过程等环节的科学化与合理化，使工业生产最终产生的污染物最少的工业生产方法和管理思路。它体现了工业可持续发展的战略，保障环境与经济协调发展。因此，推行清洁生产已成为世界各国工业界、环境界、经济界、科学界的共识。

推行清洁生产的主要内容包括：

（1）科学规划和组织协调不同生产部门的生产布局和工艺流程，优化生产诸环节。

（2）由单纯的末端污染控制转向全过程的污染控制，交叉利用可再生资源与能源，减少单位产出的废物排放量，达到提高能源和资源使用率，防治环境污染的目的。

（3）通过资源综合利用，短缺资源的代用，二次能源的利用及节能、降耗、节水，合理利用自然资源，减少资源的耗竭。

（4）减少废物和污染物的生成和排放，促进工业产品的生产、消费过程与环境相容，降低整个工业活动对人类和环境的危害。

（5）开发环境无害产品，替代削减有害环境的产品生产和消费。

有效的管理和监督是发展清洁生产的必要保证。仅从经济效益的角度出发，生产者不可能对清洁生产和使用先进的无害环境技术表现出很大的热情。为此，完善与清洁生产有关的法律法规，制订与经济发展水平相适应的清洁生产标准是推行清洁生产的重要工作。

二、清洁生产的战略意义

尽管人类正在耗费巨资来保护环境、控制污染，但是人类赖以生存的环境仍然在不断恶化。工业污染虽然在一些发达国家得到了一定程度的控制，但经济代价巨大且新的环境问题不断出现。人们在反省过去所采取的环保策略和技术路线时发现，过去更多把环境保护的重点放在了污染物的"末端"控制和处理上，而忽略了污染物的"全程"控制和预防。据统计，在国民经济周转中社会需要的最终产品仅占原材料用量的 20% ~ 30%，70% ~ 80% 的资源最终成为进入环境的废物，造成环境污染和生态破坏。可以认为工业发展引起的环境污染的主要来源是资源的浪费。

越来越多的事实表明环境问题不仅是生产终端的问题，在整个生产过程及其前后各个环节都有产生环境问题的可能，有时其他环节对环境产生的影响甚至超过生产过程本身。例如汽车的生产和使用进行比较，使用过程中产生的环境污染问题比生产过程高得多。如果我们从生产的准备过程就开始对全过程所使用的原料、生产工艺以及生产完成后的产品使用进行全面的分析，对可能出现的污染问题进行预防，环境面临的危害就会大为减轻。

我国正处于工业化加速发展的阶段，推行清洁生产对中国具有特殊意义。我国在今后相当长的一段时间内将保持较高速度的增长，大大高于世界各国的平均速度。如不采取有效的预防措施，工业污染物的排放量将大大增加，新增的城市污染将会进一步加剧。中国的工业布局不合理，现有的工业总体技术水平还不高，重污染型行业占的比重较大，这些原因都造成了城市环境的严重污染，因此必须大力推广清洁生产。

我国与工业发展相关的资源相对不足。北方地区水资源匮乏，日缺水量在1000 万吨以上，对工业生产和居民生活造成严重影响；矿产资源保证度也在下降，浪费严重，40 种主要的矿产中已有 10 种供不应求。这一切都需要通过清洁生产大力节约与综合利用资源。

第四节　循环经济

循环经济的概念于20世纪90年代后期在工业化国家出现，它是相对于传统经济发展模式而言的，代表了新的发展模式和发展趋势。循环经济的基本含义是指在物质的循环再生利用基础上发展经济。换句话说，循环经济是一种建立在资源回收和循环再利用基础上的经济发展模式。循环经济要求按照自然生态系统中物质循环共生的原理来设计生产体系，将一个企业的废物或副产品用作另一个企业的原料，通过废弃物交换和使用将不同企业联系在一起，形成"自然资源—产品—资源再生利用"的物质循环过程；使生产和消费过程中投入的自然资源最少，将人类生产和生活活动对环境的危害或破坏降低到最小程度。

循环经济要求以环境友好的方式利用自然资源和环境容量，实现经济的生态化转向。自从90年代国际社会确立可持续发展的原则以来，许多国家已经把发展循环型经济、建立循环型社会看作可持续发展的重要途径。

一、循环经济产生的背景

循环经济（Circular Economy）是对物质闭环流动型（Closing Materials Cycle）经济的简称。90年代以来，学者和各级政府在实施可持续发展战略的背景下，越来越认识到：当代资源环境问题日益严重的根源在于工业化运动以及以高开采、低利用、高排放（两高一低）为特征的现行经济模式，从而提出人类社会的未来应该建立一种以物质闭环流动为特征的经济——循环经济，从而实现可持续发展所要求的环境与经济双赢，即在资源环境不退化甚至得到改善的情况下促进经济增长的战略目标。

从物质流动和表现形态的角度看，传统工业社会的经济是一种"资源—产品—污染排放"单向流动的线性经济。在这种线性经济中，人们高强度地把地球上的物质和能源提取出来，然后又把污染和废物大量地扔弃到空气、水系、土壤、植被这类被当作地球"阴沟洞"或"垃圾箱"的地方。线性经济正是通过这种把资源持续不断变成垃圾的运动，通过反向增长的自然代价来实现经济的数量型增长。与此不同，循环经济倡导的是一种与地球和谐相处的经济发展模式。它要求把经济活动组织成一个"资源—产品—再生资源"的反馈式流程，所有的物质和能源要在不断进行的经济循环中得到合理和持久的利用，从而把经济对自然环境的影响降低到尽可能小的程度。

循环经济本质上是一种生态经济，它要求运用生态学规律而不是机械论规律来指导人类社会的经济活动，要求系统内部要以互联网的方式进行物质交换，以最大限度利用进入系统的物质和能量，从而能够形成"低开采、高利用、低排放"的结果。一个理想的循环经济系统通常包括四类主要行为者：资源开采者、处理者（制造商）、消费者和废物处理者。由于存在反馈式、网络状的相互联系，系统内不同行为者之间的物质流远远大于出入系统的物质流。循环经济可以优化人类经济系统各个组成部分之间的关系，提供整体性的思路，为从工业化以来的传统经济转向可持续发展的经济提供战略型的理论范式，从而从根本上消解长期以来环境与发展之间的尖锐冲突。

到了 90 年代，特别是可持续发展战略成为世界潮流的近几年，源头预防和全过程治理替代末端治理成为国家环境与发展政策的真正主流。与线性经济相伴随的末端治理的局限：传统末端治理是问题发生后的被动做法，因此不可能从根本上避免污染发生。末端治理随着污染物减少而成本越来越高，它相当程度上抵消了经济增长带来的收益。末端治理趋向于加强而不是减弱已有的技术体系，从而牺牲了真正的技术革新。末端治理使得企业满足于遵守环境法规而不是去投资开发污染少的生产方式。末端治理没有提供全面的看法，而是造成环境与发展以及环境治理内部各领域的隔阂。末端治理阻碍了发展中国家直接进入更为现代化的生活方式，加大了在环境治理方面对发达国家的依赖。

90 年代以来，循环经济迅速出现，人们提出了一系列诸如"零排放工厂"、"产业生命周期"、"为环境而设计（DFE）"等体现循环经济思想的理念，特别是在经济活动的三个重要层次形成了物质闭环流动型经济的三种关键性思路：

（1）生态经济效益（Eco - efficiency）的理念和实践。这是 1992 年世界工商企业可持续发展理事会（WBCSD）在向里约会议提交的报告《变革的历程》中提出的新概念。生态经济效益理念的本质是要求组织企业生产层次上物料与能源的循环，从而达到污染与排放的最小量化。WBCSD 提出注重生态经济效益的企业应该做到减少产品和服务的物料使用量，减少产品和服务的能源使用量，减少有毒物质的排放，加强对物质的循环使用能力，最大限度可持续地利用可再生资源，提高产品的耐用性，提高产品与服务的服务强度。

（2）工业生态系统的理念和实践。1989 年通用汽车公司研究部的福罗什和家劳布劳斯在《科学美国人》杂志发表了题为《可持续发展工业发展战略》的文章，提出了生态工业园区的新概念，要求企业与企业之间形成废弃物的输出输入关系，其实质是运用循环经济思想组织企业共生层次上的物质和能源的循环。

（3）生活废弃物的反复利用和再生循环得到重视。90 年代以德国为龙头，发达国家生活垃圾处理的工作重点开始从无害化转向减量化和资源化，这实际上是要在更广阔的社会范围内或在消费过程中及消费过程后的层级上组织物质和能源的循环。90 年代以来，德国的生活垃圾处理哲学对世界产生了很大的影响。欧盟各国、美国、日本、澳大利亚、加拿大等国家都已经先后按照资源闭路循环、避免废物产生的思想重新制定了废物管理法规。1995 年美国世界观察所在《世界状况》上发表《建立一个可持续的物质经济》一文，从理论高度提出 21 世纪应该以再利用和再循环为基础，建立一个以再生资源为主导的世界经济。

二、循环经济的行动原则

（一）3R 原则

循环经济的建立依赖于一组以"减量化、再使用、再循环"为内容的行为原则（称为 3R 原则），每一个原则对循环经济的实施都是必不可少的。

1. 减量原则（Reduce）

该原则要求用较少的原料和能源投入，达到既定的生产或消费目的，人们必须学会预防废弃物产生而不是产生后治理，在经济活动的源头就注意节约资源和减少污染物排放。在生产中，减量化原则常常表现为要求产品体积小型化和产品重量轻型化，既小巧玲珑又经久耐用。此外，要求产品包装追求简单朴实而不是豪华浪费，既要充分又不过度，从而达到减少废弃物排放的目的。在消费中，人们可以减少对物品的过度需求。

2. 再用原则（Reuse）

该原则要求产品和包装容器能够以初始的形式被多次重复使用，而不是用过一次就废弃，以抵制当今世界一次性用品的泛滥。在生产中，制造商可以使用标准尺寸进行设计，鼓励重新制造工业的发展，以便拆解、修理和组装用过的和破碎的东西；在生活中，将可用的或可维修的物品返回市场体系供别人使用或捐献自己不再需要的物品。

3. 循环原则（Recycle）

该原则要求生产出来的物品在完成其使用功能后，能重新变成可以利用的资源而不是无用的垃圾。因此，一些国家要求在大型机械设备上标明原料成分，以便找到循环利用的途径或新的用途。循环原则通过把物质返回到工厂，在那里经过加工后再融入新的产品中，消费者和生产者购买再生资源制成的产品，使得循环经济的整个过程实现闭合。

循环经济的根本目标是要求在经济流程中系统地避免和减少废物，综合运用 3R 原则是资源利用的最优方式；循环经济要求包括整个 3R 原则且强调优先避免废物产生的低排放甚至零排放方式，3R 原则的优先原则为避免产生—循环利用—最终处理。

（二）3R 原则的扩展

循环经济的概念经过多年的发展演变，已经出现多种变体和版本，其最新规范体现在原则的变化上，已经从 3R 原则变成了 5R 原则。因为 3R 实际上是清洁生产的概念，在循环经济的 5R 原则中，减量化（Reduce）原则、再利用（Reuse）原则、再循环（Recycle）原则与前面介绍的 3R 原则一致，下面将介绍其余两个原则。

1. 再思考（Rethinking）原则

该原则要求改变旧的经济理论和人们的思维方式，让可持续生产（绿色GDP）和可持续的消费模式（绿色消费）深入人心；在进行经济活动时，转变对自然环境的态度：从过去的"取料场"和"垃圾场"到现在是人类赖以生存的大系统，从"人定胜天"到和谐共生。因此，新经济理论的重点是不仅要研究资本循环、劳动力循环，也要研究资源循环和生态环境，以维系整个生态系统的平衡。

2. 再修复（Repair）原则

该原则要求一方面不能让现在已经受到破坏的生态环境继续被污染下去，另一方面更要想办法加以修复。由于技术的局限及成本方面的原因，各国在这一点上取得的成效并不大。值得一提的是，美国密歇根州在 20 世纪 90 年代中期针对旧的环保法律导致大量受污染土地闲置荒芜的状况出台了一系列新的促进开发闲置的污染土地的法规。经过近 10 年的时间，取得了良好的效果。

三、循环经济的类型

建设一个循环经济的产业体系具备以下特征：第一，生产不仅要注意新产品的开发和提高产品的质量，而且要尽可能地减少原材料的消耗和选用能够回收再利用的材料；第二，要抵制为倾销商品而进行的过分包装，在简化包装材料和容器的同时，使用可以回收再利用的包装材料和容器；第三，要在减少产业废弃物排放的同时，对其进行彻底的回收再利用，对于有毒有害的产业废弃物进行环境无害化的及时处理；第四，要努力培育把消费后的产品进行资源化、回收再利用的产业，使得对生活废弃物的填埋和焚烧处理量降低到最小；第五，要尽可能地从那些污染环境的能源转移到可再生利用的太阳能和风力、潮汐、地热等绿色能源上来。目前，人们已经提出可以从三个不同的维度去构建循环经济的产业体系。

（一）点线循环（小循环）

实现企业内部剩余物质再利用的循环经济模式比较容易，在人类的农业经济就已有之。如将城乡居民的粪便、垃圾和秸秆、绿肥、沼液作为自家农田宝贵的肥源，轮作、间作、湿地净化、生物降解等手段都可视作小的循环经济。目前北京郊区的蟹岛度假村，以生态农业为依托，以产销"有机食品"为最大特色，以餐饮、娱乐、健身为载体，成为集种植、养殖、加工业、旅游、休闲度假、农业观光为一体的高科技环保型农业企业，在企业内部形成一个良性的小循环。小循环的特点是技术要求低、投入小、规模小，农业为主，比较容易实现。

(二) 面循环 (中循环)

中循环的产生是因为一般企业生产过程中的废弃物不可能通过企业或企业群内部的产业生态小循环全部消纳，因此在某些地区形成了以主导产业为核心的生态工业园区 (Eco – industrial Parks)。生态工业园区主要是依据生态学原理，根据能量的梯级利用和物质流管理及公共设施共享的原则，用产业链将园区内的企业联系起来。一个工业企业产生的废弃物或副产品用作为另一个企业的原料，实现废弃物的循环利用。在加拿大、美国等国家，20 世纪 90 年代开始规划建设了一批生态工业园。研究表明，以煤炭为主的矿产资源产业和以粮食为主的有机物产业，可以形成工业共生的生态工业园。中循环在技术上的要求要高于小循环，投入也大一些，规模上也会涉及循环体内的各个企业或组织，实现的难度也大一些。中循环有通过市场机制自发形成的，如丹麦卡伦堡的生态产业园；也有通过事先的良好规划形成的，如加拿大 Burnside 建立的工业生态园 (Industrial Park as an Ecosystem)。他们的主要做法是：首先对园区系统进行调研，建立数据库，包括工业、居民、社会的相关知识与描述；对园区企业建立"食物网"，定期进行耗能审计和废物审计，集中回收废物并进行物料交换。

卡伦堡工业共生体系 (企业间主要废料交换流程示意图) 如图 10 – 3 所示。

(三) 系统循环 (大循环)

大循环涉及的范围要比中循环和小循环都广，系统也更复杂。它是由相互协同支撑的各个中小系统所组成的，而且小系统的循环并不代表由小系统组成的大系统就一定能实现循环，但没有各个子系统的循环注定无法实现大系统的循环。如我国贵州省在"十一五"期间计划进行的全省范围内的经济结构调整和生态工业规划：以贵阳市循环经济型生态试点城市和全省 14 个循环经济型生态工业试点基地为重点，对区域范围的现有煤、磷、铝以及铁合金等高耗能、高污染重点企业实施改造，初步形成一批循环经济型生态工业企业和基地，并建成循环经济产业体系基础、生态保障体系基础、人力资源开发基础和

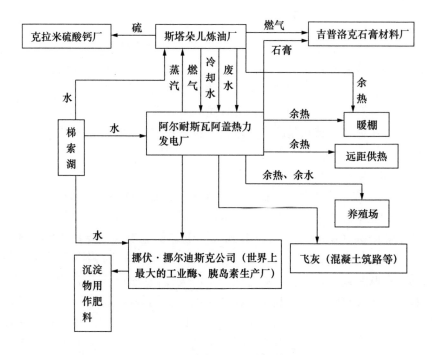

图 10 - 3   卡伦堡工业共生体系

资料来源：卡伦堡共生研究协会。

制度创新建设基础。这样一个系统循环不是一蹴而就的，需要政府的大力推动和企业的积极参与。

四、循环经济模式

（一）典型的生态农业模式

无论是从物质循环角度考察，还是从物质代谢或产业共生关系角度分析，生态农业实际上就是循环经济在农村的实现形式。经济史研究表明，中国在900多年前的珠江三角洲就出现了"基塘系统"的雏形。中国农科院的专家总结了200多种生态农业模式，从物质流的角度分析主要有三类。

1. 种植、养殖业复合系统

种植、养殖生态农业系统中存在着物质代谢和共生两种类型。其中，以基塘复合模式为代表的实质是物质的代谢或循环；以稻鸭系统为代表的实质是营养物的共享。

（1）基塘复合模式。在我国的热带、亚热带地区，存在类型众多的基塘模式。其中，种在基上的植物类型因地而异，同样养在塘里的鱼也有很多品种。但抽象出来的物质循环方式和原理是一样的。

桑基鱼塘是最基本的物质代谢类型。在珠江三角洲北部地区、杭州等地均有分布。鱼塘养鱼，塘泥为桑树生长提供肥料，桑叶为蚕提供食物，蚕的排泄物为鱼提供饲料，形成一个物质流的循环。

蔗基鱼塘这种系统结构较简单，嫩蔗叶可以喂鱼；塘泥含大量水分，对蔗基上甘蔗生长起明显作用。一些地方实行蔗基养猪，以嫩蔗叶、蔗尾、蔗头等废弃部分用于喂猪，猪肥用于肥塘。

果基鱼塘是另外一种复合模式。各地在塘基上种的果树种类很多，例如：香蕉、大蕉、柑橘、木瓜、芒果、荔枝等，同一地点的果品也有变化，主要取决于市场需求。一些地方在高秆植物下养鸡、鸭、鹅等家禽，既可以吃草、虫，又可增加经济收入，家禽粪便还可以肥地，可谓一举多得。此外，还有花基鱼塘、杂基鱼塘等类型。前者是在塘基上种养各种各样的花，后者则在塘基上种植蔬菜、花生等经济作物。

（2）稻鸭（鱼）共生模式。稻鸭（鱼）共生模式在我国南方一些以水稻为主要农作物的水网地区较为常见。在长期的实践中，劳动人民探索出了丰富多彩的稻田生态模式，如稻田养鱼、稻田养蟹、稻田养虾、稻田养鸭等。稻田里养鸭是一种"人造"共生系统，它利用了动植物间的共生互利关系，利用了空间生态位和时间生态位以及鸭的杂食性。将鸭围养在稻田里，让鸭和稻"全天候"在一起；以鸭捕食害虫代替农药治虫，以鸭采食杂草代替除草剂，以鸭粪作为有机肥代替部分化肥，从而实现以鸭代替人工为水稻"防病、治虫、施肥、中耕、除草"等目的。一般地说，不同种养殖业间的废弃物相互利用，不仅减少了水稻化肥农药使用量，控制了农业面源污染，保护了生态环境，而且还可以产生较好的经济效益。

2. 以沼气为纽带的各种模式

这种模式一般可以概化为：农产品消费过程中和消费之后物质循环和能量利用。

（1）北方的"四位一体"模式。"四位一体"模式依据生态学、经济学、系统工程学原理，以土地资源为基础，太阳能为动力，沼气为纽带，种植业和养殖业结合，将沼气池、猪禽舍、厕所和日光温室等组合在一起。简言之，就是建大棚利用太阳能养猪养鸡、种植蔬菜，以及人畜粪便作原料发酵生产沼气用于照明，沼渣作肥料又用于种植，从而形成四位一体的生态农业模式。这种模式既可以解决农村的能源供应，改善农民的卫生和生活环境，又可以减少农作物和蔬菜生长中农药化肥的使用，提高食品品质和食品安全。

（2）西北"五配套"模式。"五配套"是西北地区解决干旱区的用水，促进农业可持续发展，提高农民收入的重要发展模式。具体做法是：建一个沼气池、一个果园、一个暖圈、一个蓄水窖和一个看营房。实行人厕、沼气、猪圈三结合，圈下建沼气池，池上搞养殖；除养猪外，圈内上层还放笼养鸡，形成鸡粪喂猪，猪粪池产沼气的立体养殖和多种经营系统。

3. 种、加复合模式

在全国各地农业产业化的实践中形成的"市场＋公司＋科技园、基地＋农户"的种、加复合模式不仅实现了贸、工、农一体化，产、加、销一条龙，而且还产生了各具特色的生态农业模式。在这些模式中，以资源高效利用和循环利用为核心，形成了"种—加—肥—种"、"菌—肥—种"的生态农业产业链，形成了农业可持续发展的经济增长模式。北京留民营村按照生态学原理，通过对太阳能、生物能等的综合利用，建大型高、中温沼气发酵池两座；不但能变废为宝，还改良了土壤，增强了农业发展的后劲，使生态环境有了明显的改善，促进了农业的良性循环，实现了农业上的高产、优质、高效和低耗。

（二）生态工业模式

1. 产业间共生模式

所谓产业间共生模式主要是指第一、第二产业之间存在物质共生关系。从实际看，我国许多地方存在这种产业共生联系。这种模式的主要特征是其起点均为吸收太阳能的植物。

（1）贵糖模式。贵糖模式是一个由六个子系统（蔗田系统、制糖系统、酒精系统、造纸系统、热电联产系统和环境综合处理系统）组成的比较完善和闭合的生态工业网络。该模式以生态工业为基础，通过中间产品和废弃物的相互交换将各个子系统衔接起来，通过不断充实和完善示范园区的骨架，形成制糖、造纸和酒精生产基地，最终形成一个比较完整的多门类工业和种植业相结合的工业共生网络以及高效、安全、稳定的制糖工业生态园区。

（2）林纸一体化。这一系统的外部投入也是太阳能，产业链起点物质是可再生资源。我国造纸业长期以草浆为主要原料，烧碱等化学品消耗量大，回收循环利用难度较大；生产中的黑液对环境污染严重，一些小造纸厂的产品质量也难以提高。使用木浆造纸可以解决黑液问题，且木纤维的废纸有利于多次循环使用。林纸一体化不是通过砍伐原生林来增加木浆产量，而是通过林业企业和造纸企业的联合，通过速生丰产用材林为造纸企业提供原料。造纸业的发展，又促进用材林的建设，从而形成一个良性的循环。

（3）海水的"一水多用"。我国沿海地区淡水资源紧缺，但有丰富的海水，其中还蕴藏着丰富的生物资源和矿物资源。从严格意义上说，海水是"取之不尽、用之不竭"的资源。在海水利用方面，常规的工业包括海水的直接利用，如用于发电的冷却、盐业、海洋化工等。在这些产业的发展中，一些地方和企业围绕海水资源的开发利用形成了许多海水利用模式，例如山东海化、鲁北化工等均有这类实践。在鲁北的产业共生实践中，热电厂利用海水产业链中的海水替代淡水进行冷却，既利用了余热蒸发海水，又节约了淡水资源；磷铵、硫酸、水泥产业链中的液体 SO_2 用于海水产业链中的溴素厂提溴，硫元素转化成盐石膏返回用来生产水泥和硫酸；热电厂的煤渣用作水泥的原料，热电生产的电和蒸汽用于各个产业链的生产过程；氯碱厂生产的氢气用于磷铵、硫酸、水泥产业链中的合成氨生产，钾盐产品用于复合肥生产。各个产业链内部和产业链之间的共生关系达 17 个，包括 15 个互利共生关系和 2 个偏利共生关系。其中，利用海水逐级蒸发、净化原理，在 35 公里的潮间带上，建成百万吨规模的现代化大型盐场，构建了"初级卤水养殖、中级卤水提溴、饱和卤水制盐、苦卤提取钾镁、盐田废渣盐石膏制硫酸联产水泥、海水送热电冷却、精制卤水送到氯碱装置制取烧碱"的海水"一水多用"产业链。

　　2. 以矿业为龙头的共生模式

　　矿业为龙头的共生模式以矿产资源开发利用为起点，构成一大类的物质循环和共生模式。这类模式的基本特点是，产业链的起点来自于地球历史上形成的物质，是不能再生的，开采一点就会少一点。

　　（1）低品位矿产的产业共生。矿石采掘、选矿及冶炼三个环节的衔接可形成矿业的共生模式。它们之间的"食物链"是"矿石采掘→选矿→冶炼"；矿业开发企业之间"食物网"关系较弱，但与其他行业生产企业之间仍可能广泛存在。

　　（2）以煤炭为核心的联产形式。近年来，我国不少煤炭企业（集团）制定并实施新的发展策略，以煤炭资源为核心，选择先进适用技术，通过洁净煤利用和转化技术的优化集成，实现能源化工的联产、洁净，形成了煤—电、煤—电—化、煤—电—热—冶、煤—电—建材等发展模式，有效提高了资源效率，降低了成本，从而达到经济和环境效益的有机统一。资源枯竭型城市阜新在进行经济转型试点时，重点发展第一、三产业，形成以现代农业为基础，第二、三产业有机融合的格局。从煤或石油或渣油气化制得合成气，用于联合循环（IGCC）发电；用一步法生产甲醇及其衍生物（甲醛、醋酸、醋酐等）和合成氨及其衍生物（尿素、硫氨、硝氨、碳氨等），还可用作城市煤气。这一能源化工联产流程由于一氧化碳只进行单程反应，而且可以保证在低峰供电期增加化学品产量，用电高峰期少化学品产量而多发电，从而提高总体效率。这一流程源于早期的煤气化生产电力和甲醇方案，并采用了一些新的、先进的转化和合成技术，如一步法甲醇的生产工艺等，将各种途径综合在一起，达到提高能源利用效率的结果。

（3）各种金属矿业的共生。以黑色冶金矿业生产为例，矿石采掘到冶炼的"食物链"为："铁矿石采掘→选矿→烧结→炼铁→炼钢"。矿石采掘、选矿、烧结、炼铁、炼钢与其他行业间的横向"食物网"关系：烧结、炼铁和炼钢的除尘灰均可作为烧结生产的原料；在保证高炉冶炼质量的前提下，增加冶金废物——钢渣、含铁尘泥、瓦斯灰和轧钢铁皮等的使用量。铜陵有色金属公司经过不懈的努力，在矿山采选、冶炼—加工、化工产业形成具有循环经济特点的循环圈，并由此构成了铜陵有色产业大循环圈。无论是低品位矿产还是其他矿产资源，其中均含有各种有用的成分，这就为产业共生创造了条件，这也是这类共生的主要特点之一。

3. 绿色制造

我国的制造业在未来相当长的时间内将有一个很大的发展。钢铁、水泥等行业发展循环经济既十分迫切，也有了成功的经验。钢铁行业发展循环经济可以从三个层次上采用重点技术加以推进：一是普及、推广一批成熟的节能环保技术，如高炉煤气发电、干熄焦（CDQ）、高炉炉顶余压发电（TRT）、转炉煤气回收、蓄热式清洁燃烧、铸坯热装热送、高效连铸和近终形连铸、高炉喷煤、高炉长寿、转炉溅渣护炉和钢渣的再资源化等技术。二是投资开发一批有效的绿色化技术，高炉喷吹废塑料或焦炉处理废塑料、烧结烟气脱硫、煤基链蓖机回转窑和尾矿处理等技术。三是探索研究一批未来的绿色技术，熔融还原炼铁技术及新能源开发、薄带连铸技术、新型焦炉技术和处理废旧轮胎、垃圾焚烧炉等与社会友好的废弃物处理技术。我国钢铁行业发展循环经济的主要特点是有一个利用废物的"炉子"，且大量的热量可以分级利用，济南钢铁、鞍钢、宝钢等均形成了各自特色。济钢通过技术开发，单位产值能耗多年来持续下降，起重要作用的除了清洁生产、加强管理外，还开发了具有自主知识产权的干熄焦技术，值得推广应用。此外，水泥也是一个典型的利废行业，发展循环经济大有可为。

（三）生态社区模式

生活用水、生活废弃物的循环使用都是建设生态社区不可缺少的环节。生活废弃物可以分为生活垃圾和废旧物资。生活用水中扩大中水的使用范围在我国还处于初级阶段。我国城市生活垃圾的回收、清运早已形成较完整的体系；其国家主管部门是建设部，具体工作原来由城市的环境卫生系统承担；废旧物资的回收利用则主要由社会完成。

1. 各类废水的循环利用

从雨水利用、中水利用，到地下苦咸水的开发利用以及海水的综合利用，各地形成了众多的废水综合利用模式和产业共生形态。例如，我国一些城市的中水利用，成为发展循环经济的重要内容。厦门如意集团采用生化处理工艺，引进污水处理设备，建污水处理池，并充分利用处理后的工业废水，主要用途有：①果蔬生产加工场所的清洗；②种苗引繁中心育苗生产用水及新品种示范区的灌溉；③厂区绿化植物的浇灌；④洗手间的冲洗等。对于回收池中多余的处理水还可通过渠道排放，用于农田灌溉，形成产业链。

　　2. 社会回收体系

　　实现社会层面的物质循环，关键是建立一个回收、分类、加工利用的社会体系。在原来国有回收队伍日益萎缩的同时，社会回收体系逐步成熟。北京市海淀区于 2003 年开始建设以再生资源回收网点、集散地和加工利用三位一体的小城镇回收体系。北京市利用废报纸制成质量较高的再生纸；将废塑料经热解后制成油气做能源使用，已形成规模生产；成立了废旧物品交易市场，通过市场化运作提高废品回收和利用率。河北保定市成为华北地区利用废旧木材制造大芯板的基地，河北文安县和雄县则成为华北两个废旧塑料的回收加工基地。青岛市把生活垃圾预处理后产生的无机物质用作制砖的原料，制成的烧结砖符合国家建材标准，并已大批量生产。这样的例子不胜枚举。上海市一次性塑料饭盒的回收处置较有特点：上海对一次性塑料饭盒的回收处置根据"谁污染，谁付费"原则，探索形成了一条污染者付费、市场化运作、网络化管理的模式。通过一次性饭盒的回收利用，解决了一次性饭盒的处理问题，形成了良性循环机制。

　　3. 各类废旧物资的综合利用

　　我国历来重视废金属、废塑料、废橡胶、废纸张等的回收利用，越来越多的企业开始从中寻找财富，一些昔日的废旧物资如今也身价倍增。江苏省春兴合金集团是一个生产再生铅的大型冶金企业，生产原料不是金属矿石而是汽车报废的铅酸蓄电池。江苏省霞客色纺股份公司是一个年产 8 万吨涤纶纱和涤纶短纤维的化纤企业，生产原料全部是废旧塑料瓶。人们原先丢弃的矿泉水瓶、可乐瓶、食用油瓶等，经过一道道工序处理后，变成了五颜六色的纺织原料。这家工厂一年就要"吃"掉 20 多亿只废旧塑料瓶子。类似的企业众多，浙江省一个废纸再生企业的年产值达到 15 亿元；北京南郊的一个企业，利用下脚棉生产牛仔服的线，并出口创汇，不仅利用了废弃物，也创造了就业机会。

　　4. 厨余垃圾的资源化与无害化

　　厨余垃圾一般与其他生活垃圾混合收集后填埋处理，也有采用堆置、常温堆肥、厌氧发酵和焚烧的。2002 年，全国有各类生活垃圾无害化处理厂（场）651 座，年处理能力 7688 万吨，为 1981 年的 29 倍。其中，填埋场 528 座，处理能力 6898 万吨，占 89.7%；焚烧厂 45 个，处理能力 275 万吨，占 3.6%；

堆肥厂78个，处理能力517万吨，占6.7%。填埋存在着浪费土地、产生恶臭气体与渗滤液等问题；如果用来喂猪，其中的有毒有害成分会进入食物链，影响人体健康。厦门闽星公司与中国农业大学合作，在堆肥处理有机废弃物的基础上，探索利用生态技术，构建高效的有机废弃物生物转化技术（蚯蚓与微生物互作）；规模化处理厨余垃圾、水浮莲、农业废弃物等，并生产转化为具有高附加值的有机、无机、微生物复合肥，促进了有机废弃物生态循环再利用和土壤改良。

五、循环经济的技术战略

(一) 循环经济的技术载体——环境无害化的技术体系

循环经济的建设需要有相应的技术支撑。循坏经济的技术载体是环境无害化技术（Environmental Sound Technology）或环境友好技术，其特征是污染排放量减少，合理利用资源和能源，更多地回收废物和产品，并以环境可接受的方式处理废弃物。环境无害化技术主要包括预防污染的少废或无废的工艺技术和产品技术，同时也包括治理污染的末端技术，主要类型有污染治理技术、废物利用技术、清洁生产技术。通过这些无废少废的技术实现生产过程的零排放和制造产品的绿色化。清洁生产技术包括清洁的生产和清洁的产品两方面的内容，即不仅要实现生产过程的无污染和少污染，而且生产出来的产品在使用和最终报废处理过程中也不会对环境造成损害。清洁生产的理念不仅含有技术上的可行性，还包括经济上的可营利性。

(二) 循环经济的技术工具

1. 物流分析

循环经济的生态经济效益最终将明显地体现在经济系统的物流变化上。一个循环经济的经济系统应该有可能大幅度地减少资源输入量，同时大幅度地减少废物输出量。加拿大（生态足迹理论）和奥地利（可持续发展之岛理论）的学者指出，一个真正的循环经济其物流活动应该基本上是地区性的。这不是要制造地区间、国际间的生态隔离，而是要尽可能地突出所在地区和邻近地区的经济人之间的相互作用。人们应努力实现这样的情况：一个地区的物质与能源输入尽可能来自于输出地区的净剩余（如果可能的话最好是可再生的）而不是单纯的索取，从而避免对输出地区自然资源的损害。

2. 生命周期分析

从循环经济的角度看，对一个经济系统（无论是企业、家庭还是城市、国家）的输出输入和环境影响进行分析评估，必须立足于整个过程和整个系统，而不是仅仅涉及其中的一个环节或一个局部。如对汽车的生产和使用进行比较，使用过程中产生的环境污染问题比生产过程要高得多。如果我们从生产的准备过程就开始对全过程所使用的原料、生产工艺以及生产完成后的产品进行全面的分析，对可能出现的污染问题事先进行预防，环境面临的危害就会大大减轻。

因此，生命周期评估理论构成了循环经济的微观技术思路。按国际标准化组织的定义，"生命周期分析是对一个产品系统的生命周期中的输入、输出及潜在环境影响的综合评价。"它要求从物质和能源的整个流通过程即从开采、加工、运输、使用、再生循环、最终处置六个环节对系统的资源消耗和污染排放进行分析，从而得到全过程全系统的物流情况和环境影响，由此评估系统的生态经济效益优劣。这种方法被认为是一种"从摇篮到坟墓"的方法。

最早的生命周期分析可追溯到 20 世纪 60 年代，美国可口可乐公司用这一方法对不同种类的饮料容器的环境影响进行分析。20 世纪 70 年代，由于能源的短缺，许多制造商认识到提高能源利用效率的重要性，于是开发出一些方法来评估产品生命周期的能耗问题，以提高总能源利用效率。后来这些方法进一步扩大到资源和废弃物方面。

到了 20 世纪 80 年代初，随着工业生产对环境影响的增加，以及严重环境事件的发生，促使企业要在更大的范围内更有效地考虑环境问题。另外，随着一些环境影响评价技术的发展，例如对温室效应和资源消耗等的环境影响定量评价方法的发展，生命周期分析方法日臻成熟。进入 20 世纪 90 年代后，由于"美国环境物理和化学学会"（SETAC）和欧洲"生命周期分析开发促进会"（SPOLD）的推动，该方法在全球范围内得到广泛应用。1992 年，SETAC 出台了生命周期分析的基本方法框架，被列入 ISO14000 的生命周期分析标准草案中。1992 年，欧洲联合会开始执行"生态标签计划"，其中生命周期的概念作为产品选择的一个标准。1997 年国际标准化组织正式出台了"ISO14040 环境管理生命周期评价原则与框架"，以国际标准形式提出了生命周期分析方法的基本原则与框架。

（1）生命周期评估的三个环节。

一是数据收集。首先需要收集经济系统的数据，以对能源和原材料需求、大气排放、水体排放、固体废弃物产生以及经济活动各阶段产生的其他环境排放进行量化。

二是影响分析。在前一环节基础上描述和评价所识别的环境负荷影响，包括对生态和人类健康的影响及对生活环境改变方面的影响。

三是改善分析。最终需要系统地评估降低环境负担的需求和机会，而改进的措施应该涉及经济循环的各个环节，如改变产品、工艺及活动的设计，改变原材料的使用，改变工业过程，改变消费者使用方式等。

（2）生命周期分析在清洁生产中的应用。生命周期分析在清洁生产中的应用主要有两个方面：一个方面是生产的改善。生命周期分析被用于确定生产过程的哪些环节需要改善，从而减少对环境的不利影响。例如，一个计算机公司的产品包括阴极射线管、塑料机壳、半导体、金属板等。通过生命周期分析可以得出各种产品的环境影响。废物处置问题主要是阴极射线管，可能造成有毒有害物质排放的主要是半导体的生产过程，能量消耗最多的是在产品的使用阶段，原材料消耗最多的是半导体的生产。这样，企业就可以做出降低生产过程中的物耗、能耗以及减少废物排放的决策。

由这个例子可以看出，生命周期分析对于改善生产的作用就在于它能够帮助生产企业确定在产品的整个生命周期过程中对环境影响最大的阶段，了解在产品的整个生命周期过程中所造成的环境风险，从而使企业在废物的产生过程、能源的使用过程以及在产品的设计过程中都考虑到对环境的影响，做出如何改善生产使之对环境影响最小的决策。

生命周期分析的另一个应用是产品的比较，如产品 1 和产品 2 的比较、老产品和新产品的比较、新产品带来的效益和没有这种产品时的情况比较等。国际上较著名的研究案有塑料杯和纸杯的比较、聚苯乙烯和纸制包装盒的比较等。

（三）循环经济的技术战略

只要优化物质与能量流，所有的技术都会倾向于变得越来越清洁。技术的选择应该在系统化的基础上进行。新的技术战略不能简单地建筑在就单个技术而论的基础上，不能简单地局限于部门的技术发展视野之内，而应该在整个技术系统的层次上统筹抉择。从循环经济的角度看，人们不可能无穷尽地列举各种所谓"清洁"技术的清单，而是要把所有能减少物质消耗、能封闭物质流、能使能源脱碳的技术作为系统化的思考对象。

循环经济的技术战略确定未来需要达到的技术目标，然后指导现有的或者未来的技术向实现既定目标的方向发展。

六、循环经济的制度条件

（1）循环经济的法律支撑。美国、日本、德国都建立了相应的废弃物处理、回收和循环条例，2001 年 4 月 1 日日本家用电器再循环法生效，该法律要求制造商、销售商、消费者分别承担家用电器再循环的相应责任。

（2）循环经济的经济制度。可归还的保证金法，该方法是鼓励人们回收一些有必要安全处理的特别重要的材料。资源回收奖励制度，目的是鼓励市民回收有用的物质。对倒垃圾进行收费、征收新鲜材料税，促使人们少用原材料、多使用再循环材料的产品。征收填埋和焚烧税，主要针对将垃圾直接运往倾倒场的公司或企业，而不是针对一般居民。如对这些居民征收一笔填埋税甚至焚烧税，将有力地促进对垃圾进行减量化和再生利用。

（3）健全社会中介组织。在发展循环经济中，非营利的社会中介组织可以发挥政府公共组织和企业所无法起到的作用。

（4）循环经济与公众参与。运用各种手段和舆论传媒加强对循环经济的社会宣传，以提高市民对实现零排放或低排放的社会意识。公众参与的重点内容包括：尽量减少废弃物的发生，教育市民和单位尽可能少垃圾排放，增进反复利用意识。

由于上述理论之间紧密的联系及其各自不同的作用，可持续发展理论、环境经济学理论、工业生态学理论、清洁生产理论与循环经济理论构成了我们研究小城镇发展循环经济模式的主要理论依据。

在建设循环经济的初期，政府可以按照"规划引导、突出重点、示范推动、持续实施"的原则，有序推进循环经济的健康发展。从中央到地方层层推动，分阶段推进，分层次示范。抓好试点工作并扩大试点范围，以点带面；完善相关法规、政策和管理体系，加强区域协作，打破行政区域束缚；进一步延伸产业链，拓宽发展幅，培育循环经济型产业和区域格局，实现以循环经济为主导的经济体系。但同时政府也要引导人民建立可持续性生产和消费的理念，通过逐渐建立完善的法制法规、评价体系和监督检查执行机构，推行市场准入的标准来创造合理的制度和市场环境；通过减少税负和补贴等财政政策削弱资源外部性的影响。这是推行循环经济，并使之长远存在的重要方法和手段。

思考与讨论

10-1 结合对周边企业的观察，谈谈你观察到的循环经济模式，试画出循环图。

10-2 你所在的或你所了解的企业要实现清洁生产，哪个环节最有潜力？可以从哪些方面入手？

第十一章 绿色管理的经济与政策分析

第一节 环境的特点

一、环境价值

环境效益是指人类活动所引起的环境质量的变化。人类的各项活动都需要在一定的环境条件下进行，与环境发生相互作用，产生环境效益。环境效益有正负之分，植树造林会使环境质量提高，而工业污染等活动会使环境质量变坏。环境效益的内涵较为复杂，对大气、水、土壤、生物等都会产生影响。环境效益通常是指人们从利用环境中得到的满足。

也就是说，环境是有价值的。环境的价值可以分成两类：利用价值与非利用价值。

利用价值（Use Value）就是人们从利用环境中得到的价值。例如：

（1）生产过程中投入的原材料，很大一部分来自自然界，如工业生产所需要的矿藏、木材制品，农业生产中所需要的土地、天然牧场等。自然资源的数量和质量对生产活动有重大影响。伊拉克战争之所以引起全世界的关注，原因之一就是它对世界原油供给的影响。

（2）人类在生产和消费过程中，不可避免地会产生废弃物。而废弃物的很大一部分又只能回到自然环境中去。自然环境是这些废弃物的排放场所和自然净化场所。

（3）环境为人类生活质量的提高提供物质条件。例如，作为旅游资源的名山大川、奇峰异石、珍禽异兽，或者作为天然基因库的野生动植物等。

（4）作为生物，人的生存同样需要特定的生态环境，如经过地球大气层选择和吸收的阳光、特定质量的空气和水源等。因此，一定的自然环境是人类生存的必要条件。比如，地球的臭氧层可以吸收太阳光中的紫外线，如果臭氧层受到破坏而变薄，甚至出现臭氧层空洞，紫外线直射到地面上，会危及包括

人类在内的一切生物的生存。正因为如此，臭氧层损耗才会引起全世界的
重视。

非利用价值（Nonuse Value）是人们从不使用环境中得到的满足感。

举例来说，西藏东南部雅鲁藏布江大转弯以南的墨脱县，分布着大片的原
始森林，其中既蕴藏着丰富的木材资源，又蕴藏着丰富的生物多样性资源。有
些人从未见过上述资源，也没有从这些资源的存在中得到过物质利益。但是，
他们仍然反对开发这些森林资源。他们的理由可能是：

（1）认为子孙后代会需要原始森林，希望为后代留下一份遗产。

（2）人们并不知道子孙后代是否需要原始森林，但觉得原始森林一旦被
砍伐，所造成的后果是不可逆转的，同时又觉得当代人对原始森林的用途了解
是有限的。因而宁愿把开发原始森林的决策权留给子孙后代。

（3）认为地球上所有的生物不论是否有用，都有生存的权利，因而反对
开发原始森林。

显然，通过保护原始森林，这些人获得了精神上的满足感。

这里需要强调指出的是：尽管对"精神上的满足感"的价值有争论，但
社会上有相当多的人（例如环保组织成员）认可环境的非利用价值，这是一
个无可争辩的事实。企业家个人可以不认同环境价值特别是非利用价值，但只
要消费者和社会公众中有相当一部分人认同这一点，企业家就必须加以考虑。

二、物质稀缺性与使用者成本

环境的第二个特点，是它的物质稀缺性。

所谓物质稀缺性，是指环境资源（例如其质量在三级以上的空气和水）
的绝对数量短缺，不足以满足人类的需要。

物质稀缺性不同于经济稀缺性。所谓经济稀缺性，是指环境资源的绝对数
量并不短缺，足以满足人类的需要；但获取和利用环境资源需要投入成本，而
低成本的环境资源数量有限、供不应求。

举例来说，当人们可以通过修建水库、开采地下水、跨流域调水（如南
水北调）等方式，满足本地经济社会发展对水资源越来越大的需求时，华北
平原的水资源问题是一个经济稀缺性问题，即水资源供给成本的高低问题。但
现在华北平原面临的问题是：当地地面水资源几乎耗尽，许多河流季节性断
流，即使兴建更多的水库也无水可蓄；地下水超采严重，整个华北平原出现大
大小小的地下水"漏斗"，华北平原的水资源问题已经变成物质稀缺性问题，
即水资源的有无问题。

经济稀缺性与物质稀缺性的差别，可以用图 11 - 1 来表示。在图 11 - 1
中，S 是供给曲线，D 是需求曲线，纵轴表示价格，横轴表示供给或需求量。

图 11-1（a）表示的是经济稀缺性，图 11-1（b）表示的是物质稀缺性。在图 11-1（a）中，市场上产品供不应求会使得价格上升。价格上升使得产品的高成本生产有利可图，厂商就会愿意以较高成本生产更多的产品，使得产品供给量从 P_1 价格时的 Q_1 增加到 P_2 价格时的 Q_2。而在图 11-1（b）中，尽管同样遇到供不应求，但由于环境资源具有物质稀缺性，其供给量不可能随着价格的上升而无限地增加。

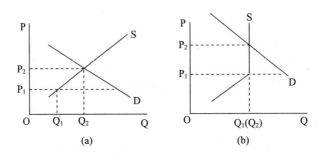

图 11-1　物质稀缺性对均衡的影响

在现实生活中，往往是经济越发展，生活水平越高，人们对环境问题越重视。造成这种结果的一个重要原因，就是环境资源的物质稀缺性。有钱可以买到更多的各种各样的产品和服务，但买不到更多的环境资源。相反，经济发展了，人民生活水平提高了，污染物的排放量相应地也会上升。如果不采取相应的措施，环境质量反而会下降。拿北京市来说，出行条件的改善导致了汽车数量的急剧增加和汽车尾气排放量的上升，导致北京市大气质量的恶化。换句话说，经济越发展，生活水平越高，公众就越重视有钱买不到的环境质量，保护环境的呼声也就越来越高。

由于环境资源具有物质稀缺性，即使厂商与居民出钱购买环境资源的使用权，如果像一般产品那样，按照产品的边际生产成本来定价（如图 11-1（b）中的 P_1），环境资源也仍然会供不应求。要想做到供求平衡，环境资源的定价就不仅要包括生产成本，而且要包括使用者成本。使用者成本（User Cost）是经济当事人（厂商、居民或政府）因正常使用具有物质稀缺性的环境资源而应该向环境资源所有者支付的费用。通俗的说，它是因为物质稀缺性而产生的成本，如图 11-1（b）中的 $(P_2-P_1)Q_1$。环境资源越稀缺，其使用者成本也就越高。

在现实生活中，存在着这样的问题：某地先后建设了 4 家同类和同等规模的企业。它们在生产过程中都排放污染物。但只有在第 4 家企业投产后，当地的环境指标才降低到影响居民健康的水平。在这种情况下，是应该只向第 4 家企业征收排污费（从而增加其成本），还是应该向 4 家企业都征收排污费呢？

物质稀缺性和使用者成本的概念有助于回答这个问题。前 3 家企业投产后，所排放的污染物并没有造成环境污染。但之所以如此，是因为这些企业占用了当地的环境资源——环境容量（环境所具有的容纳和稀释污染物，使其不至于造成环境污染的能力）与环境自净能力（环境处理污染物、使之成为对环境无害的物质的能力），而环境资源是有限的。如果没有前 3 家企业，则第 4 家企业的投产不会造成环境污染。因此，当经济当事人对环境资源的需求超过环境资源的供给、从而使得当地环境资源具有物质稀缺性时，就必须向所有企业征收排污费。排污费的征收标准，取决于反映环境资源稀缺程度的使用者成本。具体来说，排污费的征收标准，应该高得或者使得 4 家企业中有 1 家因无法承受而停产，或者使得这些企业治理污染，从而使得 4 家企业的污染物排放总量降低到与当地环境资源相适应的水平。

应该指出的是，由于环境资源会影响到人类的生存，因而环境资源不能完全运用价格机制来配置。举例来说，为了保证低收入阶层的基本生活水平，就必须以较低价格向他们供水。在扣除这一部分环境资源后，其余环境资源的价格会进一步提高。

经济稀缺性和物质稀缺性的划分是相对的。还是拿华北平原的水资源问题来说，本地水资源不足，可以考虑高成本的南水北调；如果还不足，还可以考虑海水淡化或从北极或南极拖运冰山；如果万不得已，居民还可以用桶装水或瓶装水解决用水问题。将这些方法考虑在内，水资源似乎只具有经济稀缺性，只是增加水资源总量所需要的成本相当高，可能要上升几倍、几十倍甚至上百倍。因此，在实际生活中，可以认为那些边际成本急剧上升的环境资源，也同样具有物质稀缺性。

三、外部性

环境的第三个特点，是经济活动对环境的影响具有外部性。

外部性（Externality）是指经济当事人的经济活动对非交易方所产生的非市场性的影响。在外部性中，对受影响者有利的外部影响被称为正外部性（Positive Externality）；对受影响者不利的外部影响被称为负外部性（Negative Externality）。所谓非市场性，是指这种影响并没有通过市场价格机制反映出来。

当厂商和居民户因为经济活动的外部性而得益时，他们并不需要为此而向他人支付报酬；而当他们因为经济活动的外部性而受到损失时，他们也得不到相应的补偿。受影响者因经济活动的正外部性而得到的收益和因经济活动的负外部性而受到的损失分别被称为外部收益（External Benefit）和外部成本（External Cost）。

在现实生活中，消费活动或生产活动都有可能具有外部性。消费者在自己的住宅周围养花种树净化环境会使他的邻居收益，但是他的邻居并不会为此向他作出任何支付。消费者在公众场合抽烟或大声喧哗会给他人造成损害，但他并不会因此向受害者支付任何形式的补偿费。生产中的外部性更是不乏其例。大企业为运输原材料和产品所修建的道路，往往供沿线居民和小企业免费使用。化工、钢铁、炼油等污染严重行业的厂家生产过程中排放的废水、废气等污染物会给其他生产者与消费者造成损害，但是污染物的排放者却没有给受害者以应有的补偿。凡此种种均属外部性问题。其中，受益的一方得到了外部收益，而受害的一方则付出了外部成本。

外部性的一个特例是果园与养蜂者的关系。果园主扩大果树种植面积会使养蜂者受益，养蜂者无须向果园主付费。在果树授粉期养蜂者同样使果园主受益，果园主也无须向养蜂者付费。这里，双方的生产活动都给对方带来了外部收益。但这种例子比较少见。

外部性的存在，意味着污染者应该负担的成本中，一部分甚至全部是由他人负担的。外部性的存在，对企业从事会产生污染的生产活动具有激励作用，对企业治理环境污染具有负激励作用。外部性的上述作用，可以用图 11 - 2 来表示。

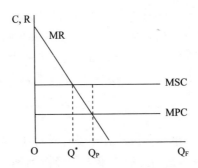

图 11 - 2　外部性对企业的影响

图 11 - 2 中，横轴表示是某一企业的产量，纵轴表示该企业的成本与收益。图中的 MR 线，是企业的边际收益曲线。MR 随着产量的增加而下降。MPC 是企业自身承担的边际成本即边际生产成本，MSC 是企业的边际社会成本。对产生污染物的企业来说，边际社会成本等于边际生产成本加边际外部成本，因而 MSC 曲线位于 MPC 曲线的上方。为了方便讨论，假定 MSC 和 MPC

都是常数。

在经济学中，边际收益等于边际成本时的产量，是企业利润最大化的产量。如果生产中的全部成本都必须由企业承担，那么，企业会把产量保持在边际收益等于边际社会成本的那一点，即生产 Q^* 的产量。但由于外部性的存在，企业只需支付生产成本，而不需支付外部成本，在这种情况下，企业的产量将增加到 Q_P 点。增产后，企业新增收益为梯形（MSC + MPC）（$Q_P - Q^*$）/2，大于企业新增成本 MPC（$Q_P - Q^*$），因而企业的利润增加了（MSC - MPC）（$Q_P - Q^*$）/2。但与此同时，增产使他人支付了（MSC - MPC）（$Q_P - Q^*$）的外部成本。由于外部成本大于企业利润，因而从全社会的角度来看，外部性带来的增产是得不偿失的。

外部不经济性是经济外部性的一种。经济外部性是指某一事物或活动给社会带来的某些成本或效益，而这些成本或效益不能在决定该事物或活动的市场价值中得到反映。英国经济学家庇古在其所著的福利经济学中指出"外部经济性的存在，是因为当 A 对 B 提供劳务时，往往使其他人获得利益或损害，可是 A 并未从受益人那里取得报酬，也不必向受损者支付任何赔偿。"经济外部性可分为两种情况：一是外部经济性，即某项活动对周围事物造成良好影响，并使周围的人获益。例如植树造林可以改善当地生态环境，使农作物等收益。再如某地一旅店开业，由于旅客增加，使得饭店生意兴隆。二是外部不经济性，即某项事物或活动对周围环境造成不良影响，而行为人并未为此而付出任何补偿费。例如，一条河流的下游有一饮料厂，饮料厂以河水作为原料生产，而后来又有一家造纸厂开在上游，使河水水质受到污染，则饮料厂必须付一笔水处理费用，同时饮料的质量也可能下降，这就是造纸厂的外部不经济性。环境污染就是一种典型的外部不经济活动，其外部不经济性表现在居民生活水平下降、疾病发病率上升、农产品产量下降、旅游收入减少、房地产价值下跌等。

从表面上看，外部不经济性是某一物品或活动对周围事物产生的不良影响，而从经济学角度进行深入分析，外部不经济性的实质是私人成本的社会化。下面以环境污染来说明这一结论。

生产活动不可避免地会产生废弃物。废弃物产生后，有两种处理办法——对废弃物进行无害处理或直接排入环境之中。由于对废弃物进行无害处理需要花费大量的物力、财力，这一支出将成为其私人成本的一部分，从而导致企业成本竞争力的下降。因为受利润动机支配，生产者生产的目的是为获得利润最大化，所以生产者一般不会选择对废弃物排放进行治理这个办法。其结果是生产者舍弃治理，而选择把污染物直接排入环境。这就造成了对社会的损失，该损失就称之为社会成本。

从以上分析可以认为，环境问题的外部不经济性是由于私人成本社会化造成的。因此要解决这个问题，必须使私人成本内部化，也就是外部不经济内部化。私人成本社会化，是把个人盈利建立在社会损失的基础上，这是不符合公平原则的。同时由于社会成本一般远高于私人成本，如果将私人成本内部化，就可以减少或消除社会成本，可以用较少的私人投入，从而使整个社会的福利获得改善。通过上面的分析我们还发现，在将外部不经济内部化的过程中，污染是企业的一种成本，而这与企业的根本经营目标是不一致的。

如果厂商或居民户能够根据自身经济活动的正外部性，而向得益者收取相应费用；或者根据自身经济活动的负外部性，而向受害者支付相应补偿，则外部性将不复存在。这被称为外部性的内部化（Internalized Externality）。在图11-2中，外部性的内部化会使得企业支付全部的边际社会成本，从而消除因他人承担外部成本而给全社会造成的损失。

四、公共财产与准公共产品

环境的第四个特点，是它属于公共财产或准公共产品。

公共财产（Common Property）是指那些产权不明确，人人都可以根据自己的意愿自由地、免费地取用的财产。公共财产的特征是竞争性（Rival）与非排他性（Nonexclusive）。

所谓竞争性，是指公共财产是稀缺的，随着使用者的增加，公共财产的数量会减少，公共财产的成本会上升。拿城市的空气来说，如果各种污染物的排放量持续地、无限制地增加，导致空气质量恶化，则城市居民必须为此付出代价。这种代价可能表现为个人或企业的支出（例如某些居民在家里安装密封性能更好的玻璃或到空气新鲜的地方去旅游，企业不得不增加保护厂房免受空气中酸性物质腐蚀的开支），也可能表现为政府的污染治理开支。

所谓非排他性，是指公共财产的供给者无法根据是否缴纳了相应费用来限定同一个公共财产的使用者人数，任何人都可以免费享用公共财产，这就是所谓的自由取用（Open Access）。同样拿城市的空气来说，只要是在城市生活和工作的人，都可以免费使用同一个城市中的空气。

造成非排他性的原因，一是产权不明，二是交易成本过高。例如，"三湖"是90年代中国污染控制工作的重点。但"三湖"的污染源很大一部分来自农业污水和生活污水（特别是农村生活污水）。农业污水和生活污水属于面源污染，具有污染源多、单个污染源排放量少、监督成本高的特点。上述面源污染的增加，在很大程度上抵消了工业污染减少对"三湖"水质的正面影响；以致整个90年代"三湖"水质没有明显改善。

在环境经济学中，环境资源也被看成是公共产品（Public Goods）。纯粹的公共产品的特征是非排他性（这一特征与公共财产相同）和非竞争性（这一特征与公共财产不同）。所谓非竞争性，是指公共产品可以满足所有人的需要，因而随着使用者的增加，公共产品的数量不会减少，其使用成本也不会上升。环境资源具有物质稀缺性，显然不属于纯粹的公共产品。

但是，公共产品中还包括准公共产品（Quasi – Public Goods）。准公共产品兼有纯粹的公共产品与公共财产的特征。当人类对环境资源的消耗低于环境资源所容许的程度，即低于图 11 – 1（b）中的 Q_1（Q_2）时，环境资源可以满足所有人的需要，任何人对环境资源的自由取用都不会影响到他人的利益。此时的环境资源可以被看成是纯粹的公共产品。而当人类对环境资源的消耗高于环境资源所容许的程度时，环境资源就成为公共财产，某一经济当事人对环境资源的自由取用会影响到他人的利益。此时的环境资源具有物质稀缺性。

环境资源属于公共财产或准公共产品，这一方面意味着环境资源是有限的，任何人对环境资源的利用都必须有一个限度；另一方面，非排他性的存在又意味着对环境资源的管理难度很大，常常不得不采用一些变通办法以节约交易成本。本章最后一节介绍的，就是一些变通办法。

第二节　环境需求

一、支付意愿

在经济学中，产品与劳务的效用决定消费者对一定数量的产品与劳务所愿意支付的价格。当消费者愿意支付的价格高于产品或劳务的实际价格时，消费者的意愿变成实际的需求。

以图 11 –3 为例，当市场价格为 P_E 时，下面 $P_E EQ_E O$ 的矩形是消费者实际付出的，称为居民户的总支出（也就是厂商的总收益），上面的三角形 $P_E P'' E$ 是作为消费者的居民户愿意付出但实际上没有付出的，称为消费者剩余。

根据不同情况，居民户的总支出与消费者剩余之和 $P'' EQ_E O$ 称为支付意愿（Willingness to Pay，WTP）或受偿意愿（Willingness to Accept Compensation，WTA）。所谓支付意愿，是指经济当事人（包括政府、厂商和居民户）支付一定数量的金额以换取某一数量的商品、劳务或生产要素的意愿。所谓受偿意愿，是指经济当事人放弃一定数量的商品、劳务或生产要素以换取一定数量的货币或非货币的补偿的意愿。具体到环境问题上，支付意愿表明，经济当事人愿意花多少钱来换取一定质量的环境（例如北京的蓝天），受偿意愿则表明，在

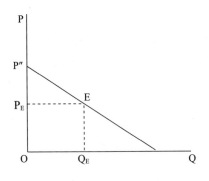

图 11-3　支付意愿

给予多少补偿后，经济当事人才肯接受某一程度的环境质量恶化。

　　用支付意愿来衡量需求，这意味着：即使对有市场价格的一般产品与劳务来说，其市场价格也不能完全衡量该产品或劳务的价值。环境往往没有市场价格，但这并不意味着环境没有价值。支付意愿或受偿意愿就反映了经济当事人对于商品、劳务或生产要素价值的判断。

　　初看起来，支付意愿或受偿意愿仅仅是人们的一种感觉，但这种感觉不能不是客观现实的反映。当经济不太发达，生活水平比较低的时候，经济生活中的其他问题（比如温饱问题）十分突出。因而无论是政府，还是厂商和居民户，都不可能不把那些突出的问题放在第一位，而将环境保护放在比较次要的位置。因此，各方面在环境方面的支付意愿或受偿意愿都比较低。随着经济的发展、实际人均收入的提高和生活水平的提高，一般的产品（无论是消费品还是资本品）或劳务的数量会大大增加，而环境资源和自然资源的数量不仅难于增加，而且往往会减少，相对于日益增加的需求，环境资源与自然资源将越来越稀缺，因而与其他商品或劳务相比，经济当事人对环境资源与自然资源的支付意愿或受偿意愿将越来越高。所以，即使环境污染或自然资源耗竭造成的物质损失不变，经济当事人在环境问题上的决策也会随着支付意愿或受偿意愿的变化而变化。这是导致经济越发展，生活水平越高，人们对环境问题越重视的另一个重要原因。

　　对环境的需求不同于对一般产品或劳务的需求。假定某地有 10000 个消费者，他们对某种一般产品（例如某种罐装饮料）的支付意愿相同，都是 5 元，则整个市场对该种一般产品的需求量是：价格等于或低于 5 元时，需求量为 10000 个；价格高于 5 元时，需求量为 0 个。换句话说，消费者对单个产品的支付意愿是不变的，消费者的增加只会带来需求量的变动。但如果这里涉及的对象不是饮料，而是环境（例如大气质量），那么，首先当地环境资源的数量不会因消费者人数的多少而变化，消费者使用的都是同一个当地环境资源。而全体消费者对环境的支付意愿，则是单个消费者支付意愿的加总。在我们所举的例子中，全体消费者的支付意愿是 $5 \times 10000 = 50000$（元）。换句话说，假定个人对环境的支付意愿相同，人口越密集，全体人口对环境资源的支付意愿或受偿意愿也就越高。因此，与人烟稀少地区排污相比，在人口密集地区排污，会在更大程度上侵犯他人的利益。

二、环境偏好的差异

如上所述，人们对环境的支付意愿，应该是客观存在的环境问题的反映。但是，也存在这样的情况：不同的人生活在同一个地区，面对着同样的环境问题，收入与生活水平也相同，而他们对环境的支付意愿或受偿意愿却相差很大。

这种差异与他们对环境保护的偏好存在差异有关。

三、环境需求的满足

如前所述，在环境问题上，消费者所需求的是一定的环境质量，是低环境质量的改善或高环境质量的保持。

在满足消费者的环境需求方面，存在着一系列的约束条件。

（1）技术的约束：治理环境污染的技术是有限的。这种有限性表现为：一是有许多种环境污染的治理技术人类至今尚未掌握；二是有些环境污染的治理技术会导致污染转移或二次污染；三是所有的环境污染治理技术都不能做到百分之百地回收污染物（目前，只有非常复杂的生态系统才能比较充分地利用废弃物）。

（2）经济的约束：经济的约束有两重含义。就单项污染防治技术而论，假如防治的成本超过了污染防治带来的收益，人们就有理由从经济效益的角度来反对采用该技术。就整个国民经济而论，宏观经济有着多个目标，环境保护仅仅是其中之一。无论是企业、消费者还是国家，都不可能把人力、财力、物力全部用在环境保护上。在某种意义上，经济学是一门专门研究代价问题的科学，不惜一切代价的提法在经济学中是行不通的。

（3）需求目标的冲突：如前文所述，持不同观点的人对环境保护的范围和标准有着不同的要求。而在同一个地区，环境保护的标准又只能是一个。换句话说，在环境问题上，不可能同时满足所有人的需求。在这种情况下，作为环境问题中的一方，企业应该如何办呢？

对于这一点，学者 Des Jardins（戴斯·贾丁斯）提出了自己的看法。他认为，在解决环境问题时，各有关方面必须通过商讨，优先解决那些已经或比较容易达成共识的问题。而要做到这一点，各有关方面就必须学会忍耐和尊重不同意见。案例 11 - 1 所述是 Des Jardins 亲身经历的一件事。

案例 11 - 1
环境实用主义举例

美国某城市要对郊区的农田和荒野进行开发。为了在开发中兼顾经济发展和保护在环境方面敏感的自然区域，该市市长任命了一个特别小组。小组的任务是草拟一个开发指导手册。小组成员来自各有关方面，包括官员、土地所有者、农场主、房地产开发商、建筑商以及环保组织的代表。

显然，小组成员的观点之间存在许多分歧。比如说，在土地开发问题上，有的主张由市场和需求来决定开发哪些土地和如何开发；有的主张开发尽可能多的土地来获得税收，从而使整个社区获益；有的却主张只对可开发土地中的一半进行开发，其余的则保持未开发状态。在未开发土地的用途上，有的主张用于保护原有野生动物和树木；有的却主张用于狩猎和钓鱼等休闲活动。在决策程序上，有的主张由生态学家决定哪些区域应该得到保护，有的却主张由市议会来决定。

起初，各有关方面都试图说服别人接受自己的观点。各持己见的结果，是特别小组成员之间无法达成一致，有些人甚至很难理解对方的观点。因此，在最初两年中，特别小组的工作毫无进展。而与此同时，不规范的开发还在继续，任何土地都没有得到保护。

后来，有几个特别小组成员采取另外一种方法：列举有共识的问题。结果发现，在许多问题上，特别小组成员之间是有着广泛的共识的。例如，若干自然区应该受到保护（有人甚至主张由市政府购买下来加以保护）；有些地区应作为主要的商业开发区；正在进行房产开发的地区，楼房间应当留有空地；在确定保护区的边界时，应当征求有生态学背景的科学家的意见；等等。

在此基础上，特别小组编写了开发指导手册，其中的解决办法是各方面利益的妥协。

这样做的结果，仅仅用了几个月的时间，特别小组就完成了任务。

资料来源：戴斯·贾丁斯. 环境伦理学（第三版中译本），北京大学出版社，2002：302 - 304.

第三节 排污费

一、最优污染水平

有关最优污染水平的分析，可以用图 11 - 4 来表示。

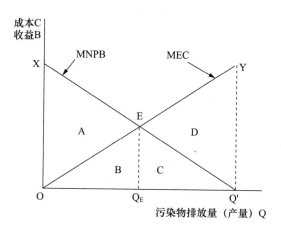

图 11 - 4 最优污染水平

图 11 - 4 中，横轴 Q 表示某一企业的污染物排放量，假定生产过程中不可避免地要排放会导致污染的废弃物，那么，横轴 Q 同时也代表与污染物有关的生产规模。纵轴 C、B 则代表成本和收益。在图 11 - 4 中，Q 是自变量，C 和 B 是因变量。

MNPB 线是边际私人纯收益曲线。所谓边际私人纯收益，是指厂商从事上述生产活动所得到的边际收益减去它所支付的边际成本之后的差额。MNPB 线向右下方倾斜，意味着随着生产规模的扩大，边际私人纯收益是逐步下降的。

MEC 线是边际外部成本曲线，MEC 线向右上方倾斜，意味着随着生产规模的扩大，污染物排放量的增加，边际外部成本是逐步上升的。

E 点是 MNPB 线和 MEC 线的交点即均衡点，该点所对应的生产规模或污染物排放量是 Q_E。A、B、C、D 分别代表其所在的三角形区域。

厂商之所以生产会产生环境污染的商品，其目的是为了追求最大限度的私人利润即私人纯收益，而只要边际私人纯收益大于 0，厂商扩大生产规模就有利可图。所以，厂商希望将生产规模扩大到 MNPB 线与横轴的交点 Q'，这时厂商从生产该商品中得到的私人总收益，就是 MNPB 线与横轴、纵轴相交而构成的三角形区域 OXQ′，即 A + B + C。同时，厂商生产造成的环境污染，迫使社会为此支付外部成本。当生产规模和污染物排放量达到 Q′点所表示的水平时，社会所支付的总外部成本，就是由 MEC 线、横轴和通过 Q′点的横轴的垂线 YQ′所构成的三角形区域 OYQ′，即 B + C + D。

图 11 -4 表明，由于外部性的存在，在私人成本和社会成本、私人纯收益和社会纯收益之间，就出现了不一致。社会成本相当于私人成本加上外部成本，社会纯收益则相当于私人纯收益减去外部成本。在图 11 -4 上，当厂商的产量达到 Q′水平时，社会纯收益相当于（A + B + C）–（B + C + D）= A – D。

图 11 -4 还表明，在生产规模和污染物排放量达到 Q_E 点所代表的水平时，社会纯收益达到最大值（A + B）– B = A，因而 Q_E 被称为最优污染水平。所谓最优污染水平，是指能够使社会纯收益最大化的污染水平。

政府之所以运用环境管制手段，其目的就是为了使得企业的污染物排放量达到最优污染水平。

二、排污费与最优污染水平

排污费是指针对污染物排放所征收的税费。征收排污费对污染物排放量的影响，可以用图 11 -5 来表示。

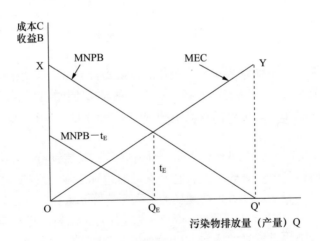

图 11 -5 排污费与最优污染水平

图 11 -5 中，按照污染物排放量征收的排污费被分摊在产量上。企业每生产一单位产品，需要缴纳一定数额的排污费。如果排污费的征收标准高于特定产量下厂商得到的边际私人纯收益，则维持这一产量只会减少厂商的利润，因而厂商会选择减产以减少所缴纳的排污费数额。由于污染物的排放量是随着产

量的变动而同方向变动的，因而厂商减产就意味着污染物排放量的减少。

如果政府根据厂商的最优污染水平来确定每单位产品的排污费费率，即使得排污费费率相当于产量达到最优污染水平时的边际私人纯收益水平 t_E，则如图 11 – 5 所示，MNPB 线就将向左平行移动到 MNPB – t_E 线的位置。该线与横轴相交于 Q_E 点，表示厂商将根据其对利润最大化的追求，把生产规模和污染物的排放量控制在最优污染水平上。

在现实生活中，由于环境评估中存在着误差，又由于非对称信息的影响，政府往往不能确切掌握不同厂商的有关信息，而且由于排污费的标准必须统一，不能根据各个厂商的最优污染水平逐个制定，因此，不论对最优污染水平的确定，还是对厂商达到最优污染水平时的边际私人纯收益的估计，都会存在误差，有时误差还相当大。要完全消灭误差是不现实的，但只要排污费的征收有助于使污染物排放量更接近而不是更偏离最优污染水平，征收排污费就是可取的。排污费征收标准中存在的问题，可以在实践中逐步解决。

三、排污费与污染治理成本

通过以上分析，我们假定当政府征收排污费时，厂商只能在缴纳排污费和缩小生产规模这两种方案中进行选择。但是，除了减产之外，厂商还可以购买和安装处理污染物的设备，以便在生产规模扩大的同时使污染物的排放量保持在最优污染水平。这样，当政府征收排污费时，厂商就面临三种选择：缴纳排污费、减产或者是追加投资去购买和安装处理污染物的设备。

厂商在面对上述三种可能性时的最优选择，可以用图 11 – 6 来表示。

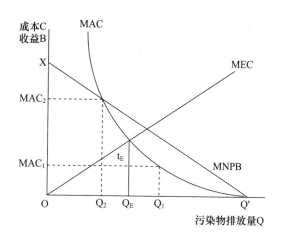

图 11 – 6 三种可能性存在时的厂商决策

图 11 - 6 中，纵轴仍然代表成本 C 与收益 B；由于厂商可以通过购买与安装环保设备来减少污染物的排放量，因而污染物排放量不再随着生产规模的变动而同比例地变动，所以，横轴 Q 仅仅代表污染物的排放量。污染物排放量越大，相应的点就离原点 O 越远。MEC 线仍然是边际外部成本曲线，MNPB 线也仍然代表着在厂商没有安装环保设备、其污染物排放量随着生产规模的扩大而同比例增加时厂商的边际私人纯收益曲线。MAC 线则是边际减排成本曲线，即污染治理的边际成本曲线。由于污染物的排放量越少，环境污染的程度越低，进一步治理污染的难度就越大，相应的边际减排成本也就越高，所以，在图 11 - 6 上，MAC 曲线从左上方向右下方延伸，MAC_2 大于 MAC_1。

由于存在着通过治理污染来减少污染物的排放的可能性，厂商的决策和排污费的征收标准都会发生变化。

对厂商来说，现在存在着减产、购买并安装环保设备以及缴纳排污费三种可能性。如果政府的排污费征收标准既高于厂商的边际私人纯收益，又高于其边际减排成本，厂商会在减产或购买并安装环保设备两者中作出选择。在图 11 - 6 上 Q_2 点的右边，厂商的边际私人纯收益高于边际减排成本，因而在这一区间，利润最大化动机将促使厂商治理污染，而不是缩小生产规模；而在 Q_2 到原点这一区间，厂商的边际私人纯收益低于边际减排成本，厂商从自身的利益考虑，宁可减产也不肯购买和安装环保设备。

在以前的分析中，确定排污费征收标准的原则是：当污染物的排放量达到最优污染水平时，政府征收的排污费应该正好相当于厂商的边际私人纯收益，而最优污染水平则由 MNPB 和 MEC 两条曲线的交点来决定。但是，厂商的边际私人纯收益是随着生产规模（产量）的变动而变动的，而边际外部成本则是随着污染物排放量或环境污染程度的变动而变动的。只有在厂商的污染物排放量随生产规模的变动而同比例变动的条件下，才能够用上述两条曲线的交点来确定最优污染水平。由于第三种选择——厂商购买和安装环保设备——的出现，在图 11 - 6 中，厂商的污染物排放量随生产规模的变动而同比例变动的情况，仅仅适用于从 Q_2 点到原点这一区间，即仅仅在厂商的边际减排成本高于其边际私人纯收益的条件下适用。在 Q_2 点右边，由于在特定污染水平条件下厂商的边际减排成本低于其边际私人纯收益，厂商在扩大生产规模的同时，可以用购买并安装环保设施的办法来控制污染物的排放。既然在 Q_2 点的右边，厂商的生产规模与污染物排放量之间，已经没有确定的对应关系，再根据 MNPB 线与 MEC 线的交点来确定最优污染水平，并进而根据污染物排放量达到最优污染水平时厂商的边际私人纯收益来征收排污费，就失去了依据。

如图 11 - 6 所示，在存在着厂商自身治理污染可能性的条件下的最优污水平，进而是排污费的征收标准，就应该根据 MAC 线与 MEC 线的交点来确定。从图 11－6 中可以看出，当污染物的排放量低于由 MAC 线与 MEC 线的交点决定的污染物排放量 Q_E 时，厂商支付的边际减排成本高于社会付出的边际外部成本，此时，对社会来说，不治理比治理有利，因为厂商所付出的治理成本也是社会总成本的一部分；反之，当污染物的排放量高于由 MAC 线与 MEC 线的交点决定的污染物排放量 Q_E 时，厂商支付的边际减排成本低于社会付出的边际外部成本，此时，对社会来说，治理比不治理有利。为了防止厂商为追求最大限度的利润而将污染物的排放量增加到超过 Q_E 的程度，从而损害全社会的利益，就应该根据 Q_E 时的边际减排成本来确定排污费的征收标准。这样，厂商从自身利益考虑，就会将污染物排放量控制在 Q_E 的水平上。

　　与根据 MNPB 线与 MEC 线的交点来确定排污费的征收标准相比，根据 MAC 线与 MEC 线的交点来确定排污费的征收标准还有一个明显的好处。私人纯收益属于厂商的营业秘密，政府在这方面所掌握的信息远远少于厂商自身；而环保设备通常不是由作为使用者的那些厂商自己生产和安装的，从事生产和安装环保设备的厂商乐于向社会公布有关这些设备的性能和经济效益等方面的资料，这就大大减少了政府和环保设备的使用者（即污染者）在掌握信息方面的差距，从而减少了非对称信息给政府有关排污费征收标准的决策造成的误差，因而也就更具有可操作性。

四、排污费、减排补贴与行业规模

　　征收排污费还有一个优点，这就是：它通过提高有关产品的生产成本而缩小了该产品生产的行业规模。为了更好地说明这一点，就需要对排污费与政府提供给污染厂商的减排补贴的作用进行比较。

　　对减少污染物排放的厂商发放补贴，这是政府为了促使污染者缩小生产规模或购买和安装环保设备而采用的另一种经济手段。政府企图通过给治理污染者以一定的利益的办法，促使厂商主动减产或治理污染。

　　假定政府对每一单位污染物排放量征收的排污费或发放的减排补贴的金额都是根据最优污染水平确定的，因而在数量上是相等的，那么，就对单个厂商的污染物排放量的影响而言，这两种手段的作用是相同的。如果厂商的污染物排放量超过最优污染水平，在征收排污费时，厂商因增产和不安装环保设施而得到的私人纯收益低于它所多缴纳的排污费，因而是得不偿失的；在政府发放减排补贴时，厂商因增产和不安装环保设施而得到的私人纯收益低于它因减产和安装环保设备而得到的政府补贴，因而是得小失大。在两种情况下，从利润最大化出发，厂商都会将污染物排放量减少到最优污染水平。

　　但是，就对有关产品的行业规模的影响而言，这两种政策手段的效果就不一致了。它们的效果可以用图 11-7 来表示。

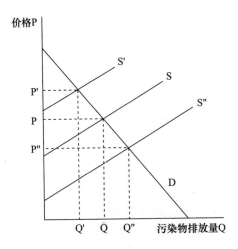

图 11-7 排污费、减排补贴与行业规模

图 11-7 中的 D 代表需求曲线，S、S′、S″代表供给曲线。在国家没有采取环境管制手段前，某种产品的总产量和价格是由 D 和 S 决定的，其价格为 P，总产量为 Q。如果政府征收排污费，那么，无论厂商是缴纳排污费还是治理污染，其生产成本都会上升。因此，供给曲线向上移动到 S′ 的位置。D 与 S′ 决定了此时的价格上升到 P′，价格的上升使得总产量下降为 Q′。总产量的下降使得生产该产品所排放的污染物进一步减少。如果单个厂商污染物排放量的减少不是通过减产而是通过治理污染达到的，其生产规模并没有变化。在这种情况下，征收排污费导致的产品价格上升和该产品市场需求的减少将迫使一部分厂商退出该行业。

如果国家发放减排补贴，使厂商的生产成本保持不变甚至有所下降，那么，即使原有的单个厂商污染物排放量的减少是通过减产达到的，其生产规模有所缩小，因而原有厂商生产的总产量有所减少，但只要市场需求曲线不变，总产量的减少就会使市场价格上升；而产品市场价格上升、生产成本保持不变甚至下降带来的超额利润，又会促使其他厂商转产该产品，从而增加其总产量和污染物排放量。具体来说，如果单个厂商是通过减产来减少污染物排放量的，那么，政府发放削减排污量补贴就达不到削减排污量的目的，因为单个厂商生产规模的缩小会被厂商数量的增加所抵消。如果单个厂商是通过治理污染来减少污染物排放量的，那么，就只有在削减排污量补贴的发放仅仅使厂商的生产成本保持不变的前提下，政府才能完全达到削减排污量的目的；如果减排补贴的发放导致了厂商生产成本的下降，供给曲线将向下移动到 S″ 的位置，则市场价格不变时超额利润的存在会吸引新厂商进入该行业参加竞争，使得市场价格下降到 P″，总产量上升到 Q″。而产量的上升则意味着生产该产品所排放污染物的增加。

由此可见，减排补贴的发放达不到减少污染的效果。

第四节　环境标准

一、环境标准与经济效率

在环境管制手段中，最早与最常见的是制订环境标准。环境标准的依据通常来自自然科学界。比如，空气中的二氧化硫或铅元素含量超过某一百分比，就会影响农作物的生长或影响人的健康，因而就制订相应的环境标准，规定上述污染物的排放浓度或排放总量必须在某一标准之下，否则就对污染者进行罚款或勒令停产。这种方法的特点是：

第一，通过法律和行政法规，制定统一的污染物排放标准。除了新污染源和原有污染源的排放标准会有所不同外（通常对新污染源从严，原有污染源从宽），同一时期建成的所有相似的污染源都必须遵循相同的排放标准。

第二，以现有污染防治技术为基础，制定刚性的管理方法。即详细地硬性规定企业必须采用什么样的技术来防止污染。

这种方法，经济学家称之为命令和控制（Command and Control）。从自然科学的角度来看，制定环境标准时这样考虑是理所当然的；但从环境经济学的角度来分析问题，就不仅要考虑环境污染造成的损失，而且要考虑环境标准对经济的影响，考虑上述环境标准是否会影响到经济效率。

环境标准与经济效率之间的关系可以用图 11-8 来表示。

图 11-8 中，横轴、纵轴、MNPB 和 MEC 两条曲线的含义与图 11-4 相同。E 是均衡点，Q_E 是最优污染水平。假定将环境标准定在 Q_E，并对污染物排放超标的厂商征收 P_E 数量的罚款，那么，采用环境标准同样可以达到最优污染水平，从而使社会纯收益最大化。在这种条件下制定和实行环境标准应该是有效率的。

如果环境标准偏离了厂商的最优污染水平，那么，可能产生两种结果。在图 11-8 中，这两种环境标准分别用 $Q_{S'}$ 和 $Q_{S''}$ 来表示。

$Q_{S'}$ 位于 Q_E 点的左侧，它意味着对污染物的排放进行更加严格的限制。与最优污染水平相比，受害者少支付的外部成本 $Q_{S'}BEQ_E$ 小于厂商所减少的私人

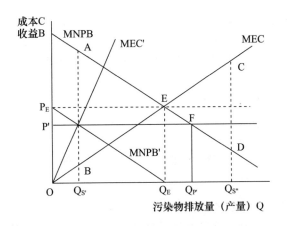

图 11 - 8　环境标准与经济效率

纯收益 $Q_{S'}AEQ_E$。两者相抵，社会损失了相当于三角形 BAE 的社会纯收益，这意味着厂商和全社会都丧失了本来可以得到的收益，因而是缺乏经济效率的。

　　$Q_{S''}$ 位于 QE 点的右侧，它意味着污染物的排放量超过了最优污染水平的限度。与最优污染水平相比，厂商多得的私人纯收益 $Q_EEDQ_{S''}$ 小于受害者多支付的外部成本 $Q_EECQ_{S''}$。两者相抵，社会多支付了相当于三角形 ECD 的外部成本，这意味着受害者和全社会都付出了本来可以不必支付的外部成本，因而也是缺乏经济效率的。

　　图 11 - 8 还表明，如果缺乏有关边际私人纯收益和边际外部成本的信息，那么，不仅所制定的环境标准很可能偏离了最优污染水平，从而影响经济效率，而且促使污染者遵守环境标准的手段也往往达不到预期的目的。以罚款为例，假定政府因为缺乏信息，将边际私人纯收益误认为 MNPB′，边际外部成本误认为 MEC′。因而将环境标准定为 $Q_{S'}$，污染物超标的罚款标准定为每单位罚款 P′。看起来，政府的环境标准十分严格。但由于厂商实际的边际私人纯收益曲线 MNPB 与代表罚款 P′ 的水平实线相交于 F 点，这意味着只有当厂商的污染物排放量超过 $Q_{P'}$ 时，罚款 P′ 才高于厂商的边际私人纯收益，才能起到迫使厂商控制污染物排放量的作用。换句话说，厂商根据罚款额所愿意遵守的污染水平远远高于环境标准希望厂商遵守的水平，罚款根本没有起到应有的作用。

二、环境标准与排污费的比较

对排污费与环境标准的比较，可以从以下三方面来进行。

第一方面，它们对于厂商治理污染的影响。在执行环境标准时，政府必须首先确认厂商排污超标，然后才能采取相应的措施。只要排污没有超过标准，厂商就不应该缴纳罚款，因而也就没有不断寻求低成本的污染治理技术以少缴罚款的积极性。而在征收排污费时，只要政府实行根据污染企业的污染物排放量或生产规模来征收的办法，那么，即使厂商的排污没有超过标准，厂商也必须缴纳排污费，因而也就有不断寻求低成本的污染治理技术以少缴排污费的积极性。假定社会希望污染环境的厂商持续不断地开发与采用低成本的污染治理技术，而不论其污染是否超标，那么，排污费与环境标准相比，无疑是更好的办法。

第二方面，它们的交易成本。交易成本的比较可以从有关法规的制订和法规的执行这两个不同的角度来进行。从有关法规制定的角度来看，排污费征收标准的制定必须以对边际私人纯收益（或边际减排成本）和边际外部成本的测算为前提；而环境标准的制定可以根据上述测算，也可以根据（而且通常是根据）自然科学界有关环境污染造成的物质和人身健康损失的资料来测算。由于外部成本的测算涉及消费者的支付意愿，因而与物质损失本身相比，有关各方在环境污染造成的物质损失的价值大小方面，更难取得一致，以此为基础的法规的制定也就更加困难。从这一角度来看，环境标准优于排污费。

从有关法规执行的角度来看，实行环境标准，意味着运用行政的或法律的手段直接干预经济当事人的行为；而征收排污费，只是运用经济手段改变了经济当事人面临的外部环境。在监督执行环境标准时，政府必须首先确认厂商的排污超过了标准，然后才能采取相应的措施。而在征收排污费时，只要政府实行根据污染企业的生产规模来征收的办法，那么，政府需要做的就只是确定哪些类别产品的生产和消费会导致环境污染，某个厂商的生产规模有多大（这可以根据该厂商所生产的产品数量来确定，也可以根据该厂商所使用的主要原材料的数量来确定），该厂商是否购买和安装了环保设施（检查厂商是否拥有环保设施是比较容易的；企业如果是自主经营、自负盈亏的，一般就不会出现购买了昂贵的环保设备而不愿支付相对便宜的设备运行费的现象），而不一定强制某一厂商将其污染物的排放量控制在什么水平。因而与确定厂商的污染物排放量是否超标相比，政府征收排污费所需要的交易成本是相对低的。换句话说，由于征收排污费时政府所必须确认的只是厂商所从事的经济活动是否会导致污染，只是从总体上而不是逐个厂商地控制环境污染的程度（污染者的生产规模由它们自己确定），因而与监督执行环境标准时逐个厂商地确认其污染程度相比，征收排污费所需要的交易成本应该是比较低的。

总而言之，在交易成本问题上，很难从总体上判断排污费和环境标准孰优孰劣。因而只能对具体情况进行具体分析。

　　第三方面，政府决策结果偏离厂商最优污染水平的影响。从理论上来说，排污费的多少和环境标准的高低都应该根据每一厂商的最优污染水平逐个确定。但在现实生活中，政府只能根据不同的企业类别，来制定相应的排污费征收标准或环境标准。即使政府考虑得很周到，所制定的排污费征收标准或环境标准大体符合大多数厂商的最优污染水平，也还是会出现一些例外。对这些例外的分析，可以用图 11 -9 和图 11 -10 来说明。

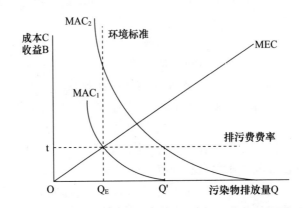

图 11 -9　政府决策结果偏离厂商最优污染水平的影响（1）

　　图 11 -9 中，横轴、纵轴和 MEC 线的含义都与图 11 -8 相同。MAC_1 是大多数厂商的边际减排成本曲线，MAC_2 则是减排成本特别高的个别厂商的边际减排成本曲线。

　　政府根据大多数厂商的情况，认为 Q_E 是厂商最优污染水平，因而或者将环境标准确定为 Q_E，或者将每单位污染物排放量的排污费定为 t。

　　但对边际减排成本特别高的厂商来说，如果政府采用的管制手段是征收排污费，那么，厂商将根据自身的利益，将污染物排放量增加到 Q′，从而造成排污量超标，并进而影响到全社会污染物排放总量超标。如果政府采用的管制手段是环境标准，那么，厂商将不得不支付高额减排成本以达标。政府对污染物排放的总量控制虽然可以实现，但必须以高成本为代价。

　　与图 11 -9 相比，图 11 -10 只是把 MAC 曲线换成 MNPB 曲线，在排污量相同的情况下，$MNPB_2$ 所代表的个别厂商的边际私人纯收益高于 $MNPB_1$ 所代表的一般厂商的水平。从全社会的角度，应该鼓励这样的厂商增产。

　　如果政府采用的管制手段是征收排污费，则厂商将根据自身的利益，将污染物排放量增加到 Q′。从单个厂商的角度来看，排污量有所增加；但由于厂商的经济效益好，可以通过竞争迫使经济效益差的厂商停产并停止排污，因而这种增产对环境保护也不是坏事，如果政府采用的管制手段是环境标准，对经济效益好和经济效益差的厂商按照同样标准进行总量控制，则虽然可以保护环境，但对经济效率有害。

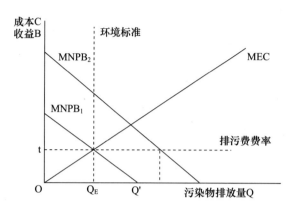

图 11 - 10 政府决策结果偏离厂商最优污染水平的影响（2）

以上三方面的比较表明，排污费和环境标准各有利弊，很难简单地判定它们孰优孰劣。但它们也有共同的弱点，就是不利于厂商根据自身情况，在不影响全社会环境保护的前提下，提高自身的经济效益。

第五节 排污权交易

一、排污权交易的微观效应

排污权交易的基本内容是：实行排污许可证制度，政府向厂商发放排污许可证，厂商则根据排污许可证向特定地点排放特定数量的污染物；排污许可证及其所代表的排污权是可以买卖的，厂商可以根据自己的需要，在市场上买进或卖出排污权。

与排污费及环境标准相比，排污权交易的特点具有对厂商的激励机制。治理污染会带来排污量的减少。而在实行排污权交易的条件下，超过实际排污量的排污权，就成为像厂房、设备一样的可以由厂商处置并从中获利的资产，这就大大激发了厂商开发和使用低成本污染治理和清洁生产技术的积极性。同时，排污权交易允许厂商随时根据自身情况，在不对整个环境保护工作造成负面影响的前提下，作出符合自身利益的个性化决策。

排污权交易的微观效应，可以用图 11 - 11 来表示。

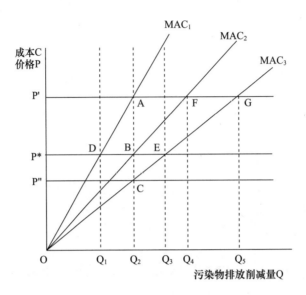

图 11 - 11　排污权交易的微观效应

图 11 - 11 的纵轴代表成本和价格，横轴代表污染排放削减量。厂商甲、乙、丙的边际治理成本曲线分别为 MAC_1、MAC_2 和 MAC_3。

假定政府发放给甲、乙、丙的排污许可证所允许它们排放的污染物均比它们现在的污染物排放量减少了 Q_2，再假定排污权交易只能在这三家厂商之间进行。再假定 $Q_1Q_2 = Q_2Q_3$。

如果每单位排污权的市场价格是 P'，由于 P' 分别相当于甲、乙、丙三厂商将污染物排放量削减 Q_2、Q_4 和 Q_5 数量时的边际治理成本，因而对于乙、丙两厂商来说，将自己的污染排放削减量从 Q_2 进一步增加到 Q_4 和 Q_5，并将相应的排污权以 P' 的价格出售，这是有利可图的；但对于甲厂商来说，只有在 Q_2 点的右面，用购买排污权来代替自行治理污染才是上算的，既然现有的排污许可证只要求甲厂商削减 Q_2 数量的污染物排放量，而这一部分污染物的边际治理成本又低于 P'，甲厂商就没有必要去购买更多的排污权。由于只有卖方没有买方，排污权交易无法进行。

反之，如果此时每单位排污权的市场价格是 P''，那么，由于 P'' 低于甲、乙两厂商将污染物排放量削减到 Q_2 点时的边际治理成本，因而甲、乙两厂商都愿意购买一定数量的排污权。但 P'' 相当于丙厂商将污染物排放量削减 Q_2 数量时的边际治理成本，对丙厂商来说，进一步削减自己的污染物排放量，并将相应的排污权以 P″ 的价格出售是得不偿失的，因而丙厂商不会出售排污权。由于只有买方没有卖方，排污权交易也无法进行。

只有当每单位排污权的市场价格是介于 P′ 和 P″ 之间的 P^* 时，由于 P^* 低于甲厂商将污染排放削减量从 Q_1 进一步增加的边际治理成本，因而甲厂商愿意购买 Q_1Q_2 数量的排污权；又由于 P^* 相当于丙厂商削减 Q_3 数量的污染物排放量时的边际治理成本，因而对丙厂商来说，将自己的污染排放削减量从 Q_2 进一步增加到 Q_3，并将 Q_2Q_3 数量的排污权出售是有利可图的。由于 Q_1Q_2 等于 Q_2Q_3，供求平衡，因而排污权交易得以进行。

如果没有排污权交易，甲、乙、丙三厂商将污染物排放量削减 $3Q_2$ 所需要的总减排成本是：

$$OAQ_2 + OBQ_2 + OCQ_2 = ODQ_1 + OBQ_2 + OCQ_2 + Q_1DAQ_2$$

如果存在排污权交易，三厂商将污染物排放量削减 $3Q_2$ 所需要的总减排成本是：

$$ODQ_1 + OBQ_2 + OEQ_3 = ODQ_1 + OBQ_2 + OCQ_2 + Q_2CEQ_3$$

这样一来，两种方案所需要的总减排本的比较就转变为 Q_1DAQ_2 和 Q_2CEQ_3 的比较。根据我们的假定，$Q_1Q_2 = Q_2Q_3$，即梯形 Q_1DAQ_2 和 Q_2CEQ_3 的宽是相同的。从图 11 – 11 中不难看出，Q_1DAQ_2 明显大于 Q_2CEQ_3，这表明，排污权交易可以在保证达到环境标准的前提下减少厂商的总减排成本，因而是一种更有效率的方案。

二、排污权交易的宏观效应

排污权交易的宏观效应，可以用图 11 – 12 表示。

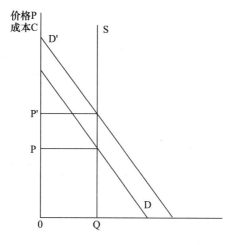

图 11 – 12 排污权交易的宏观效应

图 11 - 12 中，横轴代表污染物排放量，纵轴代表成本和价格。

具有物质稀缺性的环境资源属于国家所有，政府通过发放排污许可证而对环境资源的利用实行总量控制，以保证环境资源的利用不超过环境自净能力所允许的范围。由于政府发放排污许可证的目的不是盈利，而是保护环境，因而排污权的总供给曲线 S 是一条垂直于横轴的线，表示排污许可证的发放数量不会随着环境资源使用费的变化而变化。

由于环境资源属于国家所有，在环境资源供不应求时，环境资源的使用者需要向政府缴纳环境资源使用费，即支付环境资源的使用者成本；在本图中，我们假定政府每发放一单位排污量的许可证，要向污染者收取年度环境资源使用费 P。

在环境保护中运用排污权交易，还有以下一系列效应：

第一，一般来说，生产过程中不可能一点不排放污染物。因此，即使某地现有全部厂商的排污量在污染物总量控制的范围内，随着厂商数量的增加，污染物的排放量仍然会增加。如果为了确保总的排污量指标不被突破，就不允许新厂商进入该地从事生产，有时又可能影响经济效率，因为新厂商的经济效率有可能高于原来的厂商，而其边际减排成本又有可能低于原来的厂商。排污权交易为这些厂商提供了一个机会。如图 11 - 12 所示，由于政府发放的排污许可证数量不变，总的污染物排放量不变，因而排污权总供给曲线 S 的位置没有变化；在此前提下，新厂商的进入将使需求曲线的位置从 D 右移到 D′，因而每单位排污权的市场价格也就上升到 P′。如果新厂商的经济效益高，边际治理成本低，只需要购买少量排污权就足以使其生产规模达到合理水平并盈利，那么，该厂商就会以 P′ 的价格购买排污权，那些感到得不偿失的厂商则不会购买。显然，这对于优化资源配置是有利的。

第二，排污权交易有利于政府的宏观调控。由于种种原因，政府决策可能出现失误，也可能落后于形势。环境标准和排污费征收标准的修改有一定的程序，同时，修改涉及各方面的利益，因而有关方面都会力图影响政府决策，从而使修改久拖不决。有了排污权交易后，排污权市场可以对经常变动的市场物价和厂商减排成本作出及时的反应。由此产生的排污权的市场价格成为政府分析环境资源市场状况、调整年度环境资源使用费的最可靠的依据。政府还可以用类似中央银行公开市场业务的做法，通过排污权的市场买卖，对环境保护中出现的问题作出及时的反映。例如，环境标准偏低，可以买进排污权；环境标准偏高，可以卖出排污权。而且可以通过少量的排污权交易，对环境状况进行微调。经过一定时期，证明调整后的环境状况可以兼顾环境保护和经济发展，再将其正式确定为环境标准。

第三，认为现有的环境标准偏低的社会集团，也可以通过购买排污权而不排放污染物的办法，向政府表达自己要求提高环境标准的意愿。

三、实行排污权交易的条件

如上所述，在环境保护的各种政策手段中，排污权交易对市场机制的利用最充分，如果条件合适，它可以对环境保护起到积极的作用。但是，也正因为排污权交易有赖于市场机制，因而采用这种手段就需要一系列的前提。

排污权既然可以买卖，而且从长期来看其价格呈上升趋势，就会有人炒卖排污许可证，甚至有可能出现某些个人或厂商通过垄断排污权市场牟取暴利的现象。排污权的价格应该由市场决定，但排污权市场的交易秩序需要由政府来维持和管理。因此，政府具有维持和管理排污权市场交易秩序的能力，就成为排污权交易存在的一个前提。

污染者之所以要购买排污权，是因为没有排污许可证就不能排污。如果政府或者无法确定目前排污许可证的分布状况，或者虽然能够确定，但无法制止无证排污（无法制止的原因，可能是限于人力物力，管不过来；也可能是污染者有法不依），那么，排污权交易就根本开展不起来。因此，政府对污染者排污的有效管理，就成为排污权交易存在的第二个前提。

这两个前提归结起来就是：政府是否有实施有效监督的能力？

为了进行监督，政府需要采取一系列措施，包括了解有关信息、制定相应的法规以及监督和制裁违法行为等，而这些活动都需要交易成本。

如果进行监督所需要的交易成本过高，所投入的人力、物力和财力过大，那就会出现两种情况：

（1）政府可以用于监督的人力、物力和财力有限。如果要对所有的污染排放都加以监督，则根本管不过来。只能根据现有人力、物力和财力状况，监督一部分污染排放，因而根本达不到预期的效果。

（2）政府的监督可以达到预期效果。但所投入的交易成本大大超过因严格污染排放监督给社会带来的利益，因而虽然有效果，但没有效率。在这种情况下，吃力不讨好的污染控制工作很难在政府工作中处于优先地位。

交易成本高的原因，也有两个：

（1）获取有关信息不容易。监督污染需要信息。而与政府相比，污染者对于自己的污染状况更清楚。如果排放十次只能抓到一次，而抓到后的处罚又是"毛毛雨"，污染当事人就宁愿与政府"打游击"。

（2）执行处罚不容易。在许多情况下，如缺乏有关法规，缺乏具有可操作性的法规实施细则，或对抗拒监督者缺乏具有震慑力的执法手段，都会加大交易成本。

正是由于交易成本对污染监督影响太大，因而在实际工作中，常常不得不采用会产生某些副作用，但可以大大降低交易成本的办法。例如，污水处理厂的建设以行政区为单位，要求所有当事人（企业和居民户）一律参加，按照简化了的标准交费，其原因之一，就是为了减少政府监督的交易成本。在这方面，还有许多文章好做。比如，对于面广量大的小企业（小污染源），能否实行先根据某一起点生产规模征收较高的排污费，如果企业觉得收得过高，则企业必须向政府提供自己排污的实际数据，以及由市场化的中介机构出具的证明材料，政府再据此返还一部分排污费。换句话说，不是由政府来收集小企业污染的证据，而是由作为当事人的小企业披露自己的环境信息，提供没有污染（或没有污染得那么厉害）的证据。

通过买卖排污许可证来保护环境，将使政府部门有关工作人员拥有很大的权力，他们的买卖行为足以左右排污权市场，并影响到整个环境保护事业。因此，怎样保证政府工作人员认真履行职责？防止他们以权谋私，就成为排污权交易存在的另一个前提。

在计划经济条件下，对污染物排放管理得比较死，动辄搞"一刀切"。这一方面固然约束了各级政府的权力，但另一方面也减少了政府工作人员相机抉择的可能性。实行污染控制的市场化，意味着污染监督的复杂化，因为同样的工厂，可能有的自行治理，有的缴纳排污费，有的向专门的污染治理企业缴纳费用。标准多了，情况多了，政府工作人员根据具体情况相机抉择的机会也多了。政府为了减少交易成本，不得不按照行政区划设置污染治理企业（例如污水处理厂），这样的企业在本行政区域内拥有垄断地位，谁有资格来办污水处理厂，污水处理厂的收费标准有多高，企业的排污量如何确定，在这些方面，政府工作人员往往"一言九鼎"，拥有很大的权力。如果政府工作人员不认真履行职责，对破坏有关法规的现象不认真管理，甚至以权谋私，污染控制的市场化就达不到预计的目标。

解决这个问题，至少需要从以下几方面做文章：

首先，有关的地方性法规要尽可能详细，尽可能地具有可行性和可操作性，尽可能减少条文的模糊性。

其次，应该增加污染控制的透明度。在法规执行过程中，不可避免地要由执行机关来行使法规的解释权，但有关的解释应该向外公布，有可能时可以上网，以便本地单位与个人查询。要允许本地公众参与污染监督。

最后，对于拥有垄断地位的地区性污染治理企业，必须通过招标选择。这类企业的有关数据（包括治理质量数据和财务数据）应该向社会公开。

排污权交易是用货币来发言的。在收入和财富方面占有较大份额的利益集团，在排污权交易中拥有更大的发言权。处理好环境方面生存权和发展权之间的关系、公平和各自需要的关系、可以买卖的权利和不可买卖的权利之间的关系，就成为排污权交易存在的又一个前提。

关于排污权交易的分析表明，这种政策手段虽然有着相当多的优点和广阔的前景，但应用中存在着一定的难度，因而需要谨慎从事。

思考与讨论

11－1　2003 年 8 月，媒体与公众就是否应该在四川都江堰上游 1000 多米处修建水坝展开争论。试分析都江堰的利用价值与非利用价值。

11－2　"只要排放污染物，不论是否造成环境污染，都必须支付排污费。"请对此观点进行评论。

11－3　为什么说"贫困是环境保护的大敌"？

11－4　有人主张"为了当代人与子孙后代的利益，应不惜一切代价防治环境污染"。你是否同意这种观点，理由是什么？

11－5　试举一例，分析在该例子所涉及的具体情况下，采取指令性环境标准、排污费、减排补贴及排污权交易各自的利弊与实行的前提条件。

11－6　如果你所在的工作单位存在下列环境问题（①水污染；②大气污染；③固体废弃物——各举一例），你认为今后 10 年政府会采取哪些手段来加以解决？理由是什么？如果政府的做法如你所料，你认为你所在单位应该如何应对？理由又是什么？

附录 国内外环保组织及环保网站

中华人民共和国环境保护部网站

Ministry of Environmental Protection of People's Republic of China

http://bz. zhb. gov. cn/

中国 21 世纪议程管理中心 The Administrative Center for China's Agenda –21

http://www. acca21. org. cn/

中国 21 世纪议程管理中心于 1994 年 3 月 25 日经中央机构编制委员会办公室批准成立。业务上由科技部和国家发展委员会双重领导。1998 年国务院机构改革后与科技部生命科学技术发展中心合署办公，2001 年正式合并成立新的中国 21 世纪议程管理中心。其致力于可持续发展领域的研究、宣传、培训、合作和咨询等工作。

中国环境影响评价网 China Environment Impact Assessment Net

http://www. china – eia. com/

国家环境保护总局环境工程评估中心（以下简称"评估中心"）是国家环保总局的技术支持机构。评估中心于 1992 年 10 月成立，是中央编委批准组建的事业单位，在全国范围内开展工作。评估中心的主要任务是承担大中型建设项目环境影响评价的技术评估与咨询，开展环评技术培训，提供环评证书管理技术支持，为国内外企业和其他客户提供环境咨询和服务，并开展相应的环境科学技术研究与开发工作。

中国环境报 China Environmental News

http://www. cenews. com. cn

《中国环境报》主要报道中国的环境保护政策、法规、环境形势、最新事件、环保科技和产业信息，以及国际环保大事。《中国环境报》以其与政府部门的良好工作关系，在全国设有 44 个记者站等优势，为读者提供准确、及时和全面的环境新闻。《中国环境报》创办于 1984 年，每周出版 6 期，每年发行量都保持在 23 万份以上。是一张向国内外公开发行的环境保护专业报纸，也是目前全球唯一一张国家级的环境保护报纸。

中华环境保护基金会 China Environmental Protection Foundation

http：//www. cepf. org. cn

中华环境保护基金会成立于 1993 年 4 月，是一个非营利性的、具有法人资格的社会团体，是中国专门从事环境保护事业的第一个民间基金会。本着"取之于民，用之于民，造福人类"的原则，通过各种渠道和方式筹集资金，并将用于奖励对中国环境保护事业作出杰出贡献的个人和组织，资助各种与环境保护有关的活动和项目，开展中外环境领域技术交流与合作，推进中国环境保护的管理、科学研究、宣传教育、人才培训、学术交流、环保产业发展以及涉外活动等各项环保事业的发展。

中国绿化基金会 China Green Foundation

http：//www. chinagreen. gov. cn/

中国绿化基金会是非营利的全国性民间社团组织，是独立的社团法人。宗旨和任务是通过基金的筹集和使用，致力于扩大绿地，绿化国土，治理山河，为建设我国良好生态环境和对全球性的生态平衡作出贡献。

中国环境在线 China Environment Online

http：//www. chinaeol. net

"中国环境在线"是由国家环保总局宣教中心主办的一个专业环保网站，网站成立于 1998 年 2 月，它的主要功能是面向公众宣传和普及环境知识，提高环境意识，并提供相关的环境信息和资讯，同时也是宣教中心对外宣传的一个窗口。目前网站主要包括环境新闻、政策法规、绿色行动、绿色影像、教育培训、ISO14000、在线图书、绿色链接、法律援助、宣教机构等栏目。

中国清洁生产网 China Cleaner Production Portal

http：//www. cncpn. org. cn

中国清洁生产网由国家环保总局科技标准司和中国国家清洁生产中心主办。其宗旨是：宣传贯彻国家的清洁生产政策和标准；发布国家环保总局关于开展清洁生产工作的指导性文件和重要信息；作为中国国家清洁生产中心的工作网站；为省市环保局、清洁生产中心和清洁生产机构所建立的工作网络活动提供服务；介绍清洁生产的理论、工作经验和案例研究；为企业推行清洁生产提供技术支持；普及清洁生产知识，提高公众的清洁生产意识；加强和国际清洁生产组织的联系，引进国际先进的清洁生产技术和经验；充分利用互联网的优势，开展多种形式的热点新闻发布、咨询服务和论坛讨论等活动。

中国环境科学学会 Chinese Society for Environmental Sciences

http：//www. chinacses. org

中国环境科学学会自 1979 年成立以来，在普及环境保护科学知识、提高全民族的环保意识、提高环境科学水平、为中国政府部门的宏观决策提供咨询服务、发动民众参与环境保护事业等方面发挥了很好的作用。与此同时，还与众多的国际组织、外国的政府环境保护部门、环境保护公司、科研机构发展了良好的交流与合作关系。

中国环保网 China Environment Protection Net

http：//www. chinaenvironment. com/

中国环保网创建于 1999 年初。中国环保网为开放型管理的中文环保公益网站，为突出其互动性，方便环境保护信息的上网交流。网站收集了大量的中文环保信息，涵盖了环保法规标准、污染防治、资源生态、宣传教育、ISO14000、供求信息等方面的内容。

自然之友 Friends of Nature

http：//www. fon. org. cn/

中国文化书院绿色文化分院（习称"自然之友"Friends of Nature）是于 1994 年 3 月经政府批准成立的我国第一个群众性民间环保团体。"自然之友"以开展群众性环境教育、倡导绿色文明、建立和传播具有中国特色的绿色文化、促进中国的环保事业为宗旨。

绿色北京 Greener Beijing

http：//gbj. grchina. net

绿色北京环保网站由绿色北京志愿者创立于 1998 年，绿色北京环保网站旨在建设成为名副其实的分享环保知识的宝库，传播环保意识与理念的，环保志愿者的网上基地、绿色网友的精神家园。

环境与发展研究所 Institute for Environment and Development

http：//www. ied. org. cn

环境与发展研究所（IED）创建于 1995 年，是一家民间组织。主要致力于环境与发展问题研究、公众环境教育和环境信息开发。IED 由一支短小精悍的员工队伍、一个核心教授组以及广泛的社会联系和丰富的人力资源网络组成。

中国可持续发展信息网 Sustainable Development in China

http：//www. sdinfo. net. cn/

中国可持续发展信息网是一个集中与分布式相结合的异构数据库群管理系统，内容以我国自然资源、生态环境、环境保护和灾害信息为主，并吸纳了部分社会经济信息。同时，还包括了与可持续发展密切相关的政策和法规、知识和词典、动态以及国际、国内相关数据库链接站点信息。数据类型包括属性数据、空间数据以及多媒体数据等。

国家环保总局 State Environmental Protection of Administration of China

http：//www. zhb. gov. cn/

世界自然基金会中国办事处 WWF China Programme Office

http：//www. wwfchina. org

世界自然基金会中国办事处（WWF CPO）建立于 1980 年。20 年间，WWF 中国办事处始终和中国各自然科学、环境保护机构保持着密切的联系，并建立了众多合作伙伴关系，据此开展了多项环境保护工作。WWF 中国办事处致力于利用国外分部多年环境保护经验及相关资源优势在中国为现代和后代人保护自然环境，普及环保知识。

中国国际环保网 China International Environment Protection

http：//www. 65. com. cn

中国国际环保网致力于宣传环保政策法规、环保科普教育，发展国内外环保机构的交流与合作，促进环境技术市场化、产业化、规范化，树立全民环境意识和可持续发展的观念。栏目内容丰富多彩，汇集环保新闻动态、数据检索查询、网上贸易洽谈、技术交流合作及网下的配套系列服务。

Academy of Management

http：//www. aomonline. org/

AOM 是一家专业性的联合会，联合会里的学者都致力于研究和教学有关管理和组织的理论知识。

Business for Social Responsibility

http：//www. bsr. org

BSR 是一家全球性的组织，它帮助其会员企业在尊重道德价值、社会团体以及环境的基础上，追求最大的胜利。

Conservation International

http：//www. conservation. org

CI 致力于在科学、经济、政策以及公共参与上得到创新，来保护地球上热点地区动植物的多样性、主要的热带野生地区和主要的海洋生态系统。

Global Environment Facility（GEF）

http：//www. gefweb. org

GEF 创立于 1991 年，致力于资助发展中国家保护环境的项目。GEF 是国际上有关生物多样性、大气变化和有机污染物的指定金融机构，同时，GEF 还支持防止沙漠化，保护国际水资源与臭氧层的项目。

Global Environmental Management Initiative（GEMI）

http：//www. gemi. org

GEMI 是由知名企业组成全球性的非营利性组织，它致力于通过交流与分享技术和信息来培养企业的环境、健康和安全意识，使商业获得环境的优势。

Global Reporting Initiative（GRI）

https：//www. globalreporting. org

GRI 是一个非营利组织，旨在提供一个普遍为人们所接受的企业社会责任报告框架。GRI 的《可持续发展报告指南》是目前世界上使用最为广泛的可持续发展信息披露规则和工具。

GreenBiz. com

http：//www. greenbiz. com

GreenBiz. com 是美国一家无党派的非营利性商务组织，旨在通过提高科技的力量为商界提供环境、资源以及工具方面的信息。

International Institute for Environment and Development

http：//www. oneworld. org/iied

IIED 是一家国际研究组织，致力于研究与自然资源、环境质量、发展和财富分配有关的商务战略。

International Institute for Sustainable Development

http：//www. iisd. ca

IISD 是一家着眼全球的加拿大组织，致力于可持续发展原则的研究和推广。IISD 主要与政府和企业的决策者工作在一起，并使他们能够理解并且最大化地利用可持续性原则。

世界自然保护联盟 The World Conservation Union （IUCN）

http：//www. iucn. org/

创建于 1948 年的 IUCN 将世界各国政府、机构以及广大的非政府组织以独特的方式联合在一起，拥有遍及 140 多个国家的 980 多个会员。IUCN 致力于通过影响、激励和援助全社会来保护自然资源的完整性和多样性。确保自然资源的使用合理和可持续发展。

国际商务领导者论坛 Prince of Wales Business Leaders Forum

http：//www. iblf. org/

成立于 1990 年的国际教育慈善机构，主要是促进相应国际商务实践的发展，使企业或社会获益。帮助企业获得社会、经济和环境上的可持续发展。

世界自然基金会 World Wide Fund For Nature （WWF）

http：//www. panda. org/

WWF 是世界最大的、经验最丰富的独立性非政府环境保护机构。在全球我们拥有 470 万支持者以及一个在 96 个国家活跃着的网络。从 1961 年成立以来，世界自然基金会在 6 大洲的 153 个国家发起或完成了 12000 个环保项目。

Social Venture Network

http：//www. svn. org

SVN 是由当时美国一些企业界和投资界颇具远见卓识的领导者于 1987 年投资创立的。SVN 是一家非营利性的组织，承诺通过商务活动为建立公正和可持续发展的世界而奋斗。

联合国环境署 United Nations Environment Programme （UNEP）

http：//www. unep. org/

在不影响人类子孙后代生存环境的前提下，UNEP 旨在通过提供援助、鼓励合作的方式来改善人类的生存环境，提高生活质量。

世界银行 The World Bank

http：//www. worldbank. org/

世界银行是世界上最大的发展援助机构之一，重点帮助世界上最贫穷的地区和人民。世界银行利用其雄厚的经济实力、先进的培训机制和巨大的知识资源帮助发展中国家走上公平、稳定、可持续的经济发展之路。

世界资源研究所 World Resources Institute （WRI）

http：//www. wri. org/

WRI 是一家在全球环境和发展计划中提供政策和技术支持的非营利机构。其宗旨是使人类社会在生存发展中注重保护地球环境，为人类及其子孙后代提供一个良好的生存环境。

参考文献

[1] Arnold, M. B. and R. M. Day. *The Next Bottom Line: Making Sustainable Development Tangible.* Washington, DC: World Resources Institute, 1998.

[2] Buchholz, R. A. *Principles of Environmental Management: The Greening of Business.* Upper Saddle River, New Jersey: Prentice Hall, 1998.

[3] Charter, M. and U. Tischner, eds. *Sustainable Solutions: Developing Products and Services for the Future.* Sheffield: Greenleaf, 2001.

[4] Costanza et al. *The Value of the World's Ecosystem Services and Natural Capital.* Nature, 1997 (387): 253 – 260.

[5] Costanza R., I. Kubiszewski, E. Giovannini, L. H. Lovins, J. McGlade, K. E. Pickett, K. V. Ragnarsdóttir, D. Roberts, R. De Vogli, and R. Wilkinson. *Time to leave GDP behind.* Nature, vol. 505: 283 – 285.

[6] Costanza, R & Kubiszewski, I, eds. Creating a Sustainable and De 2014, sirable Future: Insights from 45 Global Thought Leaders, World Scientific Publishing Co, Singapore, 2014.

[7] Elkington, J. *Cannibals with Forks: The Triple Bottom Line of* 21st Century *Business.* Oxford: Capstone Publishing Limited, 1997.

[8] Elkington, J. and P. Hartiga *The Power of Unreasonable People: How Social Entrepreneurs Create Markets That Change the World.* Harvard Business School Publishing, 2008.

[9] Epstein, M. J. *Measuring Corporate Environmental Performance: Best Practices for Costing and Managing an Effective Environmental Strategy.* Institute of Management Accountants and Irwin/McGraw – Hill, 1996.

[10] Freeman, R. E., J. Pierce, and R. Dodd. *Environmentalism and the New Logic of Business.* New York: Oxford University Press, 2000.

[11] Freeman, R. E. Moutchnik, Alexander. *Stakeholder Management and CSR: Questions and Answers.* Umwelt Wirtschafts Forum, September, 2013, 21 (1): 5 – 9.

[12] Fussler, C. and P. James. *Driving Eco – Innovation*: *A Breakthrough Discipline for Innovation and Sustainability*. London, Pitman Publishing, 1996.

[13] Goodstein, E. S. *Economics and Environment*. 2nd edition. Prentice Hall, 1999.

[14] Hart, Stuart. *Beyond Greening*: *Strategies for a Sustainable World*, Harvard Business Review, January – February, 1997.

[15] Hart, Stuart. *Capitalism at the Crossroads*: *Next Generation Business Strategies for a Post – Crisis World.* FT Press, 2010.

[16] Hawken, P. *The Ecology of Commerce*: *A Declaration of Sustainability*. New York: Harper – Business, 1993.

[17] Hawken, P. , A. Lovins and L. H. Lovins. *Natural Capitalism*: *Creating the Next Industrial Revolution* , Rocky Mountain Institute, 2016.

[18] Hoffman, A. J. *From Heresy to Dogma*: *An Institutional History of Corporate Environmentalism*. Stanford. Stanford University Press, 2001.

[19] Kolstad, C. D. *Environmental Economics*. Oxford University Press, 2010.

[20] Kolstad, C. D. , et al. *Social Economic and Ethical Concepts and Methods*. Cambridge University Press, 2014.

[21] OECD. *Review of the Development of International Environmental Management Systems – ISO14000 Standards Series*. OECD, Paris, 1998.

[22] Ottman, J. A. *The New Rules of Green Marketing*: *Strategies, Tools, and Inspiration for Sustainable Branding*, Berrett – Koehler, 2011.

[23] Piasecki, B. , K. A. Fletcher, and F. Mendelson. *Environmental Management and Business Strategy*: *Leadership Skills for the 21st Century*. New York: John Wiley, 1999.

[24] Power M. and L. S. McCarty. *Risk – cost Trade – offs in Environmental Risk Management Decision – making*. Environmental Science & Policy, 2000 (3): 31 – 38.

[25] Reinhardt, F. L. *Down to Earth*: *Applying Business Principles to Environmental Management*. Boston: Harvard Business School Press, 2000.

[26] Richard P. F. H. , S. Pressman and C. L. Spash, eds *Post – Keynesian and Ecological Economics*. Edward Elgar, 2009.

[27] Roome, N. J. ed. *Sustainability Strategies for Industry*: *The Future of Corporate Practice*. Washington, DC: Island Press, 1998.

[28] Schmidheiny, S. and F. J. Zorraquin. *Financing Change*: *The Financial Community, Eco – Efficiency, and Sustainable Development*. Cambridge, Massachu-

setts：MIT Press，1998.

［29］ Svendsen，A. *The Stakeholder Strategy*：*Profiting from Collaborative Business Relationships.* Francisco，CA：Berrett – Koehler Publishers，1999.

［30］ Welford，R. and R. Starkey，eds. *The Earthscan Reader in Business and Sustainable Development.* London：Routledge，2001.

［31］ Welford，R. *Corporate Environmental Management 3*：*Towards Sustainable Development* ，London：Routledge，2016.

［32］ Wheeler，D.，M. Sillanpaa. *The Stakeholder Corporation*：*The Body Shop*：*Blueprint for Maximizing Stakeholder Value.* London：Pitman Publishing，1997.

［33］ Willums，J. O. *The Sustainable Business Challenge*：*A Briefing for Tomorrow's Business Leaders.* Sheffield，UK；Greenleaf publishing，1998.

［34］ 艾默里·B. 洛文斯. 企业与环境. 北京：中国人民大学出版社，哈佛商学院出版社，2001.

［35］ 查尔斯·D. 科尔斯塔德（Charles D. Kolstad）. 傅晋华，彭超译. 环境经济学. 北京：中国人民大学出版社，2011.

［36］ 戴斯·贾丁斯. 环境伦理学（第三版中译本）北京：北京大学出版社，2002.

［37］ 丁桑岚主编. 环境评价概论. 北京：化学工业出版社，2010.

［38］ 杜宁. 多少算够——消费社会与地球的未来，长春：吉林人民出版社，1997.

［39］ 傅华. 生态伦理学研究. 北京：华夏出版社，2002.

［40］［美］霍夫曼（Hoffman，A. J.）等. 绿色战略中的商机. 吴振阳译. 北京：机械工业出版社，2008.

［41］ 邝福光. 环境伦理学教程. 北京：中国环境科学出版社，2000.

［42］ 厉以宁，章铮. 环境经济学. 北京：中国计划出版社，1995.

［43］ 迈克尔·杰伊·波隆斯基. 环境营销. 北京：机械工业出版社，2000.

［44］ 宋华. 现代物流与供应链管理机制与发展. 北京：经济管理出版社，2003.

［45］ 万后芬. 绿色营销. 北京：高等教育出版社，2001.

［46］ 王立彦，杨松. 财务信息审计中的环境问题. 审计研究，2003（4）.

［47］ 王立彦. 环境成本与环境会计架构的建立. 经济科学，1998（6）.

［48］ 许谨良，周江雄. 风险管理. 北京：中国金融出版社，1998.

［49］ 叶文虎. 环境管理学. 北京：高等教育出版社，2000.

后 记

　　站在 21 世纪的山脊上，回望悠悠的历史长河，我们可以准确地分辨出曾经清澈欢腾的波涛是如何被人类社会短短几十年的现代工业文明蒙上污垢，变得浑浊。

　　地球于人是发展的源泉，更是生存延续的基石。如果人类不考虑地球供养能力而一味索取，无异于自断生路。这是一个决定未来的变革时代。变革需要全新的价值观念，需要系统的思维方式，需要果断而协调的行动，还需要敢于承诺的勇气和不懈努力的恒心。工商界人士是这一变革时代的生力军。经济发展与生态保护相协调的可持续发展模式将由这些生力军的努力而得以实现。每一个决策里多一份对环境的考虑，人类社会的前进方向就多一份明朗，企业也会多一份长久的回报。

　　在工商管理硕士教育中融入绿色理念，向今天的 MBA 学生传授绿色管理知识，使其作为管理者在今后制定决策时，具备可持续发展和分析错综复杂形势的能力，正是我们编写这本绿色管理教材的目的所在。

　　本书由清华大学经济管理学院仝允桓和环保部宣教中心贾峰主编。全书共十一章，各章的撰稿人员有：

　　第一章　绿色管理导论：北京大学光华管理学院　杨东宁

　　第二章　企业环境伦理：清华大学经济管理学院　杨斌

　　第三章　绿色发展与战略管理：中国人民大学商学院　徐二明　宋华

　　第四章　绿色营销：清华大学经济管理学院　宋学宝

　　第五章　绿色运营管理：复旦大学管理学院　朱道立

　　第六章　环境会计与环境成本：北京大学光华管理学院　王立彦

　　第七章　投资项目环境评价：清华大学经济管理学院　蔚林巍

　　第八章　企业环境风险管理：北京大学光华管理学院　杨东宁

　　第九章　企业可持续发展报告：清华大学经济管理学院　仝允桓　北京大学光华管理学院　杨东宁

　　第十章　循环经济的理论与实践：清华大学经济管理学院　仝允桓、郝秀清

第十一章　绿色管理的经济与政策分析：北京大学光华管理学院　章铮

环保部宣教中心焦志延、江莲、崔丹丹、马宇飞以及世界资源研究所瑞克·邦奇（Rick Bunch）等也为本书的完成做出了重要贡献。

由于经验不足，本书的编写中肯定存在不少问题，恳请有关专家学者以及广大读者不吝批评指正。